广东科学技术学术专著项目资金资助出版

装备加速试验与快速评价

主　编　高　军　唐　翔
副主编　成西革　谢耀钦
主　审　丁以华
编写组成员　李　文　任　旗　马宗国　张　鹏
王红涛　文　武　吉营章　叶　涛
裴泳春　陈　婷　鲍黎涛　方子敏
黑大千　董　诚　李志勇　杨金彬

電子工業出版社
Publishing House of Electronics Industry
北京·BEIJING

内 容 简 介

本书介绍了加速试验发展概论、基础知识，基于历史数据的装备可靠性评估，加速寿命试验，基于加速寿命试验的高加速应力筛选定量评价方法及橡胶材料类产品加速建模；阐述了弹药元件、火工品、关键组件开展加速试验的方法以及整机加速试验与寿命评估方法，给出了板级电路和元器件的寿命特征检测分析方法，介绍了一套装备寿命综合评价体系和方法，并提供了丰富的加速试验应用案例。

本书可作为装备与仪器设备等产品设计研发、生产修理、试验检测专业人员开展相关产品加速试验与快速评价的工程参考用书。

图书在版编目（CIP）数据

装备加速试验与快速评价/高军，唐翔主编. —北京：电子工业出版社，2019.9
ISBN 978-7-121-30130-8

Ⅰ. ①装… Ⅱ. ①高… ②唐… Ⅲ. ①武器试验 Ⅳ. ①TJ01

中国版本图书馆 CIP 数据核字（2016）第 248406 号

责任编辑：牛平月（niupy@phei.com.cn）
印　　刷：北京盛通数码印刷有限公司
装　　订：北京盛通数码印刷有限公司
出版发行：电子工业出版社
　　　　　北京市海淀区万寿路 173 信箱　邮编 100036
开　　本：787×1 092　1/16　印张：25　字数：640 千字
版　　次：2019 年 9 月第 1 版
印　　次：2023 年 12 月第 6 次印刷
定　　价：98.00 元

凡所购买电子工业出版社图书有缺损问题，请向购买书店调换。若书店售缺，请与本社发行部联系，联系及邮购电话：（010）88258888，88254888。

质量投诉请发邮件至 zlts@phei.com.cn，盗版侵权举报请发邮件至 dbqq@phei.com.cn。

本书咨询联系方式：（010）88254454，niupy@phei.com.cn。

前言

正如高速交通工具可帮助人们大幅缩短旅行时间一样，采用加速试验方法可以大幅缩短试验时间，解决高可靠和长寿命指标的快速评估与设计保证的难题。不仅如此，加速试验还可以更加快速和充分地暴露装备潜在的缺陷和故障，为装备设计、工艺、制造等方面的改进提供依据，快速提升装备耐环境能力、技术成熟度、可靠性水平。采用加速试验方法不但可以显著缩短试验周期，还可以缩短研制周期。

装备高可靠和长寿命的快速评估与设计保证，在过去往往是工程上的难题，因此也成为装备研制中的遗留问题。近些年，这一问题受到越来越多的关注，并由相关部门组织进行研究。研究发现，加速试验无疑是解决装备高可靠和长寿命验证评估的有效手段，也是实现装备高可靠和长寿命设计保证的重要手段。

笔者有幸在工业和信息化部电子第五研究所从事了十多年可靠性技术研究与工程实践工作，一直专注于装备加速试验与快速评价这一领域的技术研究和工程实现。在中国人民解放军总装备部与工业和信息化部技术基础的支持下，曾承担多项装备加速试验理论基础预研和技术基础研究工作；在装备主管部门的宏观指导下，曾负责多型装备定寿和延寿工程重要产品的加速试验与寿命评价。2015年，笔者离开工业和信息化部电子第五研究所，成立了广东科鉴检测工程技术有限公司，继续在国内为企业提供以可靠性工程与加速试验为主的科研支撑和技术服务。在十余年的可靠性工作中，笔者不断将理论研究与工程实践相结合，形成了具有一定理论支撑、较为完整的装备加速试验与快速评价工程技术体系，为本书的出版奠定了良好的基础。

装备开展加速试验所需的设备几乎每家装备研制企业、每家检测机构都具备，然而，很少有装备研制企业或检测机构能够较好地承担加速试验和快速评价工作，主要问题在于很少有技术人员能够充分掌握加速试验设计与实施的套路，没有能力完成加速试验的数据处理，缺乏加速试验有关的工程实践经验。

本书内容包含笔者十余年来从事装备加速试验和快速评价工作中积累的大量研究成果与工程实践经验。其目的主要是帮助工程技术人员了解和掌握装备中不同对象乃至整机的加速试验和快速评价方法，为广大工程技术人员开展相关的研究及工程实践提供参考。

加速试验由于其突出的优势正被相关工程及工程技术人员迫切需求。笔者深信，在装备高可靠和长寿命要求越来越突出的背景下，随着加速试验技术自身的不断成熟，该技术必将成为可靠性试验技术的主流，逐步取代传统可靠性试验技术（包括环境应力筛选、可靠性摸底/增长试验、可靠性鉴定/验收试验）。

由于加速试验技术仍在不断发展，笔者掌握的资料还不够全面，再加上写作水平有限，所以书中难免会存在错误和不当之处，希望读者指正。

本书共有 14 章，各章执笔分别是：第 1、3、4、5 章由高军、成西革、李 文、任 旗、马宗国编写，第 2、6 章由王红涛、陈婷、张鹏编写，第 7、8、11、12 章由唐翔、谢耀钦、吉营章、方子敏、裴泳春编写，第 9、10 章由文武、鲍黎涛、董诚、李志勇编写，第 13 章由叶涛、黑大千、杨金彬编写。高军负责全书的组织和策划工作，丁以华负责全书的审核工作。

本书在国家科技部重点研发计划数字诊疗装备研发专项“容积影像多模式引导的高强度加速器精准放疗系统”之“系统质量与可靠性保证与检测技术研究与应用”课题（编号：2016YCFC0105105）和“放射治疗装备可靠性与工程化技术研究”之“放射治疗装备可靠性验证技术研究与管理体系推广应用”课题（编号：2017YFC0108403）支撑下出版。

在此对曾经资助笔者开展相关研究工作的国家科技部、广东省科技厅等表示诚挚的感谢。同时感谢多年来一起参与相关工作的工业和信息化部电子第五研究所同事和广东科鉴检测工程技术有限公司的全体人员。感谢多年来支持笔者不断奋斗的家人。

高军

2018 年 10 月

第 10 章 整机加速试验与寿命评估方法

第1章 概论

1.1 引言

长期以来，装备的高可靠与长寿命指标评估问题（如对日历寿命、工作寿命、磨损寿命、腐蚀寿命、贮存寿命等的评估）一直是可靠性工程中面临的技术难题之一。现代装备高可靠和长寿命指标验证现状如图 1-1 所示。由于传统技术手段所需时间长、经济代价大、可操作性不高，对装备寿命进行合理评估成为我国装备研制过程中的一个遗留问题，并成为装备使用后期的一个焦点问题。随着装备可靠性要求的不断提高，对高可靠、长寿命装备的评估需求也越来越迫切。

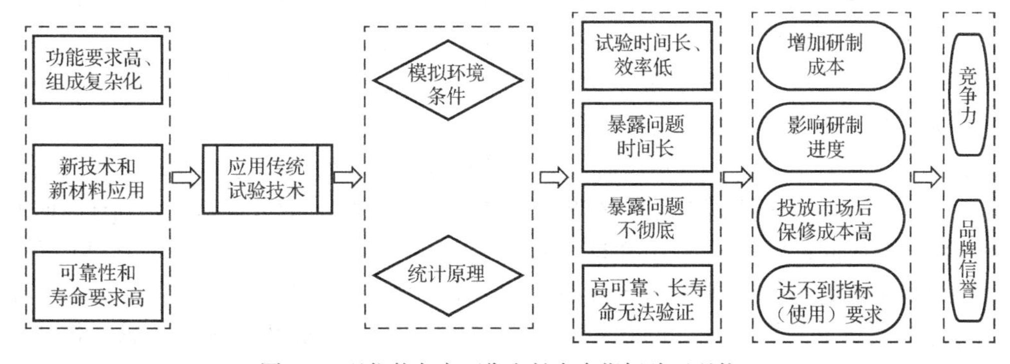

图 1-1 现代装备高可靠和长寿命指标验证现状

1.1.1 装备加速试验的发展需要

典型的工作类装备，如卫星、飞机等，往往工作时间长，工作可靠性指标（平均故障间隔时间 MTBF、致命故障间隔时间 MTBCF、可靠度 R）要求高。如国内外军用第四代战斗机相较于第三代战斗机复杂度倍增，民用空中客车 A380 和波音 787 大飞机远比之前的机型庞大复杂。然而，整机可靠性指标却增加数倍，大量核心设备最终分解的可靠性指标 MTBF≥4000h，甚至还有的达到上万小时。这些核心设备在设计定型时必须通过可靠性指标验证（可靠性鉴定试验），如果采用传统的可靠性试验方法，由于新型号研制样机数量往往只能提供 1～2 套，这种情况下仅可靠性指标验证就需要连续进行半年甚至超过一年，不但经济成本大、技术人力资源消耗大，而且无法满足研制进度要求。如采用加速试验，假定加速倍数为 6 倍，则可靠性指标的验证只需要 1～2 个月就能完成；如加速倍数达到 10 倍以上，则可靠性指标的验证只需要不到 1 个月就能完成。由此可见，加速试验可以用于解决可靠性指标快速评价问题。

大多数装备通常具有多个可靠性指标，除上述工作可靠性指标外，使用寿命/贮存寿命往往也是评价其全寿命周期费用的一个重要权衡指标。长期工作类装备往往采用使用寿命指标，如飞机日历寿命、卫星工作寿命；长期非工作类装备往往采用贮存寿命指标，如导弹装备贮存寿命。例如，一个装备全寿命周期采购费用（包含维保费用）为 40 亿元，如果其使用寿命只有 10 年，则平均每年采购费用为 4 亿元，如果其使用寿命为 20 年，则平均每年采购费用只有 2 亿元。因此，大多数装备制造企业和用户都高度关注产品定寿和延寿问题，如飞机日历寿命定寿和延寿。我国军用飞机日历寿命已经普遍由原来的 10 年延长至 20 年，由 5000 飞行小时延长至 10000 飞行小时；国际民航飞机日历寿命由原来的 20 年延长至 30 年，由 10000 飞行小时延长至 20000 飞行小时；我国导弹装备的贮存寿命由原来的 7～8 年延长至当前的 15～16 乃至 20 年；大亚湾核电站的寿命由法方规定的 10 年成功地延长至 15 年。装备使用寿命的评价通常需要借助装备历史数据进行深入分析，并利用样机进行检测、拆解、分析、验证，选择关键部件和薄弱部件进行试验，试验至预期寿命目标，以确定其是否满足规定的寿命要求。

如一个装备使用了 8 年，达到了初始规定使用寿命，要确定其使用寿命能否达到 16 年，通常需要做一项工作，即采用整机或关键部件和薄弱部件模拟试验至 16 年或加速试验至等效 16 年。如果是模拟装备延长 8 年的日历寿命，如采用正常运行试验或传统模拟试验，则试验时间根本无法压缩，需要用上 8 年的时间才能得出结论；如采用自然环境加速试验，将样机放置在恶劣的环境下，假设自然环境的加速倍数为 3 倍，则自然环境加速试验时间相应压缩，通过 2.67 年完成 8 年延寿评价；如采用人工加速试验，将样机放置在更为恶劣的人工加速环境下，加数倍数可能达到上百倍，那么短时间内便可以完成 8 年延寿评价。如果是工作寿命评价，则试验时间还可以利用时间压缩/事件压缩原理进行压缩。如装备每天工作 8 小时，需要模拟运行 8 年，当前采用每天 24 小时连续试验，则通过时间压缩原理压缩试验时间，则通过 2.67 年即可完成 8 年延寿评价；如果再进一步采取人工加速试验，加速倍数达到 10 倍，则可进一步将 8 年延寿评价时间压缩为约 3 个月。如在 8 年内装备飞行起落（次数）需要由 40000 次延长至 55000 次，正常每天 5 个起落，需要模拟 3000 天，当前试验每天模拟 150 个起落，利用事件压缩原理将试验时间压缩，则通过 100 天可以完成 15000 个起落的延寿评价；如果通过载荷加速试验，加速倍数达到 3 倍，则试验时间可以进一步缩短至约 30 天。

采用日历寿命和工作寿命评价装备的贮存和使用环境往往包含多个因素，进行科学合理的加速试验难度相对来说也比较大。一类装备的加速试验是相对简单的，一类装备就是典型贮存类装备——长期存放在良好库房中的国防装备、储备物资、装备物资、导弹装备、报警系统，这类装备不仅要求其工作时具有高可靠性，更要求其具有较长的贮存寿命。长期不工作或不使用的状态通常称为非工作状态（包括库房贮存、运输、战备值班等），也称为贮存状态。贮存寿命是指，在规定条件下产品从开始贮存到其丧失规定功能或战术技术性能达不到指标要求时累计贮存的时间。贮存寿命决定了全寿命周期费效比，对于长期处于和平发展中的中国而言，长贮存寿命是十分重要的，否则将造成大量装备未用而废的局面。贮存类装备往往贮存保管环境较好甚至环境温湿度都有控制，因此，影响这类装备的环境因素相对工作类装备简单，加速试验也就相对简单。

当前，针对材料、元器件、结构件、火工品等的寿命评价研究比较多也比较成熟，但是针对复杂的电子整机开展的贮存寿命快速评价方面的研究相对较少。装备上包含大量价值高、重要的电子整机，贮存寿命是其重要质量特性，也是寿命周期效费比的决定性因素。长期处于贮存状态下的电子整机，虽然所承受的环境应力远远小于工作状态，其非工作失效率也远远小于工作失效率，但由于产品的贮存时间比工作时间长得多，贮存寿命对电子整机可靠性的影响不容忽视。对电子整机及其关键部件和典型组件进行贮存试验，利用获取的贮存信息，评估其贮存寿命和薄弱环节，可合理确定电子整机贮存寿命并为装备定寿和延寿提供参考和依据。贮存类装备通常也只是在定型时给出了保守的初始贮存寿命规定，到达初始规定的贮存寿命后，通常需要进行定寿和延寿工程。

重要的装备及其核心部件往往对可靠性指标要求高，要求较长的使用/贮存寿命，其指标验证的最经济高效的方式就是加速试验。

1.1.2 加速试验技术的兴起与发展

1967 年美国罗姆航展中心提出加速寿命试验定义，自此，国内外学者对加速寿命试验技术开展了大量研究，包括在各种应力施加方式下的加速寿命试验方法和优化设计方法，及在各种典型寿命分布下的加速寿命模型和寿命评估方法。

调研结果表明，基于人工加速环境条件下的加速试验技术有多种分类方式。按照试验实施方式，可分成恒定应力、步进应力、步降应力、序进应力、综合应力等施加方式。按照核心技术特点可以分成两大类（见图 1-2）：定性加速试验——可靠性强化试验（Reliability Enhancement Testing，RET），包括高加速寿命试验（Highly Accelerated Life Testing，HALT）和高加速应力筛选（Highly Accelerated Stess Screen，HASS），主要用于寻找产品缺陷，提高产品可靠性；定量加速试验——用于评价产品可靠性、寿命指标。根据加速试验技术的发展状况，定量加速试验又可以分成两类：加速寿命试验（Accelerated Life Testing，ALT），以故障为判据评价产品的可靠性和寿命；加速退化试验（Accelerated Degradation Testing，ADT），以关键性能参数退化为征兆预测产品的可靠性和寿命。

可靠性强化试验是综合应力的加速试验，当前缺乏有效的手段对其进行定量评价，随着技术的发展，可靠性强化试验特别是 HASS 也可以转化成定量加速试验，用于产品可靠性和寿命指标评价。定性加速试验往往是定量加速试验开展的前提，因为通过定性加速试验可以充分、彻底暴露研究对象的故障和潜在缺陷，通过采取必要的改进措施可以极大提高对象的耐环境能力、技术成熟度、固有可靠性水平，为长时间定量加速试验及其评价奠定基础。

当前，在加速寿命试验（ALT）领域，已经形成了较为成熟的经典加速模型以及模型参数算法。特别是华东师范大学茆诗松教授翻译的《寿命数据中的统计模型和方法》及其编著的《加速寿命试验》中，清晰地阐述了加速试验方法，给出了各种应力施加方式下的加速寿命试验方法和各种寿命分布模型下的寿命评估方法。在试验样品和试验经费均允许的前提下，加速寿命试验的实施变得不再困难。

大多数加速寿命试验方面的研究都是基于阿伦尼斯（Arrhenius，瑞典科学家）的单温度应力加速寿命试验方法，特别是在工程实践上，绝大多数实际应用均基于温度老化试验，这样使得温度老化加速寿命试验技术方法和工程实践相对成熟。其他加速寿命试验方法的理论研究虽然较多，但在工程应用中并不成熟，实际使用中可能还存在问题。

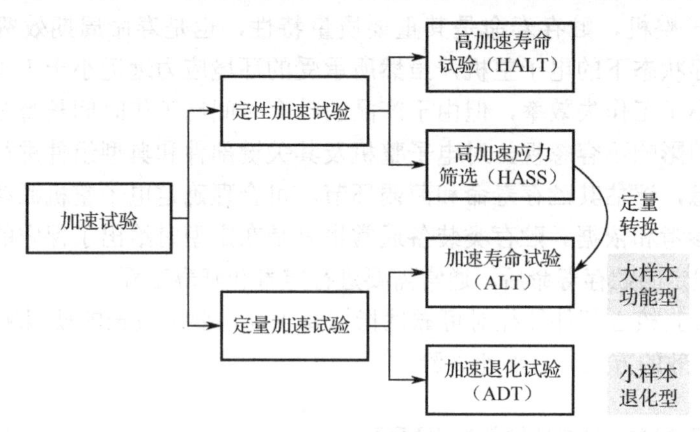

图 1-2　加速试验分类

然而，值得一提的是，虽然加速寿命试验技术理论方法研究较多，但是我国在加速寿命试验技术方面的工程数据积累非常有限，也没有形成加速寿命试验模型参数、各类样品寿命特征参数等方面的专门文献。按照加速寿命试验理论方法，开展加速寿命试验需要较多的样品，需要占用多个试验箱，试验中也需要进行较多次数的检测，这样依然会造成在一个型号工程中样品数量、试验资源、检测费用方面的大量经费投入，使得型号工程采用加速寿命试验的操作性也变得有限。如果能够采用一组预先知道加速因子的样品直接开展加速试验对于工程实践来说是最为理想的。

随着可靠性工程的深入开展，当前产品的可靠性越来越高，即便通过提高试验应力来开展加速寿命试验，也未必会在成百上千小时的试验中发生故障，而加速寿命试验的经典理论前提是基于产品故障进行寿命评价的，这样便使加速寿命试验显得有些不适于实际应用。

鉴于加速寿命试验依赖故障进行评估的弱点，研究人员通过研究发现，大多数产品在发生故障前，往往存在关键性能参数的变化，这些变化累加到一定程度时就会导致故障的发生。基于这一认识，便提出了加速退化试验的理论方法，充分利用产品故障前性能参数的变化信息来预测产品的可靠性。加速退化试验技术相对于加速寿命试验更加高效，因此，很快成为一个研究热点。

加速退化试验（ADT）是指通过提高应力水平来加速产品性能的退化，采集产品在高应力水平下的性能退化数据，并利用这些数据来估计产品可靠性及预测产品在正常应力下的寿命时间的加速试验方法。在 ADT 中，“失效”一般定义为产品性能参数退化至低于给定的工程指标（即退化阈值）。产品性能参数随测试时间退化的数据称为退化数据。加速退化试验的基本思想是利用高应力水平下的性能退化数据去外推正常应力水平下的产品可靠性及寿命参数。可通过加速退化数据分析加速退化轨迹与寿命分布、加速方程之间的关系，建立基于伪失效寿命的可靠性模型，也可以通过加速退化数据分析性能退化量分布随时间的加速变化规律，建立基于性能退化量分布的可靠性模型。

加速试验研究现状

1.2.1 国外研究现状

在定性加速试验技术领域，美国 Qualmark 公司做出了巨大的贡献，率先开发出高加速寿命试验/高加速应力筛选（HALT/HASS）试验系统，并推动了这一技术在国际设备制造企业的广泛应用，这一技术帮助大量国际设备制造巨头大大提高了产品的耐环境能力、技术成熟度和可靠性水平，据 Qualmark 公司提供的统计数据表明，有的设备制造商采用该技术后，不但试验时间相比传统试验时间缩短了数十倍，产品的可靠性水平相比原来也提升了数百倍。

在定量加速试验技术领域，一些重要的设备商（如摩托罗拉、IBM、GE 等）和一些重要器件单位或组织（如美国半导体制造技术战略联盟（Semiconductor Manufacturing Technology，SEMATECH））给出了详细的半导体设备可靠性失效模型，这些来自于企业内部研究和工程使用的模型及参数，往往更具有实用性。另外，固态技术协会（JEDEC）发布的 JESD 系列标准中包含大量元器件的加速寿命模型，国际电子工业联接协会（IPC）发布的 IPC 系列标准中也包含了大量元器件的加速寿命模型。

国外对加速退化试验（ADT）的研究始于 20 世纪 60 年代，苏联科学家 Gertsbackh 等首次指出了用性能退化数据评定产品的可靠性，并提出了一种斜率和截距均为随机参数的简单线性模型[1]。Nelson 给出了 ADT 性能退化数据的模型与分析方法，并估计了产品的失效时间分布[2]。Tang 等根据试验费用最小原则，设计了两应力步进退化试验，给出了样本数量选择原则、低应力下测试点选择原则、整个试验过程测量总数的确定原则，并使用以产品退化过程为基础的随机模型，利用退化轨迹数据，推导得出了使用条件下的中值寿命及其渐近偏差[3]。Lu 等提出了用直观法来确定加速退化试验的最佳终止时间，解决了“ADT 要进行多长时间才能获得足够多的数据以推断使用条件下的产品寿命”这个实际问题，并利用一些发光二极管（LED）的数据来证明这个方法的可行性[4]。另外，LI 研究了不同约束及最优目标下的加速退化试验的设计问题，PARK 等研究了基于加速退化试验的可靠性验收试验问题，LIAO 等对基于加速退化试验的系统稳健性最优化问题进行了研究，CHIAO 等研究了基于性能退化数据可靠性鲁棒设计问题，Meeker、Escobar、Lu 等研究者也进行了 ADT 的设计与优化工作[5]。

1.2.2 国内研究现状

我国自 20 世纪 60 年代以来，在装备贮存期研究、贮存试验等工作中经历了实践与认识的过程。我国第一代战略、战术装备从 20 世纪 60 年代后期相继开展现场贮存试验，积累了丰富的经验。我国某型反坦克战术装备曾做过自然环境加速贮存试验，共投入数十个产品，试验进行了将近两年，每个产品在试验中都经受春、夏、秋、冬四个季节综合气候因素的影响。还对有关部（组）件进行了室内模拟环境（高温 86℃，20 天）下的加速试验，取得了一些经验，为进一步开展加速贮存寿命试验创造了条件。不过，限于当时的认知和技术手段，未提出加速试验相关方法与技术概念。

70 年代初，加速寿命试验技术进入我国，立即引起了应用数学界与可靠性工程界的广泛关注，目前已经在导弹、发动机、轴承、齿轮、低压电机、电容、绝缘材料、继电器等产品的寿命研究中得到广泛应用，涉及武器装备、航空、航天、机械、电子等诸多领域，在不断的应用中，一些新的可靠性试验技术——加速寿命试验（ALT）、高加速寿命试验（HALT）、高加速应力筛选（HASS）、加速退化试验（ADT）等不断问世。

我国对加速试验技术的研究起步相对晚一些，很多技术虽不是很成熟，但还是取得了不错的成果。20 世纪 80 年代以来，针对高可靠和长寿命评价解决难题，国内一些院校开展了与加速试验方法有关的研究。从研究对象来看，针对元器件、材料、火工品等较为单一的对象开展的研究较多，甚至形成了一些成熟的、标准化的方法，但在整机加速试验方面的研究相对较少。从技术特点来看，特别是在加速寿命试验模型和数据处理方法方面，针对恒定单应力加速寿命试验设计、实施、数据处理的研究较多，近些年研究方向朝着更具备优越性的加速退化试验方面发展；以华东师范大学、北京航空航天大学、国防科技大学、工业和信息化部电子第五研究所、贵州大学、浙江理工大学、杭州电子科技大学、西安电子科技大学等为代表的研究单位为主，不少研究人员在加速寿命试验数据统计分析方面做了很多工作。仲崇新在文章《威布尔分布场合下恒定应力加速寿命试验的 Bayes 方法》中，提出了威布尔（Wiebull）分布下恒定应力加速寿命试验的 Bayes 方法，并着重讨论了这一方法在试验数据处理中的应用。茆诗松和王玲玲在《加速寿命试验》一书中详细阐述了寿命数据服从不同分布（指数分布、威布尔分布、对数正态分布）情况下的参数统计评估方法，受到了工程人员的广泛关注。张志华和茆诗松在文章《指数分布场合下竞争失效产品的恒定应力加速寿命试验的统计分析》中，结合实例讨论了如何运用指数回归分析模型对产品的平均寿命进行推算。同时，还有一些研究人员研究了双应力和多应力下产品加速模型的建立与参数评估，也取得了不错的成果。李沛琼和王少平等建立了威布尔分布下的双应力加速模型，给出了相应的参数估计方法，并利用该方法对机械产品的寿命进行评估。还有学者对灰色理论在步进应力试验数据处理中的应用进行了研究。综上所述，国内对于加速寿命试验的数据处理方法从不同的角度进行了大量的研究和实践。

在国内，加速退化试验的研究从 20 世纪 90 年代中期开始。华东师范大学茆诗松、庄东晨率先研究了退化失效模型及其统计分析方法，初步研究了线性加速退化失效模型及其参数解算方法，对恒定、步进和序进应力失效模型进行了初步探讨，并进行了加速退化试验及试验数据分析。国防科技大学的周经伦、陈循、赵建印、邓爱民、张春华、冯静、潘正强等人研究了加速退化试验方法；赵建印研究了基于加速退化试验数据的可靠性分析方法，并将其应用于金属化膜脉冲电容器的可靠性分析；冯静等人采用线性随机过程模型来描述产品性能参数的退化轨迹，通过跟踪测量产品运行过程中的性能参数变化趋势，推导产品的寿命分布模型，并得到模型参数的估计；潘正强研究了基于 Winner 过程的多应力加速退化试验设计，建立了基于 Winner 模型的渐进方程的计算方法，分析了试验费用计算模型，给出了 Winner 模型多应力加速退化的优化模型。北京航空航天大学李晓阳、姜同敏等人采用布朗漂移运动理论研究了加速退化试验方法，并将其应用于卫星组件的寿命预测；华东师范大学的程依明、汤银才、高晓婷、宋玲等人研究了加速退化试验中变点模型统计分析方法、具有随机退化率的加速退化模型统计方法以及加速试验优化设计方法；贵州大学赵明、雷小平、刘秀平、刘合财等人研究了系统贮存可靠性评估的加速参数漂移法。

通过对国内外研究人员的加速退化试验相关文献的分析，总体来说，加速退化试验作为一种新型的试验，国内尚处于起步阶段，国外亦无成熟的经验可以借鉴。虽然现阶段已有一些研究成果，但仍有大量工作需要开展。通过对国内外贮存加速退化试验方法的调研和分析可以看出，国内外对加速退化试验方法的研究主要集中在加速退化建模、模型参数解算和虚拟数据仿真方面。

20 世纪 90 年代以后，随着微电子、光电技术等在装备中的大量应用，使得装备研制周期缩短，更新换代加快。在这种形势下，现场贮存试验在经济性和试验时间等方面已不能满足研制任务的需要。而加速试验技术具备可在较短时间内对产品贮存寿命进行有效评估的优势，因此得到了广泛应用，应用对象包括炸药、发动机推进剂、引信、火工品、橡胶产品、继电器、微波电子产品等。其中，推进剂、火工品、橡胶产品等已形成了相关标准。国防科技大学的袁端才、唐国金等通过约 20 周的恒定应力加速试验，评估出某发动机推进剂的贮存寿命大约为 13 年零 10 个月；中国人民解放军军械工程学院的郑波、葛广平等以温度为加速应力，采用步进应力加速试验评估某引信的贮存寿命约为 17 年；河北工业大学的陆俭国、李文华、骆燕燕等长期从事继电器贮存可靠性研究，利用加速试验评估贮存寿命，得到良好成效；北京航空航天大学的李晓阳、姜同敏等采用步进加速退化试验评估某微波电子产品的贮存寿命约为 8 万小时。但加速试验应用对象目前主要为元器件材料级产品，级别低，对整个装备的贮存寿命评估支撑有限。进入 21 世纪，李久祥等多位贮存可靠性专家开始探讨更高级别的加速试验——整机加速试验，以克服元器件材料级加速试验的不足，但只是分析了可能的发展方向，对相关的模型和方法缺乏研究。

在理论研究方面，国内开展了大量性能预测方法、加速试验方法等方面的研究，对元器件、原材料、火工品的实验室加速贮存寿命试验已经有了一些研究成果及实际应用信息。但对于整机的实验室加速贮存寿命试验情况却少见报道，特别是能够适用于只有少量样品可用的电子整机的加速试验极少见报道。2004 年李久祥提出了整机加速贮存寿命试验研究，2006 年林震等提出了整机产品加速贮存寿命试验研究思路探讨，2010 年谭源源开展了装备贮存寿命整机加速试验技术研究，2011 年张生鹏等提出了电子整机加速贮存试验方案设计。

在近十年的工作中，笔者及原所在单位（工业和信息化部电子第五研究所）在国内开展了大量装备电子整机加速试验与贮存寿命快速评价型号的研究工作，提出了电子整机贮存寿命评价的工程解决方案，并在工程实践中得到了大量应用。与此同时，也有文献指出了所采用的贮存寿命评估方法的不足：采用元器件、材料的数据逐级向上评估，整机、分系统、系统的贮存可靠性精度不高；对低失效率产品和新研制产品而言，在现场贮存环境下，突发型失效产品的失效数据难以获得，而退化型失效产品由于其性能退化非常缓慢，需要非常漫长的时间才能获得满足统计要求的退化数据。

总体来说，目前装备的贮存寿命可采用加速试验技术进行评估，原因如下。

（1）常规装备的贮存期较长，常规的试验方法耗费时间和资源，采用与实际环境条件下一致的数据，对于高可靠和长寿命产品不合适。而且确定装备寿命必须要在短期内完成，这样对于常规装备的战略布局、统筹安排才具有指导价值，如采取定检的方式进行，当检测出常规装备的缺陷后，很可能已经发生批量性失效，这与常规装备必须长期保持可靠、随时准备工作的初衷也是相违背的。

（2）库房环境条件较为单一稳定。工作环境随工作地点、地域、时令的温度变化较为明显，波动较大，而库房的贮存环境是固定不变的。并且库房中大多有环控设施，因此环境条件较为稳定。在应用加速模型进行求解时，可以将其贮存环境量化处理为某一固定的数值，这样较为便利。

（3）贮存失效以电子产品为主，电子产品最适宜用加速试验方法确定其寿命。贮存中主要的影响因素是温度、湿度。电子产品受温度影响较大，随着温度的提升，电子产品的失效率会提高。并且温度应力的加速效果已经得到大量的试验验证，热老化模型（如阿伦尼斯模型）是目前应用最为成熟的加速模型。

1.3 装备寿命评价技术现状

1.3.1 常用的贮存寿命评价技术

贮存寿命评价通常有三类手段，一类主要是基于实际库房贮存数据进行的分析，另一类主要是基于模拟贮存试验进行的评估，还有一类是近年来研究较多的基于加速试验进行的评估预测。通常在三类方法中都需要对产品开展大量的试验和检测分析工作。贮存试验是研究产品在规定的贮存环境及维护、保管条件下能满足贮存年限要求的技术状态和工作性能的试验。上述三类手段对应的贮存试验类型为：现场贮存试验、实验室模拟贮存试验和加速贮存寿命试验。

（1）现场贮存试验是指产品在实际贮存环境下进行的贮存试验，如库房贮存、发射箱内贮存和待机阵地的贮存等。其特点是贮存环境条件真实，产品经受多种环境应力的综合影响，试验结果可信；不受试验件体积大小的限制，电子组件、部件、电子整机乃至整个装备均可贮存；试验周期长，一般要几年到十几年；适用于研制阶段要求贮存期较短的产品贮存、服役使用及其延寿试验。在装备寿命研究规划比较好的情况下，安排贮存试验计划，将最早的具有代表性的一批装备进行现场贮存试验，获得产品参数变化、贮存寿命、薄弱环节等信息，由于其现场环境和试验数据的真实性，具有极大的现实指导意义。但是，我国大多数装备在研制或投入使用初期缺乏相应的贮存计划。

（2）实验室模拟贮存试验是指产品在试验室模拟现场贮存环境和状态的试验。其特点为：试验条件控制较为准确；能模拟一些典型的环境因素；试验时间长，成本较高。该方法用于可靠性和寿命指标要求不高的产品评价，具有十分重要的作用和意义，如导弹的通电寿命要求通常不超过 300 小时，机载导弹的挂飞寿命要求通常不超过 200 小时。通电寿命和挂飞寿命采用实验室模拟试验是一种较好的选择。但是，用于评价高可靠和长寿命产品时，往往在工程上难以满足项目进度要求，难以接受其经济成本。

（3）加速贮存寿命试验模拟现场贮存的单个或数个环境因素，在不改变产品失效机理的前提下，适当提高应力等级以获得加速效应，压缩试验时间，在短期内得出贮存寿命评价结论。加速贮存寿命试验的优点是经济、高效；缺点是技术难度大、成熟度不高，工程可用的技术方法有限，特别是在电子整机方面的研究和应用均不多。这种方法最适合导弹的贮存寿命评价，也适合应用于一些装备的高 MTBF 指标考核。其中，自然环境贮存试验，环境因素真实但不可控，通过样品状态对比评价可以获得其加速因子，往往加速效应不大；人工加速试验，环境因素可控但不全面，往往可以达到较大的加速效应。

1.3.2 基于历史数据的寿命评价方法

贮存/使用历史数据主要来源于产品的现场贮存或运行，即产品在实际贮存/使用环境条件下进行的贮存或运行，如库房贮存、发射箱内贮存和待机阵地的贮存以及现场试用、使用、运行和试验等。历史数据的特点是数据真实，评估结果可信，然而要基于历史数据开展寿命评价，则要求能够有计划、持续地收集历史数据，并对获得的历史数据进行科学合理的分析处理。

民用航空领域，在 20 世纪 50 年代国际上便提出了装备领先使用计划，即利用最早批次的飞机不断运行验证，获得其潜在隐患、典型故障问题乃至寿命信息，为后续批次装备的保养、维护和修理提供依据。这一方法也广泛应用于装备寿命研究领域，美国早在 20 世纪 50 年代就开始进行装备现场贮存试验，获得了大量的贮存性能与贮存寿命数据，用于装备改型、定寿、延寿工程，并取得显著成效，形成了一套“延寿－贮存－定检－抽检－定寿”的寿命评价体系。美国陆、海、空军的一些制造厂和研制单位，对所研制和部署的装备（包括各种设备、材料和元器件）实施了一系列的现场贮存试验，获得了大量的贮存性能与贮存寿命数据。如“大力神Ⅱ”“民兵Ⅰ”等装备的贮存试验计划，用来考核装备的贮存寿命，并对这些装备实施了持续的型号改进，使其贮存寿命得到显著延长。例如“大力神 II”可靠性和老化趋势监测计划，包括在地下井内的系统级试验和装备库房或承制方实验室内的元件级试验。“大力神 II”从交付部队使用到全部退役，服役期限长达 24 年。“民兵 I”装备发动机贮存试验计划，在希尔空军基地进行贮存，投入 15 台装备分别呈水平和垂直状态贮存。“民兵Ⅰ”装备发动机贮存试验计划的全部过程包括：首先进行制造，初步检查；然后运到基地贮存库，发动机存放，发动机运回厂，检查运回的发动机，发动机运输试验；最后进行预点火检查，试车，点火后的检查，分析和鉴定。美国洛克希德·马丁公司对“红斑蛇”战术装备进行加速贮存寿命试验，一方面对全弹进行自然环境下（干冷、湿热）的加速贮存寿命试验，另一方面对元器件、零部件和设备在温度 85℃、相对湿度 85%RH 的试验箱内进行加速老化试验。试验和测试数据表明能达到产品大修期为 10 年、贮存可靠度保持约 0.89 的要求。到了 20 世纪 80 年代，美国对装备贮存可靠性的研究更加深入，相继发表了多份贮存可靠性技术报告。其中，RADC-TR-85-91 建立了预测非工作周期对装备可靠性定量影响的分析方法，并给出了一系列元器件、材料的非工作失效率评估模型及大量相关数据，这些模型可用于评估多种贮存环境下的元器件贮存失效率。

此外，苏联从 20 世纪 80 年代开始进行加速贮存寿命试验研究，火炬机械制造设计局开发了加速贮存寿命试验技术，包含试验的原理和方法、设备和软件，并在装备研制及航空航天等领域得到广泛应用。如应用于 C-300 防空导弹系统，能够通过 6 个月或更短的试验时间，对长达 10 年的装备贮存期进行评估。即在工程研制阶段通过实验室条件下的模拟贮存试验，就可能发现装备薄弱环节，预测产品在整个贮存期内可能存在的问题，并采取有效的改进措施，从而使产品满足规定贮存期要求。

我国自 20 世纪 60 年代开始自行研制各类型号武器装备以来，在装备贮存期研究、贮存试验等工作中经历了实践与认识的过程。我国第一代战略、战术装备从 20 世纪 60 年代后期相继开展现场贮存试验，这方面的研究已积累了一定的经验。以某型导弹装备为例，在 20 世纪 90 年代达到 10 年初始规定寿命后，在标准方法缺乏的情况下，相关机关委托原信息产业部电子第五研究所（现工业和信息化部电子第五研究所）抽取多枚贮存到达 12 年的超寿装备进行分解，从中选取 1000 多只元器件进行破坏性物理分析、失效机理分析和模拟环境试验，确认了其内部元器件的贮存寿命状态。

尽管我国各个领域均有装备贮存、检测、使用方面的规章制度，然而，我国在装备贮存历史数据收集方面，由于缺乏早期的、明确的计划，关注的重点往往是一时的状态，存在信息不完整、不详细、不深入、长期数据丢失严重，信息难以获取、利用和挖掘等问题。笔者在工业和信息化部电子第五研究所工作期间，接触了大量装备的贮存历史数据，均为相关用户和维修单位所收集，然而，这些数据中较为完整可用的非常少，乃至后续的一些延寿工程中，承担单位索性不再收集贮存历史数据。

然而，贮存历史数据是装备非常宝贵的真实数据，基于贮存历史数据评价装备贮存寿命也是长期以来一直被国内外高度重视的一个典型的、有说服力的寿命评价方法，特别是在以前寿命评价技术手段有限的时候，发挥了重要的作用，即便是当前加速试验技术得到了一定发展的情况下，基于贮存历史数据开展装备贮存寿命评价仍然是一个重要的方法。

基于贮存历史数据的可靠性评价方法主要运用数理统计原理，涉及典型寿命分布模型，包括单/双参数指数分布、二/三参数威布尔分布、对数正态分布等分布类型以及非参数分布。这些典型分布的模型参数估计方法已经十分成熟，如 GB/T 5080.6《设备可靠性试验 恒定失效率假设的有效性检验》给出了指数分布模型参数求解和模型检验方法。《数据的统计处理和解释》系列标准给出了正态分布、二项分布、泊松分布、指数分布的相关参数解算和检验方法。

尽管贮存可靠度评估的数理统计基本理论方法并不缺乏，然而，当前基于贮存历史数据的贮存可靠度评估缺乏一套系统的方法，就算进行完善的数据处理和贮存可靠度评估，也不能系统地解决下列问题：①准备试用哪些寿命分布模型；②如何检验模型以及符合的模型有哪些；③符合的模型如何比较以及哪个最优；④数据奇异值如何检验和处理。

1.3.3 基于加速寿命试验的寿命评价方法

如前所述，加速寿命试验通过多组应力试验得到可靠性/寿命信息，再利用应力-强度模型，从多组高应力可靠性/寿命信息外推出常规典型应力下的可靠性/寿命信息。国内外对加速寿命试验方法的理论研究已经较为清楚，特别是单应力加速寿命试验理论研究，也在工程中形成了大量的应用案例，一些企业积累了丰富的工程经验，并在后续类似产品的研发中得到了快速应用。

加速寿命试验实际上就是通过提高应力加速产品失效，正常来说，应力越大，产品失效越快，失效数量越多。通常来说，需要安排 3 组以上高应力用于开展加速寿命试验，得到各高应力组内样品的可靠性特征量（如平均故障间隔时间、平均寿命等），应力越大对应的特征量值越小。因此，再联合利用多组高应力下的可靠性特征量值外推出常规正常应力下的特征量值，也就得到了常规正常应力下的可靠性/寿命信息。如果已知某个对象的加速应力及其对应的模型和经验参数，则可以直接在试验前计算出加速应力下的加速因子，可以工程简化采取 1 组样品开展加速寿命试验，快速完成其可靠性/寿命评价。因此，加速寿命试验可以用于装备及其上部组件、元器件、材料的可靠性/寿命快速评价。

当前，加速寿命试验领域已经出版了多本专著，除了茆诗松的著作和译著外，还有马海训等编著的《加速寿命试验数据分析》、张志华著的《加速寿命试验及其统计分析》。此外，该领域还发布了多个标准，如 GB 2689 给出了威布尔分布模型参数求解和寿命评估的方法，GJB 5103 给出了弹药元件加速寿命试验方法，GJB 736.13 给出了火工品在恒定温度的应力试验方法，IPC 279 给出了印制电路板湿热应力下的绝缘电阻退化模型，IEC 61709 给出了基于加速模型的失效率预计方法，IEC 62506 阐述了各类加速试验模型和方法。

1.3.4 基于加速退化试验的寿命评价方法

1. 加速退化试验概述

加速退化试验是在加速试验过程中，利用产品的寿命特征和参数退化特性进行性能参数（退化）预测，从而预测得出产品在各高应力下的性能参数超差时间，以此作为可靠性/寿命特征值，再进一步利用加速寿命模型外推得出典型常规应力下的性能超差时间作为可靠性/寿命特征值。由此可见，加速退化试验设计与数据处理需要经历性能参数预测和建立加速寿命模型两大步骤。当前，对加速退化试验的研究相对加速寿命试验的研究少得多，特别是在性能测试数据样本量小的情况下，性能预测可用的方法不多且难度较大，特征参数的性能退化也难以检测和捕获，或者难以预测分析。

在加速退化试验方案设计方面，当前国内外较少开展相关研究工作，特别是定量的研究工作，但在实际应用中有必要研究加速退化试验相关各因素的确定方法。考虑到当前加速退化试验方案设计研究基础薄弱，在量化加速退化试验各要素方面缺乏基础，因此，需从加速退化试验工程实施需要出发，研究加速退化试验各要素，以便指导工程人员结合产品特点、模型特点和实际条件制订加速退化试验方案。实际上加速退化试验方案一旦制订，加速退化试验实施工作就相对较为容易了。调研表明，大多数单位具备开展加速退化试验的硬件条件，然而却因为缺乏专业人员和专业知识，无法开展加速退化试验评价工作。

在加速退化试验评价方面，基于性能退化数据的可靠性建模还处于探索阶段，缺少一般的模型和方法，根据国内的相关研究，按照对产品性能退化机理的了解程度，可以将加速退化模型分为以下 2 种基本类型：①基于失效物理的加速退化模型，依据产品的失效机理，通过深入了解产品的失效物理、化学反应规律来建立；②基于统计数据的加速退化模型，直接对数据进行曲线拟合获得退化轨迹，这是一种基于经验的数理统计方法。当前研究表明，布朗漂移运动理论适用于加速退化模型，并且国防科技大学和北京航空航天大学做了相关模型及参数解算的研究。但调研同时表明，当前国内对加速退化试验的研究主要集中在退化数据的统计分析建模方法上，深入的理论研究甚少。

在加速退化试验的设计与优化研究等领域，目前国内外也较少开展相关研究工作。加速退化试验的设计与优化是统计分析的逆问题，研究在给定条件（样本数量、试验时间、测试时间间隔、应力水平、试验费用等）下，如何进行加速退化试验以获得可靠性及寿命的准确估计。设计与优化可以描述为一个约束极值的问题，优化目标是为了使加速应力下的可靠性指标估计方差极小，而约束则为最大试验代价（抽样样本与试验时间等）。进行加速退化试验设计与优化应该考虑以下问题：①进行加速退化试验要求的样本数；②加速退化数据测量点时间间隔的确定；③试验的应力水平数；④每一应力水平下试验样本数量的分配；⑤试验的截止时间。在加速退化试验过程中需要连续监测能够反映产品性能的参数。因此这些参数、退化阈值、测试点、应力水平、样本数量、试验截止时间、基本加速退化模型等因素在试验前就应该确定下来，这些都需要综合考虑产品及试验设备、产品性能参数的波动、测量误差等因素。必须进行加速退化试验方案优化，以达到最佳的试验效果。

总体来说，目前加速退化试验主要存在以下亟待解决的问题：①系统级的加速退化试验设计与分析技术；②加速退化模型的稳健性及测量误差相关性分析技术；③竞争失效与随机失效阈值退化分析技术；④多性能参数退化及小子样退化数据分析技术等。

2. 基于数理统计的加速退化试验

基于数理统计的加速退化模型是用统计模型来描述加速退化数据，在工程中更加适用。对退化数据的分析一般采用两种方式：一种是将产品退化量或与退化相关的参数作为时间的函数（该函数一般称为退化轨迹），并基于此进行数据分析的方法，即基于回归模型的退化分析方法；另一种是基于随机过程的方法，该方法采用随机过程模型来描述产品的退化。但是由于基于统计数据的模型一般是建立在退化轨迹曲线为线性，且退化量分布的标准方差为常数假设的基础上的，因此基于统计数据的退化模型仅仅对恒定的应力水平有效。

Lu 与 Meeker 考虑了一个非线性混合影响模型，利用 2 步分析法得到失效时间分布百分比估计，使用 Monte Carlo 仿真得到了基于退化数据可靠性预计的点估计和置信区间。他们给出了包括对所有产品均适用的固定影响参数和仅仅描述个别产品特性的随机影响参数[5]。Stock 将元器件的性能分成 4 个状态：工作状态、退化状态、失效状态、维修状态。他们假设在每个状态花费的时间总数是一个服从指数分布的随机变量，然后利用连续时间 Markov 模型估计了失效时间和产品性能的其他量[6]。Lu 给出了一种有着随机回归系数和标准偏差函数的模型，用以分析从半导体得到的线性退化数据。Tang 等建立了非破坏性加速退化数据模型，这些数据来自电源单元，是作为随机过程来收集的[4]。Tseng 等人利用一个有着随机系数的简单线性回归模型来对荧光灯的发光度退化数据进行建模[10]。华东师范大学庄东辰研究了在加速试验中的线性退化失效模型，包括随机斜率线性退化模型和随机截距线性退化模型。国防科技大学赵建印研究了基于随机过程的退化失效模型，包括更新过程模型、Wiener-Einstein 过程模型、Gamma 过程模型[7]。北京航空航天大学李晓阳研究了基于随机过程的加速退化失效模型，主要针对布朗漂移运动模型进行了研究[8]。

在加速退化试验中，要预先指定退化水平，获得在不同时刻的退化量，定义当一个试验单元的退化量超过某个阈值水平时产品失效。这样，这些退化量可以作为用来估计可靠性的有用信息。

产品的性能退化是在环境外力的不断作用下，内部材料逐渐变化的结果，由于环境应力以及内部材料的随机性，产品在某一时刻的性能退化量也具有随机性，因此，可用一些随机过程模型来描述产品的性能退化过程。

国内外学者针对随机过程的退化分析开展了许多相关研究。Nelson 研究加速退化数据时，假设某一时刻退化量的对数服从正态分布，该分布的均值是时间的函数，而方差与时间无关。Wang 等人在处理感应电动机的加速退化试验数据时采用了类似的过程，他们的研究中假设退化量分布函数为双参数的威布尔分布，分布的形状参数不随时间变化，尺度参数是时间的函数。Sun 等人通过对金属化膜脉冲电容器的退化数据分析，给出了一种 Guass-Poissno 联合分布模型。Bimbaum 等人利用因裂纹增长导致失效的物理疲劳过程，推导出了一个寿命模型，即著名的 B-S 模型。Huang 等人用截断威布尔分布表示退化量的分布，并给出了一个基于退化数据的分布参数极大似然估计法。华东师范大学庄东辰在各类线性退化模型的基础上，研究了连续测量和破坏测量两种测量条件下的恒定应力、步进应力加速退化试验数据处理方法。华东师范大学程依明研究了加速退化试验中变点模型的统计分析方法，分析了步进应力和序进应力条件下模型参数的解算方法和模拟方法，以及具有随机退化率的加速模型统计方法，提出了模型假设以及建模、参数估计的方法等。国防科技大学汪亚顺研究了双应力步进加速退化试验统计分析方法，在统计模型研究的基础上，给出了模型参数解算的方法。赵建印研究了基于加速退化数据的 BS 分布的统计推断方法，并进行了数据仿真分析。贵州大学赵明教授研究了系统贮存可靠性评估的加速参数漂移法，还研究了具有初始失效的电子产品的加速贮存可靠性预测模型及参数解算方法。

标准 GJB 92 给出了利用热空气老化法测定硫化橡胶贮存性能与寿命预测的方法，采用了性能退化模型；另外，GJB 736 给出了火工品在高温老化状况下基于性能退化预测寿命的方法。目前，基于性能预测评估寿命的专著较多，但是基于加速退化试验进行寿命预测的专著鲜见。

工业和信息化部电子第五研究所在“十五”和“十一五”期间，基于电迁移、热载流子、高温老化等模型，开展了电容器、实芯电阻、锂离子电池、半导体器件、单片机集成电路等类型的元器件的加速试验研究，通过选取特征参数进行检测和性能退化预测，最终给出了元器件的寿命结论。

笔者在参考北京航空航天大学李晓阳博士的论文和国防科技大学赵建印博士的论文的基础上，结合多年的可靠性工程技术经验，针对布朗漂移运动加速退化试验方法进行了深入研究，结合可靠性数理统计基础知识，提出了数据检验方法、模型验证方法、加速退化试验数据处理流程，并在多个型号工程项目中得到了应用，解决了工程应用中遇到的一些问题。

3. 基于灰色模型理论的加速退化试验

灰色模型理论以“部分信息已知，部分信息未知”的“小样本”“贫信息”的不确定性系统作为研究对象，主要通过对已知信息的生成、开发，提取有价值的信息，实现对系统运行行为的正确认识和有效控制。灰色模型理论拟合或预测需要的原始数据少，甚至只需要 4 个数据就可以建立准确的预测模型，且能得到满意的结果。灰色预测模型（Grey Modle，简称 GM 模型）是灰色模型理论的核心部分，是灰色预测、决策、控制的基础，它既不是一般的函数模型，也不是完全的差分方程模型或者完全的微分方程模型，而是具有部分差分、部分微分性质的模型，它是将系统主行为与关联因子结合在一起进行的多序列预测模型。即在分析与研究系统因子之间相互影响与协同作用的基础上，建立系统主行为特征量与关联的灰色动态模型群，然后通过求解进行预测。故该模型在关系上、性质上、内涵上具有不确定性。灰色建模是灰色模型理论的主要内容之一，它属于少数据（允许少数据）的建模。其目的是在数据有限（有限序列）的条件下，模仿微分方程建立具有部分微分方程性质的模型。

灰色建模实质上是为了将离散的、无规律的原始数据序列进行 m 次累加（m 为自然数），得到规律性较强的累加生成序列，然后再对累加生成序列建模。由生成模型得到的数据再通过 m 次累加生成的逆运算——累减生成得到还原模型，此模型即为最终的预测模型。可以看出，建模阶段的灰色模型是预测工作的基础模型。

灰色系统理论已由部分研究人员应用于可靠性预测，大多是基于可靠性数据进行未来可靠性预测的。早几年笔者通过研究，将灰色模型理论预测方法用于加速试验条件下各组样品的性能变化趋势预测，从而得到各组应力条件下样品达到预期失效阈值的寿命，再进一步应用加速模型可外推得到常规典型应力下的预测寿命，从而形成了基于灰色模型理论的加速退化试验方法。

4. 基于失效物理的可靠性寿命预测

如果对产品的退化机理已经有相当的了解，就可以通过建立基于物理或基于试验的加速退化模型来对产品的可靠性进行评估。这类模型中包含一些随机变量模型参数，通过这些随机变量参数推导可靠性函数可能会很困难或复杂，因此对于此类模型而言，除了某些特例外，一般不能得到解析形式的可靠性函数表达式。

Nelson 分析了一种绝缘材料在不同应力水平下的性能退化数据，利用加速退化模型描述材料热力学温度及击穿电压与时间之间的关系。Carey 等使用加速退化模型估计了集成逻辑系列（ILF）的可靠性，假设最大退化量和热力学温度之间的关系可以用阿伦尼斯定理来描述，使用极大似然法估计关系参数，然后用阿伦尼斯关系来预测产品在常温下工作的最大退化量[9]。Tseng 通过对一种汞灯的制造流程的分析，确定了影响其退化的主要因素是灯中汞的浓度和所充氩气的浓度，得到了这种汞灯的加速退化模型[10]。

Meeker 等讨论了单变量退化进程的一般模型，他们将单变量退化过程分成 3 种退化类型：线性退化、凸形退化、凹形退化。Feiberg 等深入研究了阿伦尼斯定理，给出了热激活能时间相关模型，将参数老化与灾难故障联系起来，该模型显示出阿伦尼斯退化行为一般服从对数正态分布[9]。Chuang 描述了 LED 退化的动力学模型[11]。Meeker 等人讨论了基于退化数据的退化模型和方法，用以推导产品的可靠性，并将退化试验方法与传统的寿命试验方法进行了比较。很多学者都十分关注如何通过分析产品失效机理直接得到产品性能退化的轨迹函数：Pairs 模型是疲劳失效中常用的模型之一，主要用于描述机械产品微小裂缝随时间的增长情况；Place 等应用 Pairs 模型研究了直升机转动机构的失效问题；Lu 采用 Pairs 模型通过一组疲劳裂缝数据，建立了退化轨迹函数，并由此推断出产品的失效时间[12]。Power Law 模型也是一种较常用的模型，Chan 等用该模型描述了膜电阻的退化机理，并对该类型电阻进行了可靠性分析，还对扩展指数率模型进行了介绍[11]。Meeker 等研究了由绝缘材料间晶须的增长而引起的印刷电路板的失效，并采用物理化学反应规律建立了退化轨迹函数。Yang 等建议使用在加速统计下的退化量来估计给定临界值的可靠性，这种方法假设退化轨迹是线性的，退化量服从正态分布[13]。Lu 等在处理金属氧化物半导体晶体管的热载波退化问题时，通过分析其物理工作过程确定了退化轨迹函数，他们采用时变标准差来处理重复测量的退化数据，并给出了模型参数的极大似然估计法[12]。

在失效物理的可靠性和寿命研究方面，马里兰大学开展了各类元器件及材料的大量失效物理模型研究工作，在加速退化试验中基于失效物理模型进行退化规律和寿命研究，形成了较为丰富的失效物理模型库，可用于开展电子组件失效物理建模仿真和元器件加速建模仿真。当前，这一方法已经被我国北京航空航天大学、中航工业 301 所（中国航空综合技术研究所）、工业和信息化部电子第五研究所等单位引入，并在工程中进行了大量的应用。从应用的实际效果来看，马里兰大学提出的失效物理模型复杂、参数多，难以在研究中进行模型解算，也难以在工程中获得实际数据支撑。

1.4 小结

加速试验由于可大幅缩短传统试验时间，解决高可靠和长寿命指标评价中的难题，可充分验证产品可靠性、缩短研制周期、节约研制成本，在学术界和工程界均得到广泛认可和大量研究，已初步形成了丰富的理论方法。加速寿命试验研究较为成熟，基于应力-强度模型可由高应力组样品的寿命外推至典型常规应力下的产品寿命。加速寿命试验的简单模型，如高温老化模型和电应力老化模型，应用非常广泛，但加速寿命试验依赖故障/失效数据评估产品寿命，导致所需样品数量多，试验资源消耗多。加速退化试验作为更新的技术，以产品失效前的性能变化为输入，基于性能退化预测各应力组样品的寿命，再基于应力-强度模型外推至典型常规应力下的产品寿命，不再依赖失效数据评估产品的寿命，因此，所需样品数量更少，试验时间更短。

第2章 基础知识

2.1 寿命基本知识

狭义的寿命是指产品失效后采取报废措施致使其寿命终结，对于底层不可维修单元或结构件，其失效一般是由于使用耗损所致。广义的寿命是指衡量产品失效时间的全部指标。装备的贮存期寿命，包括免维修期、维修间隔期、贮存寿命及使用寿命。长期贮存类装备的贮存期寿命曲线如图 2-1 所示。

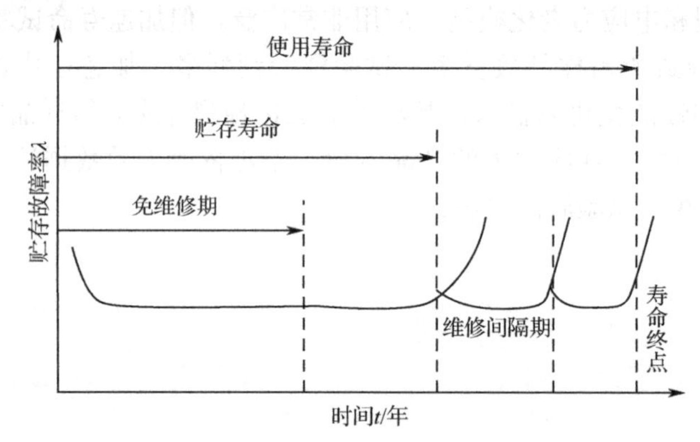

图 2-1　长期贮存类装备的贮存期寿命曲线

目前人们对于长期贮存类装备贮存期寿命相关的概念经常分不清楚，甚至觉得这些概念互相矛盾。有些文献中对于上述概念（免维修期、维修间隔期、贮存寿命、使用寿命）都用“贮存寿命”来表述，但是在实际工作和具体分析中，装备贮存期不同寿命之间存在着差异。因此有必要对装备贮存期的各种寿命进行分析，明确其具体含义，以指导实际工作的开展。

2.1.1　基本术语和定义

可靠性：产品在规定的条件下和规定的时间内，完成规定功能的能力。

可靠度：产品在规定的条件下和规定的时间内，维持规定功能的概率。

贮存：对暂时或长期不使用的产品（或包装件），按照规定的程序和要求存放的过程。对长期贮存类装备而言，规定的程序和要求是指各类长期贮存类装备规定的贮存场所、贮存环境、产品状态、包装、检测维护及其他要求。

工作：是指产品实际使用中处于工作的状态，工作时样机处于实际环境状态，往往要通电，机械样机往往还要承受动载荷，由此可见，工作状态样机面临较严酷的环境。

使用：通常，使用包括产品的工作过程和非工作过程，是一种产品历程的完整状态过程。

贮存寿命：是指在规定的贮存条件下，以库房贮存为主的产品，从开始贮存到其丧失规定功能或战术技术性能达不到指标要求时的累计贮存时间，通常用贮存日历时间如年、月等来表示，这类产品最典型的代表是战略和战术导弹装备、国防和救援储备物资等。这类装备的寿命往往会受其贮存过程的影响，因此采用贮存寿命评价。

工作寿命：在频繁使用的装备中，还有一类装备长期处于工作状态，如在轨卫星、智能电表、在线仪表等从不间断工作的监测类或在线类设备，这类装备的寿命往往会受其运行过程的影响，因此采用工作寿命评价。

使用寿命：在规定的使用条件下，典型频繁使用且经常停放的产品，从开始投入使用到其不能/无法使用时的累计使用时间，通常用使用日历时间如年、月来表示，这类产品最典型的代表是飞机、舰船、战车、火炮等军用装备，以及民用的娱乐设施装备、工厂经常运行的生产装备、医疗用的仪器设备、试验检测用装备等。这类装备的寿命往往会同时受其使用过程和贮存过程的影响，因此采用使用寿命评价。

常规试验：是指通过实验室试验，模拟现场贮存/工作/使用条件的单个或多个主要的环境应力而进行的试验。

加速试验：是指通过实验室试验，模拟现场贮存/工作/使用条件的单个或多个主要的环境应力，在不改变产品贮存失效机理的前提下适当提高应力对产品进行试验，加快产品性能退化或失效过程，通过对提高的试验应力下获得的数据进行统计分析，外推出产品正常贮存/工作/使用条件下贮存寿命的一种技术途径。

加速因子：产品在预期使用应力条件下的失效分布特征，或可靠性水平与高应力条件下的失效分布特征，或可靠性水平之间的比值。

激活能：晶体中晶格点阵上的原子运动到另一点阵或间隙位置所需要的能量，是反应温度应力对产品寿命影响的一种指标，用于评估由热力学温度改变而产生加速能力的经验系数，激活能越大，加速系数越大，激活能通常用 E_a 来表示。

2.1.2 典型可靠性参数

产品的质量指标可分为两类：性能指标与可靠性指标。产品完成规定功能所需要的指标称为性能指标，而保持性能指标的能力便是可靠性指标。可靠性指标是与时间紧密相连的，是经受时间考验的质量指标。这里将介绍几种最常用的可靠性指标。

通常，对于可修复产品，可靠性指标采用平均故障间隔时间（Mean Time Between Failure，MTBF）、可靠度（R）、成功率（P）来衡量和考核；对于不可修复产品，可靠性指标采用平均失效前时间（Mean Time to Failure，MTTF）或贮存/工作/使用寿命来衡量和考核。可修复与不可修复是相对的，对于整机出现的故障，往往可以通过更换失效的元器件、零部件来修复，这类故障对整机而言是可修复的，对元器件、零部件而言是不可修复的。

1. 平均故障间隔时间

平均故障间隔时间（MTBF），是指两次故障之间系统能够保持正常工作的时间的平均值，它是衡量一个产品（尤其是电器产品）可靠性的指标。它反映了产品的时间质量，是体现产品在规定时间内保持功能的一种能力。具体来说，是指相邻两次故障之间的平均工作时间，也称为平均故障间隔。它仅适用于可维修产品。同时也规定产品在总的使用阶段累计工作时间与故障次数的比值为 MTBF。

2. 平均失效前时间

平均失效前时间（MTTF）也可叫作平均首次故障时间，是产品首次进入可用状态直至首次故障发生的总持续工作时间。平均首次故障时间是描述不可维修系统首次故障状况的一个可靠性特征量，它相当于不可修复产品的寿命。平均首次故障时间（即首次故障前时间的期望值），常用 MTTF 表示。平均首次故障时间的估计值可表示为：

$$\hat{\theta}=\frac{1}{n}\sum_{i=1}^{n}t_i \tag{2.1}$$

其中，n 为试验产品数，t_i 为第 i 件产品的首次故障时间。

3. 失效率

失效率是指在已工作到时刻 t 尚未失效的产品中，在时刻 t 后单位时间内失效的概率，记为 $\lambda(t)$：

$$\lambda(t)=\lim_{\Delta t\to 0}\frac{P\left(t<\varepsilon\leqslant t+\Delta t\mid \varepsilon>t\right)}{\Delta t} \tag{2.2}$$

如果将上述定义中的概率看作频率，则失效率还可以有如下理解。

设在 t=0 时有 N 个产品开始工作，到时刻 t 有 $n(t)$ 个产品失效，还有 $N-n(t)$ 个产品在继续工作。为了考虑时刻 t 后产品的失效情况，再继续观察 Δt 的时间。假如在时间 $(t,t+\Delta t)$ 内又有 Δn 个产品失效，那么在时刻 t 尚有 $N-n(t)$ 个产品继续工作的条件下，在时间 $(t,t+\Delta t)$ 内的失效频率为：

$$\frac{\Delta n}{N-n(t)}=\frac{\text{在时间}(t,t+\Delta t)\text{内失效的产品数}}{\text{在时刻}t\text{仍正常工作的产品数}} \tag{2.3}$$

于是产品工作到时刻 t 之后，每单位时间内的失效频率为：

$$\frac{\Delta n\big/\left[N-n(t)\right]}{\Delta t}=\frac{\Delta n}{\Delta t\left[N-n(t)\right]}=\hat{\lambda}(t) \tag{2.4}$$

这个量可用来估计时刻 t 的失效率 $\lambda(t)$。由于频率的稳定性，所以当 N 越大、Δt 越小时，这个估计就越精确。

若产品寿命 T 的概率函数为 $f(t)$，可靠度函数为 $R(t)$，则失效率函数 $\lambda(t)$ 有如下数学表达式：

$$\lambda(t)=\frac{f(t)}{R(t)} \tag{2.5}$$

4. 失效分布函数

对于不同的产品来说，不同的工作条件，寿命 T 的统计规律不同。它往往可以用一个分布函数 $F(t)$ 来描述，即：

$$F(t) = P(T \leqslant t) \tag{2.6}$$

它表示在规定的条件下，产品的寿命不超过 t 的概率，或者说产品在 t 时刻前发生失效的概率。在可靠性中，寿命 T 的分布函数称为失效分布函数或寿命分布函数。知道了 $F(t)$ 则产品寿命（或可靠性）的统计分布规律就清楚了。因此，确定产品的失效分布函数 $F(t)$ 是可靠性数据分析处理的关键。

5. 可靠度

可靠度的一般定义是：产品在规定条件和规定时间内下，维持规定功能的概率，记为 $R(t)$。产品在时间 t 内维持规定功能等价于产品寿命 T 大于 t。所以可靠度函数 $R(t)$ 又可看作时间 $T > t$ 的概率，即：

$$R(t) = P(T > t) \tag{2.7}$$

6. 可靠寿命 t_R

设产品的可靠度函数为 $R(t)$，在 t_R 时刻 $R(t) = R$，则 t_R 称为可靠度为 R 的可靠寿命，简称可靠寿命 t_R，其中 R 称为可靠水平。可靠水平为 0.5 的可靠寿命 $t_{0.5}$ 称为中位寿命，可靠水平 $R(t) = \mathrm{e}^{-1} = 0.368$ 的可靠寿命 $t_{0.368}$ 称为特征寿命。

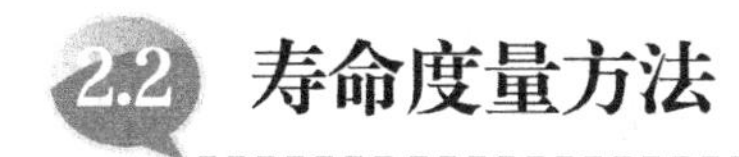

2.2 寿命度量方法

2.2.1 贮存可靠度与贮存可靠寿命

贮存可靠度定义为“在规定的贮存条件下，在规定的贮存时间内，产品保持固定功能的概率”。在偶然失效期内，可认为装备的失效率为恒定值。装备的贮存可靠性用贮存可靠度与可靠寿命两个参数来表示。实际上，这两个参数是相互制约的。在规定的贮存期内，长期贮存类装备必须满足规定的贮存可靠度；如果长期贮存类装备的贮存可靠度明显降低，那么它也就到寿命时间了。长期贮存类装备的贮存可靠寿命可由长期贮存类装备的贮存失效率求得。按式（2.8）计算长期贮存类装备的贮存可靠寿命。

$$L_S = \frac{1}{\lambda_S} \ln\left(\frac{1}{R_S}\right) \tag{2.8}$$

式中：L_S、R_S、λ_S 分别为长期贮存类装备的贮存可靠寿命、规定临界可靠度及贮存失效率。因此我们往往通过长期贮存类装备的贮存失效率来确定其满足一定可靠度的可靠寿命。

失效率综合反映了产品的技术构成、生产工艺、生产质量控制、贮存环境、固有可靠度等因素对检测周期的影响情况。1985 年，罗姆航空发展中心发布了报告“不工作周期对装备可靠性的影响”（AD-A158843），建立了一种方法来预测不工作周期对装备可靠性的定量影响，提供了等效于 MIL-HDBK-217（美国军标–电子设备可靠性预计手册）的非工作可靠性预计。

2.2.2 免维修期的确定

免维修期（Maintenance Free Operating Period）定义为“在既不需要任何维修也没有因系统故障或性能降级而对用户加以任何约束的情况下，长期贮存类装备能够完成其所有预定任务的一段使用期限”。免维修期一般是指长期贮存类装备的首次翻修期（Time To First Overhaul），即“在规定的条件下，产品从开始使用到首次翻修的贮存时间”。

据报道，过去美国空军要求每两年对库存的导弹检测一次。后来，他们发现导弹的贮存可靠性并未在 2 年内发生变化。因此他们将两次检测的间隔时间增加到了 3 年，后来又增加到了 5 年。他们的检测结果表明美国空军导弹的贮存可靠性已经达到了很高的水平。根据以上检测结果，认为导弹在服役期内的检测可以减少，导弹对维修的需求也可以减少。这对提高导弹的战备完好性并较低维修费用大有好处。特别值得注意的是：美国空军的试验结果表明频繁测试对提高导弹的可靠性是没有帮助的，测试还会对导弹造成损伤。

从 20 世纪 80 年代初开始，美国、苏联等国从 20 世纪 80 年代初开始对一些长期贮存类装备实施免维修方案，即长期贮存类装备在长期贮存过程中不进行定期检测或只进行不开箱检测，战时长期贮存类装备可以拉出去就使用。美国、苏联针对这个问题采用了两种技术途径。

1）美国的免维修方案

尽量减少检测，尽量不动导弹。必要的检测，要把检测的插头装在导弹的储运包装箱内，测试不必开箱，更不必打开舱口盖。在库房中存放也尽量不动导弹，因为一动就可能造成故障，特别是打开舱口盖和打开包装箱都可能使弹上设备与材料吸入大量湿气，从而在今后的贮存过程中加速腐蚀。

导弹采用自然贮存试验，并在对大部分导弹长期不检测的同时，采用小批抽检的办法。他们认为，只要可以知道导弹完好率在 80%以上，就可以不用检测即可发射，因为检测难免会贻误战机。如果贮存到 10 年之后，导弹的质量仍然是可以接受的，则可以确定全部导弹在 10 年之内可不进行检测。这样就可以确定导弹的“免维修期”为 10 年。

2）苏联的免维修方案

通过加速贮存试验验证导弹可以在规定的贮存期内保持规定的贮存可靠性指标，试验结果经现场数据验证有效，这样导弹就可以在规定的贮存期内不经检测直接使用。

需要说明的是，有报道称苏联是在实验室条件下进行的加速试验验证，在失效机理不变的基础上，总结出了一套加速因子，开发出导弹系统及整弹加速贮存试验方法，大体上利用 6 个月的实验室加速试验模拟导弹 10 年贮存寿命情况。苏联的整弹加速贮存寿命试验实际上是确定导弹的免维修期。在进行整弹加速贮存寿命试验之前，已经对影响导弹产品的贮存寿命薄弱环节进行了仔细识别，并对其失效机理进行判别，然后对薄弱环节进行改进。即保证薄弱环节的寿命足够长，大于免维修期。整弹加速只考核由于偶然故障造成的导弹贮存失效。

实践证明，这两种技术途径都是成功的。这种长期不检测而直接使用的办法，由于有效地控制了导弹的腐蚀，因而大幅度提高了导弹的战备完好性，从而可以更好地满足现代战争的需求。

2.2.3 维修间隔期的确定

进行首次翻修之后，为保证产品在规定的贮存条件下具有规定的可靠度值所进行的相邻两次检测的时间间隔即为维修间隔期。维修间隔期（Time Between Overhauls）为“在规定的条件下，导弹两次相继翻修间的贮存时间”。

一般来说，检测周期越短，系统的可用度就越高。但导弹定期检测的周期并非越短越好，因为检测周期越短相应投入的资源和成本也就越多，而且实际工作中有时也会遇到一定的困难。另外据美国 20 世纪 70 年代的经验，导弹在贮存过程中发现的故障，约有 40%属于人为故障。检测可能造成人为故障且检测维修时会加速导弹的腐蚀，因为过多的测试不但无益，而且有害，所以应尽量减少导弹检测。因此确定导弹的检测周期非常重要。检测周期不仅与贮存时间、贮存环境条件、生产过程中对质量的控制和生产工艺有关，还与技术构成、固有可靠度、部队对完好率的要求等因素紧密相连。

2.2.4 贮存寿命分析

贮存寿命（Storage Life）为“产品在规定条件下贮存时，仍能满足质量要求的时间长度”。此处的质量要求与具体工程有关，一般是指失效率在允许的范围内，没有增大的趋势，即没有腐蚀和耗损型的失效机理。

在长期贮存类装备的贮存过程中，因腐蚀和环境原因，会发生一系列的“物理失效”变化，如金属腐蚀、非金属材料老化等。产品性能降低，包括由于材料老化造成的性能参数超差、绝缘电阻下降、电阻值增加、防潮能力降低、耐振能力降低。材料老化，包括材料变硬、变脆等。凡有老化迹象的部件可确定为长期贮存类装备的贮存寿命薄弱环节。根据“木桶原理”，长期贮存类装备的贮存寿命取决于它的薄弱环节的贮存寿命。长期贮存类装备到贮存寿命的标志是贮存寿命薄弱环节数量明显增多。那么，找出薄弱环节后，长期贮存类装备的贮存寿命就转化为零部件或元器件的贮存寿命，选取贮存寿命最短的薄弱环节的贮存寿命作为长期贮存类装备的贮存寿命。

从以上分析可以看出，长期贮存类装备贮存寿命分析的关键是确定长期贮存类装备的贮存薄弱环节的贮存寿命。这其中包括两方面的工作：一是贮存薄弱环节的确定；二是对薄弱环节贮存寿命的预测。

1）贮存薄弱环节的确定

贮存薄弱环节的确定方法分为两类：一是贮存数据的统计分析方法；二是可靠性分析方法。贮存试验信息法主要包括相似产品法、使用信息中的统计分析法及排列图法，主要针对有贮存信息的器件或相似器件。新研制的系统中有 30%的产品采用了新技术，即由新元件、新材料和新工艺制成产品，这些产品没有任何长期贮存试验信息，设计、工艺缺陷未完全暴露，可以采用可靠性分析法确定可能的薄弱环节，可靠性分析法主要包括故障树分析法和故障模式影响及其危害性分析（FMECA）法。

2）*对薄弱环节贮存寿命的预测*

薄弱环节的贮存寿命可以通过加速寿命试验、加速退化试验等试验方法得到。在薄弱环节贮存寿命加速试验中，一个非常重要的概念就是加速模型。加速寿命试验技术的基本原理是利用高应力水平下的寿命特征去外推正常应力水平下的寿命特征。实现这个基本原理的关键在于建立寿命特征与应力水平之间的关系，这种关系就称为加速模型。经过多年的研究和实践，国内外针对各类产品的各种主要故障机理，已经建立了多种加速模型。总体来说，主要分为单应力模型和多应力模型。例如，利用温度应力使产品（如长期贮存类装备的电子元器件、绝缘材料等）内部加快化学反应促使产品提前失效的阿伦尼斯（Arrhenius）模型和根据量子力学原理推导出来的艾林（Eyring）模型，以电应力（如电压、电流、功率等）作为加速应力的逆幂律模型等单应力模型；再如，以温度和电压同时作为加速应力的广义艾林（Eyring）模型，以温度和湿度同时作为加速应力的 Peck 模型等多应力模型。

在确定贮存寿命之后，将贮存寿命作为长期贮存类装备延寿的起点，对贮存寿命薄弱环节采取延寿措施。

2.2.5　使用寿命分析

根据“木桶原理”确定长期贮存类装备的贮存寿命有一定道理，因为对于在整机、整弹中不准（或不可）维修的产品，只要出现故障，产品就会失效，需要报废。但是在我国，维修性对大多数整机、整弹来说是一种必不可少的属性。通过维修，消除贮存寿命薄弱环节，使产品仍能满足规定质量要求即为延寿。长期贮存类装备的贮存寿命用于确定采取延寿措施的时机，贮存寿命薄弱环节用于确定应采取的延寿措施。

由以上分析可知，整弹在贮存期内不会因为它的某部分（可以更换）的寿命到了而失效报废。由此提出了使用寿命的概念。使用寿命（Service Life）亦称为有用寿命（Useful Life），定义为“长期贮存类装备从制造完成到其发生不可修复的失效，或不可接受的故障时的寿命单位数”。在国内不少期刊上常将使用寿命与贮存寿命两者混为一谈。从技术上讲，可以认为确定长期贮存类装备的使用寿命是确定其贮存寿命的延续。在确定贮存寿命之后，将贮存寿命作为延寿的起点，对贮存寿命薄弱环节采取延寿措施。

国外几种导弹的使用寿命见表 2-1。另外，英国海标枪导弹充分考虑了各部件对贮存环境适应能力的差异，通过加速贮存试验给出了各部件的贮存期，海标枪导弹部件贮存寿命见表 2-2。由表 2-1 可知海标枪导弹的贮存期是 8 年，但表 2-2 中很多部件的贮存期都小于 8 年，这是由于按期更换了部分易损部件进行延寿，使得使用寿命长于贮存寿命。由此可以看出预测导弹的服役寿命首先需要预测其组成部件的贮存寿命，然后再考虑维修、更换等因素。

表 2-1　国外几种导弹的使用寿命

导弹名称	RBS-70	响尾蛇	长剑	海标枪	阿斯派德	宙斯盾
贮存期/年	15	7～10	5～10	8	5	4

表 2-2 海标枪导弹部件贮存寿命

序号	部件名称	贮存期/年	备注
1	前弹身	15	组合 100 每隔 26 个月检查一次；结构极限 15 年，每隔 26 个月检查一次
2	前弹身组合 100（视线平台）	15	
3	中弹身/后弹身（燃烧系统）	10	
4	组合 200（接受组合）	15	
5	组合 300（制导电源）	15	——
6	组合 450	15	——
7	控制环	15	——
8	电气	15	——
9	液压	15	——
10	电子控制组合	15	——
11	陀螺	10	每隔 26 个月检查一次
12	气动增益装置	10	每隔 26 个月检查一次
13	加速度表	10	——
14	冲压发动机	5	——
15	油气比调节器	5	——
16	推力调节器	5	——
17	引信	10	——
18	热电池	15	——
19	助推发动机	7	——
20	助推器、点火器	7	——
21	燃气发生器动力源装置	7	——
22	战斗部	10	——
23	安全执行机构	7	装在弹上最多 5 年
24	燃气发生器点火	7	
25	助推器分离用爆炸螺栓	5	
26	冲压发动机点火器	6	装在弹上最多 3 年
27	燃气发生器	6	

长期贮存类装备使用寿命分析可采用两种方法：一是系统效能分析法，它是以效能指标为尺度，并以“不能用于作战”为使用寿命终点，给出效能模型及定量分析方法；二是费用/效能（费效比）分析法，它以费效比为尺度，并以“费效比不可接受”为使用寿命的重点，给出使用寿命优化函数及定量分析方法。

1）系统效能分析法

系统效能是指系统在规定的条件下满足规定定量特征和服务要求的能力。它是系统可用性、可信性与固有能力的综合反映。对于长期贮存类装备武器系统来讲，满足服务要求的能力，显然是指满足作战要求的能力。其定量特征是指可用性、可信性与固有能力之积。可用性是指系统在任务开始时，可用性给定的情况下，在规定的任务剖面中的任一随机时刻，能够使用且完成规定功能的能力。固有能力是指系统在给定的内在条件下，满足给定定量特性要求的自身能力。如杀伤威力、射程、精度等。

系统效能可表示为：

$$E = A \cdot D \cdot C \tag{2.9}$$

式中，

E——系统效能；

A——系统可用性；

D——系统可信性；

C——系统固有能力。

用系统效能分析法进行长期贮存类装备的使用寿命分析，是指对长期服役的长期贮存类装备进行效能分析，当它的系统效能下降到不能用于作战时，即认为长期贮存类装备到了使用寿命终点。

2）费用/效能分析法

效能分析法是按寿命剖面内的效能指标下降的程度来确定长期贮存类装备的使用寿命的。这种方法通俗易懂，简便易行。但是否要等长期贮存类装备老化到不能用于作战时才让它退役呢？实际上，由于长期贮存类装备的各系统一般都属于可维修系统，在系统效能中的任何一个参数降低到不可接受的程度时，都是可以修理的。但是，随着系统年龄的增加，修理项目越来越多。这样，总有一天，可以认为再修理就不合适了，这时就需要使用费用/效能分析法进行分析，从而确定导弹的使用寿命。

费效比分析法将装备寿命定义为长期贮存类装备的费用/效能为最小时的使用期限。这种服役寿命称为最优服役寿命。它通过建立服役寿命优化函数，并用统计到的有关费用数据及相应的效能数值求解。费用最大的选择方案并不总是最有效的，同样可靠性高的方案也并不总是最好的方案。应综合考虑费用和效能两种因素，采用效费比 ρ 来综合衡量，即效能/费用比 ρ 为：

$$\rho = \frac{E}{C} = \frac{E}{\sum C_i} \tag{2.10}$$

式中，费用 C 指长期贮存类装备在超期服役期间检测维修等花费。

2.3 寿命分布模型

寿命分布模型是系统（或元件）寿命（或失效）特征的数学描述。寿命分布模型种类较多，用途各不相同。从建模的方法来分有“白箱”和“黑箱”方法。从建模对象来分可分为失效（故障）时间模型和失效（故障）次数模型。从系统的状态来分有双态系统和多态系统。目前，对于电子整机而言，统计方法中一般采用失效（故障）时间建模方法，且产品只有两个状态：故障状态和正常状态。在使用失效（故障）时间模型时，通常采用经验建模方法，即结合产品故障数据与工程经验，选取与故障数据信息相吻合的分布模型，并对模型进行参数估计和拟合优度检验。

其中，指数分布、威布尔分布、对数正态分布是最常见的连续型寿命分布模型，二项分布、泊松分布、超几何分布是最常见的离散型分布模型。当然，还有多种其他数学分布，如伽玛分布、极值分布、逆高斯分布、均匀分布、正态分布，也可以尝试用于寿命分布模型。

2.3.1 指数分布模型

指数分布是产品常用的寿命分布之一，它描述瞬时失效是常数的情况。指数分布常用来描述电子元器件寿命分布，有许多独立元器件组成的复杂系统的寿命分布，也常用指数分布来描述。只要当元器件或系统在$[t_1,t_2]$内出现故障的次数服从泊松分布，此元器件或系统的寿命则服从指数分布。指数分布有如下优点：①参数估计简单；②数学处理方便；③适用性广泛。因此，指数分布在可靠性领域占有重要的地位。

1. 单参数指数分布

指数分布概率密度函数为：

$$f(t)=\lambda \mathrm{e}^{-\lambda t}, t>0 \tag{2.11}$$

式中，λ为失效率，可靠度函数为：

$$R(t)=\mathrm{e}^{-\lambda t} \tag{2.12}$$

累积分布函数为：

$$F(t)=1-\mathrm{e}^{-\lambda t} \tag{2.13}$$

失效率函数为：

$$\lambda(t)=\frac{f(t)}{R(t)}=\frac{\lambda \mathrm{e}^{-\lambda t}}{\mathrm{e}^{-\lambda t}}=\lambda \tag{2.14}$$

由上式可知，服从指数分布的随机变量的失效率函数是常数，即其失效属于偶然失效。这一点是服从指数分布的随机变量所特有的，若已知某随机变量的失效率为常数，则其分布一定是指数分布。

指数分布的平均寿命与方差分别为：

$$E(T)=\int_0^{\infty} tf(t)\mathrm{d}t=\int_0^{\infty} t\lambda \mathrm{e}^{-\lambda t}\mathrm{d}t=\frac{1}{\lambda} \tag{2.15}$$

$$V(T)=\frac{1}{\lambda^2} \tag{2.16}$$

指数分布的平均失效率函数为：

$$m(t)=\frac{1}{t}\int_0^{t}\lambda(x)\mathrm{d}x=\frac{1}{t}\int_0^{t}\lambda \mathrm{d}x=\lambda \tag{2.17}$$

指数分布最大的特点是无记忆性，所谓无记忆性是指寿命服从指数分布的产品，若贮存到t_0时刻仍然完好，则该产品能继续贮存到t时刻的概率与该产品从开始贮存直到工作到t时刻的概率相同。

2. 双参数指数分布

对于指数分布，除了简单的指数分布，带有位置参数的指数分布也是常用的寿命分布模型之一，即双参数指数分布，其分布函数如下。

$$f(t)=\lambda \mathrm{e}^{-\lambda(t-T)}, t \geqslant T \tag{2.18}$$

双参数指数分布的平均寿命与方差分别见式（2.19）和式（2.20）。

$$E(t)=\int_0^{\infty} t f(t) \mathrm{d} t=\int_0^{\infty} t \lambda \mathrm{e}^{-\lambda(t-T)} \mathrm{d} t=\frac{1}{\lambda}+T \tag{2.19}$$

$$V(t)=\frac{1}{\lambda^2} \tag{2.20}$$

2.3.2 威布尔分布模型

威布尔分布是可靠性研究中常用的一种比较复杂的分布。这种分布起初多用来研究金属材料的疲劳寿命问题，后来广泛应用于复杂机电产品的寿命分布模型。威布尔分布由于尺度参数取值的不同而能够转化成其他分布，使得该分布具有极强的适应性。

威布尔分布的概率密度见式（2.21）。

$$f(t)=\begin{cases}\dfrac{\beta}{\alpha}\left(\dfrac{t-\gamma}{\alpha}\right)^{\beta-1} \exp\left[-\left(\dfrac{t-\gamma}{\alpha}\right)^{\beta}\right], & t \geqslant \gamma \\ 0, & t<\gamma\end{cases} \tag{2.21}$$

式中，

α——尺度参数；

β——形状参数；

γ——位置参数。

三参数威布尔分布中，尺度参数是与产品平均寿命有关的随机变量，对于两个威布尔分布，当其他参数相同时，尺度参数的变化在函数曲线上表现为概率密度函数在水平坐标轴轴向的压缩。位置参数为正值表示在某一段时间内不会出现失效或者故障，当其他参数相同时，位置参数的变化在函数曲线上表现为沿着水平坐标轴左右移动；当位置参数为负值时，表示产品在贮存期就已经失效。形状参数是表示威布尔分布曲线形态的参数，形状参数取不同数值时，威布尔分布呈现不同的特征。当形状参数小于 1 时，系统的失效率递减，表现出典型的早期故障特征；当形状参数等于 1 时，威布尔分布可化为指数分布，能够表征产品处于偶然故障期的寿命分布特征；当形状参数大于 1 时，系统失效率递增，能够表征系统耗损型失效寿命分布特征；当形状参数大于 3 时，威布尔分布函数与正态分布函数基本接近。正是由于威布尔分布函数的强大适应能力，在工程领域得到了广泛的应用。

通常，产品在贮存或工作初期便可能发生故障，故三参数威布尔分布可简化为两参数威布尔分布。两参数威布尔分布的概率密度函数见式（2.22）。

$$f(t)=\begin{cases}\dfrac{\beta}{\alpha}\left(\dfrac{t}{\alpha}\right)^{\beta-1} \exp\left[-\left(\dfrac{t}{\alpha}\right)^{\beta}\right], & t \geqslant 0 \\ 0, & t<0\end{cases} \tag{2.22}$$

两参数威布尔分布的可靠度函数为：

$$R(t)=\exp\left[-\left(\frac{t}{\alpha}\right)^{\beta}\right] \tag{2.23}$$

两参数威布尔分布的累积分布函数为：

$$F(t)=1-\exp\left[-\left(\frac{t}{\alpha}\right)^{\beta}\right] \tag{2.24}$$

两参数威布尔分布的平均寿命与方差分别为：

$$E(t)=\int_0^{\infty} tf(t)\mathrm{d}t=\int_0^{\infty} t\frac{\beta}{\alpha}\left(\frac{t}{\alpha}\right)^{\beta-1}\exp\left[-\left(\frac{t}{\alpha}\right)^{\beta}\right]\mathrm{d}t=\alpha\Gamma(1+1/\beta) \tag{2.25}$$

$$V(t)=\alpha^2[\Gamma(1+2/\beta)-\Gamma^2(1+1/\beta)] \tag{2.26}$$

2.3.3 对数正态分布模型

对数正态分布是随机变量的自然对数呈正态分布的一种形式，也是系统常用寿命分布模型之一。对数正态分布的概率密度函数为：

$$f(t)=\frac{1}{\sigma t\sqrt{2\pi}}\exp[-\frac{1}{2}\left(\frac{\ln(t)-\mu}{\sigma}\right)^2],t\geqslant 0 \tag{2.27}$$

对数正态分布的累积分布函数为：

$$F(t)=\int_0^t\frac{1}{\sigma t\sqrt{2\pi}}\exp\left[-\frac{1}{2}\left(\frac{\ln(t)-\mu}{\sigma}\right)^2\right]\mathrm{d}t \tag{2.28}$$

对数正态分布的可靠度函数为：

$$R(t)=1-F(t)=1-\int_0^t\frac{1}{\sigma t\sqrt{2\pi}}\exp\left[-\frac{1}{2}\left(\frac{\ln(t)-\mu}{\sigma}\right)^2\right]\mathrm{d}t \tag{2.29}$$

对数正态分布的失效率函数为：

$$\lambda(t)=\frac{\phi\left(\frac{\ln(t)-\mu}{\sigma}\right)}{t\sigma R(t)} \tag{2.30}$$

对数正态分布的平均寿命与方差分别为：

$$E(t)=\int_0^{\infty} tf(t)\mathrm{d}t=\mathrm{e}^{\mu+\sigma^2/2} \tag{2.31}$$

$$V(t)=\mathrm{e}^{2\mu+\sigma^2}(\mathrm{e}^{\sigma^2}-1) \tag{2.32}$$

2.3.4 二项分布

对于成败型产品，如果一次试验中产品失败的概率为 p，进行 n 次独立重复的试验，其中失败 r 次（$s=n-r$ 是成功次数），用随机变量 X 表示失败次数，其发生概率用参数为 (n,p) 的二项分布表示：

$$P(X=x)=\mathrm{C}_n^x p^x(1-p)^{n-x}, \qquad x=0,1,\cdots,n \tag{2.33}$$

那么失败次数小于或等于某值 r 时的累积分布函数为：

$$F(r)=P\left(X\leqslant r\right)=\sum_{i=0}^{r}\mathrm{C}_n^i p^i(1-p)^{n-i} \tag{2.34}$$

由于失败与成功为独立事件，产品一次试验中的成功率同样可用二项分布计算，n 次试验中成功次数小于或等于某值 s 的累计概率即：

$$F(s)=P(X\leqslant s)=\sum_{i=0}^{s}\mathrm{C}_n^i p^i(1-R)^{n-i} \tag{2.35}$$

二项分布的均值和方差分别为：

$$E(X)=np \qquad \mathrm{Var}(X)=np(1-p) \tag{2.36}$$

二项分布广泛应用于可靠性和质量控制领域。比如产品的抽样检验、一次性使用产品（如火箭、导弹、火工品）的可靠性数据分析等。

2.3.5 泊松分布

如果随机变量 X 的取值为 0,1,2, 3⋯，其概率分布为：

$$P(X=k)=\frac{\lambda^k}{k!}\mathrm{e}^{-\lambda}, \qquad k=0,1,2,\cdots \tag{2.37}$$

则称为泊松分布，记为 $P(\lambda)$ 。泊松分布通常用来描述产品在某个时间区间内受到外界“冲击”的次数。例如：飞机被击中的炮弹数，大量螺钉中不合格品出现的次数，数字通信中传输数字发生误码的个数等随机变数，均近似服从泊松分布。这类随机现象一般具有以下 3 个特点：

- 产品在某段时间内受到 k 次“冲击”的概率与时间起点无关，仅与该段时间的长短有关；
- 在两段相互不重叠的时间内，产品受到“冲击”的次数 k_1 和 k_2 是相互独立的；
- 在很短的时间内，产品受到两次或更多次“冲击”的概率很小。

泊松分布具有以下性质：

- 泊松分布的均值和方差都为 λ；
- 若 $X_1,X_2,\cdots,X_n$ 是相互独立的随机变量，X_i（i=1,2,3,⋯,n）服从泊松分布 $P(\lambda_i)$，则它们的和 $\sum_{i=1}^{n}X_i$ 服从泊松分布 $P(\lambda_1+\lambda_2+\cdots+\lambda_n)$，即具有可加性；
- 当 k 很大时，泊松分布近似于正态分布，见式（2.38）。

$$P(X\leqslant k)=\sum_{x=0}^{k}\frac{\mathrm{e}^{-\lambda}}{x!}\lambda^x\approx\Phi\left(\frac{k+0.5-\lambda}{\sqrt{\lambda}}\right) \tag{2.38}$$

其中 $\Phi(x)$ 为标准正态分布函数。

2.3.6 超几何分布

一批产品有 N 件，含有次品 D 件，若从这批产品中随机抽取 n 件，则其中所含的次品数 X 等于 x 的概率为：

$$P(X=x)=\frac{\mathrm{C}_D^x\cdot\mathrm{C}_{N-D}^{n-x}}{\mathrm{C}_N^n} \tag{2.39}$$

则称 X 服从超几何分布，其均值和方差分别为：

$$E(X)=n\cdot\frac{D}{N}\qquad \mathrm{Var}(X)=\frac{N-n}{N-1}\times\frac{nD}{N}\times\frac{N-D}{N} \tag{2.40}$$

在工程实际中，如果产品总数 N 很大，相应的抽样数 n 较小，则超几何分布就近似为二项分布，即：

$$P(X=x)=\frac{\mathrm{C}_D^x\cdot\mathrm{C}_{N-D}^{n-x}}{\mathrm{C}_N^n}\approx\mathrm{C}_n^x\times\left(\frac{D}{N}\right)^x\times\left(1-\frac{D}{N}\right)^{n-x} \tag{2.41}$$

2.4 经典加速试验模型

2.4.1 加速模型概述

在加速试验中，加速应力对各种失效模式的加速机理和加速效果是不同的。加速模型用于描述失效模式的可靠性特征量（如平均寿命、特征寿命、失效率等）与加速应力水平之间的关系。常用的加速模型包括热老化（高温）加速模型、热疲劳（温循）加速模型、温度-湿度两综合应力加速模型、机械应力或电应力逆幂律加速模型、温度-湿度-振动三综合应力加速模型等。

2.4.2 热老化（高温）加速模型

在导致产品性能退化的内部反应过程中存在能量势垒，跨越这种势垒所必需的能量是由环境（应力）提供的，因而，产品受到的各种环境应力的大小决定了这些物理化学变化的速率。越过此能量势垒（称为激活能）进行反应的频数是按一定概率发生的，服从玻耳兹曼分布。在贮存状态下，产品受到的环境应力主要是温度应力。19 世纪阿伦尼斯（Arrhenius）从经验中总结得到了阿伦尼斯（Arrhenius）模型，也称为反映论模型。

对于电子产品有：

$$\mu(T_l)=A\mathrm{e}^{-E_\mathrm{a}/KT_l} \tag{2.42}$$

式中，

$\mu(T_l)$——在 T_l 温度应力水平下的退化速度；

T_l——第 l 组样品的加速应力，热力学温度，单位为 K；

A——频数因子；

E_a——激活能，单位为 eV；

K——玻耳兹曼常数，8.6×10^{-5} eV/K。

对于胶料产品，加速模型形式一致，参数含义有所变化，模型如下：

$$K_l=Z\mathrm{e}^{-\frac{E}{RT_l}} \tag{2.43}$$

式中，

Z——加速模型频率因子，为常数，单位为 d^{-1}；

E——表观活化能，单位为 $\mathrm{J\cdot mol^{-1}}$；

R——气体常数，单位为 $\mathrm{J\cdot K^{-1}\cdot mol^{-1}}$；

T_l——在第l个应力下的老化温度，热力学温度，单位为K。

研究人员基于阿伦尼斯模型创造出了大量新的模型，是一种研究创新，但不同的模型本质差别不大。

人们通常说，高温是影响电子设备可靠性和寿命的主要因素，温度每升高 10℃，寿命降低一半。实际上这只是个经验说法，这种方法给出了一种固化的加速系数，在电容器加速试验和火工品加速试验中用得较多。另外，在 GJB/Z 34 中也给出了一种加速模型参数固化的热老化模型。但并不是说其他产品不用通过加速试验的研究和处理，都可以直接套用这个原则。

2.4.3 热疲劳（温循）加速模型

温循模型有两种，一种是针对焊点疲劳的模型，包括 M-C 模型、N-L 模型、W-E 模型，其中 W-E 模型精度最好；另一种是逆幂律模型。下面介绍 W-E 模型、逆幂律模型以及 GJB/Z34 和 JEDS94A 标准中的模型。

1）W-E 模型

W-E 模型见式（2.44）。

$$N_f(50\%)=\frac{1}{2}\left[\frac{2\varepsilon_f'}{\Delta D}\right]^m \tag{2.44}$$

式中，

ε_f'——疲劳韧性指数，锡铅焊料为 0.325；

ΔD——蠕变疲劳损伤量；

m——温度和时间依存指数。

温度和时间依存指数的计算见式（2.45）。

$$\frac{1}{m}=0.442+6\times10^{-4}T_{\rm sj}-1.74\times10^{-2}\ln\left(1+\frac{360}{t_{\rm D}}\right) \tag{2.45}$$

式中，

$T_{\rm sj}$——平均每个循环的温度；

$t_{\rm D}$——温度循环中高低温的驻留时间。

该模型的部分参数如ΔD和ε_f'不容易获得。

2）逆幂律模型

温度变化速率与循环次数（温变次数）满足逆幂律模型，见式（2.46）

$$X^{\frac{1}{m}}\cdot N=A \tag{2.46}$$

式中，

X——温度变化速率；

N——循环次数；

m——温度变化速率与循环次数依存关系指数；

A——频数因子。

3）GJB/Z 34 标准中的模型

GJB/Z 34 中给出了温度循环加速模型，见式（2.47）。

$$\mathrm{AF}=\left(\frac{R_{\mathrm{a}}+0.6}{R_{\mathrm{u}}+0.6}\right)^{0.6}\left(\frac{\ln(\mathrm{e}+v_{\mathrm{a}})}{\ln(\mathrm{e}+v_{\mathrm{u}})}\right)^{3} \tag{2.47}$$

式中，

R_{a}——加速温循高温值与常温差；

R_{u}——正常温循高温值与常温差；

v_{a}——加速温度循环中温变速率；

v_{u}——常规温度循环中温变速率。

该模型的缺点是模型参数均已固化，模型参数偏于保守。模型容易使用并可直接套用，但应清楚其加速效应与实际情况之间容易存在差异。

4）JEDS 94A 标准中的模型

JEDS 94A 中给出了温度循环加速模型，见式（2.48）

$$\mathrm{AF}=\left(\frac{\Delta T_1}{\Delta T_2}\right)^{1.9}\left(\frac{v_1}{v_2}\right)^{1/3}\exp\left[0.01(T_1-T_2)\right] \tag{2.48}$$

式中，

ΔT_1——加速温度循环中高低温差；

ΔT_2——常规温度循环中高低温差；

v_1——加速温度循环中温变速率；

v_2——常规温度循环中温变速率；

T_1——加速温度循环中高温值；

T_2——常规温度循环中高温值。

该模型的缺点是模型参数均已固化，模型参数偏于保守；优点是模型容易使用并可直接套用，但应清楚其加速效应与实际情况之间容易存在差异。

2.4.4 温度-湿度两综合应力加速模型

典型的温度-湿度两综合应力加速模型有三类。

1）Peck 模型

Peck 模型见式（2.49）

$$u_l=A\mathrm{e}^{-\frac{E_{\mathrm{a}}}{KT_l}}\cdot \mathrm{RH}^{-n} \tag{2.49}$$

式中，

μ_l——在温度应力为 T（单位为 K）和相对湿度应力为 RH%条件下的退化速度；

A——频数因子；

E_{a}——激活能，以 eV 为单位，此处经验数值为 0.6～2.51；

K——玻耳兹曼常数，8.6×10^{-5} eV/K；

n——逆幂指数。

2）艾林模型

艾林模型如下：

$$u_l = A\mathrm{e}^{-\frac{E_a}{KT_l}+\frac{B}{\mathrm{RH}}} \tag{2.50}$$

式中，B——常数。

3）IPC-279 标准中的模型

IPC-279 标准中的模型见式（2.51）。

$$\mu_l = A\mathrm{e}^{-\frac{E_a}{KT}+C\cdot\mathrm{RH}^b} \tag{2.51}$$

式中，

C——常数；

b——逆幂指数。

其中 Peck 模型有 3 个参数（E_a、A、n），艾林模型有 3 个参数（E_a、A、B），IPC-279 标准模型有 4 个参数（E_a、A、C、b）。

模型参数的求解方式均可采取最小二乘法：①对模型进行对数化；②对模型进行参数变化；③求解斜率和截距；④求出模型参数。

2.4.5 机械应力或电应力逆幂律加速模型

逆幂律模型给出了机械应力或电应力与产品寿命的关系。

很多试验数据证实，某些产品的寿命特征参数与机械应力或电应力具有逆幂律关系。所谓逆幂律是指产品的寿命特征参数是机械应力或电应力的负幂数函数。模型形式见式（2.52）：

$$\xi = AV^{-c} \tag{2.52}$$

式中，

ξ——寿命特征参数；

A——常数；

V——机械应力或电应力；

c——与激活能有关的常数，$c>0$。

2.4.6 温度-湿度-振动三综合应力加速模型

温度-湿度-振动三综合应力加速模型可表示为多项式加速模型。多项式加速模型见式（2.53）

$$\ln\eta = \gamma_0 + \gamma_1\varphi_1(S) + \gamma_2[\varphi_2(S)]^2 + \cdots + \gamma_k[\varphi_k(S)]^k \tag{2.53}$$

式中，

η——寿命特征参数；

$\varphi_k(S)$——对应应力的函数关系；

γ_k——常数。

在以上五种加速模型中，前四种模型与产品失效加速作用的物理过程和物理定律相关，因此也称为物理加速模型；而多项式加速模型则是根据物理加速模型构造的数学假设，因此也称为数学加速模型。数学加速模型是否成立主要通过数据拟合优度来判断，因此适用面广但外推风险较大；物理加速模型具有失效物理基础，因而外推结果较为可信，但仅适用于与物理模型相一致的加速试验场合。

2.5 性能参数退化模型

2.5.1 性能参数退化模型概述

传统寿命评估与预测主要采用基于数理统计和寿命试验形成的理论和方法，统计分析的对象主要是寿命数据，即失效时间。由于高可靠、长寿命产品在有限的试验时间内难以得到足够的失效数据，甚至没有失效数据，导致传统的寿命评估方法存在不足。高可靠、长寿命产品的寿命消耗过程在失效机理上大多都能够追溯到产品潜在的性能退化过程，可以认为性能退化最终导致了产品失效（或故障）的产生。如果能够理解产品的失效机理并能够测量产品的性能退化量就可以根据产品性能达到退化临界水平的时间来确定其可靠性。这种方法意味着即使可能永远观测不到产品实际的失效时间，仍可以通过估计产品在给定应力下的退化规律，外推高可靠、长寿命产品的可靠性，因此提出了利用产品性能退化数据来估计高可靠、长寿命产品的可靠性与寿命的思想。

利用产品性能退化数据可以对高可靠、长寿命产品的性能状态进行监测，通过对其进行建模分析，实现对产品寿命的预测。例如弹药贮存中的性能测试数据等，可以用来预测弹药的贮存寿命。因此性能退化数据建模分析方法可以解决高可靠、长寿命产品由于无失效数据而引起的可靠性评估与寿命预测难题。

2.5.2 布朗漂移运动模型

在贮存过程中，产品内部发生缓慢的物理化学变化，这些变化会使产品各种功能特性均发生变化，也是造成产品非工作期间失效的主要原因。随着这些物理化学变化程度的增大，产品的性能会呈现退化（一般表现为功能参数的变化）趋势，当性能退化到一定程度时，产品就会发生失效。这种性能退化符合布朗漂移运动规律。电子组件性能参数的布朗漂移运动模型见式（2.54）。

$$Y(t+\Delta t)=Y(t)+\mu\cdot\Delta t+\sigma B(t) \tag{2.54}$$

式中，

$Y(t)$——在t（初始）时刻，产品的性能（初始）值；

$Y(t+\Delta t)$——在$t+\Delta t$时刻，产品的性能值；

μ——漂移系数，$\mu>0$；

σ——扩散系数，$\sigma>0$，在整个加速退化试验中，σ不随应力的改变而改变；

$B(t)$——标准布朗运动，$B(t)\sim N(0,t)$。

因为布朗漂移运动属于马尔科夫过程，所以具有独立增量性，即在退化过程中表现为非重叠的时间间隔 Δt 内的退化增量相互独立。而由于布朗运动本身属于一种正态过程，因此退化增量$(Y_i - Y_{i-1})$服从均值为$\mu \cdot \Delta t$、方差为$\sigma^2 \cdot \Delta t$的正态分布。因此，得到的性能参数退化模型见式（2.55）。

$$Y(t+\Delta t) = Y(t) + \mu \cdot \Delta t + \sigma \cdot \sqrt{\Delta t} \cdot N(0,1) \tag{2.55}$$

2.5.3 灰色系统理论模型

将试验数据作为灰色量，利用序列方法进行数据的生成和拟合，用灰色 GM（1,1）模型来处理加速退化试验数据。灰色 GM（1,1）模型见式（2.56）。

$$\begin{cases} \hat{x}_{k+1}^1 = \left(x_1^0 - \dfrac{b}{a}\right)\mathrm{e}^{-ak} + \dfrac{b}{a} \\ \hat{x}_{k+1}^0 = \hat{x}_{k+1}^1 - \hat{x}_k^1 \end{cases} \tag{2.56}$$

式中，

x_1^0——原始序列中的第 1 个测试数据；

$\hat{x}_{k+1}^1$——1 阶累加生成的预测值；

a,b——模型参数；

$\hat{x}_{k+1}^0$——原始序列的预测值。

其中，当$a \in (-2,2)$，且当$a \geqslant -0.3$时，GM（1,1）模型可用于中长期预测。

性能参数预测模型为：

$$\hat{x}^{(0)}(k+1) = (1-\mathrm{e}^a)\left(x^{(0)}(1) - \frac{b}{a}\right)\mathrm{e}^{-ak} \tag{2.57}$$

2.5.4 Reliasoft 软件中模型

在恒定试验S_i应力下，产品j退化型失效的退化量随时间的变化轨迹（理论退化轨迹）为$D_{ij}(t)$，则退化量测量值可表示为：

$$y_{ij}(t_{i,k}) = D_{ij}(t_{i,k}) + \varepsilon_{ij}(t_{i,k}) \tag{2.58}$$

式中，

$y_{ij}(t_{i,k})$——S_i应力下第k次测量时间$t_{i,k}$的测量值；

$\varepsilon_{ij}(t_{i,k})$——相应的测量误差，相互独立且服从正态分布$\varepsilon_{ij} \sim N(0,\sigma_\varepsilon^2)$。

理论退化轨迹$D_{ij}(t)$一般可采用以下几种线性（或变换后呈线性）模型进行拟合。

模型① $D_{ij}(t) = \alpha_{ij} + \beta_{ij} \cdot t$

模型② $D_{ij}(t) = \alpha_{ij} + \beta_{ij} \cdot \ln t$

模型③ $\ln[D_{ij}(t)] = \alpha_{ij} + \beta_{ij} \cdot \ln t$

模型④ $D_{ij}(t) = \exp[\alpha_{ij} + \beta_{ij} \cdot t]$

模型⑤ $D_{ij}(t) = \exp[-\beta_{ij} \cdot t^{\alpha_{ij}}]$

其中，α_{ij}、β_{ij}——退化模型的未知参数。

模型①为线性模型，适用于退化率恒定的场合。模型②和模型③分别为对数模型和双对数模型，适用于退化量分为以下两个阶段的场合：第一阶段持续时间较短，退化量随时间的增加而急剧下降；第二阶段持续时间很长，退化量随时间的增加而缓慢降低。相比模型②而言，模型③退化量的下降相对平缓。模型④为指数模型，适用于描述严格符合 e 指数退化规律的理论退化轨迹。模型⑤为复合指数模型，前面四个模型的退化量仅由参数 β_{ij} 决定，而模型⑤的退化量则由参数 β_{ij} 和 α_{ij} 共同决定，因此其适用范围较广。在实际应用中通常令 α_{ij} 为常量 α，由产品特性决定；而 β_{ij} 为变量，描述不同加速应力水平下产品的退化差异。

2.5.5 其他预测理论的加速退化试验

实际上加速退化试验方法包括两个重要部分：第一部分，对各组加速应力下的性能退化数据进行预测，得出性能退化模型和失效时间预测结果；第二部分，对各组加速应力下的失效时间进行外推预测，得出典型应力下的失效时间。

因此，各种预测理论都可以用于第一部分的性能退化模型建模和失效时间预测。在加速退化试验中，各种预测理论均可考虑采用，如神经网络、卡尔曼滤波、矢量算法、遗传算法、马尔科夫预测等。还可以采用的方法有：确定性时间序列方法，如移动平均法（一、二次）、指数平滑法（一、二次）等；随机性时间序列方法，如平稳时间序列预测（ARMA、ARIMA 等）、回归预测（线性、非线性、自回归预测等）。但在真正选择使用时，应考虑模型使用所需的数据量，要根据实际的数据量选择合适的模型方法，否则预测结果将具有很大的随机性和不确定性，也就失去了可信度。当前较多的预测方法适用于大量数据（甚至海量数据）的情况，而在加速试验中，测试数据是极其有限的。如长期贮存类装备，每年只有 1 次测试数据，贮存 10 年也只有 11 次测试数据（包括初始检测）；在加速试验中，每次测试意味着时间代价和检测费用的付出，一个产品从加速应力测试恢复到常温测试所需的恢复时间、测试时间以及周转和管理时间，通常导致试验过程中开机时间只能占到约 70%～80%，对于元器件和材料通常需要检测一些物理、化学、力学等特征参数，其检测费用甚至可能远远超出试验费用本身。因此，我们在加速退化试验中需要考虑选择合适的模型，计划合适的检测次数，并在两者之间进行必要的权衡。

2.5.6 整机寿命评价总体思路

加速试验是一种在给定的试验时间内获得比在正常条件下更多信息的方法，它是通过采用比正常使用中所经受的环境更为严酷的试验环境而达到快速评价产品可靠性指标和寿命指标的目的。相对传统试验，加速试验通常因具有较大的加速效应，可以在短短数百小时内完成上万小时的可靠性指标评价和寿命指标评价，从而缩短试验时间，提高试验效率，降低试验成本，是解决高可靠、长寿命产品可靠性指标评定的有效方法。

加速试验与快速评价的思路是：在加速试验的基础上，采用整机历史数据来评估和预测整机的使用可靠度，充分利用加速试验得到的各个关键件的寿命，结合特征检测分析得到的各型板级电路和元器件的薄弱环节，综合利用整机—关键件—板级电路—元器件各层次的信息进行系统寿命的定性或定量综合评价。最终，形成五位一体的整机寿命综合评价方案：①整机历史数据统计分析；②关键件加速试验分析；③板级电路寿命特征检测分析；④元器件寿命特征检测分析；⑤整机可靠性综合评价。

整机加速试验与快速评价主要包括以下工作。

（1）整机历史数据统计分析。

从整机历史数据信息中获得整机检测结果、使用时间、故障时间、故障部位，对其可靠度进行评估与预测，并初步确定整机中薄弱的关键组件，为系统加速试验对象的选取提供参考。

（2）关键件加速试验分析。

针对关键和薄弱的组件开展加速试验，初步预测关键件的寿命；针对关键件开展加速退化试验，获得其关键性能参数变化趋势，预测关键件的性能参数超差时间，为整机修理时进行参数调整和寿命件更换提供依据。

（3）板级电路寿命特征检测分析。

针对完成加速试验的组件，分解出各类板级电路，选取关键和薄弱的板级电路开展寿命特征检测分析，深入检测板级电路内部潜在缺陷和失效，纳入板级电路的薄弱环节。

（4）元器件寿命特征检测分析。

针对关键和薄弱的元器件，开展寿命特征检测分析，包括外观检查、关键性能检测与特征检测分析等，找出元器件的潜在缺陷和失效，纳入元器件的薄弱环节。

（5）整机可靠性综合评价。

结合整机历史数据统计分析、关键件加速试验、板级电路和元器件寿命特征检测的分析结果，综合评价产品的寿命，并给出产品的薄弱环节，结合修理经验和样机原理，给出更换维修策略。产品寿命综合评价流程如图 2-2 所示。

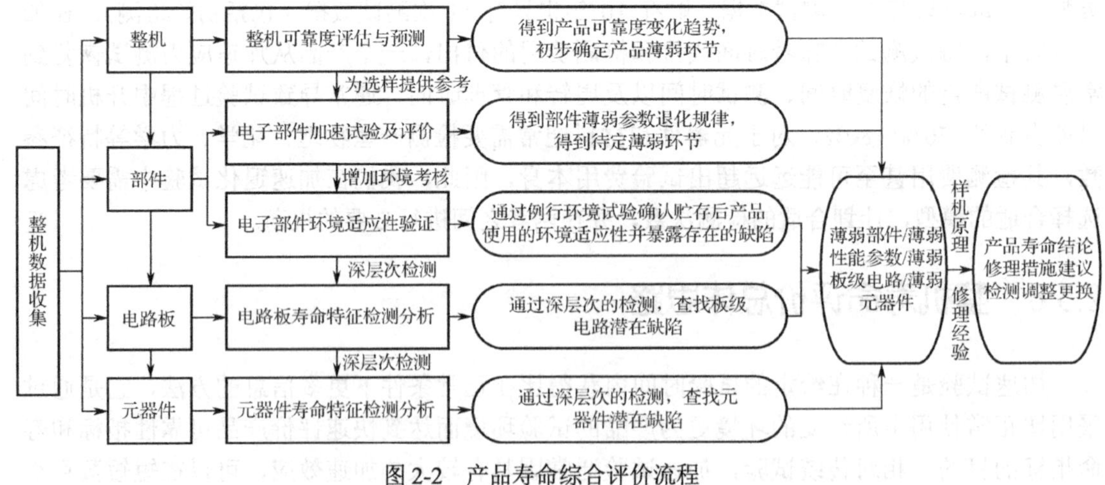

图 2-2　产品寿命综合评价流程

后续章节，我们将在上述整机寿命评价涉及的各个部分内容的基础上穿插当前已有的标准加速试验方法进行讲解。

第3章

基于历史数据的装备可靠性评估

3.1 数据采集

3.1.1 可靠度评估流程

基于历史数据的装备可靠性评估如图3-1所示。

1）数据采集及收集

可靠性评价与预测以数据为基础，在做好初始准备工作后，对所需数据进行采集及收集，制订相应的数据采集表格，按照表格详细记录所需数据，并保证数据来源的真实性和可靠性。

2）模型初选

模型初选一般根据建模人员的经验，结合失效（故障）数据初步分析结果选取合适的可靠度评估模型，常用的模型包括指数分布模型、威布尔分布模型、对数正态分布模型等。

3）参数估计

对模型的参数进行估计，拟采用的方法包括图解法和解析法。其中解析法又包括最小二乘法、极大似然估计方法等。

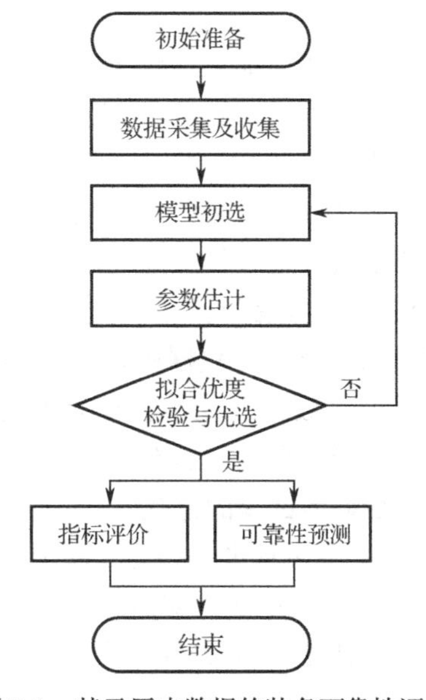

图3-1　基于历史数据的装备可靠性评估

4）拟合优度检验与优选

拟合优度检验与优选包括单个模型拟合优度检验和多个模型优选。单个模型拟合优度检验主要检验实际数据是否符合所拟合的可靠度评估模型；多个模型优选是在多个符合拟合优度检验的模型中选择最优模型，作为整机可靠度评估模型。

5）指标评价及可靠性预测

建立了整机可靠度评估模型后，便可对装备的可靠性水平进行评价及预测。

3.1.2 初始准备

在进行可靠度评价之前，明确所评价的对象，对产品的技术指标、组成结构及其他产品相关信息做充分的了解；确定产品可靠度评价的指标，并在该阶段明确所采用的统计方案，即定时截尾或定数截尾；确定产品可靠性评价的层次，即整机、系统、单元、零部件等；确定产品的失效判据及相应的检测周期等；成立专门的评价小组，负责对相关数据进行收集、整理以及整个评价过程的资料整理与归档；配备相应的检测设备及人员。

3.1.3 数据的采集及收集

可靠性评价与预测以数据为基础，在做好初始准备工作后，则应进行所需数据的收集和采集，制订相应的数据采集表格，按照表格详细记录所需数据，并保证数据来源的真实性和可靠性。针对不同批次投入贮存的产品，明确每个产品投入贮存的日历时间，详细记录其评价期内的检测信息与产品的技术状态；记录贮存场所的温度、湿度、光照等应力值，并分析这些应力因素的变化趋势；明确产品的检测周期及检测方式等。

3.1.4 数据形式

系统或产品可靠性分析以产品失效（故障）数据为基础，对弹药、武器装备等产品可靠性评估而言，通常得到两种数据：完整数据和截尾数据。完整数据是指考核对象都被试验到失效（故障）为止；截尾数据是指由于时间和费用等因素的限制而不把试验单元试验到失效（故障）便终止试验而产生的数据。截尾数据分成两种：定时截尾（Ⅰ型截尾）数据和定数截尾（Ⅱ型截尾）数据。定时截尾数据是试验在一个预先确定的时刻τ终止而产生的数据，定数截尾数据是试验在第 i 个产品失效（故障）发生时终止而产生的数据。在定时截尾和定数截尾数据中，又分别包含两类数据：有替换和无替换的截尾数据，即有替换的定时截尾数据、无替换的定时截尾数据、有替换的定数截尾数据和无替换的定数截尾数据。对于装备统计评估，一般采用无替换的定时截尾数据。为了统计建模方便，也可以采用混合截尾试验的方式。

1）不同批次产品基于故障前时间间隔

设产品在 0 时刻开始贮存，到 t 时刻发生失效，则每个产品得到一个失效前时间间隔 t_i，不同批次产品失效前间隔时间示意图如图 3-2 所示。每个产品投入贮存的日历时间不一定相同。

2）区间内故障数的形式

区间累计失效的方法也称标准寿命法。一批产品在 0 时刻开始贮存，到 t_1 时刻发生失效 D_1 次，t_1 到 t_2 区间内发生失效 D_2 次，以此类推，得到各个区间内的故障数据。区间内故障数据示意图如图 3-3 所示。每个产品投入贮存的日历时间不一定相同。

设 0 到时间 t 内均分成 k 个区间，分别为 $[t_0,t_1],[t_1,t_2],[t_2,t_3],\cdots,[t_{k-1},t_k]$，每个区间 I_j 内的故障数分别为 D_j，$j=1,2,\cdots,k$。到 t_j 时刻，N_j 为剩余的合格且未被截尾的产品数量，也称为危险数。假定以 1 年为一个区间，区间内故障数的数据形式见表 3-1。

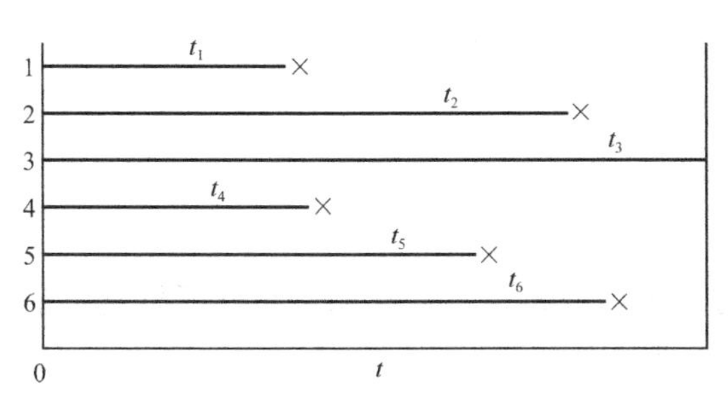

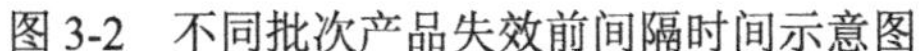
图 3-2 不同批次产品失效前间隔时间示意图

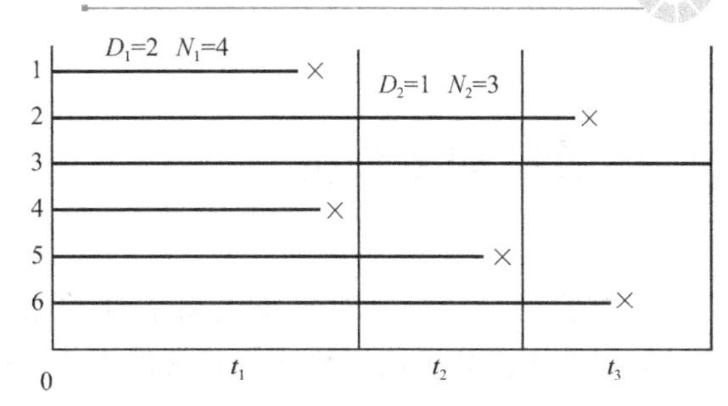

图 3-3 区间内故障数据示意图

表 3-1 区间内故障数的数据形式

区间年	所属区间 I_j	故障数 D_j	危险数 N_j
1	$[0,t_1]$	D_1	N_1
2	$[t_1,t_2]$	D_2	N_2
3	$[t_2,t_3]$	D_3	N_3
4	$[t_3,t_4]$	D_4	N_4
5	$[t_4,t_5]$	D_5	N_5
…	…	…	
k	$[t_{k-1},t_k]$	D_k	N_k

3）区间内累计故障数的形式

一批产品在 0 时刻开始贮存，到 t_1 时刻累计发生失效 D_1 次，到 t_2 时刻累计发生失效 D_2 次，以此类推，得到各个时间段内的故障数据。每个产品投入贮存的日历时间不一定相同，区间累计失效次数示意图如图 3-4 所示。

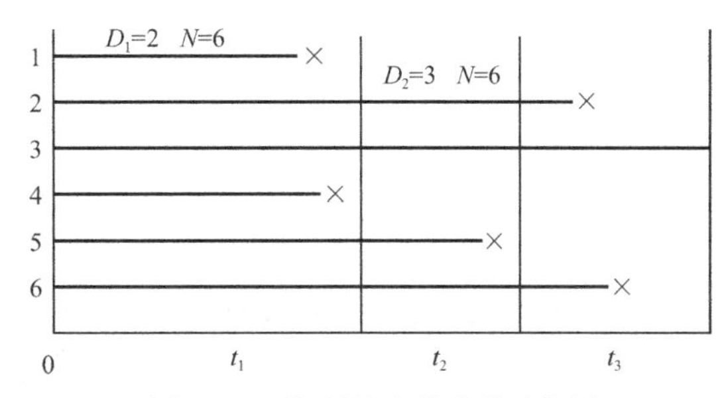

图 3-4 区间累计失效次数示意图

设 0 到时间 t 内均分成 k 个区间，分别为 $[t_0,t_1]$，$[t_1,t_2]$，$[t_2,t_3],\cdots,[t_{k-1},t_k]$，每个区间 I_j 内的累计故障数分别为 D_j，$j=1,2,\cdots,k$，到 t_j 时刻，N 为贮存期内的产品总数量。假定以 1 年为一个区间，区间内累计故障数的数据形式见表 3-2。

表 3-2 区间内累计故障数的数据形式

区间年	所属区间 I_j	累计故障数 D_j	贮存产品总数 N
1	$[0,t_1]$	D_1	N
2	$[t_1,t_2]$	D_2	N
3	$[t_2,t_3]$	D_3	N
4	$[t_3,t_4]$	D_4	N
5	$[t_4,t_5]$	D_5	N
…	…	…	N
k	$[t_{k-1},t_k]$	D_k	N

3.2 数据初步分析

数据的初步分析是对采集的可靠性数据进行初始分析，为后续的可靠性评价奠定基础。数据的初步分析包括数据的异常值检验、失效时间频率直方图分析等。

3.2.1 数据的异常值检验

数据的异常值检验是检验所得的失效数据是否能用于可靠度评价。针对常用的寿命分布模型，如指数分布、对数正态分布、威布尔分布，检验方法各不相同。

1. 指数分布

1）完全样本

（1）当样本量$n<100$时

设指数分布的完全样本为$t_{(1)} \leqslant t_{(2)} \leqslant \cdots \leqslant t_{(n)}$，预定显著性水平为$\alpha$，检验最大值、最小值及多个异常值的方法如下。

① 最大及最小值检验

异常值的计算统计量为

$$T_{n(n)} = t_{(n)} / \sum_{i=1}^{n} t_{(i)} \tag{3.1}$$

或

$$T_{1(n)} = t_{(1)} / \sum_{i=1}^{n} t_{(i)} \tag{3.2}$$

选取预定的显著性水平α及样本量n，若

$$T_{n(n)} > T_{n(n)}(1-\alpha)$$

则认为$t_{(n)}$异常；否则为无异常。$T_{n(n)}(1-\alpha)$可查阅相应的统计用表。同理，可得最小值的异常检验公式为：

$$T_{1(n)} < T_{n(1)}(\alpha) \tag{3.3}$$

则认为$t_{(1)}$异常；否则为无异常。$T_{n(1)}(\alpha)$可查阅相应的统计用表。

② 多个异常值检验

先确定最大值和最小值的检验，计算

$$\overline{t} = \sum_{i=1}^{n} t_i / n$$

若$\mathrm{e}^{-t_{(1)}/\overline{t}} + \mathrm{e}^{-t_{(n)}/\overline{t}} < 1$，则可判断$t_{(n)}$是否异常。若$T_{n(n)} > T_{n(n)}(1-\alpha)$，则认为异常；反之，则无异常。

若$\mathrm{e}^{-t_{(1)}/\overline{t}} + \mathrm{e}^{-t_{(n)}/\overline{t}} \geqslant 1$，则可判断$t_{(1)}$是否异常。若$T_{1(n)} < T_{n(1)}(\alpha)$，则认为$t_{(1)}$异常；反之，则无异常。

若发现异常数据，则将其剔除，再对剩下的$n-1$个数据重复上述步骤，直至数据完全正常为止。

（2）当样本量$n>100$时

最大值、最小值及多个异常值的检验方法如下。

① 最大及最小值检验

检验统计量为：

$$E_{n(n)}=\frac{(n-1)(t_{(n)}-t_{(n-1)})}{\sum_{i=1}^{n-1}t_{(i)}+t_{(n-1)}} \tag{3.4}$$

$$E_{n(1)}=\frac{n(n-1)t_{(1)}}{\sum_{i=1}^{n-1}t_{(i)}+nt_{(1)}} \tag{3.5}$$

对于给定的显著性水平α及样本量，若$E_{n(n)}>F_{2,2n-2;\alpha}=(n-1)(\alpha^{-\frac{1}{n-1}}-1)$，则认为$t_{(n)}$异常；反之，则为无异常。

若$E_{n(1)}<F_{2,2n-2;\alpha}=(n-1)\left[(1-\alpha)^{-\frac{1}{n-1}}-1\right]$，则认为$t_{(1)}$异常；反之，则无异常。

② 多个异常值检验

计算

$$\overline{t}=\sum_{i=1}^{n}t_i/n$$

若$e^{-t_{(1)}/\overline{t}}+e^{-t_{(n)}/\overline{t}}<1$，则可判断$t_{(n)}$是否异常。若$E_{n(n)}>F_{2,2n-2;\alpha}=(n-1)(\alpha^{-\frac{1}{n-1}}-1)$，则认为$t_{(n)}$异常；反之，则无异常。

若$e^{-t_{(1)}/\overline{t}}+e^{-t_{(n)}/\overline{t}}\geqslant 1$，则可判断$t_{(1)}$是否异常，若$E_{n(1)}<F_{2,2n-2;\alpha}=(n-1)[(1-\alpha)^{-\frac{1}{n-1}}-1]$，则认为$t_{(1)}$异常；反之，则无异常。

2）截尾样本

设指数分布的截尾样本为$t_{(1)}\leqslant t_{(2)}\leqslant\cdots\leqslant t_{(r)}$，$r\leqslant n$。设$t_{(k)}$是到$k$次失效的总试验时间，$k$=1,2,⋯,$r$。主要检验工作为检验最小值$t_{(1)}$是否异常小或异常大、前$k$个观测值是否异常小、失效时间间隔是否异常长。

（1）检验最小值$t_{(1)}$是否异常小

检验统计量为：

$$E_{n,r(1)}=\frac{\sum_{i=1}^{r}t_{(i)}+(n-r)t_{(r)}-nt_{(1)}}{n(r-1)t_{(1)}} \tag{3.6}$$

对给定的显著性水平α及样本量n，若$E_{n,r(1)}>F_{2r-2,2;1-\alpha}=\{(r-1)[(1-\alpha)^{-\frac{1}{n-1}}-1]\}^{-1}$，则认为$t_{(1)}$异常；反之，则无异常。

（2）最小值 $t_{(1)}$ 是否异常大

检验统计量为：

$$F_{n,r(1)} = E_{n,r(1)}^{-1} \tag{3.7}$$

对给定的显著性水平 α 及 r，若 $F_{n,r(1)} \geqslant F_{2,2r-2;1-\alpha} = (r-1)(\alpha^{-\frac{1}{r-1}}-1)$，则认为 $t_{(1)}$ 异常；反之，则无异常。

（3）检验前 k 个观测值是否异常小

检验统计量为：

$$E_{n,r(k)} = \frac{k\left[\sum_{i=k+1}^{r} t_{(i)} + (n-r)t_{(r)} - (n-k)t_{(k)}\right]}{(r-k)\left(\sum_{i=1}^{r} t_{(i)} + (n-k)t_{(k)}\right)} \tag{3.8}$$

对给定的显著性水平 α 及样本量 n、r、k，若 $E_{n,r(k)} \geqslant F_{2r-2k,2k;1-\alpha}$，则认为前 k 个数据异常小；反之，则无异常。

（4）检验失效间隔是否异常长

即检验 $t_{(1)}, t_{(2)}-t_{(1)}, \cdots, t_{(r)}-t_{(r-1)}$ 的最大值是否异常长。

计算 Fisher 统计量：

$$z = \frac{\max\{T_1, T_2-T_1, \cdots, T_r-T_{r-1}\}}{T_k} \tag{3.9}$$

其中，T_k 是到 k 次失效的总试验时间。

$$T_k = \sum_{i=1}^{k} t_{(i)} + (n-k)t_k, k=1,2,\cdots,r$$

对给定的显著性水平 α 及 r，可求得 z 的 $1-\alpha$ 分位数 $z_{1-\alpha}$，可由式（3.10）确定。

$$\sum_{k=1}^{d} \binom{r}{k} (-1)^{k-1}(1-kz_{1-\alpha})^{r-1} t_{(i)} = \alpha \tag{3.10}$$

其中，$d = [\frac{1}{z_{1-\alpha}}]$。当 $z > z_{1-\alpha}$ 时，则认为失效间隔最大者是异常数据。

2. 对数正态分布

假定样本服从对数正态分布，当总体标准差未知时，异常值检验分成三种：样本只含一个可疑值（处于样本上侧或下侧）、样本有两个可疑值（分别处于样本的上下侧）、样本有多个可疑值。

1）样本只含一个可疑值

设对数化后的完全样本为 $x_{(1)} \leqslant x_{(2)} \leqslant \cdots \leqslant x_{(n)}$，$x_{(i)} = \ln t_{(i)}$。

$x_{(n)}$ 和 $x_{(1)}$ 的检验统计量分别为：

$$G_n = (x_{(n)} - \bar{x})/s \tag{3.11}$$

$$G_n' = (\bar{x} - x_{(1)})/s \tag{3.12}$$

式中，$\bar{x}=n^{-1}\sum_{i=1}^{n}x_{(i)}$；$s=\left[(n-1)^{-1}\left(\sum_{i=1}^{n}x_{(i)}^{2}-n\bar{x}^{-2}\right)\right]^{1/2}$。

对给定的显著性水平α及样本量n，可查表得临界值$G_{1-\alpha(n)}$（上下侧检验）或$G_{1-\alpha/2(n)}$（双侧检验）。当G_n或G'_n大于$G_{1-\alpha}(n)$时，则判断$x_{(n)}$或$x_{(1)}$为异常，反之则无异常。对于双侧检验，若G_n或G'_n等于$\max\{G_n,G'_n\}$且大于$G_{1-\alpha/2}(n)$，则判断$x_{(n)}$或$x_{(1)}$为异常，反之则无异常。

2）样本有两个可疑值

统计量为极差W与样本标准差S之比：

$$W/S=x_{(n)}-x_{(1)} \tag{3.13}$$

其中，$s=\left[(n-1)^{-1}\left(\sum_{i=1}^{n}x_{(i)}^{2}-n\bar{x}^{-2}\right)\right]^{1/2}$ $\bar{x}=n^{-1}\sum_{i=1}^{n}x_{(i)}$。

对于给定的显著性水平α及样本量n，查W/S表，若$W/S<$临界值，则判断正常；若$W/S>$临界值，且$x_{(n)}-\bar{x}=\bar{x}-x_{(1)}$，则$x_{(n)}$和$x_{(1)}$都是异常值；若$W/S>$临界值，且$x_{(n)}-\bar{x}>\bar{x}-x_{(1)}$，则计算统计量见式（3.14）。

$$T_n=(x_{(n)}-\bar{x})/s \tag{3.14}$$

若$T_n<$临界值，则无异常；否则，剔除$x_{(n)}$，对余下的$n-1$个数据重新计算。

$$T_1=(\bar{x}-x_{(1)})/s \tag{3.15}$$

若$T_1<$临界值，则无异常；否则，剔除$x_{(n)}$，对余下的$n-1$个数据重新计算。

3）样本有多个可疑值

（1）Dixon 检验

对给定的显著性水平α及样本量n，可构造不同的检验统计量，Dixon 检验统计量见表 3-3。

表 3-3 Dixon 检验统计量

n	上侧检验统计量	下侧检验统计量
5～7	$D=(x_{(n)}-x_{(n-1)})/(x_{(n)}-x_{(1)})$	$D'=(x_{(2)}-x_{(1)})/(x_{(n)}-x_{(1)})$
8～10	$D=(x_{(n)}-x_{(n-1)})/(x_{(n)}-x_{(2)})$	$D'=(x_{(2)}-x_{(1)})/(x_{(n-1)}-x_{(1)})$
11～13	$D=(x_{(n)}-x_{(n-2)})/(x_{(n)}-x_{(2)})$	$D'=(x_{(3)}-x_{(1)})/(x_{(n-1)}-x_{(1)})$
15～30	$D=(x_{(n)}-x_{(n-2)})/(x_{(n)}-x_{(3)})$	$D'=(x_{(3)}-x_{(1)})/(x_{(n-2)}-x_{(1)})$

n取其他值时可查阅相应的统计用表：

- 对于双侧检验，同时计算D和D'。
- 对于上侧检验，若$D>D_{1-\alpha}(n)$，判断$x_{(n)}$为异常值；否则，无异常。
- 对于下侧检验，若$D'>D_{1-\alpha}(n)$，则判断$x_{(1)}$为异常值；否则，无异常。
- 对于双侧检验，若D或$D'=\max\{D,D'\}>\tilde{D}_{1-\alpha/2}(n)$，则判断$x_{(n)}$或$x_{(1)}$为异常值；否则，无异常。

（2）偏度-峰度检验

若可疑值发生在单侧，可采用偏度检验；若可疑值发生在双侧，则采用峰度检验，步骤如下。

计算统计量：

$$b_s = \sqrt{n}\sum_{i=1}^{n}(x_{(i)} - \overline{x})^3 \Big/ \left[\sum_{i=1}^{n}(x_{(i)} - \overline{x})^2\right]^{3/2} \tag{3.16}$$

$$b_k = n\sum_{i=1}^{n}(x_{(i)} - \overline{x})^3 \Big/ \left[\sum_{i=1}^{n}(x_{(i)} - \overline{x})^2\right]^{3/2} \tag{3.17}$$

式中，$\overline{x} = n^{-1}\sum_{i=1}^{n}x_{(i)}$ 。

在单侧检验下，对于给定的显著性水平α及样本量n，得偏度检验临界值$z_{1-\alpha(n)}$。若$|b_s| > z_{1-\alpha(n)}$，且$b_s > 0$，则判断$x_{(n)}$为异常；若$b_s < 0$，则判断$x_{(1)}$异常；否则，无异常。

在双侧检验时，对于给定的显著性水平α及样本量n，得峰度临界值$z'_{1-\alpha(n)}$。若$b_k > z'_{1-\alpha(n)}$，则判断有异常值。当$x_{(n)} - \overline{x} > \overline{x} - x_{(1)}$时，$x_{(n)}$为异常；当$x_{(n)} - \overline{x} < \overline{x} - x_{(1)}$时，$x_{(1)}$为异常。若有多个异常值，则将异常值剔除后，重复上述步骤即可。

3. 威布尔分布

1）截尾样本最小值异常检验

两参数威布尔分布的样本量为n、截尾数为r，定数截尾样本$t_{(1)} \leqslant t_{(2)} \leqslant \cdots \leqslant t_{(r)}$，$2 \leqslant r \leqslant n$。预定的显著性水平为$\alpha$。

检验统计量为：

$$F = \frac{(r-2)V_{r-1}}{\sum_{i=1}^{r-2}V_i} \tag{3.18}$$

式中，$V_i = (r-i)\ln\frac{t_{(r-i+1)}}{t_{(r-i)}}$，$i = 1,2,\cdots,r-1$。

当

$$F > F_{2,2(r-2);1-\alpha} = (r-2)(\alpha^{-\frac{1}{r-2}} - 1)$$

时，判断$t_{(1)}$异常小；反之，则无异常。

2）完全样本异常检验

两参数威布尔分布的样本量为n，$t_{(1)} \leqslant t_{(2)} \leqslant \cdots \leqslant t_{(n)}$。

（1）当$5 \leqslant n \leqslant 30$时，使用 Dixon 检验

计算统计量：

$$r_{10} = \ln(t_{(2)}/t_{(1)}) / \ln(t_{(n)}/t_{(1)}), 5 \leqslant n \leqslant 8 \tag{3.19}$$

$$r_{20} = \ln(t_{(3)}/t_{(1)}) / \ln(t_{(n)}/t_{(1)}), 9 \leqslant n \leqslant 30 \tag{3.20}$$

对于给定的显著性水平α及样本量n，查表得$D_{1-\alpha}(n)$。若r_{10}或$r_{20} > D_{1-\alpha}(n)$，则认为$t_{(1)}$异常小；反之，则无异常。

（2）当$30 \leqslant n \leqslant 50$时，使用 Irwin 检验

计算统计量：

$$I = (-\ln t_{(1)} + \ln t_{(2)}) / s_{11} \tag{3.21}$$

式中，$s_{11}=\{(n-3)^{-1}\sum_{i=2}^{n-1}(\ln t_{(i)}-\overline{t}_{11})^2\}^{1/2}$；$\overline{t}_{11}=(n-2)^{-1}\sum_{i=2}^{n-1}\ln t_{(i)}$。

对于给定的显著性水平α及样本量n，查统计量I的临界值$I_{1-\alpha}(n)$。若$I>I_{1-\alpha}(n)$，则认为$t_{(1)}$异常小；反之，则无异常。

3.2.2 失效时间频率直方图分析

频率直方图是对初始数据进行分析的常用工具之一，帮助建模人员进行模型初选及数据的初步分析。将失效（或故障）数据区间$(t_0=0,t_n)$分成k个区间，k可通过式（3.22）获得：

$$k=1+3.322\log_{10}(n) \tag{3.22}$$

n为失效（或故障）数据个数，k可适当取整。

计算各个区间内相对频率：

$$f_k(t)=\frac{n_k}{n(t_{kh}-t_{kl})}=\frac{n_k}{n\Delta t} \tag{3.23}$$

式中，

t_{kh}——第k个区间上限值；

t_{kl}——第k个区间下限值；

n_k——第k个区间内故障数据个数。

然后以各组组中值为横坐标，以各区间内的相对频率为纵坐标，绘制其概率密度函数曲线。

3.3 可靠度估计

可靠度估计也可称为“无参数的可靠性模型”，可将该方法用于选取初始经验分布模型。常用的估计方法有以下3种。

3.3.1 故障前时间间隔的可靠度估计

1）完整数据

（1）采用完整数据时，期望估计值可通过式（3.24）估计：

$$R(t_i)=1-i/(1+n) \tag{3.24}$$

其中，t_i为升序排序后第i个失效（故障）时间，对于可修系统为故障间隔时间，对于不可修系统则为失效时间，时间具有广义含义；n为失效（或故障）总数。

（2）采用完整数据时，中点估计值可通过式（3.25）估计：

$$R(t_i)=1-(i-0.5)/n \tag{3.25}$$

式中参数含义同上。

（3）采用完整数据时，中位秩估计值可通过式（3.26）估计：

$$R(t_i) = 1 - (i - 0.3) / (n + 0.4) \tag{3.26}$$

当失效（或故障）总数n较大时，三种估计方法所得估计值基本相近。

2）不完全数据

（1）Johnson 方法

设试验共获得n个数据（包含截尾数据），其中有m个截尾数据（弹药、装备等一般为右截尾数据），$n-m$个失效数据。对n个数据从小到大顺序编号，记为j。对失效数据编号记为i，$i=1, 2, \cdots, n-m$，则第i个故障数据的故障顺序号可由式（3.27）计算。

$$r_i = r_{i-1} + (n+1-r_{i-1}) / (n+2-j) \tag{3.27}$$

如序号出现小数，则可适当取整。

（2）Kaplan-Meier 方法

设试验有n个以升序排列的故障数据，其中包含失效（或故障）数据和截尾数据。b_j是在t_j时刻的失效（或故障）数据个数，如果t_j为截尾数据，$b_j = 0$，n_j是包括t_j及它之后的全部数据个数，则

$$n_j = n - j + 1$$

对于$t_j < t \leqslant t_{j+1}$，有

$$\hat{R}(t) = \prod_{i=1}^{j} \left(\frac{n_i - b_j}{n_i}\right) \tag{3.28}$$

以中位秩完整数据为例，故障前间隔时间数据形式的可靠度估计见表 3-4。

表 3-4　故障前间隔时间数据形式的可靠度估计

序号	排序后的间隔时间 $t_{(i)}$	可靠度估计值 $R(t_i)$	累计失效的概率 $F(t_i)$	备注
1	$t_{(1)}$	$1-(1-0.3)/(k+0.4)$	$(1-0.3)/(k+0.4)$	
2	$t_{(2)}$	$1-(2-0.3)/(k+0.4)$	$(2-0.3)/(k+0.4)$	
3	$t_{(3)}$	$1-(3-0.3)/(k+0.4)$	$(3-0.3)/(k+0.4)$	
4	$t_{(4)}$	$1-(4-0.3)/(k+0.4)$	$(4-0.3)/(k+0.4)$	
5	$t_{(5)}$	$1-(5-0.3)/(k+0.4)$	$(5-0.3)/(k+0.4)$	
…	…	…	…	
k	$t_{(k)}$	$1-(k-0.3)/(k+0.4)$	$(k-0.3)/(k+0.4)$	

3.3.2　区间内故障次数的可靠度估计

对于获得的失效数据属于区间累计失效的形式，可采用如下可靠度估计方法，见式（3.29）：

$$R(t_j) = \prod_j (1 - D_j / N_j) \tag{3.29}$$

其中，D_j为贮存到某个区间$[t_{j-1}, t_j]$内的失效次数，N_j为t_j时刻的危险弹数（到t_j时刻合格的弹数），j为投入试验的样品总数。区间内故障数数据形式的可靠度估计见表 3-5。

表 3-5 区间内故障数数据形式的可靠度估计

区间年	所属区间 I_j	故障数 D_j	危险数 N_j	区间不合格率 q_j	区间合格率 p_j	t_j 时合格率 P_j
1	$[0,t_1]$	D_1	N_1	D_1/N_1	$1-D_1/N_1$	$1-D_1/N_1$
2	$[t_1,t_2]$	D_2	N_2	D_2/N_2	$1-D_2/N_2$	$\prod_{j=1}^{2} p_j$
3	$[t_2,t_3]$	D_3	N_3	D_3/N_3	$1-D_3/N_3$	$\prod_{j=1}^{3} p_j$
…	…	…				
k	$[t_{k-1},t_k]$	D_k	N_k	D_k/N_k	$1-D_k/N_k$	$\prod_{j=1}^{k} p_j$

规定在 0 时刻失效率为 0，则以区间右端点时刻为时间自变量，以可靠度估计值数为因变量，得到每个 t_j 的可靠度函数。对 t_j 进行可靠性建模，得到产品从投入贮存开始至某一时间段内的贮存可靠性指标。建模方法与故障前时间间隔方法相同。

3.3.3 区间内累计故障次数的可靠度估计

一批产品在 0 时刻开始贮存，到 t_1 时刻发生失效 D_1 次，到 t_2 时刻累计发生失效 D_2 次，以此类推，得到各个时间段内的故障数据。每个产品投入贮存的日历时间不一定相同。设 0 到时刻 t 内均分成 k 个区间，分别为 $[t_0,t_1]$，$[t_1,t_2]$，$[t_2,t_3],\cdots,[t_{k-1},t_k]$，到每个区间 I_j 内的累计故障数分别为 D_j，$j=1,2,\cdots,k$，到 t_j 时，N 为贮存期内产品总数量。假定以 1 年为一个区间，区间内累计故障次数的可靠度估计数据见表 3-6。

表 3-6 区间内累计故障次数的可靠度估计数据

区间年	所属区间 I_j	累计故障数 D_j	贮存期内产品总数 N	累计不合格率 F_j	合格率 R_j
1	$[0,t_1]$	D_1	N	D_1/N	$1-D_1/N$
2	$[t_1,t_2]$	D_2	N	D_2/N	$1-D_2/N$
3	$[t_2,t_3]$	D_3	N	D_3/N	$1-D_3/N$
4	$[t_3,t_4]$	D_4	N	D_4/N	$1-D_4/N$
5	$[t_4,t_5]$	D_5	N	D_5/N	$1-D_5/N$
…	…	…	N		
k	$[t_{k-1},t_k]$	D_k	N	D_k/N	$1-D_k/N$

对于区间内故障数数据形式和区间内累计故障数数据形式而言，当贮存试验过程中样本没有退出时，所得的可靠度估计结果相同。但是，当贮存试验中有退出的情况时，两种估计结果会产生差异。

3.4 寿命分布模型初选

寿命分布模型初选一般根据建模人员的经验，并结合失效（或故障）数据初步分析结果选取合适的寿命分布模型，常用的模型有指数分布、威布尔分布、对数分布、伽马分布等，其中指数分布、威布尔分布被广泛应用于机械系统建模。寿命分布模型初选可首先根据所得失效（或故障）数据，对失效（或故障）数据进行频率直方图分析，得到概率密度函数的大致趋势；也可按频率直方图的分组方法，绘制累积分布函数趋势图，结合频率直方图与累积分布函数趋势图，初步判定适合的模型；如果借助频率直方图与累积分布函数趋势图仍不能选定合适的分布模型，还可以借助相应的概率图纸如威布尔概率图纸、对数正态分布概率图纸等判定失效（或故障）时间是否服从该分布。

失效（或故障）时间的累积分布函数 $F(t)$同其密度函数 $f(t)$之间的关系为 $f(t)=F'(t)$。

若失效（或故障）时间的概率密度函数 $f(t)$呈峰值形，如正态分布和对数正态分布，则

$$f'(t)=0$$

即

$$F''(t)=0$$

由此可知，若失效（或故障）时间的概率密度函数 $f(t)$呈峰值形，则其分布函数 $F(t)$将出现拐点。

若失效（或故障）时间的概率密度函数 $f(t)$呈单调下降趋势，则

$$f'(t)<0$$

即

$$F''(t)<0$$

由此可知，若失效（或故障）时间的概率密度函数 $f(t)$呈单调下降趋势，则其分布函数 $F(t)$在正半轴上将是凸的。

同理可得，若失效（或故障）时间的概率密度函数 $f(t)$呈单调上升趋势，则其分布函数 $F(t)$在正半轴上将是凹的。

由上述讨论可知，由可估计理论分布函数 $F(t)$，可初步判断 $f(t)$的形状。

3.5 寿命分布模型参数估计

3.5.1 指数分布参数估计

指数分布是工程中常用的寿命分布模型之一，指数分布概率密度函数见式（3.30）。

$$f(t)=\lambda \mathrm{e}^{-\lambda t}, t>0 \tag{3.30}$$

式中，λ 为失效率，可靠度函数为：

$$R(t)=\mathrm{e}^{-\lambda t} \tag{3.31}$$

累积分布函数为：

$$F(t)=1-\mathrm{e}^{-\lambda t} \tag{3.32}$$

指数分布中需要确定的参数为 λ，参数相对较少，计算较为简便。

1）点估计

（1）矩估计法

若经过初步判定，失效（或故障）数据符合指数分布，则可以采用矩估计法对分布参

数进行估计。

矩估计法的基本思想是使总体矩等于样本矩而获得模型参数方程，进而求得模型未知参数的估计。设模型的概率密度函数为 $f(t)$，则第 j 阶总体矩定义为：

$$u_j(\theta)=\int_0^{\infty} t^j f(t)\mathrm{d}t \tag{3.33}$$

式中，$j=1,2,\cdots,\theta$ 代表未知参数。从定义可看出，一阶总体矩是数学期望，而一阶总体矩与方差为线性关系。设有一个完整的实效数据样本 $t_1,t_2,\cdots,t_n$，则样本的 j 阶矩由式（3.34）给出。

$$\gamma_k=\frac{1}{n}\sum_{i=1}^{n}t_i^k \tag{3.34}$$

总体矩和样本矩之间的关系见式（3.35）。

$$u_j(\theta)=\int_0^{\infty} t^j f(t)\mathrm{d}t=\gamma_k=\frac{1}{n}\sum_{i=1}^{n}t_i^k \tag{3.35}$$

对于指数分布，由前面的分析可知，指数分布的均值和方差分别为：

$$E(t)=\int_0^{\infty} tf(t)\mathrm{d}t=\int_0^{\infty} t\lambda \mathrm{e}^{-\lambda t}\mathrm{d}t=\frac{1}{\lambda} \tag{3.36}$$

$$V(t)=\frac{1}{\lambda^2} \tag{3.37}$$

因此可得到指数分布的矩估计方程：

$$E(t)=\frac{1}{\lambda}=\frac{1}{n}\sum_{i=1}^{n}t_i \tag{3.38}$$

得

$$\lambda=\frac{1}{\frac{1}{n}\sum_{i=1}^{n}t_i} \tag{3.39}$$

或

$$V(t)=\frac{1}{\lambda^2}=\frac{1}{n}\sum_{i=1}^{n}t_i^2 \tag{3.40}$$

得

$$\lambda=\frac{1}{\sqrt{\frac{1}{n}\sum_{i=1}^{n}t_i^2}} \tag{3.41}$$

（2）最小二乘法

最小二乘法是将模型经过恰当变换后，应用最小二乘法原理来估计模型的未知参数。

指数分布的累积分布函数 $F(t)=1-\mathrm{e}^{-\lambda t}$，令 $y=\ln\frac{1}{1-F(t)}$，　$x=t$。对累积分布函数变形得：

$$y=\lambda x$$

因此，$(x_1,y_1),(x_2,y_2),\cdots,(x_r,y_r)$，呈一条直线，且斜率为 λ。可通过下式求解。

$$\hat{\lambda}=\frac{l_{xy}}{l_{xx}} \tag{3.42}$$

$$l_{xx}=\sum_{i=1}^{n}(x_i-\overline{x})^2=\sum_{i=1}^{n}x_i^2-n\overline{x}^2 \tag{3.43}$$

$$l_{xx}=\sum_{i=1}^{n}(x_i-\overline{x})(y_i-\overline{y})=\sum_{i=1}^{n}x_i y_i-n\overline{xy}^2 \tag{3.44}$$

（3）极大似然估计法（MLE）

抽取 n 个样品进行试验，设截尾时间（无替换的定时截尾）为 t_0。在[0，t_0]内有 r 个产品失效，失效时间依次为：

$$t_1 \leqslant t_2 \leqslant \cdots \leqslant t_r$$

一个产品在[t_i, t_i +dt_i]内失效的概率为 $f(t_i)\mathrm{d}t_i$，i=1,2,⋯,r。其余 $n-r$ 个产品的寿命超过 t_0 的概率为 $[\mathrm{e}^{-\lambda t_0}]^{n-r}$，故试验观察结果出现的概率为：

$$C_n^r(\lambda \mathrm{e}^{-\lambda t_1}\mathrm{d}t_1)(\lambda \mathrm{e}^{-\lambda t_2}\mathrm{d}t_2)\cdots(\lambda \mathrm{e}^{-\lambda t_r}\mathrm{d}t_r)[\mathrm{e}^{-\lambda t_0}]^{n-r} \tag{3.45}$$

忽略常数项，则可建立指数分布的似然函数。

$$L(\lambda)=\lambda^r \exp\left\{-\lambda[\sum_{i=1}^{r}t_i+(n-r)t_0]\right\} \tag{3.46}$$

两边取对数，建立对数似然方程为：

$$\ln L(\lambda)=r\ln\lambda-\lambda[\sum_{i=1}^{r}t_i+(n-r)t_0] \tag{3.47}$$

对对数似然方程求导，并令其等于 0，得到指数分布参数的极大似然估计值为：

$$\hat{\lambda}=\frac{r}{S(t_0)} \tag{3.48}$$

式中，$S(t_0)=\sum_{i=1}^{r}t_i+(n-r)t_0$ 。

平均寿命的估计值为：

$$\hat{\mu}=\frac{S(t_0)}{r} \tag{3.49}$$

2）区间估计

置信水平为 1−α 的失效率置信限表达式如下。

单边置信区间，其上限为：

$$\lambda<\hat{\lambda}\frac{\chi^2_{1-\alpha}(2r)}{2r}\text{或}\lambda<\hat{\lambda}\frac{\chi^2_{1-\alpha}(2r)}{2S(t_0)}$$

双边置信区间：

$$\hat{\lambda}\frac{\chi^2_{\alpha/2}(2r)}{2r}<\lambda<\hat{\lambda}\frac{\chi^2_{1-\alpha/2}(2r)}{2r}$$

或

$$\frac{\chi^2_{\alpha/2}(2r)}{2S(t_0)}<\lambda<\frac{\chi^2_{1-\alpha/2}(2r)}{2S(t_0)}$$

3.5.2 双参数指数分布参数估计

（1）矩估计法

$$E(t)=\int_0^{\infty} tf(t)\mathrm{d}t=\int_0^{\infty} t\lambda \mathrm{e}^{-\lambda(t-T)}\mathrm{d}t=\frac{1}{\lambda}+T=\frac{1}{n}\sum_{i=1}^{n}t_i \tag{3.50}$$

$$V(t)=\frac{1}{\lambda^2}=\frac{1}{n}\sum_{i=1}^{n}t_i^2 \tag{3.51}$$

求解上述方程组，得到两个未知参数的估计值。

（2）最小二乘估计法

令 $y=\ln\dfrac{1}{1-F(t)},\lambda T=b,x=t,$则$F(t)=1-\mathrm{e}^{-\lambda(t-T)}$，可变为 $y=\lambda x-b$，则可通过最小二乘法对未知参数求解，求解方法与指数分布相同。

3.5.3 威布尔分布参数估计

1）点估计

（1）矩估计法。两参数威布尔分布的平均寿命与方差分别见式（3.52）、式（3.53）。

$$E(T)=\int_0^{\infty} tf(t)\mathrm{d}t=\int_0^{\infty} t\frac{\beta}{\alpha}\left(\frac{t}{\alpha}\right)^{\beta-1}\exp\left[-\left(\frac{t}{\alpha}\right)^{\beta}\right]\mathrm{d}t=\alpha\Gamma(1+1/\beta) \tag{3.52}$$

$$V(T)=\alpha^2[\Gamma(1+2/\beta)-\Gamma^2(1+1/\beta)] \tag{3.53}$$

因此可得到威布尔分布的矩估计方程为：

$$E(T)=\alpha\Gamma(1+1/\beta)=\frac{1}{n}\sum_{i=1}^{n}t_i \tag{3.54}$$

或

$$V(T)=\alpha^2[\Gamma(1+2/\beta)-\Gamma^2(1+1/\beta)]=\frac{1}{n}\sum_{i=1}^{n}t_i^2 \tag{3.55}$$

联合求解方程（3.53）、(3.55)，可得到参数α、β的估计值。通常$\alpha>0$，$\beta>0$。

（2）最小二乘法。最小二乘法是将模型经过恰当变换后，应用最小二乘法原理来估计模型的未知参数。以两参数威布尔分布为例。

$$\ln\ln\frac{1}{1-F(t)}=-\beta\ln\alpha+\beta\ln t \tag{3.56}$$

令

$$y=\ln\ln\frac{1}{1-F(t)}$$

$$x=\ln t$$

$$A=-\beta\ln\alpha$$

$$B=\beta$$

依据最小二乘法原理

$$\hat{B}=\frac{l_{xy}}{l_{xx}}$$

$$\hat{A}=\overline{y}-\hat{B}\overline{x}$$

$$l_{xx}=\sum_{i=1}^{n}(x_i-\overline{x})^2=\sum_{i=1}^{n}x_i^{\ 2}-n\overline{x}^2$$

$$l_{xy}=\sum_{i=1}^{n}(x_i-\overline{x})(y_i-\overline{y})=\sum_{i=1}^{n}x_i y_i-n\overline{xy}$$

$$\overline{x}=\frac{1}{n}\sum_{i=1}^{n}x_i$$

$$\hat{\beta}=\hat{B},\hat{\alpha}=\exp(-\hat{A}/\hat{B})$$

其中，$y=\ln\ln\frac{1}{1-F(t)}$；$x=\ln t$。

（3）极大似然估计。假设共获得n个失效（或故障）数据，$n=n_f+n_s$，n_s、n_f分别为右截尾数据和失效数据个数，各自记为G、F，则似然函数为：

$$L(\theta)=\prod_{i\in F}f(t_i;\theta)\prod_{i\in G}R(t_i;\theta) \tag{3.57}$$

式中θ为参数变量。两参数威布尔分布的似然函数为：

$$\ln[L(\beta,\alpha)]=n_f\ln(\beta)-n_f\beta\ln(\alpha)+(\beta-1)\sum_{i\in F}\ln(t_i)-\sum_{i\in F+G}\left(\frac{t_i}{\alpha}\right)^{\beta} \tag{3.58}$$

两边分别对β,α求偏微分得：

$$\frac{\partial\ln\left[L(\beta,\alpha)\right]}{\partial\beta}=\frac{n_f}{\beta}-n_f\ln(\alpha)+\sum_{i\in F}\ln(t_i)-\sum_{i\in F+G}\left(\frac{t_i}{\alpha}\right)^{\beta}\ln\left(\frac{t_i}{\alpha}\right) \tag{3.59}$$

$$\frac{\partial\ln\left[L(\beta,\eta)\right]}{\partial\eta}=\frac{-n_f\beta}{\eta}+\sum_{i\in F+G}\left(\frac{t_i}{\eta}\right)^{\beta}\frac{\beta}{\eta} \tag{3.60}$$

令偏微分等于零，得：

$$\begin{cases}\alpha=\left(\dfrac{\sum\limits_{i\in F+G}t_i^{\beta}}{n_f}\right)^{\frac{1}{\beta}}\\ \dfrac{n_f}{\beta}-n_f\ln(\alpha)+\sum\limits_{i\in F}\ln(t_i)-\dfrac{1}{\alpha^{\beta}}\sum\limits_{i\in F+G}t_i^{\beta}\ln\left(\dfrac{t_i}{\alpha}\right)=0\end{cases} \tag{3.61}$$

求解得参数极大似然估计值。

（4）最佳线性无偏估计（BLUE）。两参数威布尔分布累积分布函数为：

$$F(t)=1-\exp\left[-\left(\frac{t}{\alpha}\right)^{\beta}\right] \tag{3.62}$$

通常，直接求解β,α的估计值比较困难，故可对累积分布函数进行变换，对考察寿命进行对数变换，令$\sigma=1/\beta$，$\mu=\ln\alpha$。

则有

$$F(x)=1-\exp(-\mathrm{e}^{\frac{x-\mu}{\sigma}}) \tag{3.63}$$

这个分布变成了极值分布，令

$$y=\frac{x-\mu}{\sigma}$$

则有

$$F(y)=1-\exp(-\mathrm{e}^{y}) \tag{3.64}$$

当 $\mu=0$ ，$\sigma=1$ 时为标准极值分布。

假如有 n 个试验样品投入寿命试验，$t_1\leqslant t_2\leqslant\cdots\leqslant t_r$ 是其前 r 个次序统计量，由于对数函数的单调性，若设 $X_k=\ln t_k$ ，则 $X_1\leqslant X_2\leqslant\cdots\leqslant X_r$ 可以看作从 $F_x(x)$ 中得来的一个容量为 n 的前 r 个次序统计量。若设 $y_k=(x-\mu_k)/\sigma$ ，则 $Y_1\leqslant Y_2\leqslant\cdots\leqslant Y_r$ 可以看作从标准极值分布 $F_y(y)$ 容量为 n 的前 r 个次序统计量。由于 $F_y(y)$ 不含有任何未知参数，故通过次序统计量的分布可求得 $Y_1\leqslant Y_2\leqslant\cdots\leqslant Y_r$ 的数学期望、方差和协方差。

$$\begin{cases}E(y_k)=\alpha_k\\ \mathrm{Var}(y_k)=v_{kk}\\ \mathrm{Cov}(y_k,y_l)=v_{kl}\end{cases} \tag{3.65}$$

可得到

$$\begin{cases}E(x_k)=\mu+\sigma\alpha_k\\ \mathrm{Var}(x_k)=\sigma^2 v_{kk}\\ \mathrm{Cov}(x_l,x_l)=\sigma^2 v_{kl}\end{cases} \tag{3.66}$$

为表示方便，设

$$\boldsymbol{X}=\begin{pmatrix}x_1\\x_2\\\vdots\\x_r\end{pmatrix},\boldsymbol{M}=\begin{pmatrix}1&a_1\\1&a_2\\\vdots&\vdots\\1&a_r\end{pmatrix},\theta=\begin{pmatrix}\mu\\\sigma\end{pmatrix},\boldsymbol{V}=\begin{pmatrix}v_{11}&v_{12}&\cdots&v_{1r}\\v_{21}&v_{22}&\cdots&v_{2r}\\\vdots&\vdots&\ddots&\vdots\\v_{r1}&v_{r2}&\cdots&v_{rr}\end{pmatrix}$$

结合高斯-马尔可夫定理可计算得：

$$\hat{\theta}=\begin{pmatrix}\hat{\mu}\\\hat{\sigma}\end{pmatrix}=(\boldsymbol{M}'\boldsymbol{V}^{-1}\boldsymbol{M})^{-1}(\boldsymbol{M}'\boldsymbol{V}^{-1}\boldsymbol{X}) \tag{3.67}$$

且有

$$\boldsymbol{M}'\boldsymbol{V}^{-1}\boldsymbol{M}=\begin{pmatrix}\sum\limits_k\sum\limits_j v_{kl} & \sum\limits_k\sum\limits_k a_k v_{kl}\\ \sum\limits_k\sum\limits_j a_l v_{kl} & \sum\limits_k\sum\limits_l a_k a_{kl} v_{kl}\end{pmatrix}$$

$$(\boldsymbol{M}'\boldsymbol{V}^{-1}\boldsymbol{M})^{-1}=\begin{pmatrix}A_{r,n}&B_{r,n}\\B_{r,n}&l_{r,n}\end{pmatrix}$$

$$A_{r,n}=\left\{\left(\sum_k\sum_l v_{kl}\right)\left(\sum_k\sum_l a_k a_l v_{kl}\right)-\left(\sum_k\sum_l a_k v_{kl}\right)^2\right\}^{-1}\sum_k\sum_l a_k a_l v_{kl}$$

$$B_{r,n}=\left\{\left(\sum_k\sum_l v_{kl}\right)\left(\sum_k\sum_l a_k a_l v_{kl}\right)-\left(\sum_k\sum_l a_l v_{kl}\right)^2\right\}^{-1}\sum_k\sum_l a_k v_{kl}$$

$$l_{r,n}=\left\{\left(\sum_k\sum_l v_{kl}\right)\left(\sum_k\sum_l a_k a_l v_{kl}\right)-\left(\sum_k\sum_l a_k v_{kl}\right)^2\right\}^{-1}\sum_k\sum_l v_{kl}$$

最终得σ_i的估计值和方差为：

$$\hat{\sigma}=\sum_{k=1}^{r}C(n,r,l)x_k=\sum_{k=1}^{r}C(n,r,l)\ln t_k \tag{3.68}$$

$$\hat{\mu}=\sum_{k=1}^{r}D(n,k,r)\ln t_k \tag{3.69}$$

$$D(n,r,k)=\sum_{l=1}^{r}A_{r,n}v_{kl}+\sum_{l=1}^{r}B_{r,n}\alpha_l v_{kl} \tag{3.70}$$

$$C(n,r,k)=\sum_{l=1}^{r}B_{r,n}v_{kl}+\sum_{l=1}^{r}l_{r,n}\alpha_l v_{kl} \tag{3.71}$$

最终得出β、α的估计值为：

$$\hat{\alpha}=\exp(\hat{\mu}),\hat{\beta}=1/\hat{\sigma} \tag{3.72}$$

（5）简单线性无偏估计（GLUE）。当n>25时，由于计算上的偏差，极值分布中μ、σ的BLUE系数尚未算出，但在工程实际中经常遇到n>25的情况。为了解决这个问题，引入了简单线性无偏估计。

设产品的寿命T服从参数为α、β的威布尔分布，则$X=\ln t$服从参数为μ、σ的极值分布，其中$\mu=\ln\alpha$，$\sigma=1/\beta$。$Y=(X-\mu)/\sigma$服从参数为（0，1）的标准极值分布。

因为$\sigma>0$是极值分布中的尺度参数，故任意两个次序统计量之间的距离$\left|X_i-X_j\right|$都含有σ的信息，选定某个次序统计量X_s，那么其他的次序统计量X_i与其距离$|X_i-X_s|(i=1,2,\cdots,r)$都含有$\sigma$的信息，把这些信息集中起来，就可以获得$\sigma$的较好估计。

取这些距离的平均值为：

$$\hat{\sigma}=\frac{1}{nk}\sum_{i=1}^{r}\left|X_i-X_s\right|=\frac{1}{nk}\left[(2s-r)X_s-\sum_{i=1}^{s}X_i+\sum_{i=s+1}^{r}X_i\right] \tag{3.73}$$

作为σ的估计，$\hat{\sigma}$是σ的线性估计。为了使$\hat{\sigma}$是无偏估计，则：

$$E\left(\frac{1}{nk}\sum_{i=1}^{r}\left|X_i-X_s\right|\right)=\sigma \tag{3.74}$$

或

$$E\left(\frac{1}{nk}\sum_{i=1}^{r}\left|\frac{X_i-\mu}{\sigma}-\frac{X_s-\mu}{\sigma}\right|\right)=\sigma \tag{3.75}$$

$$k=\frac{1}{n}E\left\{(2s-r)Y_s-\sum_{i=1}^{r}Y_i+\sum_{i=r+1}^{r}Y_i\right\} \tag{3.76}$$

这样确定k只依赖n、r、s，故记$k=k_{s,r,n}$。对给定的n、r、s，可以根据$E(Y_i)$算得$k=k_{s,r,n}$。s可以取$i=1,2,\cdots,r$中的任何一个，通常可按下式选择。

$$s=\begin{cases} r & r\leqslant 0.9n \\ n & r>0.9n, n\leqslant 15 \\ n-1 & r>0.9n, 16\leqslant n\leqslant 24 \\ 0.892n+1 & r>0.9n, n\geqslant 25 \end{cases}$$

最终得到σ的简单线性无偏估计为：

$$\begin{aligned}\hat{\sigma}&=\frac{1}{nk}\sum_{i=1}^{r}\left|X_i-X_s\right|=\frac{1}{nk}\left[(2s-r)X_s-\sum_{i=1}^{s}X_i+\sum_{i=s+1}^{r}X_i\right] \\ &=\frac{2.3026}{nk_{r,n}}\left[(2s-r)\lg t_s-\sum_{i=1}^{s}\lg t_i+\sum_{i=s+1}^{r}X_i\right]\end{aligned} \tag{3.77}$$

μ的简单线性无偏估计为：

$$\hat{\mu}=X_s-E\left(Y_s\right)\hat{\sigma} \tag{3.78}$$

获得α、β的估计值为：

$$\hat{\alpha}=\exp\tilde{\mu}, \hat{\beta}=1/\hat{\sigma} \tag{3.79}$$

2）区间估计

（1）形状参数β的区间估计。给定置信水平为（1-a）时，参数β的置信区间为$[\omega_1\hat{\beta},\omega_2\hat{\beta}]$。

$$\omega_1=\left(\frac{k_1}{rc}\right)^{\left(\frac{1}{1+q}\right)^2} \tag{3.80}$$

$$\omega_2=\left(\frac{k_2}{rc}\right)^{\left(\frac{1}{1+q}\right)^2} \tag{3.81}$$

式中，$c=2.14628-1.361119\times q$；

$k_1=\chi^2_{\frac{a}{2}}[c(r-1)]$；

$k_2=\chi^2_{1-\frac{a}{2}}[c(r-1)]$

$$q=\frac{r}{n}$$

其中，r为完整故障数，n为全部数据数（含截尾数据）。

$\chi^2_a(\upsilon)$为χ^2分布自由度为υ的a分位点值，Z_a为Z分布的a分位点值。当自由度较大时，$\chi^2_a(\upsilon)$查找不便，其可用式（3.82）近似计算：

$$\chi^2_a(\upsilon)\approx\upsilon\left[1-\frac{2}{9\upsilon}+Z_a\sqrt{\frac{2}{9\upsilon}}\right]^2 \tag{3.82}$$

（2）尺度参数的区间估计。当置信水平为1-a时，尺度参数α的置信区间为$\left[A_1\hat{\alpha},A_2\hat{\alpha}\right]$。

对于不同的截尾样本，计算A_1和A_2的方法也不同。当采用定时截尾时，即$r<n$时，则

$$A_1 = \exp\left(-\frac{d_1}{\hat{\beta}}\right) \tag{3.83}$$

$$A_2 = \exp\left(-\frac{d_2}{\hat{\beta}}\right) \tag{3.84}$$

式中，

$d_1 = \dfrac{A_3 + x\sqrt{x^2(A_6^2 - A_4A_5) + rA_4}}{r - A_5x^2}$；

$d_2 = \dfrac{A_3 - x\sqrt{x^2(A_6^2 - A_4A_5) + rA_4}}{r - A_5x^2}$。

式中，

$A_3 = -A_6x^2$；

$x = N_{1-\frac{a}{2}}$ 为正态分布分位点。

$$A_4 = 0.49q - 0.134 + 0.622q^{-1} \tag{3.85}$$

$$A_5 = 0.2445(1.78 - q)(2.25 + q) \tag{3.86}$$

$$A_6 = 0.029 - 1.083\ln(1.325q) \tag{3.87}$$

3.5.4 对数正态分布参数估计

1）点估计

（1）矩估计法。对数正态分布的均值和方差分别为：

$$E(t) = \int_0^{\infty} tf(t)\mathrm{d}t = \mathrm{e}^{\mu+\sigma^2/2} \tag{3.88}$$

$$V(t) = \mathrm{e}^{2\mu+\sigma^2}(\mathrm{e}^{\sigma^2} - 1) \tag{3.89}$$

因此可得到对数正态分布的矩估计方程：

$$E(t) = \mathrm{e}^{\mu+\sigma^2/2} = \frac{1}{n}\sum_{i=1}^{n} t_i \tag{3.90}$$

$$V(t) = \mathrm{e}^{2\mu+\sigma^2}(\mathrm{e}^{\sigma^2} - 1) = \frac{1}{n}\sum_{i=1}^{n} t_i^2 \tag{3.91}$$

联合求解可得 $\hat{\mu},\hat{\sigma}$ 的矩估计值。

（2）最小二乘法。对数正态分布的累积分布函数为：

$$F(t) = \int_0^{t} \frac{1}{\sigma t\sqrt{2\pi}} \exp\left[-\frac{1}{2}\left(\frac{\ln(t) - \mu}{\sigma}\right)^2\right]\mathrm{d}t \tag{3.92}$$

经过变换，可将式（3.92）变为标准正态分布：

$$F(t) = \int_0^{\frac{\ln t-\mu}{\sigma}} \frac{1}{\sqrt{2\pi}}\mathrm{e}^{-\frac{x^2}{2}}\mathrm{d}x = \varPhi\left(\frac{\ln t - \mu}{\sigma}\right) \tag{3.93}$$

由于标准正态分布函数 $\varPhi(x)$ 是严格单调上升的，故其存在反函数，且反函数为：

$$\Phi^{-1}[F(t)]=\frac{\ln t-\mu}{\sigma}$$

若令

$$\Phi^{-1}[F(t)]=Y,X=\ln t$$

则有：

$$Y=\frac{1}{\sigma}X-\frac{\mu}{\sigma} \tag{3.94}$$

这是一条直线方程，可通过最小二乘法求解。

$$l_{xx}=\sum_{i=1}^{n}(x_i-\overline{x})^2=\sum_{i=1}^{n}x_i^{\ 2}-n\overline{x}^2 \tag{3.95}$$

$$l_{xy}=\sum_{i=1}^{n}(x_i-\overline{x})(y_i-\overline{y})=\sum_{i=1}^{n}x_iy_i-n\overline{xy} \tag{3.96}$$

$$\overline{x}=\frac{1}{n}\sum_{i=1}^{n}x_i \tag{3.97}$$

最终求解得：

$$\hat{\sigma}=\frac{l_{xx}}{l_{xy}} \tag{3.98}$$

$$\hat{\mu}=\overline{x}-\hat{\sigma}\overline{y} \tag{3.99}$$

（3）最佳线性无偏估计（BLUE）。设产品的寿命 t 服从对数正态分布 $LN(u,\sigma^2)$，则有：

$$X=\ln t\sim N(\mu,\sigma^2) \tag{3.100}$$

$$Y=\frac{\ln t-\mu}{\sigma}\sim N(0,1) \tag{3.101}$$

从这批产品中随机抽取 n 个进行寿命试验，截尾数为 r，$t_1\leqslant t_2\leqslant\cdots\leqslant t_r$ 是其前 r 个次序统计量，由于对数函数的单调性，若设 $X_k=\ln t_k$，则 $X_1\leqslant X_2\leqslant\cdots\leqslant X_r$ 可以看作从 $N(u,\sigma^2)$ 中来的一个容量为 n 的前 r 个次序统计量。若设 $Y_k=(X-\mu_k)/\sigma$，则 $Y_1\leqslant Y_2\leqslant\cdots\leqslant Y_r$ 可以看作标准正态分布 $N(0,1)$ 中容量为 n 的前 r 个次序统计量。由于 $N(0,1)$ 不含有任何未知参数，故通过次序统计量的分布可求得 $Y_1\leqslant Y_2\leqslant\cdots\leqslant Y_r$ 的数学期望、方差和协方差。

$$E(y_k)=a_k$$
$$\mathrm{Var}(y_k)=u_{kk}$$
$$\mathrm{Cov}(y_k,y_l)=u_{kl}$$

利用高斯-马尔科夫定理和矩阵运算，可得 u、σ 的最佳线性无偏估计。

$$\hat{\mu}=\sum_{k=1}^{r}D'(n,r,k)X_k$$

$$\hat{\sigma}=\sum_{k=1}^{r}C'(n,r,k)X_k$$

其中，相应的系数可通过查表获得。

（4）简单线性无偏估计（GLUE）。对数正态分布中两个参数 σ、u 的简单线性无偏估计中，当 $r\leqslant 0.9n$ 时，σ、u 的简单线性无偏估计值为：

$$\hat{\sigma}=\frac{1}{nk_{r,n}}\left[r\ln t_r-\sum_{i=1}^{r}\ln t_i\right] \tag{3.102}$$

$$\hat{\mu}=\ln t_r-E(Y_r)\hat{\sigma} \tag{3.103}$$

2）区间估计

参照标准正态分布，可得到对数正态分布u、σ的区间估计分别如下。

（1）置信水平为$1-a$的u置信限表达式如下。

单边置信区间，其上限为：

$$\mu<\bar{X}+t_a\sqrt{\frac{S^2}{n(n-1)}} \tag{3.104}$$

其中，t_α为t分布的a分位点值。

单边置信区间，其下限为：

$$\mu>\bar{X}-t_a\sqrt{\frac{S^2}{n(n-1)}} \tag{3.105}$$

双边置信区间：

$$\bar{X}-t_{a/2}\sqrt{\frac{S^2}{n(n-1)}}<\mu<\bar{X}+t_{a/2}\sqrt{\frac{S^2}{n(n-1)}} \tag{3.106}$$

（2）置信水平为$1-a$的σ的置信限表达式如下。

双边置信区间：

$$S^2/\chi^2_{a/2}(n)<\sigma^2<S^2/\chi^2_{1-a/2}(n) \tag{3.107}$$

单边置信区间，其上限为：

$$\sigma^2<S^2/\chi^2_{1-a}(n) \tag{3.108}$$

单边置信区间，其下限为：

$$\sigma^2>S^2/\chi^2_a(n) \tag{3.109}$$

3.5.5 贝叶斯方法估计分布参数

贝叶斯方法主要用于故障数据较少或无故障数据时的可靠性模型参数估计。该方法认为模型的未知参数θ是随机变量，它服从某一分布，称为先验分布。然后结合贝叶斯法则，将先验分布与样本观测值组合，形成参数的新分布，称之为后验分布，后验分布的均值或者模作为参数的点估计值。

设$\pi(\theta)$是先验分布，$\theta=(\theta_1,\theta_2,\cdots,\theta_k)$是模型未知参数，$f(t|\theta)$是样本的概率密度函数，则$\pi(\theta)$的后验分布可通过式（3.110）获得。

$$\pi(\theta|t)=\frac{\pi(\theta)f(t|\theta)}{\int_\theta \pi(\theta)f(t|\theta)\mathrm{d}\theta} \tag{3.110}$$

3.5.6 图形方法估计分布参数

图形方法是利用数据在概率图纸上（威布尔概率图纸、对数正态概率图纸等）的图形特征来估计模型参数的方法。通过图形方法获得的参数误差较大，一般较少采用，但在一些特定场合如用极大似然估计法迭代求解最优值时，可采用图形方法获得的参数作为迭代的初始值。

根据经验，采用图形方法估计分布参数时，主观性和误差都太大，有多种数值求解方法，故不建议采用图形方法估计分布参数。

3.6 寿命分布模型符合性检验

3.6.1 指数分布模型符合性检验

对于样本量为 n，截尾数为 r 的无替换定时截尾数据或定数截尾数据，测得 r 个失效数据，以定时截尾数据为例，数据形式为：

$$t_{(1)} \leqslant t_{(2)} \leqslant \cdots \leqslant t_{(r)} \leqslant t', r \leqslant n$$

在无替换的情况下，$t_{(i)}$ 是失效时间的顺序统计量，t' 为试验终止时间。假设给定的显著性水平为 a，指数分布的检验方法有两种：605- χ^2 检验法和 Gendenko 检验法。

1）605- χ^2 检验法

取原假设 H_0，失效时间服从指数分布，则统计量为：

$$\chi^2 = 2\sum_{k=1}^{d} \ln \frac{T^*}{T_k} \tag{3.111}$$

式中，

$$d = \begin{cases} r-1, \text{定数截尾} \\ r, \text{定时截尾} \end{cases}$$

T^* 是试验到终止时的总试验时间，T 是试验到第 k 次失效的总试验时间，即

$$T^* = \begin{cases} nt' \quad \text{有替换定时截尾} \\ \sum_{i=1}^{r} t(i) + (n-r)t' \quad \text{无替换定时截尾} \end{cases} \tag{3.112}$$

可证明，当 H_0 成立时，χ^2 服从 χ^2_{2d} 分布，即 χ^2 服从自由度为 $2d$ 的 χ^2 分布。对于给定的显著性水平 a，若统计量的观测值 χ^2 有 $\chi^2 < \chi^2_{2d,a/2}$ 或者 $\chi^2 > \chi^2_{2d,1-a/2}$ 就拒绝 H_0；反之，则接受 H_0。

2）Gendenko 检验法

Gendenko 检验法主要用于处理样本量为 n、截尾数据为 r 的无替换定数截尾数据。

$$t_{(1)} \leqslant t_{(2)} \leqslant \cdots \leqslant t_{(r)}$$

取原假设 H_0 成立，失效时间服从指数分布，则统计量为：

$$F = \frac{r_2 \sum_{i=1}^{r_1} y_i}{r_1 \sum_{i=r_1-1}^{r} y_i} \tag{3.113}$$

式中，$r_1=[r/2]$；$r_2=r-r_1$；$y_i=(n-i+1)(t_{(i)}-t_{(i-1)})$；$i=1,2,\cdots,r$。

当原假设成立时，可以证明，F 服从自由度为（$2r_1,2r_2$）的 F 分布。当 $F<F_{2r_1,2r_2;a/2}$ 时，表明相邻失效间隔有变大的趋势，失效率可能是递减的；当 $F>F_{2r_1,2r_2;1-a/2}$ 时，失效率可能是递增的。因此，当 $F<F_{2r_1,2r_2;a/2}$ 或 $F>F_{2r_1,2r_2;1-a/2}$ 时，拒绝原假设 H_0；反之，则接受原假设 H_0。

3）总体信息已知，拟合数据的 χ^2 检验

若产品的寿命 T 服从指数分布，其密度函数为：

$$f_T(t)=\lambda e^{-\lambda t},t>0 \tag{3.114}$$

若令 $\theta=\dfrac{1}{\lambda}$，$\theta$ 是未知参数，考虑三种类型的假设检验：

- $H_0:\theta=\theta_0$，$H_1:\theta>\theta_0$
- $H_0:\theta=\theta_0$，$H_1:\theta<\theta_0$
- $H_0:\theta=\theta_0$

定数截尾子样 $t_1<t_2<\cdots<t_r$，θ 的极大似然估计为：

$$\hat{\theta}=\begin{cases}\dfrac{1}{r}\left[\sum\limits_{i=1}^{r}t_i+(n-r)t_r\right]，\text{无替换试验}\\ \dfrac{1}{r}nt_r \qquad\qquad\qquad\quad ，\text{有替换试验}\end{cases} \tag{3.115}$$

在原假设 H_0 成立时，统计量为：

$$\chi^2=\frac{2r\hat{\theta}}{\theta_0} \tag{3.116}$$

服从自由度为 $2r$ 的分布，故 χ^2 就是检验统计量，对于上述三种假设，检验规则分别为：

- $\chi^2>K$，拒绝 H_0；$\chi^2\leqslant K$，接受 H_0，$K=\chi^2_{\alpha}(2r)$；
- $\chi^2<K$，拒绝 H_0；$\chi^2\geqslant K$，接受 H_0，$K=\chi^2_{1-\alpha}(2r)$；
- $\chi>K_2$ 或 $\chi^2<K_1$，拒绝 H_0；$K_1\leqslant\chi^2\leqslant K_2$，接受 H_0，$K_1=\chi^2_{1-a/2}(h)$，$K_2=\chi^2_{a/2}(h)$。

上面对单参数指数分布的模型符合性检验方法进行了详细讲解，双参数指数分布的模型符合性检验方法与单参数指数分布是相同的。

3.6.2 威布尔分布模型符合性检验

1）范-蒙特福特检验法

威布尔分布拟合优度检验常用的方法是范-蒙特福特检验法。假定有 n 个投入试验的样品，共获得失效时间 r 个，分别为 $t_1<t_2<\cdots<t_r$，检验时间为 $t_i(i=1,2,\cdots,r)$，服从威布尔分布，可令

$$x_i=\ln t_i;\Lambda_i=\frac{x_i-u}{\sigma},\quad i=1,2,\cdots,r;u=\ln\alpha,\sigma=1/\beta$$

则可构建相应的统计量为：

$$F=\frac{\sum_{i=[r/2]+1}^{r}\varUpsilon_i/(r-[r/2]-1)}{\sum_{i=1}^{[m/2]}\varUpsilon_i/[r/2]},\quad i=1,2,\cdots,r-1 \tag{3.117}$$

其中，$\varUpsilon_i=\dfrac{x_{i+1}-x_i}{E(\varLambda_{i+1})-E(\varLambda_i)}$，　$i=1,2,\cdots,r-1$

$E(\varLambda_{i+1})$ 可查表获得，则统计量 F 渐近服从“可靠性试验用表”自由度为 $2r-[r/2]-1$，$2[m/2]$ 的 F 分布。当试验样本量 $n>100$ 时，$E(\varLambda_{i+1})-E(\varLambda_i)$ 可采用以下近似计算方法得到，见式（3.118）。

$$E(\varLambda_{i+1})-E(\varLambda_i)\approx\ln\left\{\ln\left[\frac{4(n-i-1)+3}{4n+1}\right]/\ln\left[\frac{4(n-i)+3}{4n+1}\right]\right\} \tag{3.118}$$

对于给定的置信水平 $1-a$，相应的拒绝域为：

$$F\leqslant F_{1-a/2}((r-[r/2]-1),2[r-2])=\frac{1}{F_{a/2}((r-[r/2]-1),2[r-2])} \tag{3.119}$$

或

$$F\geqslant F_{a/2}((r-[r/2]-1),2[r-2]) \tag{3.120}$$

2）总体信息已知时拟合数据的 χ^2 检验

若产品的寿命 T 服从两参数威布尔分布，即

$$F(t)=1-\exp\left[-\left(\frac{t}{\alpha}\right)^{\beta}\right] \tag{3.121}$$

式中，α,β 是未知参数，考虑三种假设检验：

- $H_0:\beta=\beta_0$，$H_1:\beta>\beta_0$；
- $H_0:\beta=\beta_0$，$H_1:\beta<\beta_0$；
- $H_0:\beta=\beta_0$。

设

$$X=\ln T,Y=\frac{X-\mu}{\sigma}$$

则上述三种假设相当于检验如下三种类型：

- $H_0:\sigma=\sigma_0$，$H_1:\sigma>\sigma_0$；
- $H_0:\sigma=\sigma_0$，$H_1:\sigma<\sigma_0$；
- $H_0:\sigma=\sigma_0$。

从母体 T 中抽取 n 个样品进行定数截尾寿命试验，试验到有 r 个失效时停止，定数截尾子样 $t_1<t_2<\cdots<t_r$。设寿命 $X=\ln T$，可得极值分布的定数截尾子样 $X_1<X_2<\cdots<X_r$。当 $n>25$ 时，σ 的简单线性无偏估计为：

$$\begin{aligned}\hat{\sigma}&=\frac{1}{nk}\sum_{i=1}^{r}|X_i<X_s|=\frac{1}{nk}\left[(2s-r)X_s-\sum_{i=1}^{s}X_i+\sum_{i=s+1}^{r}X_i\right]\\&=\frac{2.3026}{nk_{r,n}}\left[(2s-r)\lg t_s-\sum_{i=1}^{s}\lg t_i+\sum_{i=s+1}^{r}\lg t_i\right]\end{aligned} \tag{3.122}$$

$$Var\left(\frac{\hat{\sigma}}{\sigma}\right)=l_{r,n} \tag{3.123}$$

设$h=\dfrac{2}{l_{r,n}}$，可证明$h\dfrac{\hat{\sigma}}{\sigma}$渐近服从自由度为$h$的$\chi^2(h)$分布。故在$H_0$成立的条件下，$h\dfrac{\hat{\sigma}}{\sigma}$渐近服从$\chi^2$分布。因此，在$n$较大时，$h\dfrac{\hat{\sigma}}{\sigma}$可作为检验统计量。

三种检验条件对应的判定准则为：

- $h\dfrac{\hat{\sigma}}{\sigma}<K$，拒绝$H_0$；$h\dfrac{\hat{\sigma}}{\sigma}\geqslant K$，接受$H_0$，$K=\chi^2_{1-a}(h)$；
- $h\dfrac{\hat{\sigma}}{\sigma}>K$，拒绝$H_0$；$h\dfrac{\hat{\sigma}}{\sigma}\leqslant K$，接受$H_0$，$K=\chi^2_{a}(h)$；
- $h\dfrac{\hat{\sigma}}{\sigma}>K_2$或$h\dfrac{\hat{\sigma}}{\sigma}<K_1$，拒绝$H_0$；$K_2\leqslant h\dfrac{\hat{\sigma}}{\sigma}\leqslant K_1$，接受$H_0$，$K_1=\chi^2_{1-a/2}(h)$，$K_2=\chi^2_{a/2}(h)$。

若h不是整数，$\chi^2_a(h)$只能由χ^2分布分位点表近似求得。$\chi^2_a(h)$值也可用近似公式求得，见式（3.124）

$$\chi^2_a(h)\approx h\left[1-\frac{2}{9h}+\mu_a\sqrt{\frac{2}{9h}}\right]^3 \tag{3.124}$$

式中，μ_a是标准正态分布的a上侧分位点。

3.6.3 对数正态分布模型符合性检验

对样本量为n的完全样本或者样本量为n、截尾数据为r的截尾样本，检验数据$t_{(1)}\leqslant t_{(2)}\leqslant\cdots\leqslant t_{(r)}\leqslant t',r\leqslant n$是否来自对数正态分布总体，可分为两类：当数据为完全样本时可采用的检验方法有多种，如夏皮罗-威尔克的 W 检验法，达戈斯蒂诺的 D 检验法；对于定数截尾数据，目前缺乏相应的数值检验方法，一般采用概率图纸的方法进行检验。此外，对于正态分布或对数正态分布，还有直观性较强的偏度检验法和峰度检验法。

1）W 检验法

取原假设H_0：失效时间$t_{(i)}(i=1,2,\cdots,n)$服从对数正态分布，则统计量W为：

$$W=\left\{\sum_{i=1}^{d}a_i[\ln t_{(n+1-i)}-\ln t_{(i)}]\right\}^2\Big/\sum_{i=1}^{n}(\ln t_i-\ln\overline{t})^2 \tag{3.125}$$

W 检验的使用范围是$3\leqslant n\leqslant 50$，式中$d=[n/2]$；$\ln\overline{t}$是样本均值，$\ln\overline{t}=n^{-1}\sum\limits_{i=1}^{n}\ln t_i$；系数$a_i$可通过查表获得，其中，$1\leqslant i\leqslant n$，$3\leqslant n\leqslant 50$。

经证明，$\overline{a}=n^{-1}\sum\limits_{i=1}^{n}a_i=0$，$a_i=-a_{n+1-i}$，且$\sum\limits_{i=1}^{n}a_i^2=1$。故有

$$W=\left\{\sum_{i=1}^{n}(\ln t_i-\ln\overline{t})(a_i-\overline{a})\right\}^2\Big/\left\{\sum_{i=1}^{n}(\ln t_i-\ln\overline{t})^2(a_i-\overline{a})^2\right\} \tag{3.126}$$

即W是n个数时$(\ln t_{(i)},a_i)$（$i=1,2,\cdots,n$）间的相关系数的平方，故$0\leqslant W\leqslant 1$。在原假

设H_0成立时，$(\ln t_{(i)}, a_i)$呈很好的线性关系，且W的值接近1。故当$W \leqslant W_a$时，可拒绝原假设H_0；反之，则接受H_0。W_a可查表获得。

2）D检验法

当$n > 50$时，W 检验的系数计算非常烦琐，故达戈斯蒂诺提出了 D 检验法，检验统计量为：

$$D = T / (n^{3/2} Q) \tag{3.127}$$

式中，$T = \sum_{i=1}^{n} \left(i - \frac{n+1}{2} \right) \ln t_{(i)}$；

$D = \sqrt{\sum_{i=1}^{n} (\ln t_i - \ln \overline{t})^2}$。

检验的范围是$50 \leqslant n \leqslant 1000$。

D的均值和标准差分别为：

$$E(D) = 0.282\,094\,79 \tag{3.128}$$

$$\sqrt{\mathrm{Var}(D)} = 0.029\,985\,98 / \sqrt{n} \tag{3.129}$$

其标准化变量记为：

$$Y = \left[D - E(D) \right] / \sqrt{\mathrm{Var}(D)} \tag{3.130}$$

当$Y \leqslant Y_{a/2}$或$Y \geqslant Y_{1-a/2}$时，拒绝原假设，认为失效数据不服从对数正态分布；反之，则接受。

3）偏度检验

样本为$t_{(i)} (i = 1, 2, \cdots, n)$，则样本的偏度为：

$$b_s = \frac{\sqrt{n} \left[\sum_{i=1}^{n} (\ln t_i - \ln \overline{t})^3 \right]}{\left[\sum_{i=1}^{n} (\ln t_i - \ln \overline{t})^2 \right]^{3/2}} \tag{3.131}$$

设$Y = \ln t$，若Y服从正态分布，则其偏度：

$$\beta_s = E(Y - EY)^3 / [E(Y - EY)^2]^{3/2} = 0 \tag{3.132}$$

若怀疑，可以怀疑母体不是正态分布，并做如下检验：

$$H_0 : \beta_s = 0；\quad H_1 : \beta_s > 0$$

或

$$H_0 : \beta_s = 0；\quad H_1 : \beta_s < 0$$

相对于上述两种情况，

若

$$b_s > Z_{1-a} \text{ 或 } b_s > -Z_{1-a}$$

则拒绝原假设H_0；反之，则接受原假设H_0。Z_{1-a}可查阅相应的统计用表。

4）峰度检验法

设观测样本为$t_{(i)} (i = 1, 2, \cdots, n)$，对数变换后样本为$\ln t_{(i)} (i = 1, 2, \cdots, n)$，则样本峰度为：

$$b_k > n\sum_{i=1}^{n}(\ln t_i - \ln \bar{t})^4 \Big/ \left[\sum_{i=1}^{n}(\ln t_i - \ln \bar{t})^2\right]^2 \tag{3.133}$$

设$Y = \ln t$，若Y服从正态分布，则其峰度为：

$$\beta_k = E(Y - EY)^4 / [E(Y - EY)^2]^2 = 3 \tag{3.134}$$

如怀疑母体的峰度$\beta_k > 3$或$\beta_k < 3$，并由此怀疑母体不是正态分布，可做如下峰度检验：

$$H_0 : \beta_k = 3\text{，}H_1 : \beta_k > 3 \quad \text{或} \quad H_0 : \beta_k = 3\text{，}H_1 : \beta_k < 3$$

相应于上述两种情况，若

$$b_k > Z'_{1-a} \text{或} b_k < Z'_a$$

则拒绝原假设H_0；反之，则接受原假设H_0。Z'_{1-a}、Z'_a可查阅相应的统计用表。

5）总体信息已知时的参数假设检验

当对数正态分布总体信息已知时，参数的假设检验公式见表 3-7。

表 3-7 对数正态分布总体信息已知时的参数假设检验表

H_0	H_1	已知参数	检验统计量	取样分布	拒绝域
$\mu = \mu_0$	$\mu > \mu_0$	σ^2	$U = \dfrac{\bar{Y} - \mu_0}{\sigma}\sqrt{n}$	$N(0,1)$	$U \geqslant U_a$
$\mu = \mu_0$	$\mu < \mu_0$				$U \leqslant U_a$
$\mu = \mu_0$	$\mu \neq \mu_0$				$\lvert U \rvert \geqslant U_{a/2}$
$\mu = \mu_0$	$\mu > \mu_0$	—	$t = \dfrac{\bar{Y} - \mu_0}{\sqrt{\sum_{i=1}^{n}(Y_i - \bar{Y})^2}}\sqrt{n(n-1)}$	$t(n-1)$	$t \geqslant t_a(n-1)$
$\mu = \mu_0$	$\mu < \mu_0$				$t \leqslant t_{1-a}(n-1)$
$\mu = \mu_0$	$\mu \neq \mu_0$				$\lvert t \rvert \geqslant t_{a/2}(n-1)$
$\sigma^2 = \sigma_0^2$	$\sigma^2 > \sigma_0^2$	μ	$\chi^2 = \dfrac{\sum_{i=1}^{n}(Y_i - \mu)^2}{\sigma_0^2}$	$\chi^2(n)$	$\chi^2 \geqslant \chi_a^2(n)$
$\sigma^2 = \sigma_0^2$	$\sigma^2 < \sigma_0^2$				$\chi^2 \leqslant \chi_{1-a}^2(n-1)$
$\sigma^2 = \sigma_0^2$	$\sigma^2 \neq \sigma_0^2$				$\chi^2 \leqslant \chi_{1-a/2}^2(n)$或$\chi^2 \geqslant \chi_{a/2}^2(n)$
$\sigma^2 = \sigma_0^2$	$\sigma^2 > \sigma_0^2$	—	$\chi^2 = \dfrac{\sum_{i=1}^{n}(Y_i - \mu)^2}{\sigma_0^2}$	$\chi^2(n-1)$	$\chi^2 \geqslant \chi_a^2(n-1)$
$\sigma^2 = \sigma_0^2$	$\sigma^2 < \sigma_0^2$				$\chi^2 \leqslant \chi_{1-a}^2(n-1)$
$\sigma^2 = \sigma_0^2$	$\sigma^2 \neq \sigma_0^2$				$\chi^2 \leqslant \chi_{1-a/2}^2(n)$或$\chi^2 \geqslant \chi_{a/2}^2(n)$

3.6.4 分布模型符合性通用检验方法

1）概率图纸法

概率图纸法是检验模型拟合优度简单的图形检验方法，该方法的基本思想是将常用的分布模型如对数正态分布、威布尔分布等做成专用的检验图纸。在对常用的分布模型进行变形后，将得到的失效数据经过变换，然后在图纸上描点，通过所描点的曲线走向，判断失效数据是否符合某一分布函数。

以两参数威布尔分布为例。对两参数威布尔分布的累积分布函数进行变形，得到

$$\ln\ln\frac{1}{1-F(t)}=-\beta\ln a+\beta\ln t \tag{3.135}$$

令

$$y=\ln\ln\frac{1}{1-F(t)}$$
$$x=\ln t$$
$$A=-\beta\ln\alpha$$
$$B=\beta$$

则上式可化为：

$$y=A+Bx \tag{3.136}$$

若以x为横坐标，y为纵坐标，则根据所得数据点$(x_1,y_1),(x_2,y_2),\cdots,(x_n,y_n)$描线，可得斜率为$B$、$y$轴截距为$A$的一条直线相应的图纸实例，即威布尔概率图纸实例，如图3-5所示。借助于此特点，可初步判定适合的分布模型。

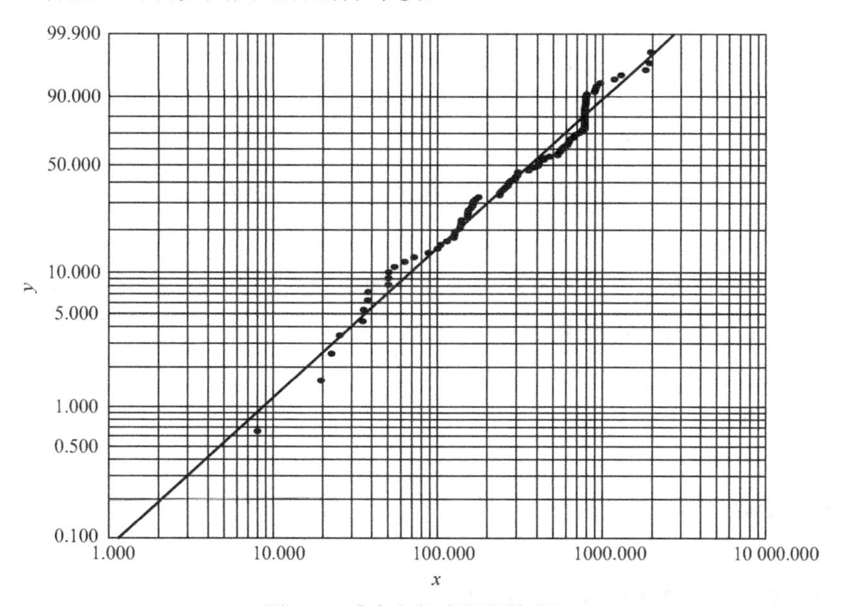

图3-5　威布尔概率图纸实例

2）图形法

图形法的基本思想是将可靠度估计值作为横坐标，将可靠度的拟合值作为纵坐标，如果拟合效果良好，这些点应该是一条标准的直线。通过这种方法判断数据点的趋势，可作为拟合优度的初步检验。

3）拟合优度解析式法

常用的拟合优度解析式检验方法有两种：皮尔逊检验（χ^2检验）法和 Kplmogorov-Smirnov 检验法（也称 K-S 检验法）。前者适用于离散分布模型的检验，后者适用于连续分布模型的检验。寿命分布模型一般多采用连续分布模型，故较多采用皮尔逊检验法。

4）皮尔逊检验（χ^2检验）法

设母体的分布函数为$F(x)$，利用该母体子样检验假设：

$$H_0:F(x)=F_0(x)$$

为了寻找检验统计量，将母体 X 的取值范围分成 k 个区间，即 $(a_0,a_1),(a_1,a_2),\cdots,(a_{k-1},a_k)$，$\lambda_i$ 是分布函数 $F_0(x)$ 的连续点，a_0 可以取 $-\infty$，可以取 $+\infty$。记为：

$$p_i=F_0\left(a_i\right)-F_0\left(a_{i-1}\right),\ i=1,2,\cdots,k$$

则 p_i 代表母体 X 落入第 i 个区间的概率。若子样的容量为 n，则 np_i 是随机变量 X 落入 (a_{k-1},a_k) 的理论频数。若 n 个观察值中落入 (a_{k-1},a_k) 的实际频数为 n_i，则当 H_0 成立时，$(n_i-np_i)^2$ 就是较小值，可构造统计量见式（3.137）。

$$\chi^2=\sum_{i=1}^{k}\frac{(n_i-np_i)^2}{np_i} \tag{3.137}$$

其极值分布是自由度为 $k-1$ 的 $\chi^2(k-1)$ 分布。对于给定的显著性水平 a，
由

$$p_0(\chi^2>c)=a \tag{3.138}$$

得临界值为：

$$c=\chi_a^2(k-1) \tag{3.139}$$

当 $\chi^2\leqslant c$ 时，接受原假设，认为所选分布合理。

5）K-S 检验法

K-S 检验法检验公式见式（3.140）。

$$D_n=\sup_{0\leqslant t<+\infty}|F_n(t)-F_0(t)|=\max\{d_i\}\leqslant D_{n,a} \tag{3.140}$$

式中，

$F_n(t)$ ——采用估计方法得到的累计失效率，如中位秩法 $F_n(t)=1-(i-0.3)/(n+0.4)$；

$F_0(t)$ ——拟合选用的分布模型；

$d_i=|F_0(t_i)-F_n(t_i)|$；

$D_{n,a}$ ——临界值；

a ——置信水平；

n ——故障个数。

3.7 寿命分布模型鉴别与优选

在对失效数据进行可靠性建模时，经常遇到多个模型均能对同一批数据进行拟合，且能够通过单个模型的拟合优度检验的情况。因此，如何从多个通过拟合优度检验的分布模型中挑选最好的分布模型，是保证可靠性建模、评估精度的关键。到目前为止，在工程应用中尚无统一的优选方法，一般是结合产品的实际需求，根据需要设置优选准则。多个模型优选准则依据判定标准的不同，可分为单一准则模型优选方法和多准则模型优选方法。

3.7.1 单一准则模型优选方法

单一准则模型优选方法基本思想是通过设置单一的判断准则对通过拟合优度检验的各个模型进行筛选，选择最优模型。常用的筛选标准有：误差极差最小、误差变异系数最

小、误差方差最小、最大偏差最小、累积分布函数平均误差最小、概率密度函数平均误差最小等方法。

1）误差极差最小

在 t_i 时刻，设产品可靠性基本函数的观测值为 $\phi'(t_i)$，拟合后所得值为 $\phi(t_i)$，设有 K 个模型入选，对所得的失效数据 $t_1 < t_2 < \cdots < t_r$，误差极差最小可定义为：

$$E_{\min} = \min_{1 \leqslant j \leqslant k} \left\{ \max_{1 \leqslant i \leqslant r} \left| \phi'(t_i) - \phi(t_i) \right| - \min_{1 \leqslant i \leqslant r} \left| \phi'(t_i) - \phi(t_i) \right| \right\} \tag{3.141}$$

在选择基本函数时，可靠度函数、累积分布函数、概率密度函数与失效率函数均可作为判别的对象。在入选的几个分布模型中，选择误差极差最小的分布函数。

2）误差变异系数最小

在 t_i 时刻，设产品可靠性基本函数的观测值为 $\phi'(t_i)$，拟合后所得值为 $\phi(t_i)$，设有 K 个模型入选，对于所得的失效数据 $t_1 < t_2 < \cdots < t_r$，误差变异系数最小可定义为：

$$Cv_{\min} = \min_{1 \leqslant j \leqslant k} \left[\frac{\sqrt{\dfrac{1}{r-1} \sum_{i=1}^{r} (t_i - \overline{t})^2}}{\dfrac{1}{r} \sum_{i=1}^{r} t_i} \right] \times 100\% \tag{3.142}$$

当检验对数正态分布时，将式中的 t 更换为 $\ln t$ 即可。在入选的几个分布模型中，选择误差变异系数最小的分布函数。

3）误差方差最小

在 t_i 时刻，设产品可靠性基本函数的观测值为 $\phi'(t_i)$，拟合后所得值为 $\phi(t_i)$，设有 K 个模型入选，对于所得的失效数据 $t_1 < t_2 < \cdots < t_r$，误差方差最小可定义为：

$$\sigma^2{}_{\min} = \min_{1 \leqslant j \leqslant k} \left\{ \sum_{i=1}^{r} \left[\phi'(t_i) - \phi(t_i) \right]^2 \right\} \tag{3.143}$$

在入选的几个分布函数中，选择误差方差最小的分布函数作为最优拟合模型。

4）最大偏差最小

在 t_i 时刻，设产品可靠性基本函数的观测值为 $\phi'(t_i)$，拟合后所得值为 $\phi(t_i)$，设有 K 个模型入选，对于所得的失效数据 $t_1 < t_2 < \cdots < t_r$，最大偏差最小可定义为：

$$\begin{aligned} D_{\min} &= \min_{1 \leqslant j \leqslant k} \left\{ \sup_{0 \leqslant t < +\infty} \left| \phi'(t_i) - \phi(t_i) \right| \right\} \\ &= \min_{1 \leqslant j \leqslant k} \left\{ \max_{1 \leqslant i \leqslant r} \left[\left| \phi'(t_i) - \phi(t_i) \right| \right], \left| \phi'(t_{i+1}) - \phi(t_i) \right| \right\} \end{aligned} \tag{3.144}$$

在入选的分布模型中，选择最大偏差最小的分布模型作为最优拟合分布模型。

5）累积分布函数平均误差最小

在 t_i 时刻，设产品可靠性基本函数的观测值为 $\phi'(t_i)$，拟合后所得值为 $\phi(t_i)$，设有 K 个模型入选，对所得的失效数据 $t_1 < t_2 < \cdots < t_r$，函数平均误差最小可定义为：

$$\delta_F = \min_{1 \leqslant j \leqslant k} \left[\frac{1}{b-a} \int_a^b \left| \phi'(x) - \phi(x) \right| \mathrm{d}x \right] = \min_{1 \leqslant j \leqslant k} \left[\frac{1}{r} \sum_{i=1}^{r} \left| \phi'(t_i) - \phi(t_i) \right| \right] \tag{3.145}$$

在选择基本函数时，可靠度函数、累积分布函数、失效率函数均可作为判别的对象。在入选的几个分布模型中，选择平均误差最小的分布函数。

6）概率密度函数平均误差最小

在 t_i 时刻，设产品可靠性基本函数的观测值为 $\phi'(t_i)$，拟合后所得值为 $\phi(t_i)$，设有 K 个模型入选，对于所得的失效数据 $t_1 < t_2 < \cdots < t_r$，概率密度函数平均误差最小可定义为：

$$\delta_f = \min_{1\leqslant j\leqslant k}\left[\sqrt{\frac{1}{b-a}\int_a^b \left|f(x)-g(x)\right|^2 \mathrm{d}x}\right] = \min_{1\leqslant j\leqslant k}\left[\frac{1}{r}\sqrt{\sum_{i=1}^{r}\left|f(t_i)-g(t_i)\right|^2}\right] \tag{3.146}$$

式中，$f(x)$ 为估计出的概率密度函数，$g(x)$ 为拟合所得的概率密度函数。

对于对数正态分布，将式中的 t 更换为 $\ln t$ 即可。最后，选择概率密度函数平均误差最小的分布作为最优的分布函数。

3.7.2 多准则模型优选方法

多准则模型优选方法的基本思想是将上述单一准则优选模型中的判断准则进行综合，综合的方法有两种：累加法和综合评价法。

1）累加法

累加法的基本思想是将单一准则中的两个或两个以上的判定值进行累加，选择累加值最小的作为最优的分布模型。例如，选择上述六个准则判定值之和作为判断准则，见式（3.147）。

$$\rho_{\min} = \min_{1\leqslant j\leqslant k}[E_{\min} + Cv_{\min} + \sigma^2{}_{\min} + D_{\min} + \delta_F + \delta_f] \tag{3.147}$$

2）综合评价法

综合评价法是考虑遇到多个判定准则且每个判定准则权重不同时所得的一种评价方法。这种方法的基本思想是通过专家判定给出每个单一准则所占的权重，然后求得判定准则总值，取总值最小的作为最优模型，见式（3.148）。

$$\rho_{\min} = \min_{1\leqslant j\leqslant k}[w_1E_{\min} + w_2Cv_{\min} + w_3\sigma^2{}_{\min} + w_4D_{\min} + w_5\delta_F + w_6\delta_f] \tag{3.148}$$

可靠性评估

3.8.1 MTTF 评价

建立了可靠性模型后，便可对产品的可靠性进行评价。

1）MTTF 的点估计

$$\mathrm{MTTF} = E(t) = \int_0^\infty tf(t)\mathrm{d}t \tag{3.149}$$

2）MTTF 区间估计

（1）指数分布

置信水平为 1-a 的平均寿命的置信限表达式见式（3.150）。

双边置信区间：

$$\hat{\mu}\frac{2r}{\chi^2_{1-a/2}(2r)} < \mu < \hat{\mu}\frac{2r}{\chi^2_{a/2}(2r)} \tag{3.150}$$

或

$$\frac{2S(t_0)_r}{\chi^2_{1-a/2}(2r)} < \mu < \frac{2S(t_0)_r}{\chi^2_{a/2}(2r)} \tag{3.151}$$

（2）对数正态分布

$$\bar{X} - t_{a/2}\sqrt{\frac{S^2}{n(n-1)}} < \mu < \bar{X} + t_{a/2}\sqrt{\frac{S^2}{n(n-1)}} \tag{3.152}$$

（3）威布尔分布

MTBF 是α的增函数，β的减函数。因此，置信水平为 1−a时，MTBF 的双侧置信区间为：

$$\left[A_1\hat{\alpha}\Gamma\left(\frac{1}{\omega_2\hat{\beta}}+1\right), A_2\hat{\alpha}\Gamma\left(\frac{1}{\omega_1\hat{\beta}}+1\right)\right]。$$

3.8.2 可靠性评价

依据建立的可靠性基本函数模型，给定时间t，分别将其代入相应的可靠性函数$f(t)$、$R(t)$、$F(t)$、$\lambda(t)$，则可得到在时间段t内的可靠度、失效率等指标值的取值。

3.8.3 贮存可靠性预测

可靠性预测是依据现有的失效数据及所建立的可靠性模型，对产品贮存可靠性水平进行外推。对于不同的数据形式、不同的分布类型，可靠性预测值所对应的时间历程各不相同。

针对不同的失效数据形式，最终得到$f(t)$、$R(t)$、$F(t)$、$\lambda(t)$函数模型。已知产品运行至t_i时刻无故障，预测产品在t_i时刻后再运行t时段的可靠性指标。例如，已经贮存k年的产品未发生失效，预测该批产品贮存到$k+j$年时的可靠性指标。将时间$k+j$年代入所建立的可靠性函数模型，即可得到产品贮存到$k+j$年时的可靠性指标。不同区间下根据函数模型得到的不同失效数据见表 3-8。

表 3-8 不同区间下根据函数模型得到的不同失效数据

区间年	所属区间	故障数	危险数	可靠度估计值	可靠度拟合值	备注
1	$[0,t_1]$	D_1	N_1	P_1	P_1'	
2	$[t_1,t_2]$	D_2	N_2	P_2	P_2'	
3	$[t_2,t_3]$	D_3	N_3	P_3	P_3'	
…	…	…				
k	$[t_{k-1},t_k]$	D_k	N_k	P_k	P_k'	
k+1	/	/	/	/	P_k'	
k+2	/	/	/	/	P_{k+2}'	
…	…	…	…	…	…	
k+j	/	/	/	/	P_{k+j}'	

3.9 基于历史数据预测寿命案例

下面我们采取两种方法进行方法解析，一是采用区间故障数形式作为数据输入；二是采用失效前间隔时间形式作为数据输入。

3.9.1 区间故障数形式

1. 可靠度估计

某产品贮存期内的故障信息见表 3-9，共投入 203 个产品进行贮存，所得数据形式为区间故障数形式。

表 3-9 某产品贮存期内的故障信息

区间（年）	故 障 数	危 险 数
1	6	203
2	4	197
3	5	193
4	22	188
5	3	166
6	8	163
7	10	155
8	11	145

分别采用区间故障数数据形式可靠度估计方法和区间累计故障数数据形式可靠度估计方法对该批数据进行估计，分析结果见表 3-10 和表 3-11。

表 3-10 采用区间故障数数据形式可靠度估计方法对该批数据进行估计

区间/年	故障数 D_j	危险数 N_j	区间不合格率 q_j	区间合格率 p_j	t_j 时合格率 P_j
1	6	203	0.030	0.970	0.970
2	4	197	0.020	0.980	0.951
3	5	193	0.026	0.974	0.926
4	22	188	0.117	0.883	0.818
5	3	166	0.018	0.982	0.803
6	8	163	0.049	0.951	0.764
7	10	155	0.065	0.935	0.714
8	11	145	0.076	0.924	0.660

表 3-11 采用区间累计故障数数据形式可靠度估计方法对该批数据进行估计

区间/年	故障数	累计故障数	可靠度	不可靠度
1	6	6	0.970	0.030
2	4	10	0.951	0.049
3	5	15	0.926	0.074
4	22	37	0.818	0.182
5	3	40	0.803	0.197
6	8	48	0.764	0.236
7	10	58	0.714	0.286
8	11	69	0.660	0.340

区间故障数数据形式可靠度变化趋势如图 3-6 所示。

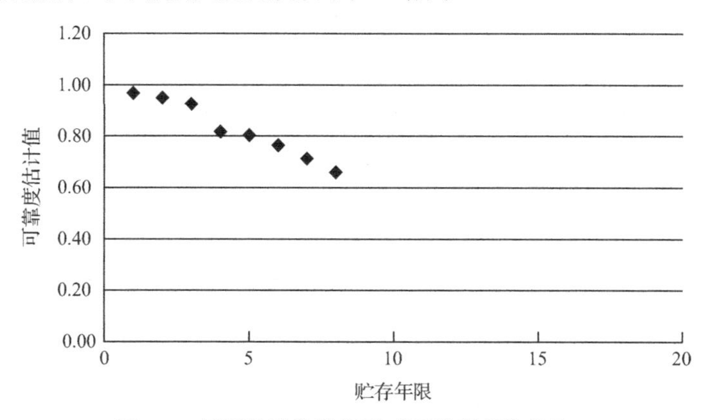

图 3-6 区间故障数数据形式可靠度变化趋势

区间故障数数据形式累计失效概率变化趋势如图 3-7 所示。

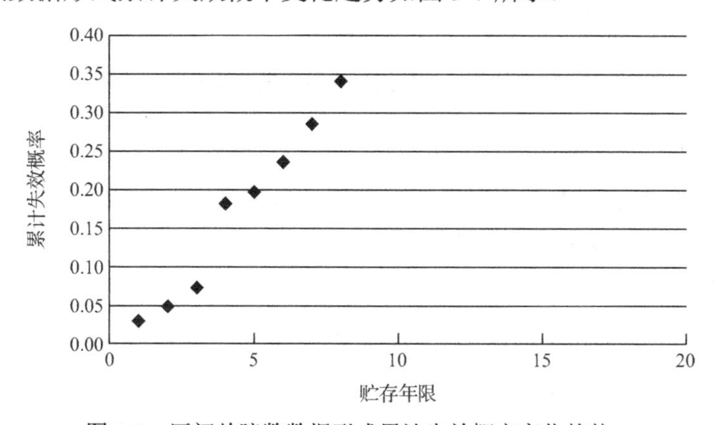

图 3-7 区间故障数数据形式累计失效概率变化趋势

区间累计故障数数据形式可靠度变化趋势如图 3-8 所示。

区间累计故障数数据形式累计失效概率变化趋势如图 3-9 所示。

2. 模型初选

对于标准型寿命方法，由于通过可靠度估计值不能完全确定故障数据的准确模型，故需要选择多个模型作为初始分布模型，分别以指数分布、双参数指数分布、威布尔分布、对数正态分布作为初始分布模型。

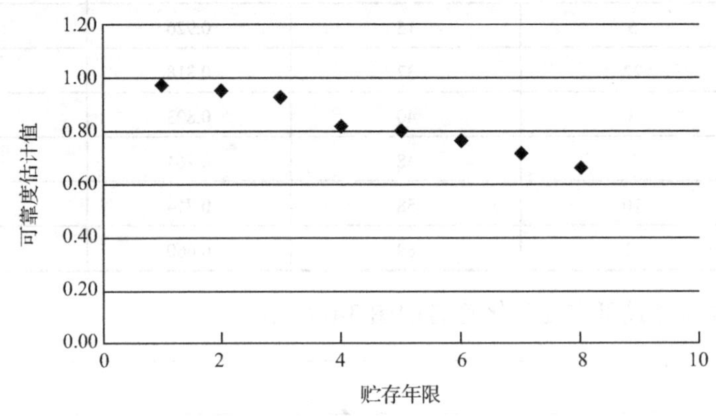

图 3-8　区间累计故障数数据形式可靠度变化趋势

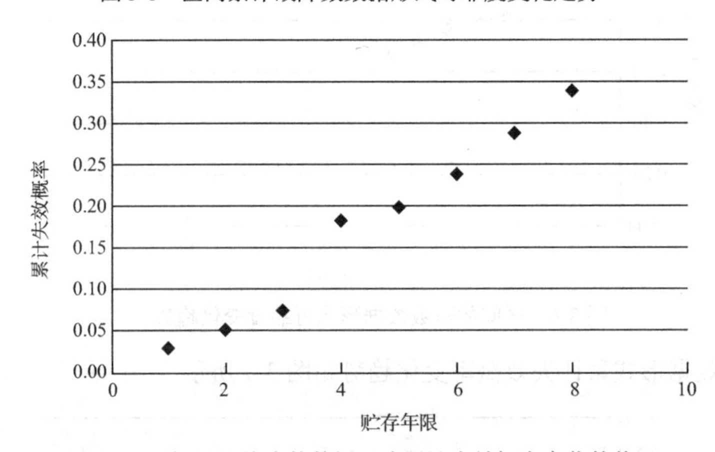

图 3-9　区间累计故障数数据形式累计失效概率变化趋势

3. 模型参数估计

对于标准型寿命方法，由于数据形式的限制，通常可用的参数估计方法有两种：矩估计法和最小二乘法。此处以最小二乘法为例。

1）指数分布

指数分布的累积分布函数 $F(t)=1-\mathrm{e}^{-\lambda t}$，令 $y=\ln\dfrac{1}{1-F(t)}$，$x=t$。对累积分布函数变形得：

$$y=\lambda x \tag{3.153}$$

$$\hat{\lambda}=\frac{l_{xy}}{l_{xx}} \tag{3.154}$$

$$l_{xx}=\sum_{i=1}^{n}(x_i-\overline{x})^2=\sum_{i=1}^{n}x_i{}^2-n\overline{x}^2 \tag{3.155}$$

$$l_{xy}=\sum_{i=1}^{n}(x_i-\overline{x})(y_i-\overline{y})=\sum_{i=1}^{n}x_iy_i-n\overline{xy} \tag{3.156}$$

对区间故障数数据形式的初始数据进行变形，区间故障数数据形式指数分布最小二乘估计法计算过程见表3-12。

表3-12 区间故障数数据形式指数分布最小二乘估计法计算过程

区间/年	故障数	危险弹数	可靠度估计值	$F(t)$估计值	x=t	y	x^2	xy
1	6	203	0.970	0.030	1	0.030	1	0.030
2	4	197	0.951	0.049	2	0.051	4	0.101
3	5	193	0.926	0.074	3	0.077	9	0.230
4	22	188	0.818	0.182	4	0.201	16	0.805
5	3	166	0.803	0.197	5	0.219	25	1.097
6	8	163	0.764	0.236	6	0.270	36	1.619
7	10	155	0.714	0.286	7	0.336	49	2.355
8	11	145	0.660	0.340	8	0.415	64	3.323

区间故障数数据形式的x、y线性化关系图如图3-10所示。

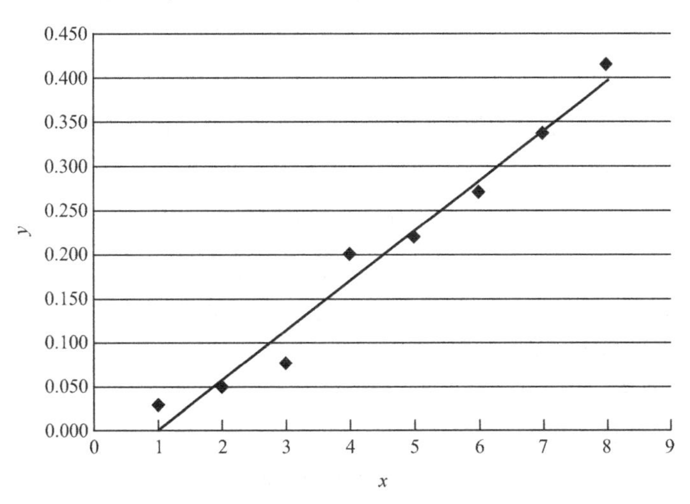

图3-10 区间故障数数据形式的x、y线性化关系图

最终解得λ=0.05624。即

$$F(t)=1-\mathrm{e}^{-0.05624t} \tag{3.157}$$

同理，以区间内累计故障数数据形式为例，区间内累计故障数数据形式指数分布最小二乘估计法计算过程见表3-13。

表3-13 区间内累计故障数数据形式指数分布最小二乘估计法计算过程

区间/年	故障数	危险弹数	可靠度估计值	$F(t)$估计值	x=t	y	x^2	xy
1	6	203	0.970	0.030	1	0.030	1	0.030
2	4	197	0.951	0.049	2	0.051	4	0.101
3	5	193	0.926	0.074	3	0.077	9	0.230

续表

区间/年	故障数	危险弹数	可靠度估计值	$F(t)$估计值	x=t	y	x^2	xy
4	22	188	0.818	0.182	4	0.201	16	0.805
5	3	166	0.803	0.197	5	0.219	25	1.097
6	8	163	0.764	0.236	6	0.270	36	1.619
7	10	155	0.714	0.286	7	0.336	49	2.355
8	11	145	0.660	0.340	8	0.415	64	3.323

区间累计故障数数据形式的 x、y 线性化关系图如图 3-11 所示。

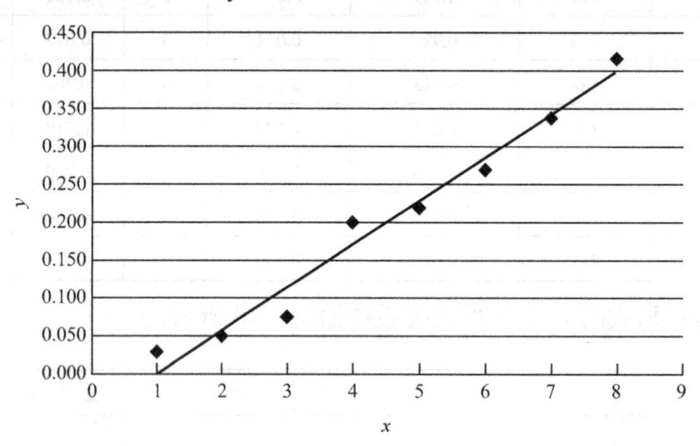

图 3-11 区间累计故障数数据形式的 x、y 线性化关系图

最终解得 λ=0.05624。即

$$F(t) = 1 - \mathrm{e}^{-0.05624t} \tag{3.158}$$

对于无退出的贮存试验，区间内故障数数据形式拟合结果与区间累计故障数数据形式所得的结果一致。但是，当试验中有样本退出时，两种估计方法所得的结果会有较大的差异，后续其他分布中不再赘述。

2）双参数指数分布

指数分布的累积分布函数为：

$$F(t) = 1 - \mathrm{e}^{-\lambda(t-T)} \tag{3.159}$$

对其进行对数变换，令 $y = \ln\dfrac{1}{1-F(t)}$，$x = t$。

$$y = \lambda x + b, b = \lambda T \tag{3.160}$$

$$\hat{\lambda} = \frac{l_{xy}}{l_{xx}} \tag{3.161}$$

$$\hat{b} = \overline{y} - \hat{\lambda}\overline{x} \tag{3.162}$$

$$\hat{T} = \hat{b} / \hat{\lambda} \tag{3.163}$$

$$l_{xx} = \sum_{i=1}^{n}(x_i - \overline{x})^2 = \sum_{i=1}^{n} x_i{}^2 - n\overline{x}^2 \tag{3.164}$$

$$l_{xy} = \sum_{i=1}^{n}(x_i - \overline{x})(y_i - \overline{y}) = \sum_{i=1}^{n} x_i y_i - n\overline{xy} \tag{3.165}$$

对区间故障数数据形式的初始数据进行计算，区间故障数数据形式指数分布最小二乘估计法计算过程见表 3-14。

表 3-14　区间故障数数据形式指数分布最小二乘估计法计算过程

区间/年	故障数	危险弹数	可靠度估计值	$F(t)$估计值	x=t	y	x^2	xy
1	6	203	0.970	0.030	1	0.030	1	0.030
2	4	197	0.951	0.049	2	0.051	4	0.101
3	5	193	0.926	0.074	3	0.077	9	0.230
4	22	188	0.818	0.182	4	0.201	16	0.805
5	3	166	0.803	0.197	5	0.219	25	1.097
6	8	163	0.764	0.236	6	0.270	36	1.619
7	10	155	0.714	0.286	7	0.336	49	2.355
8	11	145	0.660	0.340	8	0.415	64	3.323

区间故障数数据形式的 x、y 线性化关系图如图 3-12 所示。

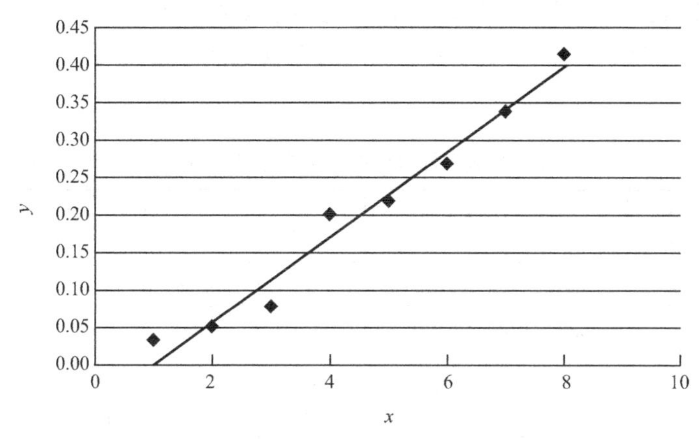

图 3-12　区间故障数数据形式的 x、y 线性化关系图

最终解得 λ=0.05624，T=0.9451。

$$F(t)=1-\mathrm{e}^{-0.05624(t-0.9451)} \tag{3.166}$$

同理，对区间累计故障数数据形式的数据进行处理，解得 λ=0.05624，T=0.9451。

$$F(t)=1-\mathrm{e}^{-0.05624(t-0.9451)} \tag{3.167}$$

3）威布尔分布

对两参数威布尔分布累积分布函数进行对数变化，得

$$\ln\ln\frac{1}{1-F(t)}=-\beta\ln\alpha+\beta\ln t \tag{3.168}$$

令

$$y=\ln\ln\frac{1}{1-F(t)} \tag{3.169}$$

$$x=\ln t \tag{3.170}$$

$$A=-\beta\ln\alpha \tag{3.171}$$

$$B = \beta \tag{3.172}$$

依据最小二乘法原理

$$\hat{B} = \frac{l_{xy}}{l_{xx}} \tag{3.173}$$

$$\hat{A} = \overline{y} - \hat{B}\overline{x} \tag{3.174}$$

$$l_{xx} = \sum_{i=1}^{n}(x_i - \overline{x})^2 = \sum_{i=1}^{n} x_i^2 - n\overline{x}^2 \tag{3.175}$$

$$l_{xy} = \sum_{i=1}^{n}(x_i - \overline{x})(y_i - \overline{y}) = \sum_{i=1}^{n} x_i y_i - n\overline{xy} \tag{3.176}$$

$$\overline{x} = \frac{1}{n}\sum_{i=1}^{n} x_i \tag{3.177}$$

$$\hat{\beta} = \hat{B}, \hat{\alpha} = \exp(-\hat{A} / \hat{B}) \tag{3.178}$$

其中，$y = \ln\ln\frac{1}{1-F(t)}$，$x = \ln t$。

对区间故障数数据形式的数据进行变化，区间故障数数据形式威布尔分布最小二乘估计法计算过程见表 3-15。其中，若在某个区间内未发现故障，则可认为可靠度水平保持在上一个区间的水平。

表 3-15　区间故障数数据形式威布尔分布最小二乘估计法计算过程

区间/年	故障数	危险数	可靠度	累计故障概率 $F(t)$	x=ln$t$	y	x^2	y^2	xy
1	6	203	0.970	0.030	0	−3.506	0	12.295	0
2	4	197	0.951	0.049	0.693	−2.985	0.480	8.913	−2.069
3	5	193	0.926	0.074	1.099	−2.567	1.207	6.590	−2.820
4	22	188	0.818	0.182	1.386	−1.603	1.922	2.571	−2.223
5	3	166	0.803	0.197	1.609	−1.517	2.590	2.300	−2.441
6	8	163	0.764	0.236	1.792	−1.310	3.210	1.716	−2.347
7	10	155	0.714	0.286	1.946	−1.089	3.787	1.186	−2.120
8	11	145	0.660	0.340	2.079	−0.879	4.324	0.772	−1.827

区间故障数数据形式的 x、y 线性化关系图如图 3-13 所示。

求解得：A=−3.7088，B=1.3404，α=15.9118，β=1.3404。

即

$$F(t) = 1 - \exp\left[-\left(\frac{t}{15.9118}\right)^{1.3403}\right] \tag{3.179}$$

对区间累计故障数数据形式的数据进行同样的处理。

4）对数正态分布

将正态分布进行变形，得

$$\Phi^{-1}[F(t)] = \frac{\ln t - \mu}{\sigma} \tag{3.180}$$

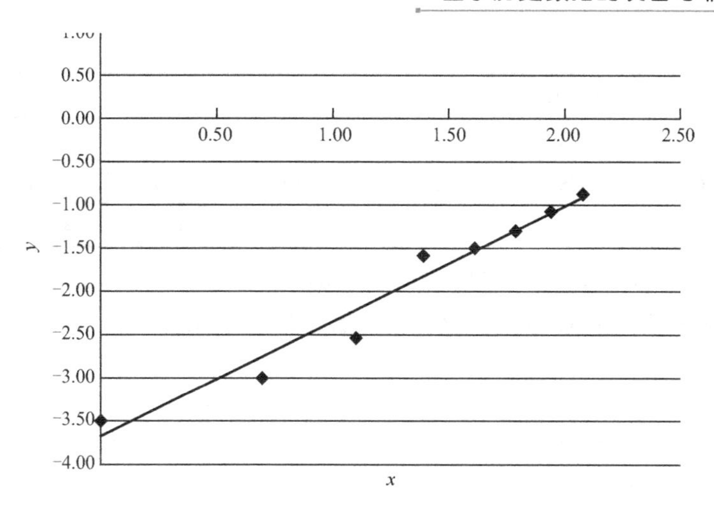

图 3-13 区间故障数数据形式的 x、y 线性化关系图

若令

$$\Phi^{-1}[F(t)]=Y, X=\ln t \tag{3.181}$$

则有

$$Y=\frac{1}{\sigma}X-\frac{\mu}{\sigma} \tag{3.182}$$

这是一条直线方程，可通过最小二乘法求解。

$$l_{xx}=\sum_{i=1}^{n}(x_i-\overline{x})^2=\sum_{i=1}^{n}x_i^{\,2}-n\overline{x}^2 \tag{3.183}$$

$$l_{xy}=\sum_{i=1}^{n}(x_i-\overline{x})(y_i-\overline{y})=\sum_{i=1}^{n}x_iy_i-n\overline{xy} \tag{3.184}$$

$$\overline{x}=\frac{1}{n}\sum_{i=1}^{n}x_i \tag{3.185}$$

最终求解得

$$\hat{\sigma}=\frac{l_{xx}}{l_{xy}} \tag{3.186}$$

$$\hat{\mu}=\overline{x}-\hat{\sigma}\overline{y} \tag{3.187}$$

其中，将过程中的t变为$\ln t$，求解得到对数正态分布模型参数。

对区间故障数数据形式的数据进行同样的处理，区间故障数数据形式对数正态分布最小二乘估计法计算过程见表 3-16。

表 3-16 区间故障数数据形式对数正态分布最小二乘估计法计算过程

区间/年	故障数	危险数	$F(t)$	X	Y	x^2	xy
1	6	203	0.030	/	/	/	/
2	4	197	0.049	0.693	−1.631	0.480	−1.130
3	5	193	0.074	1.098	−1.447	1.205	−1.588
4	22	188	0.182	1.386	−0.907	1.920	−1.25
5	3	166	0.197	1.609	−0.852	2.588	−1.370

续表

区间/年	故障数	危险数	$F(t)$	X	Y	x^2	xy
6	8	163	0.236	1.792	−0.718	3.211	−1.286
7	10	155	0.286	1.946	−0.566	3.786	−1.101
8	11	145	0.340	2.079	−0.413	4.322	−0.858

注：由于第一个时间数据在进行对数变换时超出了取值范围，故按照异常数据进行剔除。

区间故障数数据形式的 x、y 线性化关系图如图 3-14 所示。

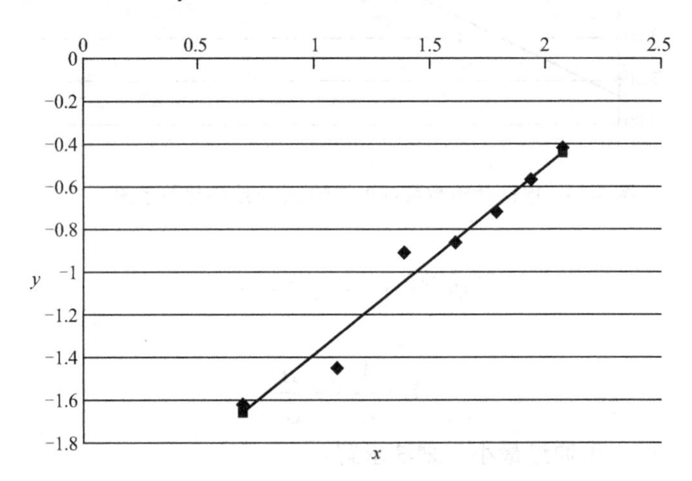

图 3-14　区间故障数数据形式的 x、y 线性化关系图

求解得：$\sigma=1.1167$，$\mu=2.5568$。

$$F(t)=\int_0^t \frac{1}{1.1167t\sqrt{2\pi}}\exp\left[-\frac{1}{2}\left(\frac{\ln(t)-2.5568}{1.1167}\right)^2\right]\mathrm{d}t \tag{3.188}$$

采用同样的方法，对区间累计故障数数据形式的数据进行处理。

4. 单个模型拟合优度检验

选择通用的 K-S 检验法。

K-S 检验法检验公式如下。

$$D_n=\sup_{0\leqslant t<+\infty}|F_n(t)-F_0(t)|=\max\{d_i\}\leqslant D_{n,a} \tag{3.189}$$

式中，

$F_n(t)$——采用估计方法得到的累计失效率，如中位秩法，$F_n(t)=1-(i-0.3)/(n+0.4)$；

$F_0(t)$——拟合选用的分布模型；

$d_i=\left|F_0(t_i)-F_n(t_i)\right|$；

$D_{n,a}$——临界值，部分值可见表 3-17；

a——置信水平；

n——故障个数。

K-S 检验部分临界值见表 3-17。

表 3-17 K-S 检验部分临界值

数据量/置信水平	0.200	0.150	0.100	0.005	0.005
1	0.900	0.925	0.950	0.975	0.995
2	0.684	0.726	0.766	0.842	0.929
3	0.565	0.597	0.642	0.708	0.828
4	0.494	0.525	0.564	0.624	0.733
5	0.446	0.474	0.510	0.565	0.669
6	0.410	0.436	0.470	0.521	0.618
7	0.381	0.405	0.438	0.486	0.577
8	0.358	0.381	0.411	0.457	0.543
9	0.339	0.360	0.338	0.432	0.514
10	0.322	0.342	0.368	0.410	0.490
11	0.307	0.326	0.352	0.391	0.468
12	0.295	0.313	0.338	0.375	0.450
13	0.284	0.302	0.325	0.361	0.433
14	0.274	0.292	0.314	0.349	0.418
15	0.266	0.283	0.304	0.338	0.404
16	0.258	0.274	0.295	0.328	0.392
17	0.250	0.266	0.286	0.318	0.381
18	0.244	0.259	0.278	0.309	0.371
19	0.237	0.252	0.272	0.301	0.363
20	0.231	0.246	0.264	0.294	0.356
25	0.210	0.220	0.240	0.270	0.320
30	0.190	0.200	0.220	0.240	0.290
35	0.180	0.190	0.210	0.230	0.270
大于 35	$1.07/\sqrt{n}$	$1.14/\sqrt{n}$	$1.22/\sqrt{n}$	$1.36/\sqrt{n}$	$1.63/\sqrt{n}$

1）指数分布拟合优度检验

区间故障数数据形式指数分布拟合优度检验值见表 3-18。

表 3-18 区间故障数数据形式指数分布拟合优度检验值

区间/年	故障数	危险数	$F(t)$估计值	$F(t)$拟合值	误差
1	6	203	0.030	0.054688	0.025
2	4	197	0.049	0.106385	0.057
3	5	193	0.074	0.155255	0.081
4	22	188	0.182	0.201452	0.019

续表

区间/年	故障数	危险数	$F(t)$估计值	$F(t)$拟合值	误差
5	3	166	0.197	0.245123	0.048
6	8	163	0.236	0.286405	0.050
7	10	155	0.286	0.32543	0.040
8	11	145	0.340	0.362321	0.022

置信度取 0.10，计算得

$$D_n = \sup_{0\leqslant t<+\infty} |F_n(t)-F_0(t)|=0.081<D_{n,a}=0.304 \tag{3.190}$$

故满足拟合优度检验，可认为指数分布拟合结果满足要求。

对区间累计故障数数据形式进行检验，检验过程相同。

2）双参数指数分布拟合优度检验

对区间故障数数据形式进行检验，区间故障数数据形式双参数指数分布拟合优度检验值见表 3-19。

表 3-19　区间故障数数据形式双参数指数分布拟合优度检验值

区间/年	故障数	危险数	$F(t)$估计值	$F(t)$拟合值	误差
1	6	203	0.030	0.003083	−0.026
2	4	197	0.049	0.057602	0.008
3	5	193	0.074	0.10914	0.035
4	22	188	0.182	0.157859	−0.024
5	3	166	0.197	0.203914	0.007
6	8	163	0.236	0.24745	0.011
7	10	155	0.286	0.288605	0.003
8	11	145	0.340	0.32751	−0.012

置信度取 0.10，计算得

$$D_n = \sup_{0\leqslant t<+\infty} |F_n(t)-F_0(t)|=0.035<D_{n,a}=0.304 \tag{3.191}$$

故满足拟合优度检验，可认为双参数指数分布拟合结果满足要求。

对区间累计故障数数据形式进行检验，检验过程相同。

3）威布尔分布拟合优度检验

对区间故障数数据形式的数据进行检验，区间故障数数据形式的威布尔分布拟合优度检验值见表 3-20。

表 3-20　区间故障数数据形式的威布尔分布拟合优度检验值

区间/年	故障数	危险数	$F(t)$估计值	$F(t)$拟合值	误差
1	6	203	0.030	0.024205	−0.005
2	4	197	0.049	0.060161	0.011

续表

区间（年）	故障数	危险弹数	$F(t)$估计值	$F(t)$拟合值	误差
3	5	193	0.074	0.101334	0.027
4	22	188	0.182	0.145394	−0.037
5	3	166	0.197	0.190948	−0.006
6	8	163	0.236	0.237041	0.001
7	10	155	0.286	0.282977	−0.003
8	11	145	0.340	0.328236	−0.012

置信度取 0.10，计算得

$$D_n = \sup_{0\leqslant t<+\infty} |F_n(t)-F_0(t)| = 0.037 < D_{n,a} = 0.304 \tag{3.192}$$

故满足拟合优度检验，可认为两参数威布尔分布拟合结果满足要求。

对区间累计故障数数据形式进行检验，检验过程相同。

4）对数正态分布拟合优度检验

对区间故障数数据形式进行检验，区间故障数数据形式的对数正态分布拟合优度检验值见表 3-21。

表 3-21 区间故障数数据形式的对数正态分布拟合优度检验值

区间/年	故障数	危险数	$F(t)$估计值	$F(t)$拟合值	误差
1	6	203	0.030	0.0242	0.0058
2	4	197	0.049	0.0483	0.0007
3	5	193	0.074	0.0969	−0.0229
4	22	188	0.182	0.1487	0.0333
5	3	166	0.197	0.1997	−0.0027
6	8	163	0.236	0.2483	−0.0123
7	10	155	0.286	0.2940	−0.008
8	11	145	0.340	0.3363	0.0037

置信度取 0.10，计算得

$$D_n = \sup_{0\leqslant t<+\infty} |F_n(t)-F_0(t)| = 0.0333 < D_{n,a} = 0.304 \tag{3.193}$$

故满足拟合优度检验，可认为对数正态分布拟合结果满足要求。

对区间累计故障数数据形式进行检验，检验过程相同。

5. 多个模型优选

假定以最大偏差值最小为优选准则，对于区间故障数数据形式，可得最小偏差服从对数正态分布；即 $\sigma=1.1167$， $\mu=2.5568$。

$$F(t)=\int_0^t \frac{1}{1.1167t\sqrt{2\pi}}\exp\left[-\frac{1}{2}\left(\frac{\ln(t)-2.5568}{1.1167}\right)^2\right]\mathrm{d}t \tag{3.194}$$

区间故障数数据形式拟合值与估计值如图 3-15 所示。

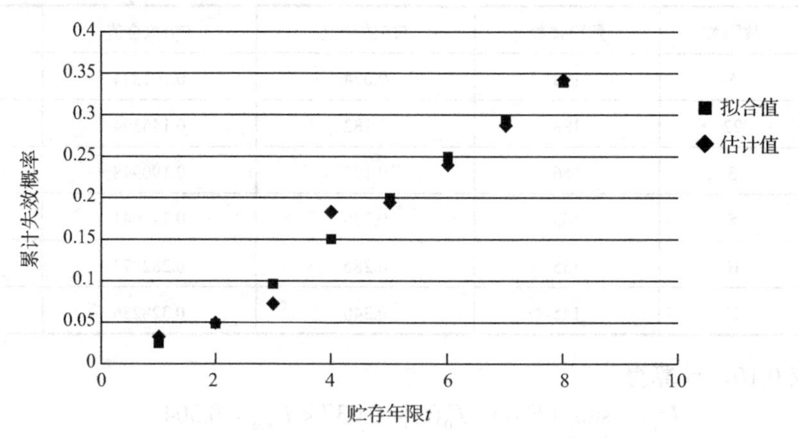

图 3-15 区间故障数数据形式拟合值与估计值

6. 可靠度预测

区间故障数数据形式可靠度预测见表 3-22，由前面的分析可知，双参数指数分布为最优分布模型，由表 3-22 可得该批弹药后 8 年的可靠度预测值。

表 3-22 区间故障数数据形式可靠度预测

区间/年	故障数	危险数	累计失效概率	可靠度
1	6	203	0.0296	0.9704
2	4	197	0.0493	0.9507
3	5	193	0.0739	0.9261
4	22	188	0.1823	0.8177
5	3	166	0.1970	0.803
6	8	163	0.2365	0.7635
7	10	155	0.2857	0.7143
8	11	145	0.3399	0.6601
9	—	—	0.3756	0.6244
10	—	—	0.4118	0.5882
11	—	—	0.4453	0.5547
12	—	—	0.4761	0.5239
13	—	—	0.5047	0.4953
14	—	—	0.5311	0.4689
15	—	—	0.5555	0.4445
16	—	—	0.5782	0.4218

同理，可得到区间累计故障数数据形式可靠度估计值。

3.9.2 失效前间隔时间数据形式

1. 可靠度估计

某产品失效前贮存时间排序见表 3-23。

表 3-23 某产品失效前贮存时间排序

序号	时间/h	序号	时间/h	序号	时间/h	序号	时间/h
1	8	28	153.35	55	409.11	82	778.85
2	19.6	29	154.64	56	411.06	83	778.85
3	22.7	30	160.13	57	438.25	84	778.85
4	25.44	31	163.32	58	443.02	85	778.85
5	35.29	32	165.01	59	473.93	86	778.85
6	35.69	33	165.45	60	532.53	87	778.85
7	37.77	34	170.91	61	536.26	88	778.85
8	38.04	35	177.69	62	548.49	89	778.85
9	50.54	36	237.81	63	557.07	90	778.92
10	50.54	37	238.96	64	562.86	91	782.75
11	50.81	38	244.19	65	571.9	92	786.39
12	54.97	39	251.4	66	586.8	93	791.62
13	63.4	40	257.58	67	612.33	94	791.62
14	72.31	41	266.58	68	615.81	95	791.62
15	88.31	42	267.6	69	623.55	96	791.66
16	100.42	43	272.39	70	625.37	97	799.87
17	104.58	44	279.3	71	638.42	98	891.64
18	114.74	45	294.87	72	663.41	99	903.16
19	126.08	46	295.79	73	674.87	100	916.11
20	127.06	47	304.09	74	687.88	101	966.12
21	128.17	48	305.24	75	720.33	102	1174.13
22	136.72	49	306.03	76	753.32	103	1288.51
23	138.32	50	355.38	77	753.32	104	1811.82
24	139.92	51	359.59	78	778.32	105	1914.14
25	139.92	52	382.78	79	778.85	106	1946.77
26	152.68	53	404.85	80	778.85		
27	152.95	54	408.13	81	778.85		

对排序后的时间按照中位秩估计法进行估计，可靠度估计值见表 3-24。

表 3-24 可靠度估计值

序号	时间	可靠度估计值	不可靠度估计值	序号	时间	可靠度估计值	不可靠度估计值
1	8	0.993	0.007	54	408.13	0.495	0.505
2	19.6	0.984	0.016	55	409.11	0.486	0.514
3	22.7	0.975	0.025	56	411.06	0.477	0.523
4	25.44	0.965	0.035	57	438.25	0.467	0.533
5	35.29	0.956	0.044	58	443.02	0.458	0.542
6	35.69	0.946	0.054	59	473.93	0.448	0.552
7	37.77	0.937	0.063	60	532.53	0.439	0.561
8	38.04	0.928	0.072	61	536.26	0.430	0.570
9	50.54	0.918	0.082	62	548.49	0.420	0.580
10	50.54	0.909	0.091	63	557.07	0.411	0.589
11	50.81	0.899	0.101	64	562.86	0.401	0.599
12	54.97	0.890	0.110	65	571.9	0.392	0.608
13	63.4	0.881	0.119	66	586.8	0.383	0.617
14	72.31	0.871	0.129	67	612.33	0.373	0.627
15	88.31	0.862	0.138	68	615.81	0.364	0.636
16	100.42	0.852	0.148	69	623.55	0.354	0.646
17	104.58	0.843	0.157	70	625.37	0.345	0.655
18	114.74	0.834	0.166	71	638.42	0.336	0.664
19	126.08	0.824	0.176	72	663.41	0.326	0.674
20	127.06	0.815	0.185	73	674.87	0.317	0.683
21	128.17	0.805	0.195	74	687.88	0.307	0.693
22	136.72	0.796	0.204	75	720.33	0.298	0.702
23	138.32	0.787	0.213	76	753.32	0.289	0.711
24	139.92	0.777	0.223	77	753.32	0.279	0.721
25	139.92	0.768	0.232	78	778.32	0.270	0.730
26	152.68	0.758	0.242	79	778.85	0.260	0.740
27	152.95	0.749	0.251	80	778.85	0.251	0.749
28	153.35	0.740	0.260	81	778.85	0.242	0.758
29	154.64	0.730	0.270	82	778.85	0.232	0.768
30	160.13	0.721	0.279	83	778.85	0.223	0.777
31	163.32	0.711	0.289	84	778.85	0.213	0.787
32	165.01	0.702	0.298	85	778.85	0.204	0.796
33	165.45	0.693	0.307	86	778.85	0.195	0.805
34	170.91	0.683	0.317	87	778.85	0.185	0.815
35	177.69	0.674	0.326	88	778.85	0.176	0.824
36	237.81	0.664	0.336	89	778.85	0.166	0.834
37	238.96	0.655	0.345	90	778.92	0.157	0.843
38	244.19	0.646	0.354	91	782.75	0.148	0.852
39	251.4	0.636	0.364	92	786.39	0.138	0.862

续表

序号	时间	可靠度估计值	不可靠度估计值	序号	时间	可靠度估计值	不可靠度估计值
40	257.58	0.627	0.373	93	791.62	0.129	0.871
41	266.58	0.617	0.383	94	791.62	0.119	0.881
42	267.6	0.608	0.392	95	791.62	0.110	0.890
43	272.39	0.599	0.401	96	791.66	0.101	0.899
44	279.3	0.589	0.411	97	799.87	0.091	0.909
45	294.87	0.580	0.420	98	891.64	0.082	0.918
46	295.79	0.570	0.430	99	903.16	0.072	0.928
47	304.09	0.561	0.439	100	916.11	0.063	0.937
48	305.24	0.552	0.448	101	966.12	0.054	0.946
49	306.03	0.542	0.458	102	1174.1	0.044	0.956
50	355.38	0.533	0.467	103	1288.5	0.035	0.965
51	359.59	0.523	0.477	104	1811.8	0.025	0.975
52	382.78	0.514	0.486	105	1914.1	0.016	0.984
53	404.85	0.505	0.495	106	1946.8	0.007	0.993

可靠度估计值变化趋势如图 3-16 所示。

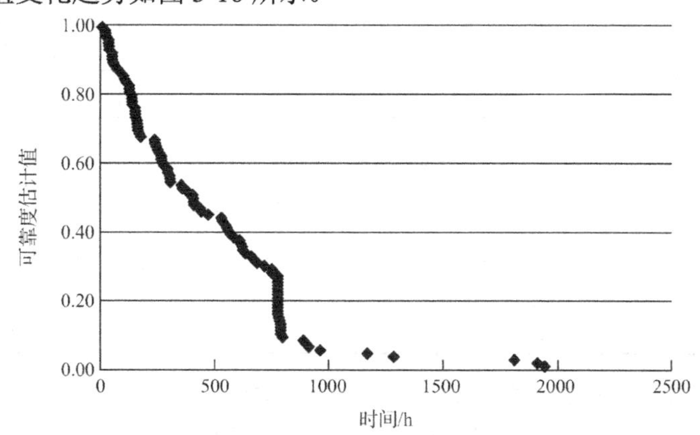

图 3-16 可靠度估计值变化趋势

累计失效概率估计值变化趋势如图 3-17 所示。

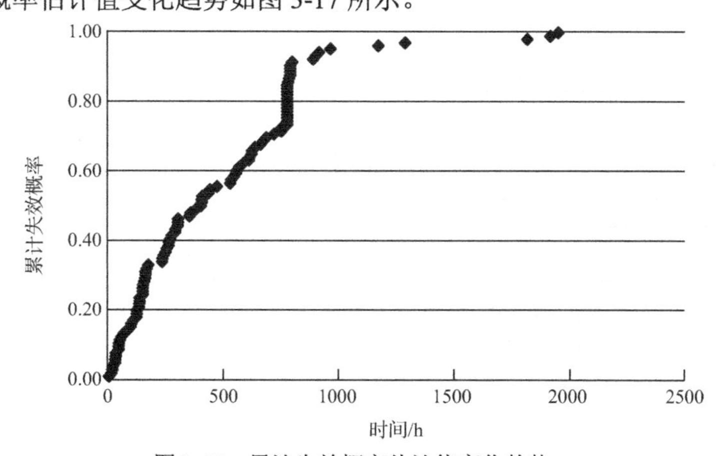

图 3-17 累计失效概率估计值变化趋势

2. 模型初选

对失效时间做频率直方图分析，按照经验把间隔时间观测值 $t\in[8.0,1946.77]$分成 10 组，以每组时间的中值为横坐标，每组的概率密度观测值 $\hat{f}(t)$ 为纵坐标，$\hat{f}(t)$ 的计算见式（3.195）。

$$\hat{f}(t)=\frac{n_i}{n\Delta t_i} \tag{3.195}$$

式中，

n_i——每组故障间隔时间中的失效（或故障）频数；

n——失效（或故障）总频数，为 106 次；

Δt_i——组距，为 200h。

得到失效时间频率及累计频率统计，见表 3-25。

表 3-25　失效时间频率及累计频率统计

组号	区间上	区间下	组中值	频数	频率	累计
1	0	200	100	35	0.330189	0.330189
2	200	400	300	17	0.160377	0.490566
3	400	600	500	14	0.132075	0.622642
4	600	800	700	31	0.292453	0.915094
5	800	1000	900	4	0.037736	0.95283
6	1000	1200	1100	1	0.009434	0.962264
7	1200	1400	1300	1	0.009434	0.971698
8	1400	1600	1500	0	0	0.971698
9	1600	1800	1700	0	0	0.971698
10	1800	2000	1900	3	0.028302	1

由表 3-25 得失效前贮存时间频率直方图，如图 3-18 所示。

将表 3-25 所得的失效时间观测值分成 10 组，以每组时间的中值为横坐标，每组的累计频率为纵坐标，由此拟合出的经验分布函数 $F_{(n)}(t)$（估计值）曲线如图 3-19 所示。

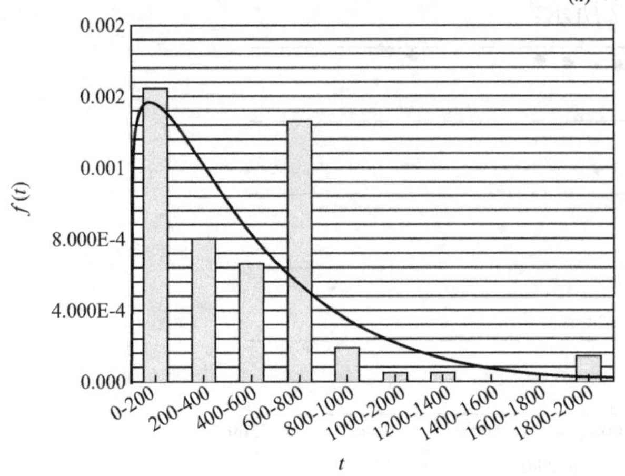

图 3-18　失效前贮存时间频率直方图

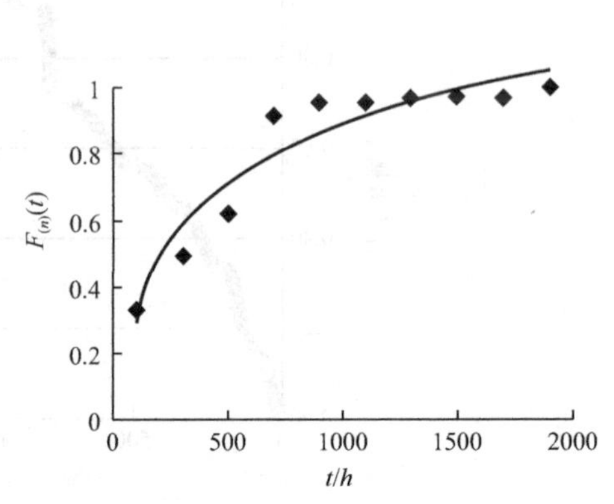

图 3-19　经验分布函数 $F_{(n)}(t)$（估计值）曲线

若失效时间的概率密度函数 $f(t)$ 呈峰值形，如威布尔分布（形状参数大于 1）、正态分布和对数正态分布，由图 3-19 可得该类产品失效时间观测值概率密度函数 $f(t)$ 呈峰值型，因此可能的分布是威布尔分布、正态分布或者对数正态分布；而由图 3-19 可知经验分布函数呈现外凸趋势，因此该批产品失效时间的分布函数只可能是威布尔分布，而不会是正态分布或者对数正态分布。

3. 模型参数估计

初始模型选择指数分布、双参数指数分布、两参数威布尔分布，分别按照极大似然估计法、最小二乘法两种方法估计，所得参数估计结果见表 3-26。

表 3-26 参数估计结果

估计方法	极大似然估计		最小二乘法	
指数分布	λ		λ	
	473.3060		453.5828	
双参数指数分布	λ	T	λ	T
	465.3060	8	448.7971	8
两参数威布尔分布	β	α	β	α
	1.1775	449.9100	1.1114	504.3043

表 3-26 中指数分布、双参数指数分布、两参数威布尔分布 x、y 的线性化关系图分别如图 3-20、图 3-21、图 3-22 所示。

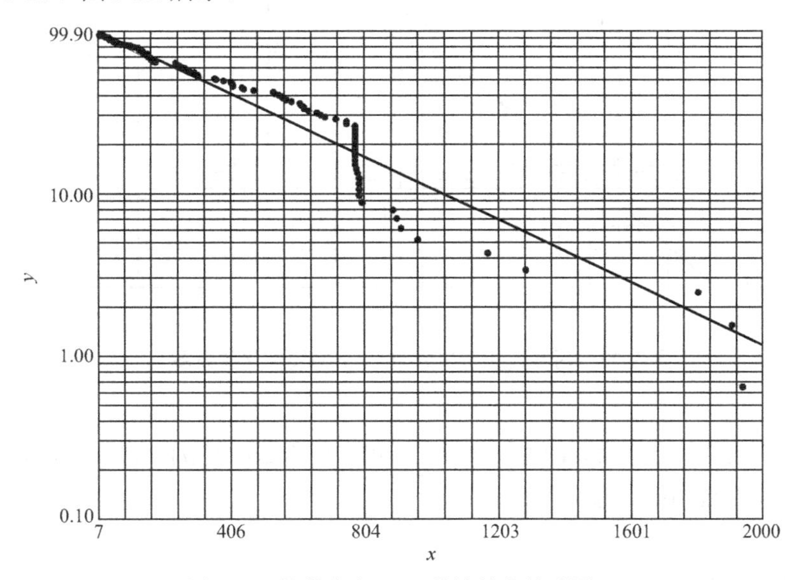

图 3-20 指数分布 x、y 的线性化关系图

4. 单个模型拟合优度检验

选择通用的 K-S 检验法。

K-S 检验法检验公式如下。

$$D_n = \sup_{0\leqslant t<+\infty} |F_n(t) - F_0(t)| = \max\{d_i\} \leqslant D_{n,a} \tag{3.196}$$

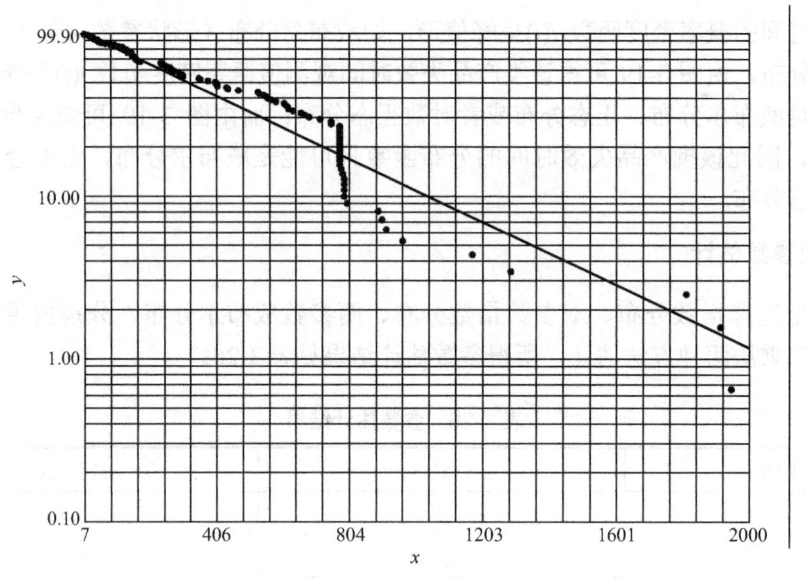

图 3-21　双参数指数分布 x、y 的线性化关系图

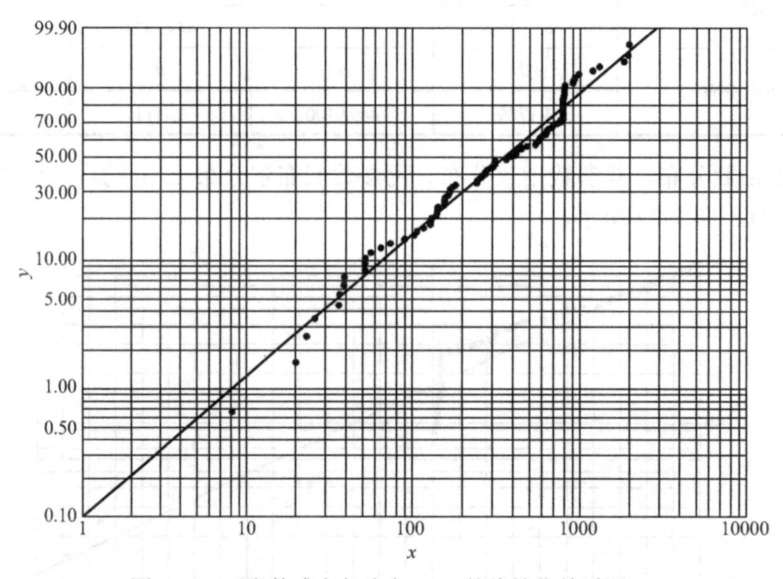

图 3-22　两参数威布尔分布 x、y 的线性化关系图

式中，

$F_n(t)$ ——采用估计方法得到的累计失效率，如中位秩法，$F_n(t)=1-(i-0.3)/(n+0.4)$；

$F_0(t)$ ——拟合选用的分布模型；

$d_i=\left|F_0(t_i)-F_n(t_i)\right|$；

$D_{n,a}$ ——临界值；

a ——置信水平；

n ——故障个数。

三种分布模型参数估计过程见表 3-27。

表 3-27 三种分布模型参数估计过程

序号	时间	指数分布		双参数指数分布		两参数威布尔分布	
		极大似然估计	最小二乘法	极大似然估计	最小二乘法	极大似然估计	最小二乘法
1	8	0.010	0.011	−0.0066	−0.0066	0.0021	0.0034
2	19.6	0.025	0.026	0.0086	0.0095	0.0087	0.0107
3	22.7	0.021	0.023	0.0057	0.0068	0.0039	0.0060
4	25.44	0.018	0.020	0.0020	0.0033	−0.0014	0.0007
5	35.29	0.028	0.031	0.0128	0.0148	0.0045	0.0065
6	35.69	0.019	0.022	0.0042	0.0063	−0.0042	−0.0022
7	37.77	0.014	0.017	−0.0010	0.0012	−0.0103	−0.0084
8	38.04	0.005	0.008	−0.0098	−0.0076	−0.0193	−0.0174
9	50.54	0.020	0.024	0.0056	0.0087	−0.0084	−0.0071
10	50.54	0.010	0.014	−0.0038	−0.0007	−0.0178	−0.0165
11	50.81	0.001	0.005	−0.0127	−0.0096	−0.0267	−0.0255
12	54.97	0.000	0.004	−0.0139	−0.0106	−0.0293	−0.0283
13	63.4	0.006	0.011	−0.0071	−0.0032	−0.0246	−0.0244
14	72.31	0.013	0.019	0.0003	0.0047	−0.0191	−0.0197
15	88.31	0.032	0.039	0.0204	0.0257	−0.0014	−0.0039
16	100.42	0.044	0.051	0.0326	0.0386	0.0097	0.0057
17	104.58	0.041	0.049	0.0305	0.0367	0.0073	0.0028
18	114.74	0.049	0.057	0.0386	0.0453	0.0150	0.0091
19	126.08	0.058	0.067	0.0484	0.0556	0.0246	0.0171
20	127.06	0.050	0.059	0.0406	0.0479	0.0168	0.0092
21	128.17	0.043	0.052	0.0331	0.0404	0.0093	0.0015
22	136.72	0.047	0.056	0.0377	0.0454	0.0141	0.0050
23	138.32	0.040	0.049	0.0309	0.0387	0.0074	−0.0020
24	139.92	0.033	0.043	0.0241	0.0319	0.0006	−0.0090
25	139.92	0.024	0.033	0.0147	0.0225	−0.0088	−0.0184
26	152.68	0.034	0.044	0.0257	0.0340	0.0028	−0.0087
27	152.95	0.025	0.035	0.0167	0.0251	−0.0062	−0.0177
28	153.35	0.016	0.027	0.0080	0.0163	−0.0149	−0.0265
29	154.64	0.009	0.019	0.0006	0.0090	−0.0222	−0.0340
30	160.13	0.008	0.018	−0.0003	0.0084	−0.0227	−0.0353
31	163.32	0.003	0.014	−0.0047	0.0040	−0.0269	−0.0401
32	165.01	−0.004	0.007	−0.0115	−0.0027	−0.0336	−0.0470
33	165.45	−0.012	−0.002	−0.0203	−0.0114	−0.0423	−0.0558
34	170.91	−0.014	−0.003	−0.0213	−0.0123	−0.0429	−0.0572

续表

序号	时间	指数分布		双参数指数分布		两参数威布尔分布	
		极大似然估计	最小二乘法	极大似然估计	最小二乘法	极大似然估计	最小二乘法
35	177.69	−0.013	−0.002	−0.0205	−0.0113	−0.0415	−0.0569
36	237.81	0.059	0.072	0.0542	0.0652	0.0407	0.0164
37	238.96	0.051	0.065	0.0463	0.0573	0.0330	0.0085
38	244.19	0.049	0.062	0.0437	0.0549	0.0312	0.0059
39	251.4	0.048	0.062	0.0436	0.0549	0.0321	0.0058
40	257.58	0.047	0.060	0.0420	0.0534	0.0315	0.0043
41	266.58	0.048	0.062	0.0438	0.0554	0.0347	0.0063
42	267.6	0.040	0.054	0.0357	0.0473	0.0267	−0.0018
43	272.39	0.036	0.050	0.0321	0.0439	0.0239	−0.0052
44	279.3	0.035	0.049	0.0311	0.0429	0.0240	−0.0061
45	294.87	0.044	0.058	0.0401	0.0522	0.0355	0.0034
46	295.79	0.035	0.050	0.0317	0.0439	0.0273	−0.0049
47	304.09	0.035	0.050	0.0319	0.0441	0.0288	−0.0045
48	305.24	0.027	0.041	0.0238	0.0360	0.0209	−0.0125
49	306.03	0.018	0.033	0.0153	0.0275	0.0125	−0.0210
50	355.38	0.061	0.076	0.0589	0.0717	0.0641	0.0251
51	359.59	0.056	0.071	0.0538	0.0666	0.0596	0.0203
52	382.78	0.069	0.084	0.0672	0.0803	0.0766	0.0351
53	404.85	0.080	0.095	0.0785	0.0917	0.0912	0.0478
54	408.13	0.073	0.089	0.0721	0.0853	0.0853	0.0417
55	409.11	0.065	0.080	0.0636	0.0768	0.0769	0.0332
56	411.06	0.057	0.072	0.0560	0.0692	0.0696	0.0257
57	438.25	0.071	0.087	0.0704	0.0837	0.0879	0.0420
58	443.02	0.066	0.081	0.0651	0.0784	0.0831	0.0370
59	473.93	0.081	0.097	0.0809	0.0942	0.1029	0.0551
60	532.53	0.114	0.130	0.1150	0.1282	0.1436	0.0933
61	536.26	0.107	0.123	0.1082	0.1213	0.1371	0.0867
62	548.49	0.106	0.122	0.1071	0.1202	0.1372	0.0865
63	557.07	0.103	0.118	0.1034	0.1165	0.1344	0.0834
64	562.86	0.097	0.112	0.0978	0.1109	0.1293	0.0782
65	571.9	0.093	0.109	0.0943	0.1073	0.1265	0.0753
66	586.8	0.093	0.108	0.0943	0.1072	0.1277	0.0763
67	612.33	0.099	0.114	0.1003	0.1130	0.1356	0.0840
68	615.81	0.091	0.106	0.0929	0.1056	0.1285	0.0768
69	623.55	0.087	0.101	0.0880	0.1006	0.1241	0.0724

续表

序号	时间	指数分布		双参数指数分布		两参数威布尔分布	
		极大似然估计	最小二乘法	极大似然估计	最小二乘法	极大似然估计	最小二乘法
70	625.37	0.078	0.093	0.0796	0.0922	0.1158	0.0641
71	638.42	0.076	0.091	0.0775	0.0901	0.1146	0.0629
72	663.41	0.080	0.094	0.0816	0.0940	0.1201	0.0685
73	674.87	0.076	0.091	0.0782	0.0904	0.1172	0.0657
74	687.88	0.074	0.088	0.0754	0.0875	0.1150	0.0637
75	720.33	0.080	0.094	0.0816	0.0934	0.1225	0.0717
76	753.32	0.085	0.099	0.0870	0.0985	0.1289	0.0788
77	753.32	0.076	0.089	0.0776	0.0891	0.1195	0.0694
78	778.32	0.077	0.090	0.0787	0.0900	0.1212	0.0718
79	778.85	0.067	0.081	0.0696	0.0808	0.1120	0.0626
80	778.85	0.058	0.071	0.0602	0.0714	0.1026	0.0532
81	778.85	0.049	0.062	0.0508	0.0620	0.0932	0.0438
82	778.85	0.039	0.053	0.0414	0.0526	0.0838	0.0344
83	778.85	0.030	0.043	0.0320	0.0432	0.0744	0.0250
84	778.85	0.020	0.034	0.0226	0.0338	0.0650	0.0156
85	778.85	0.011	0.024	0.0132	0.0244	0.0556	0.0063
86	778.85	0.002	0.015	0.0038	0.0151	0.0462	−0.0031
87	778.85	−0.008	0.006	−0.0056	0.0057	0.0368	−0.0125
88	778.85	−0.017	−0.004	−0.0150	−0.0037	0.0274	−0.0219
89	778.85	−0.027	−0.013	−0.0244	−0.0131	0.0180	−0.0313
90	778.92	−0.036	−0.023	−0.0338	−0.0225	0.0086	−0.0407
91	782.75	−0.044	−0.030	−0.0416	−0.0304	0.0009	−0.0484
92	786.39	−0.052	−0.038	−0.0496	−0.0383	−0.0070	−0.0561
93	791.62	−0.059	−0.046	−0.0569	−0.0457	−0.0142	−0.0632
94	791.62	−0.068	−0.055	−0.0663	−0.0551	−0.0236	−0.0726
95	791.62	−0.078	−0.065	−0.0756	−0.0645	−0.0330	−0.0820
96	791.66	−0.087	−0.074	−0.0850	−0.0739	−0.0424	−0.0914
97	799.87	−0.093	−0.080	−0.0912	−0.0801	−0.0484	−0.0971
98	891.64	−0.070	−0.058	−0.0679	−0.0578	−0.0249	−0.0702
99	903.16	−0.076	−0.064	−0.0737	−0.0637	−0.0308	−0.0756
100	916.11	−0.081	−0.070	−0.0791	−0.0692	−0.0363	−0.0805
101	966.12	−0.076	−0.065	−0.0740	−0.0647	−0.0319	−0.0739
102	1174.13	−0.040	−0.031	−0.0374	−0.0302	−0.0011	−0.0333
103	1288.51	−0.031	−0.024	−0.0290	−0.0229	0.0031	−0.0239
104	1811.82	0.004	0.007	0.0047	0.0074	0.0196	0.0095

续表

序号	时间	指数分布		双参数指数分布		两参数威布尔分布	
		极大似然估计	最小二乘法	极大似然估计	最小二乘法	极大似然估计	最小二乘法
105	1914.14	−0.002	0.001	−0.0007	0.0017	0.0119	0.0037
106	1946.77	−0.010	−0.007	−0.0089	−0.0067	0.0029	−0.0047
D_n		0.114	0.114	0.115	0.128	0.143	0.093

所以 D_n=0.09749，取显著性水平 a=0.10，则由经验公式得：

$$D_{n,a}=\frac{1.63}{\sqrt{n}}= 0.319669 \tag{3.197}$$

因为 $D_{n,a}>D_n$ 故接受原假设，失效时间均能够通过指数分布、双参数指数分布、两参数威布尔分布计算得到。

三种分布的最小二乘法估计和极大似然估计可靠度拟合曲线如图 3-23～图 3-28 所示。

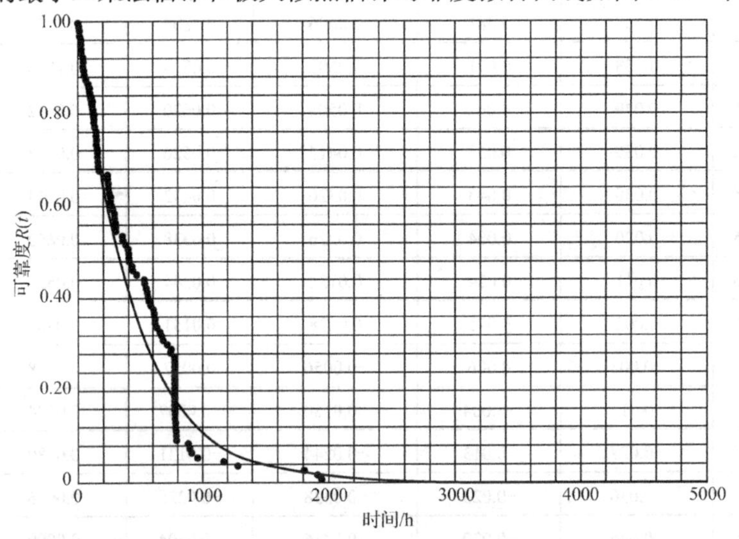

图 3-23　指数分布最小二乘法估计可靠度拟合曲线

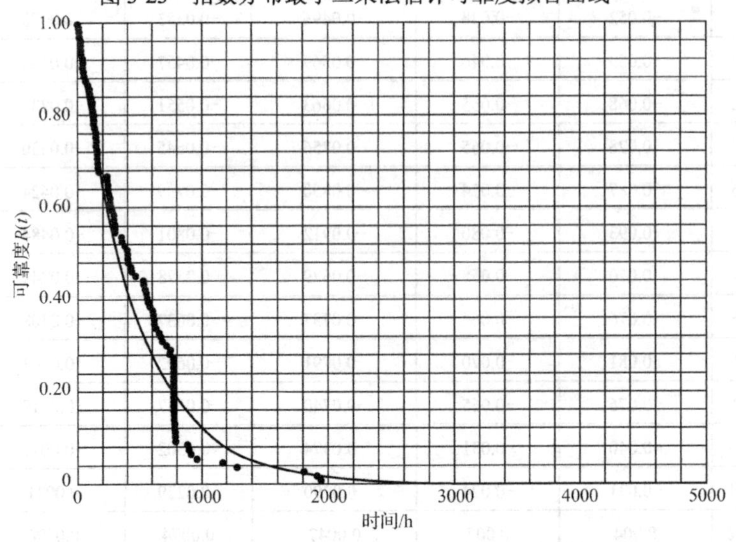

图 3-24　指数分布极大似然估计可靠度拟合曲线

5. 多个模型优选

假定以最大偏差值最小为优选准则，对于区间故障数数据形式，可得最小偏差为两参数威布尔分布，参数估计方法为最小二乘法，估计结果为α=1.1114，β=504.3043。

$$F(t)=1-\exp\left[-\left(\frac{t}{504.3043}\right)^{1.1114}\right] \tag{3.198}$$

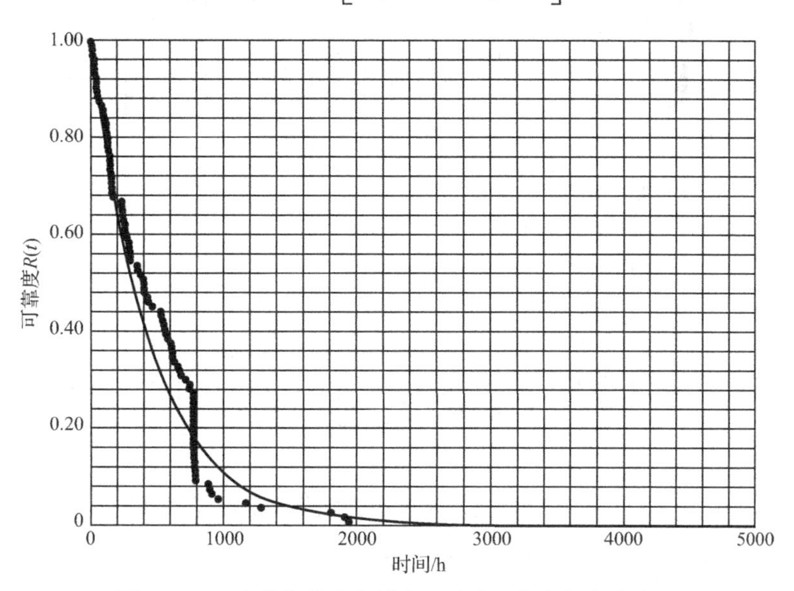

图 3-25　双参数指数分布最小二乘法可靠度拟合曲线

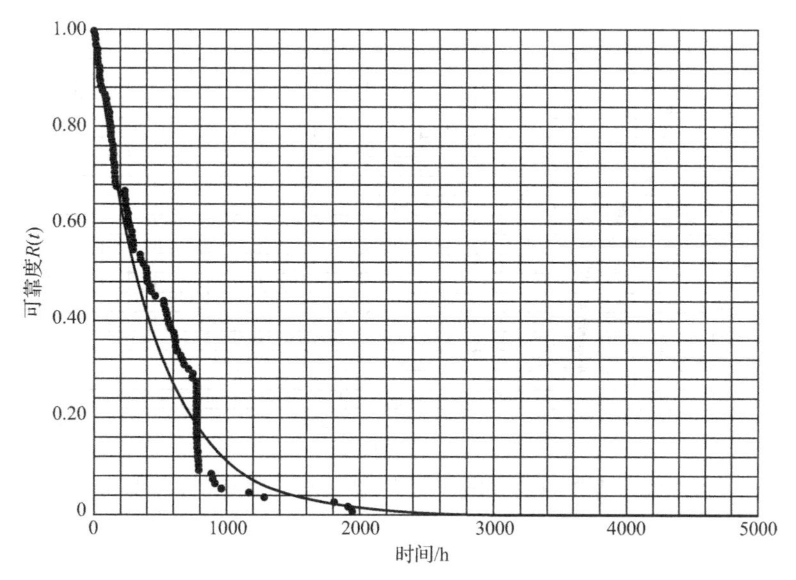

图 3-26　双参数指数分布极大似然估计可靠度拟合曲线

6. 产品可靠性指标评价及预测

在确定了失效时间的分布函数之后，便可以对产品的可靠性特征量进行评定。

平均失效前贮存时间 MTTF 的点估计

$$\mathrm{MTTF}=E(t)=\int_0^{\infty} tf(t)\mathrm{d}t=484.9795 \tag{3.199}$$

以建立的分布模型为基础，将相应的时间 t 代入分布函数，则可得到任意时间段内该批产品发生失效的概率。

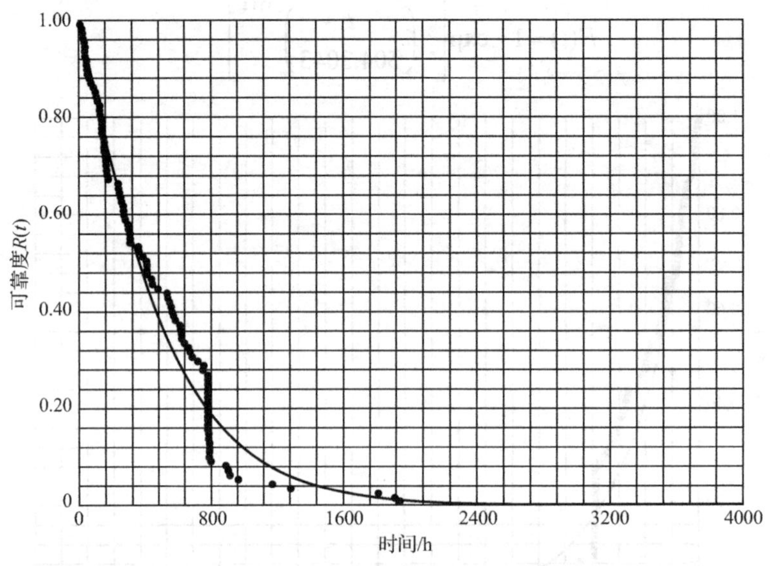

图 3-27　两参数威布尔分布最小二乘法可靠度拟合曲线

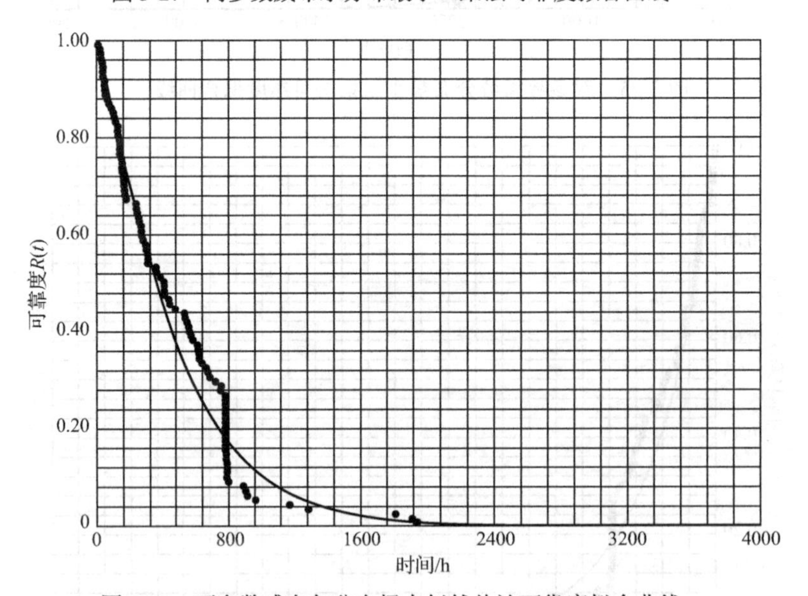

图 3-28　两参数威布尔分布极大似然估计可靠度拟合曲线

第4章

加速寿命试验

4.1 概述

加速寿命试验是利用加大试验应力来缩短试验周期的一种寿命试验方法。加速寿命试验方法为高可靠、长寿命产品的可靠性评定提供了基础。加速寿命试验的类型很多，常用的有如下四类。

① 恒定应力加速寿命试验，简称恒加试验。先确定所需加速应力水平组数，且通常至少有 3 组。如将一定数量的样品分为 4 组，每组在同样的应力水平下进行寿命试验，直到各组均有一定数量的样品发生失效为止。

② 步进应力加速寿命试验，简称步进试验。也是先选定一组加速应力水平，它们都高于正常应力水平。试验开始时把一定数量的样品放置于正常应力水平下进行寿命试验，经过一段时间后将应力水平提高并继续进行寿命试验，再经过一段时间后将应力水平进一步提高，如此继续下去，直至有一定数量的样品发生失效为止。

③ 步降应力加速寿命试验，简称步降试验。它与步进试验正好相反，先采用较大的加速应力水平，施加的加速应力水平随时间逐步下降，样品容易更快发生失效。

④ 序进应力加速寿命试验，简称序进试验。它与步加试验（步进应力加速寿命试验和步降应力加速寿命试验）基本相同，不同之处在于它施加的加速应力水平随时间连续上升。

上述四种应力施加方式中，恒定应力加速寿命试验可以实现多组样品并行开展试验，而步进、步降和序进应力加速寿命试验是串行试验方法；恒定应力加速寿命试验模型最为简单，数据处理方法最为成熟，应用起来相对简单，而步进、步降和序进应力加速寿命试验，数据处理和应用相对复杂。

4.2 寿命分布

在加速寿命试验中最常用的寿命分布是指数分布、威布尔分布和对数正态分布。

1）指数分布

指数分布是最常用的分布，一般来说，在剔除早期失效产品后，余下产品的寿命在进入耗损失效期前都可认为服从指数分布。

其分布函数与密度函数分别为：

$$F(t)=1-\mathrm{e}^{-t/\theta} \tag{4.1}$$

$$f(t)=\frac{1}{\theta}\mathrm{e}^{-t/\theta} \tag{4.2}$$

其中，参数θ既是平均寿命，又是特征寿命。

2）威布尔分布

威布尔分布是可靠性统计中常用的寿命分布，大量实践表明，凡是整体机能会因某一局部出现失效或故障而停止运行的元件、器件、设备等的寿命都可看作或近似看作服从威布尔分布。

威布尔分布的分布函数与密度函数分别为：

$$F(t)=1-\exp\left\{-\left(\frac{t}{\eta}\right)^m\right\},t\geqslant 0 \tag{4.3}$$

$$f(t)=(m/\eta^m)t^{m-1}\exp\left\{\left(\frac{t}{\eta}\right)^m\right\},t\geqslant 0 \tag{4.4}$$

威布尔分布是含有两个参数的寿命分布，常记为$W(m,\eta)$，其中$\eta>0$是特征寿命，另一个参数$m>0$是形状参数。

3）对数正态分布

对数正态分布也是可靠性统计中常用的寿命分布。有不少产品（如绝缘材料、二极管等）的寿命服从对数正态分布。

对数正态分布的分布函数与密度函数分别为：

$$F(t)=\int_0^t\frac{1}{\sqrt{2\pi}\sigma t}\exp\left\{-\frac{(\ln t-\mu)^2}{2\sigma^2}\right\}\mathrm{d}t=\varPhi\left(\frac{\ln t-\mu}{\sigma}\right) \tag{4.5}$$

$$f(t)=\frac{1}{\sqrt{2\pi}\sigma t}\exp\left\{-\frac{(\ln t-\mu)^2}{2\sigma^2}\right\} \tag{4.6}$$

对数正态分布含有两个参数，记为$LN(\mu,\sigma^2)$。其中，μ称为对数均值，σ称为对数标准差。当寿命T服从$LN(\mu,\sigma^2)$时，其寿命的对数$\ln T$服从$N(\mu,\sigma^2)$。

4.3 加速模型和加速系数

4.3.1 加速模型

加速寿命试验的基本思想就是利用高应力水平下的寿命特征去外推正常应力水平下的寿命特征。实现这个基本思想的关键在于建立寿命特征与应力水平之间的关系，即加速模型。在加速寿命试验中，最常用的加速模型主要有以下两种。

1）阿伦尼斯（Arrhenius）模型

在加速寿命试验中用温度作为加速应力是常见的，因为高温能使产品（如电子元器件、绝缘材料等）内部加快化学反应，促使产品提前失效。1880 年瑞典科学家斯凡特·阿伦尼斯研究了这类化学反应，并在大量数据的基础上，提出如下加速模型，即阿伦尼斯模型，见式（4.7）。

$$\xi = A\mathrm{e}^{E/KT} \tag{4.7}$$

式中，

ξ——某寿命特征，如中位寿命、平均寿命等；

A——一个常数，且$A>0$；

E——激活能，与材料有关，单位为eV；

K——玻耳兹曼常数，为$8.6\times10^{-5}\mathrm{eV}/℃$；

T——热力学温度。

阿伦尼斯模型表明，寿命特征将随着温度的上升而呈指数下降。对此模型两边取对数，可得

$$\ln\xi = a + b/T \tag{4.8}$$

其中，$a=\ln A$，$b=E/K$。它们都是待定的参数，所以阿伦尼斯模型表明，寿命特征的对数是温度倒数的线性函数。

2）*逆幂律模型*

在加速寿命试验中用电应力（如电压、电流、功率等）作为加速应力时，产品的某些寿命特征与应力之间的关系符合逆幂律模型，模型表达式见式（4.9）

$$\xi = Av^{-c} \tag{4.9}$$

式中，

ξ——某寿命特征，如中位寿命，平均寿命等；

A——一个常数，且$A>0$；

c——一个与激活能有关的正常数；

v——电应力。

逆幂律模型表明，寿命特征是应力v的负幂次函数。对此模型两边取对数，可得

$$\ln\xi = a + b/T \tag{4.10}$$

其中，$a=\mathrm{In}A$，$b=-c$。它们都是待定的参数。

阿伦尼斯模型和逆幂律模型的线性化形式可统一写成如下形式，见式（4.11）。

$$\ln\xi = a + b\varphi(s) \tag{4.11}$$

其中，ξ是某寿命特征，$\varphi(s)$是应力水平为s的已知函数。

4.3.2 加速系数

设某产品在正常应力水平S_0下的失效分布函数为$F_0(t)$，$t_{p,0}$为其p分位寿命，即$F_0(t_{p,0})=p$，又设此产品在加速应力水平S_i下的失效分布函数为$F_i(t)$，$t_{p,i}$为其p分位寿命，即$F_i(t_{p,i})=p$，则两个p分位寿命之比为：

$$\alpha_{i\sim0} = \frac{t_{p,0}}{t_{p,i}} \tag{4.12}$$

称为加速应力水平S_i对正常应力水平S_0的p分位寿命的加速系数，或称加速因子。简而言之，加速系数就是正常应力下某种寿命特征与加速应力下相应寿命特征的比值。

当产品的寿命服从指数分布时，寿命特征通常用平均寿命来表征，所以指数分布下的加速系数一般为：

$$\alpha_i = \frac{\theta_o}{\theta_i} \tag{4.13}$$

其中θ_o和θ_i分别为正常应力和加速应力水平下的平均寿命。

当产品的寿命服从威布尔分布时，寿命特征通常采用特征寿命来表征，所以威布尔分布下的加速系数一般为：

$$\alpha_i = \frac{\eta_o}{\eta_i} \tag{4.14}$$

其中η_o和η_i分别为正常应力和加速应力水平下的特征寿命。

当产品的寿命服从对数正态分布时，寿命特征通常用中位寿命来表征，所以对数正态分布下的加速系数一般为：

$$\alpha_i = \frac{t_{0.5,0}}{t_{0.5,i}} = \frac{E(T_0)}{E(T_i)} \tag{4.15}$$

其中$t_{0.5,0}$和$t_{0.5,i}$分别为正常应力和加速应力水平下的特征寿命。

4.4 寿命数据分布检验

指数分布、威布尔分布和对数正态分布是可靠性统计里最常用的三种分布，但在实际问题中，产品寿命的总体分布类型经常是未知的。通过寿命数据的分布检验可以确认数据的分布类型。这里介绍指数分布、威布尔分布和对数正态分布三种分布各自常用的一些检验方法。

4.4.1 指数分布

假设H_0：产品的寿命分布

$$F(t) = 1 - \mathrm{e}^{-t/\theta} \tag{4.16}$$

其中，θ是未知参数。

假如对样本量为n的样品进行定时截尾或定数截尾寿命试验，共有r个产品失效，其失效时间为：

$$t_1 \leqslant t_2 \leqslant \cdots \leqslant t_r \leqslant t_0$$

其中t_0是定时截尾场合下的停止时间。这时的总试验时间记为T^*，即

$$T^* = \begin{cases} \sum_{i=1}^{r} t_i + (n-r)t_0，\text{定时截尾寿命试验} \\ \sum_{i=1}^{r} t_i + (n-r)t_r，\text{定数截尾寿命试验} \end{cases} \tag{4.17}$$

设T_k^*为每次失效发生时的累计试验时间，则

$$T_k^* = \sum_{i=1}^{k} t_i + (n-k)t_k,\ \ k = 1,2,\cdots,r \tag{4.18}$$

构造如下统计量

$$\chi^2 = 2\sum_{k=1}^{d} \ln \frac{T^*}{T_k^*} \tag{4.19}$$

其中

$$d = \begin{cases} r, & \text{定时截尾寿命试验} \\ r-1, & \text{定数截尾寿命试验} \end{cases}$$

当假设 H_0 成立时，上述统计量服从自由度为 $2d$ 的 χ^2 分布。对给定的显著性水平 $\alpha(0<\alpha<1)$，可以确定该检验的拒绝域，从而进行分布检验。

4.4.2 威布尔分布

在加速寿命试验中，为保证失效机理没有改变，一般要求各应力水平下威布尔分布的形状参数相等。所以对可能服从威布尔分布的试验数据，不仅要对各应力水平下的数据进行分布检验，还要检验各应力水平下威布尔分布的形状参数是否相等。

判断是否服从威布尔分布，通常采用范-蒙特福特（Van-Montfort）检验法。

设有 n 个样品进行定数截尾或定时截尾寿命试验，获得 r 个失效数据。

假设 H_0：产品的寿命服从威布尔分布 $W(m,\eta)$。

令 $x_i = \ln t_i$，$Z_i = \dfrac{x_i - \mu}{\sigma}$，$i = 1,2,\cdots,r$。

其中，$t_1 \leqslant t_L \leqslant \cdots \leqslant t_r$。

它们分别是极值分布和标准极值分布的次序统计量。其中，$\mu = \ln\eta$，$\sigma = \dfrac{1}{m}$，都为未知参数。为检验 H_0 是否成立，设

$$G_i = \frac{x_{i+1} - x_i}{E(Z_{i+1}) - E(Z_i)},\ \ i = 1,2,\cdots,r-1 \tag{4.20}$$

把 G_i 均分为两组，构造如下统计量，见式（4.21）。

$$F = \frac{\sum_{i=r'+1}^{r-1} G_i/(r-r'-1)}{\sum_{i=1}^{r'} G_i / r'},\ \ r' = \left[\frac{r}{2}\right] \tag{4.21}$$

当假设 H_0 成立时，上述统计量服从自由度为 $(2(r-r'-1), 2r')$ 的 F 分布，对于给定的显著性水平 $\alpha(0<\alpha<1)$，如

$$F \leqslant F_{1-\alpha/2}(2(r-r'-1), 2r') \text{ 或 } F \geqslant F_{\alpha/2}(2(r-r'-1), 2r')$$

则认为假设 H_0 不成立，否则 H_0 成立，可认为该截尾样本来自威布尔分布。

若各应力水平下的试验数据都通过了威布尔分布的分布检验，则可以检验其形状参数是否相等，这里采用巴特利特（Bartlett）检验法。

设应力水平 S_i（$1 \leqslant i \leqslant k$）下产品的寿命服从威布尔分布 $W(m_i,\eta_i)$，且获得了如下失效数据：

$$t_{i1} \leqslant t_{i2} \leqslant \cdots \leqslant t_{ir_i} \leqslant \tau_i,\ \ i=1,\cdots,k$$

在定数截尾寿命试验场合，$\tau_i = t_{ir_i}$。

则假设

$$H_0: \ m_1 = m_2 = \cdots = m_k$$

由于 $m_i = \dfrac{1}{\sigma_i}$，所以此假设也等价于极值分布 $G(\mu_i, \sigma_i)$ 中 σ_i 的值均相等，即等价于检验假设

$$H_0': \ \sigma_1 = \sigma_2 = \cdots = \sigma_k$$

根据各个应力水平下的失效数据可以求得 σ_i 的线性无偏估计 $\hat{\sigma}_i$，$i=1,\cdots,k$，并设其方差为：

$$\mathrm{Var}(\hat{\sigma}_i) = l_{r_i n_i} \sigma^2,\ \ i=1,\cdots,k$$

其中，$l_{r_i n_i}$ 为 $\hat{\sigma}_i$ 的方差系数，其值可通过查可靠性试验用表得到。当 n_i 较大时，构造如下统计量，见式（4.22）。

$$B^2 = 2\left(\sum_{i=1}^{k} l_{r_i n_i}^{-1}\right)\left[\ln\left(\sum_{i=1}^{k} l_{r_i n_i}^{-1} \hat{\sigma}_i\right) - \ln\left(\sum_{i=1}^{k} l_{r_i n_i}^{-1}\right)\right] - 2\sum_{i=1}^{k} l_{r_i n_i}^{-1} \ln \hat{\sigma}_i \tag{4.22}$$

$$C = 1 + \frac{1}{6(k-1)}\left[\sum_{i=1}^{k} l_{r_i n_i} - \left(\sum_{i=1}^{k} l_{r_i n_i}^{-1}\right)^{-1}\right] \tag{4.23}$$

则在 H_0' 成立的条件下，B^2/C 近似服从自由度为 $k-1$ 的 χ^2 分布，于是对于给定的显著性水平 $a(0<a<1)$，查出 χ^2 分布的上侧分位数 $\chi_a^2(k-1)$。规定当 $B^2/C > \chi_a^2(k-1)$ 时，拒绝 H_0'；否则可以认为 H_0' 成立，即各应力水平下的形状参数相同。

4.4.3 对数正态分布

由于寿命 T 服从正态分布，则 $X = \mathrm{In}T$ 服从正态分布，所以正态分布的分布检验法都可以用来检验对数正态分布。但在截尾样本场合尚未有理想的正态检验法则。而对于完全样本，则可采用夏皮罗-威尔克法（$3 \leqslant n \leqslant 50$）和达戈斯蒂诺检验法（$n>50$）。

4.5 恒加试验数据的统计分析

设恒加试验由 k 组寿命试验组成（有 k 个应力水平），应力水平 S_i（$1 \leqslant i \leqslant k$）下投入 n_i（$\sum_{i=1}^{k} n_k = n$）个试验样品，则应力水平 S_i 下的失效数据为：

$$t_{i1} \leqslant t_{i2} \leqslant \cdots \leqslant t_{ir_i} \leqslant \tau_i,\ \ i=1,\cdots,k$$

在定数截尾寿命试验场合，$\tau_i = t_{ir_i}$。

4.5.1 指数分布恒加试验数据的统计分析

指数分布恒加试验数据的统计分析是在如下两个条件下进行的。

① 在正常应力水平 S_0 和加速应力水平 $S_1,\cdots,S_k$ 下产品的寿命分布都是指数分布，其分布函数分别为：

$$F_i(t)=1-\mathrm{e}^{-t/\theta_i}\text{，}\quad t>0\text{，}\quad i=0,1,\cdots,k \tag{4.24}$$

其中，θ_i 是应力水平 S_i 下产品的平均寿命。

② 产品的平均寿命 θ_i 与所用的加速应力水平 S_i 之间有如下加速模型：

$$\ln\theta_i=a+b\varphi(S_i)\text{，}\quad i=0,1,\cdots,k \tag{4.25}$$

其中，a 和 b 是待估参数，$\varphi(S)$ 是 S 的已知函数。

1. 定数截尾情况下

在恒加试验中，在加速应力水平 S_i 下进行定数截尾寿命试验的总试验时间为：

$$T_i^*=\sum_{j=1}^{r_i}t_{ir_i}+(n_i-r_i)t_{ir_i},\quad i=1,\cdots,k \tag{4.26}$$

服从 $\Gamma(r_i,1/\theta_i)$ 分布。利用 Γ 分布可以算得 $\ln T_i^*$ 的数学期望与方差，它们分别是：

$$E(\ln T_i^*)=\ln\theta_i+\Psi(r_i) \tag{4.27}$$

$$\mathrm{Var}(\ln T_i^*)=\zeta(2,r_i-1) \tag{4.28}$$

其中 $\Psi(x)$ 和 $\zeta(2,x-1)$ 是两个特殊函数。

当 x 为正整数时

$$\Psi(x)=\sum_{l=1}^{x-1}l^{-1}-\gamma \tag{4.29}$$

$$\zeta(2,x-1)=\frac{\pi^2}{6}-\sum_{l=1}^{x-2}l^{-2} \tag{4.30}$$

$$\gamma=0.577215664\cdots\text{（欧拉常数）}$$

设

$$\delta_i=\ln T_i^*-\Psi(r_i)\text{，}\quad i=1,\cdots,k$$

则

$$E(\delta_i)=\ln\theta_i=a+b\varphi(S_i)\text{，}\quad i=1,\cdots,k \tag{4.31}$$

$$\mathrm{Var}(\delta_i)=\zeta(2,r_i-1)\text{，}\quad i=1,\cdots,k \tag{4.32}$$

在上述式子所组成的线性回归模型的基础上利用高斯-马尔科夫定理，可得到参数 a 和 b 的无偏估计。

记 $\zeta_i=\zeta(2,r_i-1)$，$\varphi_i=\varphi(S_i)$

令 $E=\sum_{i=1}^{k}\zeta_i^{-1}$，$I=\sum_{i=1}^{k}\zeta_i^{-1}\varphi_i$，$G=\sum_{i=1}^{k}\zeta_i^{-1}\varphi_i^2$，$H=\sum_{i=1}^{k}\zeta_i^{-1}\delta_i$，$M=\sum_{i=1}^{k}\zeta_i^{-1}\varphi_i\delta_i$

则 a 和 b 的无偏估计为：

$$\hat{a}=\frac{GH-IM}{EG-I^2} \tag{4.33}$$

$$\hat{b} = \frac{EM - IH}{EG - I^2} \tag{4.34}$$

且 $\hat{a}$ 与 $\hat{b}$ 的方差和协方差分别为：

$$\text{Var}(\hat{a}) = \frac{G}{EG - I^2} \tag{4.35}$$

$$\text{Var}(\hat{b}) = \frac{E}{EG - I^2} \tag{4.36}$$

$$\text{Cov}(\hat{a}, \hat{b}) = \frac{-I}{EG - I^2} \tag{4.37}$$

根据 a 和 b 的点估计可写出加速模型：

$$\ln\hat{\theta} = \hat{a} + \hat{b}\varphi(S) \tag{4.38}$$

取 $S = S_0$，就可得到正常应力水平 S_0 下的平均寿命 θ_0 的估计及各种可靠性指标的估计。

由加速模型获得的 $\ln\hat{\theta}_0$ 是 $\ln\theta_0$ 的无偏估计，但由于 $\ln\hat{\theta}_0$ 的分布很难精确求得，所以通过近似方法来求 $\ln\hat{\theta}_0$ 的区间估计。用一个正态分布去近似 $\ln\hat{\theta}_0$ 的分布，使得这两个分布的数学期望和方差分别相等，即认为：

$$\ln\hat{\theta}_0 \dot{\sim} N(\ln\theta_0, \sigma_0^2)$$

其中，$\sigma_0^2 = \dfrac{G + \varphi_0^2 E - 2\varphi_0 I}{EG - I^2}$。

利用上述正态分布，就可求得可靠性指标在置信水平为 $1-a$ 下的置信区间和置信限，见表 4-1。

表 4-1　可靠性指标在置信水平为 1−*a* 下的置信区间和置信限

可靠性指标	置信区间	置信限
平均寿命 θ_0	$(\hat{\theta}_0 e^{-\gamma_1}, \hat{\theta}_0 e^{\gamma_1})$	$\hat{\theta}_0 e^{-\gamma_2}$（下限）
失效率 λ_0	$(\hat{\theta}_0^{-1} e^{-\gamma_1}, \hat{\theta}_0^{-1} e^{\gamma_1})$	$\hat{\theta}_0^{-1} e^{\gamma_2}$（上限）
可靠度 $R_0(t)$	$(\exp\left\{\frac{t}{\hat{\theta}_0} e^{\gamma_1}\right\}, \exp\left\{\frac{t}{\hat{\theta}_0} e^{-\gamma_1}\right\})$	$\exp\left\{\frac{t}{\hat{\theta}_0} e^{\gamma_2}\right\}$（下限）
可靠寿命 t_{r0}	$(\hat{\theta}_0 e^{-\gamma_1} \ln\frac{1}{r}, \hat{\theta}_0 e^{\gamma_1} \ln\frac{1}{r})$	$\hat{\theta}_0 e^{-\gamma_2} \ln\frac{1}{r}$

表中 $\gamma_1 = \theta_0 u_{a/2}$，$\gamma_2 = \theta_0 u_a$。

2. 定时截尾情况下

在定时截尾情况下，S_i 下的总试验时间为：

$$T_i^* = \sum_{j=1}^{r_i} t_{ir_i} + (n_i - r_i)\tau_i,\ \ i = 1, \cdots, k \tag{4.39}$$

但由于定时截尾情况下总试验时间的分布难以求得，因而不能用定数截尾样本的统计方法来处理定时截尾样本。现采用如下方法：先用极大似然估计法求得诸如 θ_i 的估计 $\hat{\theta}_i$，然后用最小二乘法求得模型参数 a 和 b 的估计，其间用相关系数检验法检验加速模型的显著性。

加速应力水平 S_i 下的平均寿命 θ_i 的极大似然估计为：

$$\hat{\theta}_i = T_i^* / r_i, \quad i = 1, \cdots, k \tag{4.40}$$

根据数据 $\varphi(S_i)$和$\ln\hat{\theta}_i$（其中 $i = 1, \cdots, k$），采用最小二乘法即可得到 a 和 b 的最小二乘估计。

$$\hat{a} = \overline{y} - \hat{b}\overline{x} \tag{4.41}$$

$$\hat{b} = l_{xy} / l_{xx} \tag{4.42}$$

其中

$$\overline{y} = \frac{1}{k}\sum_{i=1}^{k} y_i, y_i = \ln\hat{\theta}_i$$

$$\overline{x} = \frac{1}{k}\sum_{i=1}^{k} x_i, x_i = \varphi(S_i)$$

$$l_{xx} = \sum_{i=1}^{k}(x_i - \overline{x})^2 = \sum_{i=1}^{k} x_i^2 - \frac{1}{k}\left(\sum_{i=1}^{k} x_i\right)^2$$

$$l_{yy} = \sum_{i=1}^{k}(y_i - \overline{y})^2 = \sum_{i=1}^{k} y_i^2 - \frac{1}{k}\left(\sum_{i=1}^{k} y_i\right)^2$$

$$l_{xy} = \sum_{i=1}^{k}(x_i - \overline{x})(y_i - \overline{y}) = \sum_{i=1}^{k} x_i y_i - \frac{1}{k}\left(\sum_{i=1}^{k} x_i\right)\left(\sum_{i=1}^{k} y_i\right)$$

这样便可得到如下加速模型：

$$\ln\hat{\theta} = \hat{a} + \hat{b}\varphi(S) \tag{4.43}$$

采用相关系数法来检验这个加速模型的显著性。相关系数为$r = l_{xy} / (l_{xx}l_{yy})^{1/2}$，对于给定的显著性水平 $\alpha(0 < \alpha < 1)$，可求得（一般查表可得）自由度为 $k-2$ 的临界值 r_α。假如 $|r| > r_\alpha$，则认为这个加速模型是适用的；反之，则不适用。

得到加速模型后，取 $S = S_0$，就可得正常应力水平 S_0 下的平均寿命 θ_0 的估计及各种可靠性指标的估计。

和定数截尾情况类似，定时截尾情况下的区间估计依然采用近似的方法。

$\ln\hat{\theta}_0$ 近似服从如下正态分布：

$$\ln\hat{\theta}_0 \dot{\sim} N(\ln\theta_0, c^2\sigma^2)$$

其中，$c^2 = (1 + \frac{1}{k} + \frac{(x_0 - \overline{x})^2}{l_{xx}})$，$x_0 = \varphi(S_0)$，$\sigma^2 = \frac{l_{yy} - \hat{b}l_{xy}}{k-2}$。根据近似分布便可求得各种可靠性指标的置信区间和置信限。

4.5.2 威布尔分布恒加试验数据的统计分析

威布尔分布恒加试验数据的统计分析是在如下三个条件下进行的。

① 在正常应力水平 S_0 和加速应力水平 $S_1, \cdots, S_k$ 下产品的寿命分布都服从威布尔分布，其分布函数分别为：

$$F_i(t)=1-\exp\left\{-\left(\frac{t}{\eta_i}\right)^{m_i}\right\}, \quad i=0,1,\cdots,k \tag{4.44}$$

其中，$m_i>0$ 为形状参数，$\eta_i>0$ 为特征寿命。

② 在正常应力水平和加速应力水平下产品的失效机理不变，由于威布尔分布的形状参数反映失效机理，所以

$$m_0=m_1=\cdots=m_k$$

③ 产品的特征寿命 η_i 与所用的加速应力水平 S_i 之间有如下加速模型：

$$\ln\eta_i=a+b\varphi(S_i), \quad i=0,1,\cdots,k \tag{4.45}$$

其中，a 和 b 是待估参数，$\varphi(S_i)$ 是 S_i 的已知函数。

1. 定数截尾情况下

在定数截尾情况下通常按以下三个步骤进行统计分析。

（1）在每个应力水平 S_i 下，求 η_i 和 m_i 的估计。

当 $n_i\leqslant 25$ 时，可求得 η_i 和 m_i 的最佳线性无偏估计为：

$$\hat{m}_i=\frac{1}{\sum_{j=1}^{r_i}C(n_i,r_i,j)\ln t_{ij}} \tag{4.46}$$

$$\hat{\eta}_i=\exp\left\{\sum_{j=1}^{r_i}D(n_i,r_i,j)\ln t_{ij}\right\}, \quad i=1,2,\cdots,k \tag{4.47}$$

当 $n_i>25$ 时，可求得 η_i 和 m_i 的简单线性无偏估计为：

$$\hat{m}_i=\frac{1}{\frac{1}{n_i k_{r_i n_i}}\sum_{j=1}^{r_i}|\ln t_{iR_i}-\ln t_{ij}|} \tag{4.48}$$

$$\hat{\eta}_i=\exp\left\{\ln t_{iR_i}-\frac{1}{\hat{m}_i}E(Z_{R_i})\right\}, \quad i=1,2,\cdots,k \tag{4.49}$$

其中 R_i 为应力水平 S_i 下的参数，R_i 的值见式（4.50）。

$$R_i=\begin{cases} r_i, & r_i\leqslant 0.9n_i \\ [0.892n_i]+1, & r_i>0.9n \end{cases} \tag{4.50}$$

$[0.892n_i]$ 表示 $0.892n_i$ 的整数部分，上述式中的参数 $C(n_i,r_i,j)$、$D(n_i,r_i,j)$、$n_i k_{r_i n_i}$ 以及 $E(Z_{R_i})$ 的值查表可得。

（2）求 m 的估计。

根据每个应力水平下 m_i 的线性估计 $\hat{m}_i$，可求得 m 的最小方差无偏估计为：

$$\hat{m}=\frac{\sum_{i=1}^{k}l_{r_i n_i}^{-1}}{\sum_{i=1}^{k}\frac{l_{r_i n_i}^{-1}}{\hat{m}_i}} \tag{4.51}$$

（3）求加速方程中参数 a 和 b 的估计。

令 $E=\sum_{i=1}^{k}A_{r_in_i}^{-1}$， $I=\sum_{i=1}^{k}A_{r_in_i}^{-1}\varphi(S_i)$， $H=\sum_{i=1}^{k}A_{r_in_i}^{-1}\hat{\mu}_i$， $G=\sum_{i=1}^{k}A_{r_in_i}^{-1}\varphi^2(S_i)$， $M=\sum_{i=1}^{k}A_{r_in_i}^{-1}\varphi(S_i)\hat{\mu}_i$

则 a 和 b 的最佳线性无偏估计为：

$$\hat{a}=\frac{GH-IM}{EG-I^2} \tag{4.52}$$

$$\hat{b}=\frac{EM-IH}{EG-I^2} \tag{4.53}$$

且 $\hat{a}$ 与 $\hat{b}$ 的方差和协方差分别为：

$$\mathrm{Var}(\hat{a})=\frac{G}{EG-I^2}\sigma^2 \tag{4.54}$$

$$\mathrm{Var}(\hat{b})=\frac{E}{EG-I^2}\sigma^2 \tag{4.55}$$

$$\mathrm{Cov}(\hat{a},\hat{b})=\frac{-I}{EG-I^2}\sigma^2 \tag{4.56}$$

根据 a 和 b 的点估计可写出加速模型：

$$\ln\eta=\hat{a}+\hat{b}\varphi(S) \tag{4.57}$$

取 $S=S_0$，就可得正常应力水平 S_0 下的平均寿命 η_0 的估计及各种可靠性指标的估计。

2. 定时截尾情况下

对于定时截尾数据通常有三种方法进行统计分析。

（1）把定时截尾数据看成定数截尾数据来处理。

这种处理方法损失了时间段 $(t_r,\tau]$ 的试验信息，所以当这段时间较长时，该方法不适用。

（2）极大似然估计法。

由 $\ln\eta_i=a+b\varphi(S_i)$，可得 $\eta_i=e^{a+b\varphi(S_i)}$，令 $\varphi(S_i)=\varphi_i$，将此两式代入下面由三个超越方程组成的方程组即可得到参数 m、a 以及 b 的极大似然估计值。此方法计算复杂，且在进行迭代计算时对初始值的要求较高。

$$\sum_{i=1}^{k}\left\{\left[\sum_{j=1}^{r_i}\left(\frac{t_{ij}}{\eta_i}\right)^m+(n_i-r_i)\left(\frac{\tau_i}{\eta_i}\right)^m\right]-r_i\right\}=0 \tag{4.58}$$

$$\sum_{i=1}^{k}\varphi_i\left\{\left[\sum_{j=1}^{r_i}\left(\frac{t_{ij}}{\eta_i}\right)^m+(n_i-r_i)\left(\frac{\tau_i}{\eta_i}\right)^m\right]-r_i\right\}=0 \tag{4.59}$$

$$\frac{R}{m}+\sum_{i=1}^{k}\left[\sum_{j=1}^{r_i}\ln t_{ij}-\sum_{j=1}^{r_i}\left(\frac{t_{ij}}{\eta_i}\right)^m\ln t_{ij}-(n_i-r_i)\left(\frac{\tau_i}{\eta_i}\right)^m\ln\tau_i\right]=0 \tag{4.60}$$

（3）近似无偏估计法。

在每个应力水平 S_i 下，求 η_i 和 m_i 的近似无偏估计

$$\hat{m}_i=\frac{k(r_i,n_i)}{r_i\ln\tau_i-\sum_{j=1}^{r_i}\ln t_{ij}}\quad \ln\eta=\hat{a}+\hat{b}\varphi(S) \tag{4.61}$$

$$\hat{\eta}_i=\exp\{\ln t_{iR_i}-\frac{1}{\hat{m}_i}E_C(Z_{r_i,n_i})\},\quad i=1,2,\cdots,k \tag{4.62}$$

其中，无偏性系数$k(r_i,n_i)$和条件期望$E_C(Z_{r_i,n_i})$查表可得。利用最小方差原则，可得出m的估计为：

$$\hat{m}=\frac{\sum_{i=1}^{k}D^{-1}(r_i,n_i)}{\sum_{i=1}^{k}\frac{D^{-1}(r_i,n_i)}{\hat{m}_i}} \tag{4.63}$$

令$E=\sum_{i=1}^{k}D_1^{-1}(r_i,n_i)$，$I=\sum_{i=1}^{k}D_1^{-1}(r_i,n_i)\varphi(S_i)$，$H=\sum_{i=1}^{k}D_1^{-1}(r_i,n_i)\hat{\mu}_i$，$G=\sum_{i=1}^{k}D_1^{-1}(r_i,n_i)\varphi^2(S_i)$，$M=\sum_{i=1}^{k}D_1^{-1}(r_i,n_i)\varphi(S_i)\hat{\mu}_i$

式中的条件方差系数$D_1^{-1}(r_i,n_i)$查表可得，则a和b的最佳线性无偏估计为：

$$\hat{a}=\frac{GH-IM}{EG-I^2} \tag{4.64}$$

$$\hat{b}=\frac{EM-IH}{EG-I^2} \tag{4.65}$$

且$\hat{a}$与$\hat{b}$的方差和协方差分别为：

$$\mathrm{Var}(\hat{a})=\frac{G}{EG-I^2}\sigma^2 \tag{4.66}$$

$$\mathrm{Var}(\hat{b})=\frac{E}{EG-I^2}\sigma^2 \tag{4.67}$$

$$\mathrm{Cov}(\hat{a},\hat{b})=\frac{-I}{EG-I^2}\sigma^2 \tag{4.68}$$

根据a和b的点估计可写出加速模型：

$$\ln\eta=\hat{a}+\hat{b}\varphi(S) \tag{4.69}$$

取$S=S_0$，就可得正常应力水平S_0下的平均寿命η_0的估计及各种可靠性指标的估计。

4.5.3 对数正态分布恒加试验数据的统计分析

对数正态分布恒加试验数据的统计分析是在如下三个条件下进行的。

① 在正常应力水平S_0和加速应力水平$S_1,\cdots,S_k$下产品的寿命分布都是对数正态分布$LN(\mu_i,\sigma_i^2)$，其分布函数为：

$$F_i(t)=\int_0^t\frac{1}{\sqrt{2\pi}\sigma_i t}\exp\left\{-\frac{(\ln t-\mu_i)^2}{2\sigma_i^2}\right\}\mathrm{d}t=\varPhi\left(\frac{\ln t-\mu_i}{\sigma_i}\right),\quad i=0,1,\cdots,k \tag{4.70}$$

② 在正常应力水平和加速应力水平下分布的标准差相同，即

$$\sigma_0=\sigma_1=\cdots=\sigma_k$$

③ 产品的对数均值μ_i与所用的加速应力水平S_i之间有如下加速模型：

$$\mu_i=a+b\varphi(S_i),\quad i=0,1,\cdots,k \tag{4.71}$$

其中，a和b是待估参数，$\varphi(S)$是S的已知函数。

1. 定数截尾情况下

在定数截尾情况下通常按以下三个步骤进行统计分析。

（1）在应力水平S_i下求μ_i和σ_i的线性估计。

当$n_i \leqslant 20$时，可求得μ_i和σ_i的最佳线性无偏估计为：

$$\hat{\mu}_i = \sum_{j=1}^{r_i} D'(n_i, r_i, j) \ln t_{ij} \tag{4.72}$$

$$\hat{\sigma}_i = \sum_{j=1}^{r_i} C'(n_i, r_i, j) \ln t_{ij}, \quad i = 1, 2, \cdots, k \tag{4.73}$$

当$n_i > 20$时，可求得μ_i和σ_i的简单线性无偏估计为：

$$\hat{\sigma}_i = \frac{1}{n_i k_{r_i n_i}} \sum_{j=1}^{r_i} \left| \ln t_{iR_i} - \ln t_{ij} \right| \tag{4.74}$$

$$\hat{\mu}_i = \ln t_{iR_i} - \hat{\sigma}_i E(Z_{R_i, n_i}), \quad i = 1, 2, \cdots, k \tag{4.75}$$

上述式中的参数$C'(n_i, r_i, j)$、$D'(n_i, r_i, j)$、$n_i k_{r_i n_i}$以及$E(Z_{R_i n_i})$的值查表可得。R_i是不超过r_i的一个正整数。当$r_i \leqslant 0.9 n_i$时，$R_i = r_i$；当$r_i > 0.9n$时，其取值查表可知。

（2）求σ的估计。

根据每个应力水平下σ_i的线性估计$\hat{\sigma}_i$，可求得σ的最小方差无偏估计为：

$$\hat{\sigma} = \frac{\sum_{i=1}^{k} {l'_{r_i n_i}}^{-1} \hat{\sigma}_i}{\sum_{i=1}^{k} {l'_{r_i n_i}}^{-1}} \tag{4.76}$$

其中，$l'_{r_i n_i}$是$\hat{\sigma}_i$的方差系数，其值查表可得。

（3）求加速方程中参数a和b的估计。

令$E = \sum_{i=1}^{k} {A'_{r_i n_i}}^{-1}$，$I = \sum_{i=1}^{k} {A'_{r_i n_i}}^{-1} \varphi(S_i)$，$H = \sum_{i=1}^{k} {A'}_{r_i n_i}^{-1} \hat{\mu}_i$，$G = \sum_{i=1}^{k} {A'}_{r_i n_i}^{-1} \varphi^2(S_i)$，$M = \sum_{i=1}^{k} {A'}_{r_i n_i}^{-1} \varphi(S_i) \hat{\mu}_i$

则a和b的最佳线性无偏估计为：

$$\hat{a} = \frac{GH - IM}{EG - I^2} \quad \mathrm{Var}(\hat{a}) = \frac{G}{EG - I^2} \sigma^2 \tag{4.77}$$

$$\hat{b} = \frac{EM - IH}{EG - I^2} \tag{4.78}$$

且$\hat{a}$与$\hat{b}$的方差和协方差分别为：

$$\mathrm{Var}(\hat{a}) = \frac{G}{EG - I^2} \sigma^2 \tag{4.79}$$

$$\mathrm{Var}(\hat{b}) = \frac{E}{EG - I^2} \sigma^2 \tag{4.80}$$

$$\mathrm{Cov}(\hat{a}, \hat{b}) = \frac{-I}{EG - I^2} \sigma^2 \tag{4.81}$$

根据a和b的点估计可写出加速模型：

$$\mu = \hat{a} + \hat{b} \varphi(S) \tag{4.82}$$

取$S = S_0$，就可得正常应力水平S_0下的对数均值的估计$\hat{\mu}_0$，从而可以得到正常应力水平下的寿命分布为$LN(\hat{\mu}_0,\hat{\sigma}^2)$。由此就不难算出各可靠性指标的估计了。

2. 定时截尾情况下

1）极大似然估计法

利用试验数据

$$t_{i1}\leqslant t_{i2}\leqslant\cdots\leqslant t_{ir_i}\leqslant\tau_i,\ \ i=1,\cdots,k$$

直接求出σ和加速模型中a、b的极大似然估计。令$x_{ij}=\ln t_{ij}$，$i=1,\cdots,k$，$j=1,\cdots,r_i$，则似然函数为：

$$L(a,b,\sigma)=\prod_{i=1}^{k}\frac{n_i\,!}{(n_i-r_i)!}\prod_{j=1}^{r_i}\frac{1}{\sqrt{2\pi}\sigma}\exp\left\{-\frac{(x_{ij}-a-b\varphi_i)^2}{2\sigma^2}\right\}\cdot\left[1-\varPhi(\frac{\ln\tau_i-a-b\varphi_i}{\sigma})\right]^{n_i-r_i} \tag{4.83}$$

令$R=\sum_{i=1}^{k}r_i$，对数似然函数为：

$$\begin{aligned}\ln L(a,b,\sigma)=&\sum_{i=1}^{k}\ln\frac{n_i\,!}{(n_i-r_i)}-\frac{R}{2}\ln(2\pi)-R\ln\sigma-\sum_{i=1}^{k}\sum_{j=1}^{r_i}\frac{(x_{ij}-a-b\phi_i)^2}{2\sigma^2}\\&+\sum_{i=1}^{k}(n_i-r_i)\ln\left[1-\varPhi\left(\frac{\ln\tau_i-a-b\phi_i}{\sigma}\right)\right]\end{aligned} \tag{4.84}$$

则对数似然方程为：

$$\begin{aligned}\frac{\partial\ln L}{\partial\sigma}=&-\frac{R}{\sigma}+\sum_{i=1}^{k}\sum_{j=1}^{r_i}\frac{(x_{ij}-a-b\phi_i)}{\sigma^2}\\&+\sum_{i=1}^{k}\frac{(n_i-r_i)(\ln\tau_i-a-b\phi_i)}{\sigma^2}\left[\frac{\phi\left(\dfrac{\ln\tau_i-a-b\phi_i}{\sigma}\right)}{1-\varPhi\left(\dfrac{\ln t_i-a-b\phi_i}{\sigma}\right)}\right]\\=&0\end{aligned} \tag{4.85}$$

$$\frac{\partial\ln L}{\partial a}=\sum_{i=1}^{k}\sum_{j=1}^{r_i}\frac{(x_{ij}-a-b\phi_i)}{\sigma^2}+\sum_{i=1}^{k}\frac{(n_i-r_i)}{\sigma}\left[\frac{\phi\left(\dfrac{\ln\tau_i-a-b\phi_i}{\sigma}\right)}{1-\varPhi\left(\dfrac{\ln\tau_i-a-b\phi_i}{\sigma}\right)}\right]=0 \tag{4.86}$$

$$\frac{\partial\text{ln}L}{\partial b}=\sum_{i=1}^{k}\sum_{j=1}^{r_i}\left(\frac{x_{ij}-a-b\phi_i}{\sigma^2}\right)\phi_i+\sum_{i=1}^{k}\frac{(n_i-r_i)}{\sigma}\phi_i\left[\frac{\phi\left(\dfrac{\ln\tau_i-a-b\phi_i}{\sigma}\right)}{1-\varPhi\left(\dfrac{\ln\tau_i-a-b\phi_i}{\sigma}\right)}\right]=0 \tag{4.87}$$

解此三个超越方程可得参数σ、a、b的极大似然估计$\hat{\sigma}$、$\hat{a}$、$\hat{b}$，代入加速模型，取$S=S_0$，求出μ_0的估计$\hat{\mu}_0$，从而可以得到正常应力水平下的寿命分布$LN(\hat{\mu}_0,\hat{\sigma}^2)$，由此就不难算出各可靠性指标的估计了。

2）近似无偏估计法

首先在每个应力水平S_i下，求μ_i和σ_i的近似无偏估计：

$$\hat{\sigma}_i = \frac{r_i \ln \tau_i - \sum_{j=1}^{r_i} \ln t_{ij}}{k(r_i, n_i)} \tag{4.88}$$

$$\hat{\mu}_i = \ln t_{ir_i} - \hat{\sigma}_i E_C(Z_{r_i,n_i}), \quad i = 1, 2, \cdots, k \tag{4.89}$$

其中，近似无偏性系数$k(r_i, n_i)$和条件期望$E_C(Z_{r_i,n_i})$查表可得。

利用最小方差原则，可得出σ的估计：

$$\hat{\sigma} = \frac{\sum_{i=1}^{k} D_1^{-1}(r_i, n_i)\hat{\sigma}_i}{\sum_{i=1}^{k} D_1^{-1}(r_i, n_i)} \tag{4.90}$$

令$E = \sum_{i=1}^{k} D_2^{-1}(r_i, n_i)$，$I = \sum_{i=1}^{k} D_2^{-1}(r_i, n_i)\varphi(S_i)$，$H = \sum_{i=1}^{k} D_2^{-1}(r_i, n_i)\hat{\mu}_i$，$G = \sum_{i=1}^{k} D_2^{-1}(r_i, n_i)\varphi^2(S_i)$，$M = \sum_{i=1}^{k} D_2^{-1}(r_i, n_i)\varphi(S_i)\hat{\mu}_i$

式中，$\hat{\sigma}_i$的条件方差系数$D_1^{-1}(r_i, n_i)$和$\hat{\mu}_i$的条件方差系数$D_2^{-1}(r_i, n_i)$查表可得。则a和b的近似无偏估计为：

$$\hat{a} = \frac{GH - IM}{EG - I^2} \tag{4.91}$$

$$\hat{b} = \frac{EM - IH}{EG - I^2} \tag{4.92}$$

且$\hat{a}$与$\hat{b}$的方差和协方差分别为：

$$\mathrm{Var}(\hat{a}) = \frac{G}{EG - I^2}\sigma^2 \tag{4.93}$$

$$\mathrm{Var}(\hat{b}) = \frac{E}{EG - I^2}\sigma^2 \tag{4.94}$$

$$\mathrm{Cov}(\hat{a}, \hat{b}) = \frac{-I}{EG - I^2}\sigma^2 \tag{4.95}$$

根据σ、a、b的点估计可写出加速模型为：

$$\mu = \hat{a} + \hat{b}\varphi(S) \tag{4.96}$$

取$S = S_0$，就可得正常应力水平S_0下的对数均值估计$\hat{\mu}_0$，从而可以得到正常应力水平下的寿命分布为$LN(\hat{\mu}_0, \hat{\sigma}^2)$。由此就不难算出各可靠性指标的估计了。

4.6 步加试验数据的统计分析

设n个产品在k个加速应力水平$S_1, \cdots, S_k$下分别失效$r_1, \cdots, r_k$个，而在应力水平S_i下失效r_i个的时间为：

$$t_{i1} \leqslant t_{i2} \leqslant \cdots \leqslant t_{ir_i} \leqslant \tau_i, \quad i = 1, 2, \cdots, k$$

这里的失效时间是从应力水平提高到S_i时开始算起的，所以除了S_i下的失效数据是寿命数据，其余数据并不是真正的寿命数据。当$t_{ir_i} = \tau_i$时，上述失效时间就是定数转换步加试验数据，当 $t_{ir_i} < \tau_i$ 时，上述失效时间就是定时转换步加试验数据，两种失效数据的统计方法不同。

4.6.1 指数分布下步加试验数据的统计分析

指数分布下步加试验数据统计分析的基本思想就是利用加速系数将各加速应力水平下的失效数据转换成寿命数据后再进行统计分析。

当 $i \geqslant 2$ 时，在进入加速应力水平为 S_i 下的寿命试验时，样品已经经历了 S_1 至 S_{i-1} 共 $i-1$ 个应力水平的寿命试验，所以 S_i（$i \geqslant 2$）下样品的寿命数据应改为：

$$t_{i1} + \sum_{j=1}^{i-1}\frac{\tau_j}{\alpha_j} \leqslant t_{i2} + \sum_{j=1}^{i-1}\frac{\tau_j}{\alpha_j} \leqslant \cdots \leqslant t_{ir_i} + \sum_{j=1}^{i-1}\frac{\tau_j}{\alpha_j} \leqslant \tau_i + \sum_{j=1}^{i-1}\frac{\tau_j}{\alpha_j}$$

这是一个双截尾样本，因为在此样本之前已有 $r_1 + r_2 + \cdots + r_{i-1}$ 个产品发生失效，而在此样本之后尚有 $n-(r_1 + r_2 + \cdots + r_i)$ 个产品未失效。而且在上述寿命数据中的加速系数是未知的，所以对此寿命数据并不能直接套用恒加试验数据的统计方法。所以还要对这样的数据进行一定的处理。

因为指数分布下的加速系数为：

$$\alpha_i = \frac{\theta_o}{\theta_i} \tag{4.97}$$

所以转化后的双截尾寿命数据可表示成

$$t_{i1} + \sum_{j=1}^{i-1}\frac{\tau_j\theta_j}{\theta_0} \leqslant t_{i2} + \sum_{j=1}^{i-1}\frac{\tau_j\theta_j}{\theta_0} \leqslant \cdots \leqslant t_{ir_i} + \sum_{j=1}^{i-1}\frac{\tau_j\theta_j}{\theta_0} \leqslant \tau_i + \sum_{j=1}^{i-1}\frac{\tau_j\theta_j}{\theta_0}，（i \geqslant 2） \tag{4.98}$$

指数分布的次序统计量具有以下性质：

从指数分布 $F(t) = 1 - \mathrm{e}^{-t/\theta}$（$t > 0$）中抽取容量为 n 的样本，设 $t_{r,n}$ 和 $t_{s,n} (r < s)$ 是该样本的第 r 个和第 s 个次序统计量，其差 $t_{s,n} - t_{r,n}$ 是从同一指数分布总体中抽取的容量为 $n-r$ 的样本的第 $s-r$ 个次序统计量。

根据上述性质，在双截尾样本中减去第一个分量，由此可得

$$t_{i1}^* \leqslant t_{i2}^* \leqslant \cdots \leqslant t_{ir_i-1}^* \leqslant \tau_i^*，（i \geqslant 2）$$

其中 $t_{ij}^* = t_{ij+1} - t_{ij}$， $j = 1,2,\cdots,r_i - 1$， $\tau_i^* = \tau_i - t_{i1}$。

加上 S_1 下的寿命数据，那么步加试验数据就完全转化成了恒加试验数据，这样就可以按照恒加试验数据的处理方法对此转化后的数据进行统计分析。

4.6.2 威布尔分布下步加试验数据的统计分析

威布尔分布并不具备指数分布的两个次序统计量之差仍然服从指数分布的性质，所以不能采用指数分布步加试验数据的统计分析方法。威布尔分布步加试验数据统计分析的基本思想是将各加速应力水平下的失效数据都折算到应力水平 S_1 下的寿命数据，然后再进行统计分析。由于这里并不是加速应力水平和正常应力水平之间的折算，所以要将加速系数的概念加以扩展。

设某产品在应力水平 S_i 下的失效分布函数为 $F_i(t)$，$t_{p,i}$ 为其 p 分位寿命，即 $F_i(t_{p,i})=p$。又设此产品在另一应力水平 S_j 下的失效分布函数为 $F_j(t)$，$t_{p,j}$ 为其 p 分位寿命，即 $F_j(t_{p,j})=p$，则两个 p 分位寿命之比为：

$$\alpha_{j\sim i}=\frac{t_{p,i}}{t_{p,j}} \tag{4.99}$$

$a_{j\sim i}$ 称为应力水平 S_j 对应力水平 S_i 的 p 分位寿命的加速系数。

根据上述加速系数的概念，原试验数据 $t_{i1}\leqslant t_{i2}\leqslant\cdots\leqslant t_{ir_i}\leqslant\tau_i$（$i=1,2,\cdots,k$）经折算后变为：

$$\begin{array}{l}
t_{11},t_{12},\cdots,t_{1r_1}\\
\tau_1+t_{21}\alpha_{2\sim1},\tau_1+t_{22}\alpha_{2\sim1},\cdots,\tau_1+t_{2r_2}\alpha_{2\sim1}\\
\vdots\quad\vdots\quad\vdots\\
\sum_{i=1}^{k-1}\alpha_{i\sim1}\tau_i+t_{k1}\alpha_{k\sim1},\sum_{i=1}^{k-1}\alpha_{i\sim1}\tau_i+t_{k2}\alpha_{k\sim1},\cdots,\sum_{i=1}^{k-1}\alpha_{i\sim1}\tau_i+t_{kr_k}\alpha_{k\sim1}
\end{array}$$

又因为 $\alpha_{i\sim1}=\frac{\eta_1}{\eta_i}$，且 $\ln\eta_i=a+b\varphi(S_i)$，所以 $\alpha_{i\sim1}=\mathrm{e}^{b[\varphi(S_1)-\varphi(S_I)]}$，令 $H(i)=\varphi(S_i)-\varphi(S_1)$，$H(1)=1$，即$\alpha_{i\sim1}=\mathrm{e}^{bH(i)}$，则折算后的数据可化为：

$$\begin{array}{l}
t_{11},t_{12},\cdots,t_{1r_1}\\
\tau_1+t_{21}\mathrm{e}^{bH(2)},\tau_1+t_{22}\mathrm{e}^{bH(2)},\cdots,\tau_1+t_{2r_2}\mathrm{e}^{bH(2)}\\
\vdots\quad\vdots\quad\vdots\\
\sum_{i=1}^{k-1}H(i)\tau_i+t_{k1}H(k),\sum_{i=1}^{k-1}H(i)\tau_i+t_{k2}H(k),\cdots,\sum_{i=1}^{k-1}H(i)\tau_i+t_{kr_k}H(k)
\end{array}$$

为了方便起见，把转化后的数据记为：

$$t_1(b)<t_2(b)<\cdots<t_r(b),\quad r=r_1+r_2+\cdots+r_k$$

他们是容量为 n，服从 $W(m,\eta_1)$ 的定数截尾准样本。由于样本中含有参数 b，所以无法采用定数截尾样本的统计方法。这里采用逆矩估计法。

令

$$u_i=u_i(m,b)=\sum_{j=1}^{i}t_j^m(b)+(n-i)t_i^m(b),\ i=1,2,\cdots,r \tag{4.100}$$

可以证明：

$$-\ln\frac{u_1}{u_2},-2\ln\frac{u_2}{u_3},\cdots,(r-1)\ln\frac{u_{r-1}}{u_r}$$

独立同分布且服从平均寿命为 1 的标准指数分布 $\exp(1)$。

由逆矩估计法可得：

$$\sum_{i=1}^{r-1}\ln\frac{u_r(m,b)}{u_i(m,b)}=r-1 \tag{4.101}$$

此式中不仅含有未知参数 m，且含有参数 b。再利用准样本根据威布尔分布恒加试验数据定数截尾情况下的统计分析方法求 m 的最佳线性无偏估计或简单线性无偏估计，即：

$$\hat{m}=\frac{1}{\sum_{i=1}^{r_i}C(n,r,i)\ln t_i(b)}, \quad r\leqslant 25 \tag{4.102}$$

$$\hat{m}=\frac{nk_{r,n}}{\sum_{i=1}^{r}|\ln t_i(b)-\ln t_s(b)|}, \quad r\leqslant 25 \tag{4.103}$$

其中的系数$C(n,r,i),nk_{r,n}$查表可得。联立以上三个方程组，就可解得参数m和参数b的估计$\hat{m}$和$\hat{b}$。

令

$$W_1=nt_1^m(b)$$
$$W_1=(n-1)[t_2^m(b)-t_1^m(b)]$$
$$\vdots$$
$$W_r=(n-r+1)[t_r^m(b)-t_{r-1}^m(b)]$$

则

$$\frac{W_1}{\eta^m},\frac{W_2}{\eta^m},\cdots,\frac{W_r}{\eta^m}$$

是来自标准指数分布 exp(1) 的准样本，所以根据逆矩估计思想有：

$$\frac{1}{r}\sum_{i=1}^{r}\frac{W_i}{\eta^m}=1 \tag{4.104}$$

即

$$\eta^m=\frac{1}{r}\left[\sum_{i=1}^{r}t_i^m(b)+(n-r)t_r^m(b)\right] \alpha_i=\frac{\theta_o}{\theta_i} \tag{4.105}$$

将m的逆矩估计代入上式，即可得η的逆矩估计：

$$\hat{\eta}=\left\{\frac{1}{r}\left[\sum_{i=1}^{r}t_i^{\hat{m}}(b)+(n-r)t_r^{\hat{m}}(b)\right]\right\}^{\frac{1}{\hat{m}}} \tag{4.106}$$

因为$\ln\eta_1=a+b\varphi(S_1)$

由此可得a的估计为：

$$\hat{a}=\ln\hat{\eta}_1-\hat{b}\varphi(S_1) \ \alpha_i=\frac{\theta_o}{\theta_i} \tag{4.107}$$

所以正常应力水平下的特征寿命可由加速方程得到，见式（4.108）。

$$\ln\hat{\eta}_0=\hat{a}+\hat{b}\varphi(S_0) \tag{4.108}$$

4.6.3 对数正态分布下步加试验数据的统计分析

对数正态分布下步加试验数据统计分析的基本思想和指数分布一样，都是利用加速系数将步加数据折算成各应力水平下的恒加试验寿命数据再进行分析。但和指数分布不同，由于并不具备指数分布的两个次序统计量之差仍然服从指数分布的性质，所以不能在折算后的数据中消去参数b，所以这里采用极大似然估计法估计对数方差σ^2和加速方程中的参数a、b。

对数正态分布的加速系数为：

$$\alpha_{i\sim j}=\frac{t_{0.5,j}}{t_{0.5,i}}=\frac{E(T_j)}{E(T_i)}=\frac{\exp\left(\mu_j+\dfrac{\sigma_j^2}{2}\right)}{\exp\left(\mu_i+\dfrac{\sigma_i^2}{2}\right)} \tag{4.109}$$

因为$\sigma_i=\sigma_j$，且$\mu_i=a+b\varphi(S_i)$，所以有：

$$\alpha_{i\sim j}=\exp\left\{b[\varphi(S_j)-\varphi(S_i)]\right\} \tag{4.110}$$

根据加速系数把原数据

$$t_{i1}\leqslant t_{i2}\leqslant\cdots\leqslant t_{ir_i}\leqslant\tau_i,\quad i=1,2,\cdots,k$$

折算后可得每个应力水平$S_i(i\geqslant 2)$下r_i个失效样品的折算寿命：

$$t_{ij}(b)=\sum_{l=1}^{i-1}\tau_l\exp\{b[\varphi(S_i)-\varphi(S_l)]\}+t_{ij} \tag{4.111}$$

其中，$i=1,\cdots,k$，$j=1,\cdots,r_i$，除$i=1$外，它们都是b的函数。

似然函数为：

$$L(a,b,\sigma)=(\prod_{i=1}^{k}C_i)\prod_{I=1}^{k}\sum_{j=1}^{k}\frac{1}{\sqrt{2\pi}\sigma t_{ij}(b)}\exp\left\{-\frac{(\ln t_{ij}(b)-a-b\phi_i)^2}{2\sigma^2}\right\}\cdot\left[1-\Phi\left(\frac{\ln\tau_k(b)-a-b\phi_k}{\sigma}\right)\right]^{n_i-r_i} \tag{4.112}$$

其中$\Phi(\cdot)$为标准正态分布函数，$\varphi_i=\varphi(S_i)$，$i=1,2,\cdots,k$，$\prod\limits_{i=1}^{k}C_i$和$\tau_k(b)$分别为：

$$\prod_{i=1}^{k}C_i=\frac{n!}{r_1!r_2!\cdots r_k!(n-r)!},\quad \tau_k(b)=\sum_{l=1}^{k}\tau_l\exp[b(\varphi_k-\varphi_l)] \tag{4.113}$$

对数似然函数为：

$$-\sum_{i=1}^{k}\sum_{j=1}^{r_i}\frac{(\ln t_{ij}(b)-a-b\phi_i)^2}{2\sigma^2}+(n-r)\ln\left[1-\Phi\left(\frac{\ln\tau_k(b)-a-b\phi_k}{\sigma}\right)\right] \tag{4.114}$$

对数似然方程为：

$$\frac{\partial\ln L}{\partial a}=\sum_{i=1}^{k}\sum_{j=1}^{r_i}\frac{\ln t_{ij}(b)-a-b\varphi_i}{\sigma^2}+\left(\frac{n-r}{\sigma}\right)\frac{\phi\left(\dfrac{\ln\tau_k(b)-a-b\varphi_k}{\sigma}\right)}{1-\Phi\left(\dfrac{\ln\tau_k(b)-a-b\varphi_k}{\sigma}\right)}=0 \tag{4.115}$$

$$\frac{\partial\ln L}{\partial b}=\sum_{i=1}^{k}\sum_{j=1}^{r_i}\frac{t'_{ij}(b)}{t_{ij}(b)}+\sum_{i=1}^{k}\sum_{j=1}^{r_i}\left[\frac{\ln t_{ij}(b)-a-b\varphi_i}{\sigma^2}\right]\left[\frac{t'_{ij}(b)}{t_{ij}(b)}-\varphi_i\right]$$

$$+\left(\frac{n-r}{\sigma}\right)\frac{\varphi\left(\dfrac{\ln\tau_k(b)-a-b\varphi_k}{\sigma}\right)}{1-\Phi\left(\dfrac{\ln\tau_k(b)-a-b\varphi_k}{\sigma}\right)}\left[\frac{\tau'_k(b)}{\tau_k(b)}-\varphi_k\right]=0 \tag{4.116}$$

$$\frac{\partial \ln L}{\partial \sigma}=\frac{r}{\sigma}-\sum_{i=1}^{k}\sum_{j=1}^{r_i}\frac{(\ln t_{ij}(b)-a-b\varphi_i)^2}{\sigma^3}-\left(\frac{n-r}{\sigma^2}\right)\frac{\varphi\left(\dfrac{\ln \tau_k(b)-a-b\varphi_k}{\sigma}\right)}{1-\Phi\left(\dfrac{\ln \tau_k(b)-a-b\varphi_k}{\sigma}\right)}\cdot\left[\ln \tau_k(b)-a-b\varphi_k\right]=0 \tag{4.117}$$

其中$\varphi(\cdot)$为标准正态分布密度函数。

$$t'_{ij}(b)=\sum_{l=1}^{i-1}\tau_l(\varphi_i-\varphi_j)\mathrm{e}^{b(\varphi_i-\varphi_j)}，\quad \tau'_k(b)=\sum_{l=1}^{k}\tau_l(\varphi_k-\varphi_l)\mathrm{e}^{b(\varphi_k-\varphi_l)} \tag{4.118}$$

解这三个对数似然方程组，可得到σ、a、b的极大似然估计$\hat{\sigma}$、$\hat{a}$、$\hat{b}$。由此可得正常应力水平S_0下对数均值μ_0的估计为：

$$\hat{\mu}_0=\hat{a}+\hat{b}\varphi(S_0) \tag{4.119}$$

由$\hat{\mu}_0$和$\hat{\sigma}$，不难求出正常应力水平S_0下各种可靠性指标的估计。

第5章

基于加速寿命试验的高加速应力筛选定量评价方法

5.1 概述

环境应力筛选是剔除产品早期故障的有效手段，也是新品研制过程中暴露样机问题的一个重要手段。GJB 1032 给出了环境应力筛选的方法，基于 20 世纪 90 年代的试验设备和试验技术，提出了振动故障剔除、温度循环故障剔除、温度循环无故障检验、振动无故障检验的振动与温度循环的组合筛选方法。GJB/Z 34 给出了定量筛选的数学计算方法，然而，这一标准由于实际使用中需要确定一些参数，这些参数的确定比较困难，几乎没有实际工程应用。21 世纪以来，HALT/HASS 试验技术从美国传入我国，不少国际企业作为总体牵头单位负责的产品要求国内供应商开展配套 HALT/HASS 试验，HALT/HASS 试验技术逐步得到我国一些大型设备供应商的青睐。HALT/HASS 试验采取逐步增强的应力模式（包括低温、高温、振动、快速温变及快速温变-振动），这种增大应力主动激发故障的方式，相比于传统的环境应力筛选，暴露问题更加快速而彻底，试验时间大大缩短，试验效率也显著提高。

本章我们从 GJB/Z 34 出发，不对其定量筛选模型进行过多探讨，而是重点挖掘其中的加速寿命模型，结合 HALT/HASS 试验模式，提出基于高加速应力筛选的定量评价方法。

1. 环境应力筛选方法概述

20 世纪 70 年代，美国海军对装备的现场使用可靠性进行了调查，发现有许多故障是由于产品的缺陷引起的，而这些缺陷大都可以通过热循环和振动激发出来，制订激发性试验的程序文件被提上日程。1985 年 4 月发布的 MIL-STD-2164 （EC）《电子设备环境应力筛选方法》，是针对环境应力筛选（ESS）工作的第一个统一的标准。该标准对试验设备、夹具、控制容差、试验剖面、温度循环时间等都做了硬性规定。1986 年 10 月，美国国防部发布 MIL-HDBK-344《电子设备环境应力筛选》，提出采用定量方法进行电子设备环境应力筛选。1990 年美国环境科学协会（IES）发表《组件级环境应力筛选指南》，归纳了 80 年代对 ESS 的研究结果，认为 ESS 是一种特定的将环境应力施加于某一产品上的工艺方法，应力可以综合地或依次加速地（但不超过产品设计极限）施加于该产品。

1990 年，我国参照美军标 MIL-STD-2164 发布了 GJB1032《电子产品环境应力筛选方法》，对筛选所用的应力及施加时间、方式和次序均做了明确规定，其显著优点是不必考虑受筛产品结构的复杂程度，制造工艺和其他因素均可直接套用，可操作性较强。1993 年，我国参照美军标 MIL-HDBK-344 发布了 GJB/Z 34《电子产品定量环境应力筛选应用指南》。

实际上，环境应力筛选就是通过施加一定的环境应力，加速产品的早期失效，不但缩短产品早期故障期（可简单理解为缩短产品早期磨合期），而且将早期故障拦截在出厂前，减少维修保养成本，提升企业品质形象。环境应力筛选的作用过程如图 5-1 所示。

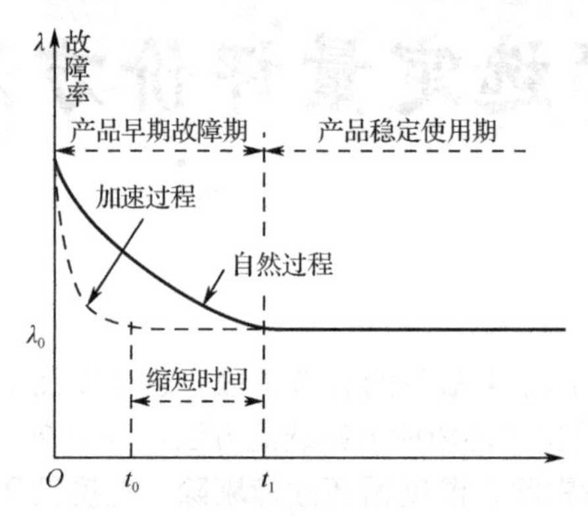

图 5-1 环境应力筛选的作用过程

2. 各个层次产品的筛选

环境应力筛选应该在每一个层次的产品中 100%开展。然而，对于民品市场而言，考虑到时间进度、经济成本、生产管理等压力，每个层次产品 100%开展环境应力筛选并不现实，特别是在元器件级和板级产品中开展时工作量大、测试条件不容易具备，放在具备测试能力的独立功能层次的分机级产品中开展似乎显得更为实用。另外，将环境应力筛选作为新品研发暴露问题的一个手段显得更为合适。

各级产品环境应力筛选推荐方法如下，见表 5-1。

表 5-1 各级产品环境应力筛选推荐方法

项目和参数		被试产品		
		模 块	单 元	分 机
温度循环	温度范围	−55～+85℃	−50～+70℃	−50～+70℃
	温度变化速率（试验箱空气温度）	≥15℃/min	≥5℃/min	≥5℃/min
	上、下限温度保持时间	60 min	90 min	120 min
温度循环	循环次数	≥24（不大于 40）	10+10（后 10 个周期中有连续 5 个周期无故障则结束）（注 4）	5+10（后 10 个周期中有连续 5 个周期无故障则结束）

续表

项目和参数		被试产品		
		模块	单元	分机
温度循环	通/断电	不通电	从低温升温开始直至高温保温结束，通电并检测产品性能；工作时处于最大电源负载状态，其余时间断电。在高、低温温度稳定后，通/断电源各三次	从低温升温开始直至高温保温结束，通电并检测性能；工作时处于最大电源负载状态，其余时间断电。在高、低温温度稳定后，通/断电源各三次
	电压拉偏	不进行	电应力按试验循环，依次进行上限、标称和下限电压拉偏	电应力按试验循环，依次进行上限、标称和下限电压拉偏
	试验中功能或性能监测	不进行	进　行	进　行
随机振动	功率谱密度	0.04g²/Hz	0.04g²/Hz	0.04g²/Hz
	频率范围	20～2000Hz	20～2000Hz	20～2000Hz
	振动轴向	2	1（也可选两个方向）	1（也可选两个方向）
	振动持续时间	每轴向 5min	每轴向 5+15	每轴向 5+15
	通/断电	不通电	通　电	通　电
	电压拉偏	不进行	标称值	标称值
	试验中功能或性能监测	不进行	进　行	进　行

当然，我们可以结合实际情况进行调整，如低层次产品级别的环境应力筛选，如果能够通电测试，筛选效果会更佳，我们可以根据筛选对象的关重性（关键特性和重要特性），创造条件以达到更好的试验效果。

1）模块级筛选

模块级筛选往往难以具备测试条件，模块筛选包括随机振动筛选和温度循环筛选两个阶段，模块筛选流程及其各阶段流程如图 5-2、图 5-3、图 5-4 所示。

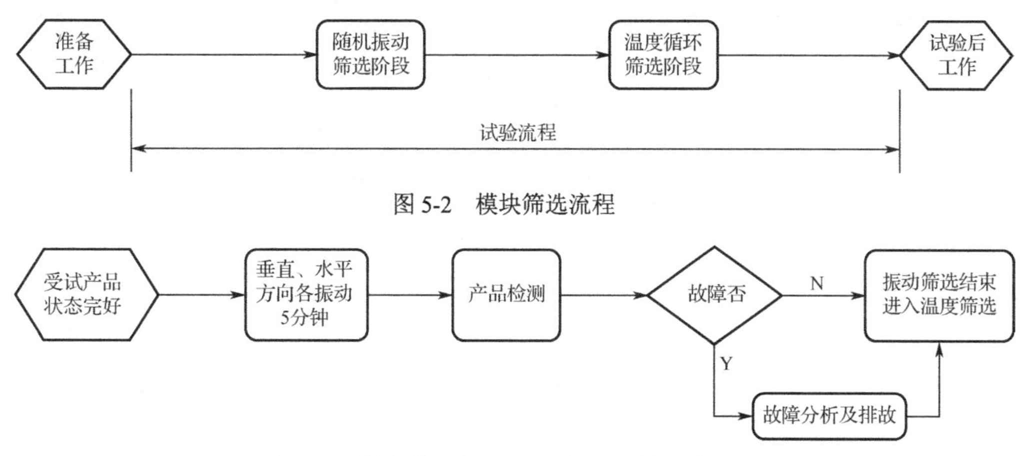

图 5-2　模块筛选流程

图 5-3　模块筛选流程——随机振动筛选阶段

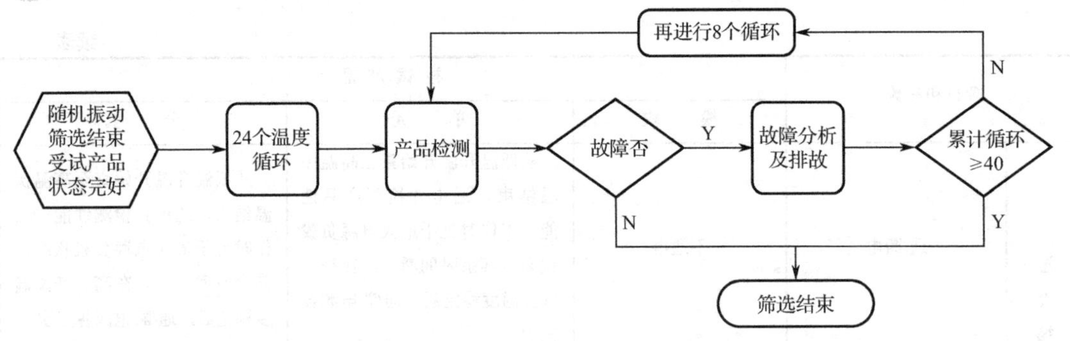

图 5-4　模块筛选流程——温度循环筛选阶段

2）单元级筛选

单元级筛选包括缺陷剔除随机振动、缺陷剔除温度循环、无故障检验温度循环、无故障检验随机振动四个阶段。单元级筛选流程及其各阶段流程如图 5-5、图 5-6、图 5-7、图 5-8、图 5-9 所示。

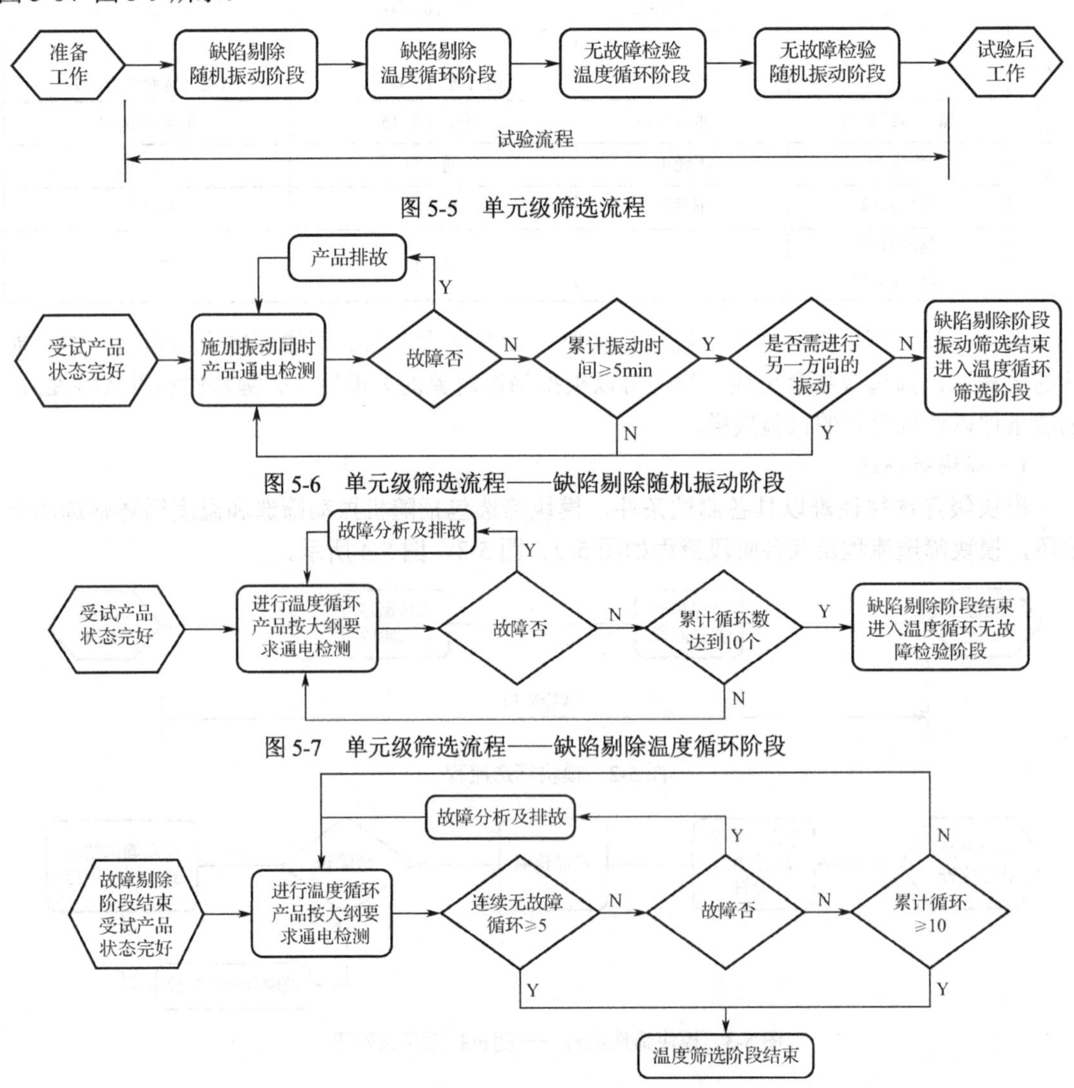

图 5-5　单元级筛选流程

图 5-6　单元级筛选流程——缺陷剔除随机振动阶段

图 5-7　单元级筛选流程——缺陷剔除温度循环阶段

图 5-8　单元级筛选流程——无故障检验温度循环阶段

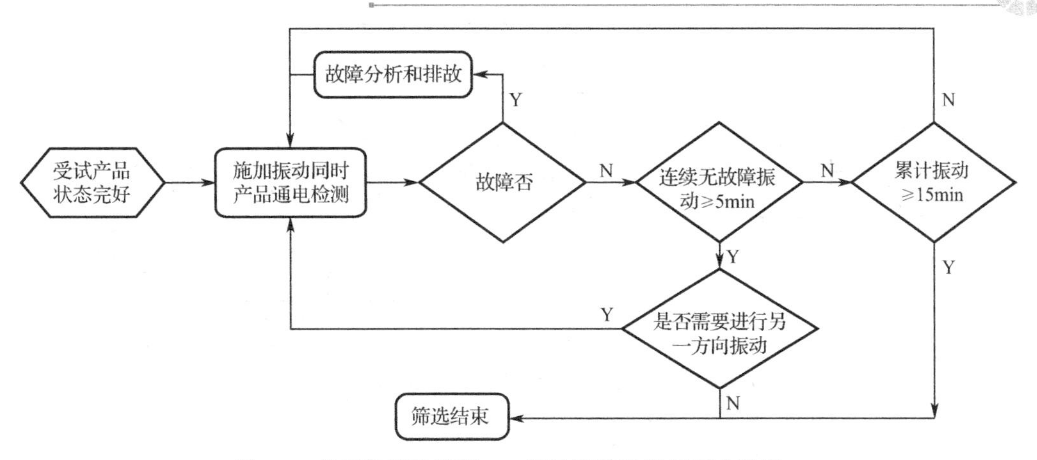

图 5-9 单元级筛选流程——无故障检验随机振动阶段

3）分机级筛选

分机级筛选包括缺陷剔除随机振动、缺陷剔除温度循环、无故障检验温度循环、无故障检验随机振动四个阶段。分机级筛选流程及其各阶段流程如图 5-10、图 5-11、图 5-12、图 5-13、图 5-14 所示。

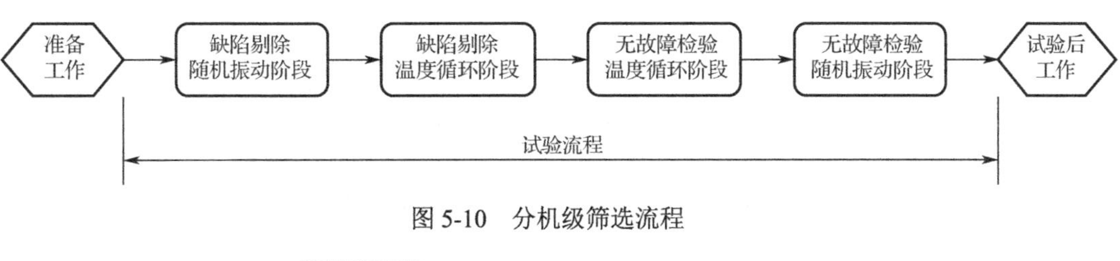

图 5-10 分机级筛选流程

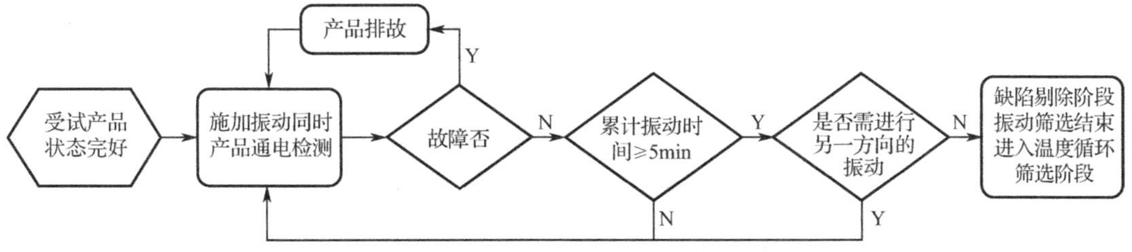

图 5-11 分机级筛选流程——缺陷剔除随机振动阶段

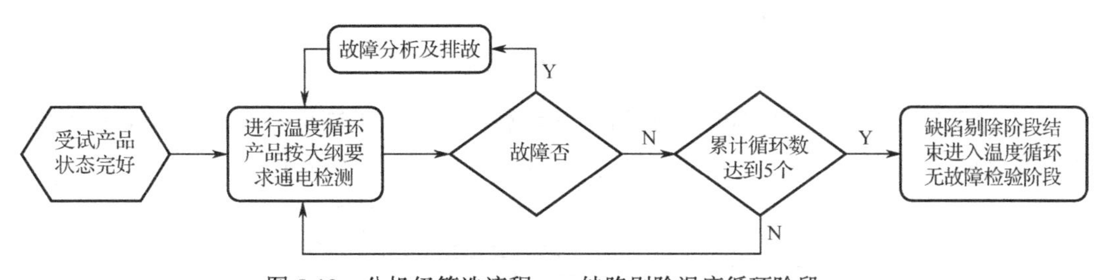

图 5-12 分机级筛选流程——缺陷剔除温度循环阶段

3. 筛选方法本质归纳

由此可见，典型的筛选包括四个步骤，如图 5-15 所示。

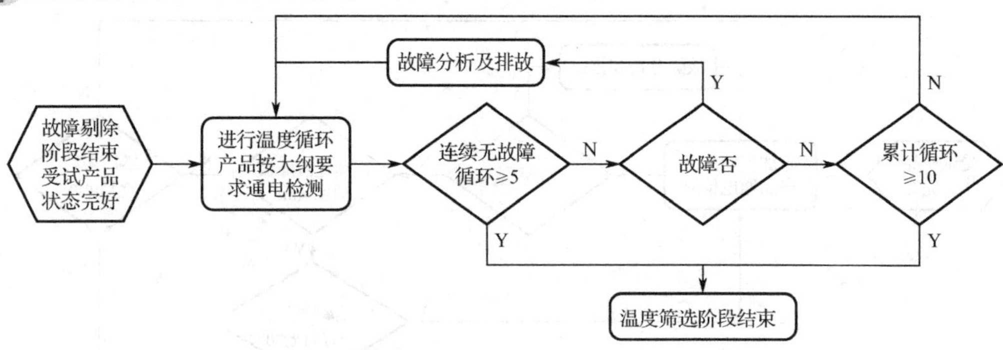

图 5-13　分机级筛选流程——无故障检验温度循环阶段

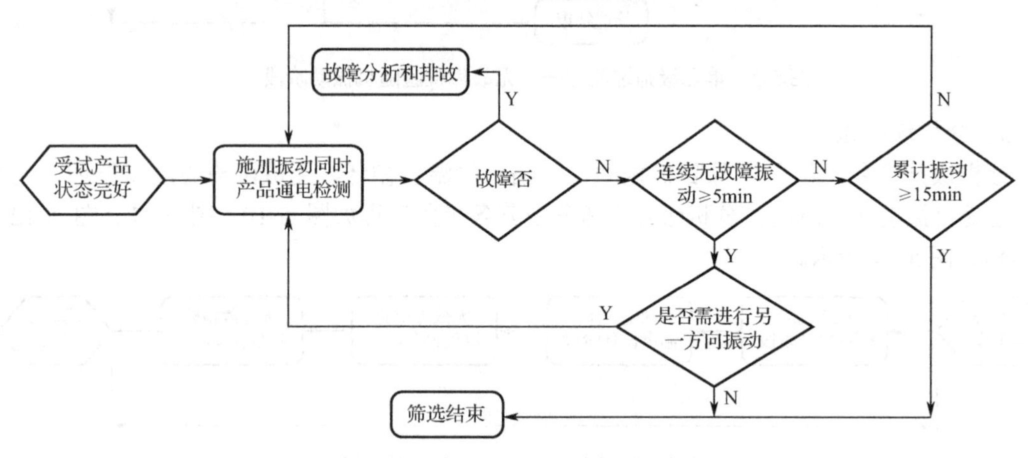

图 5-14　分机级筛选流程——无故障检验随机振动阶段

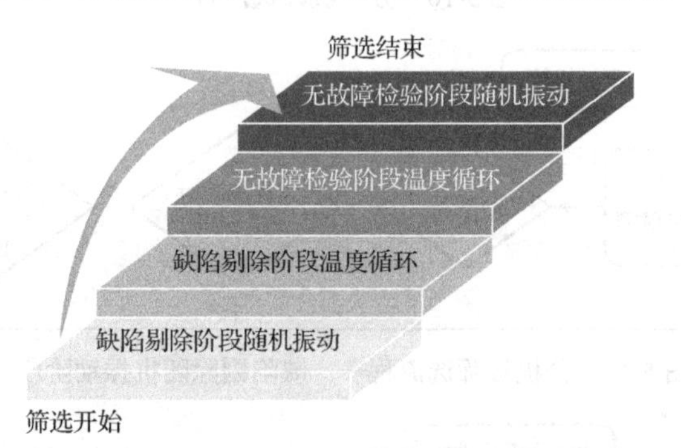

图 5-15　典型筛选步骤

实际上环境应力筛选方案应随着应用主体可靠性技能的不断提升和应用对象的特点及水平的变化而调整优化。筛选方案的制订与调整的依据如图 5-16 所示。

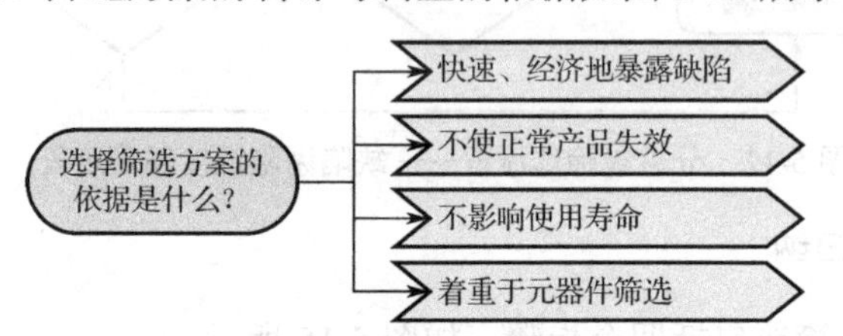

图 5-16　筛选方案的制订与调整的依据

通常来说，筛选方案确定要素如图 5-17 所示。

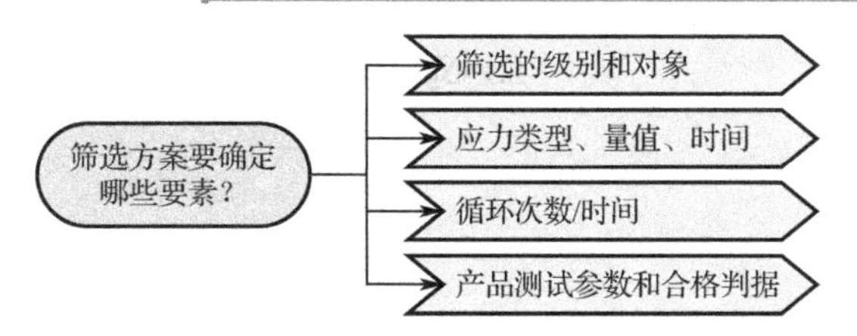

图 5-17 筛选方案确定要素

通常来说，筛选方案调整优化主要从以下方面入手，其调整要素如图 5-18 所示。

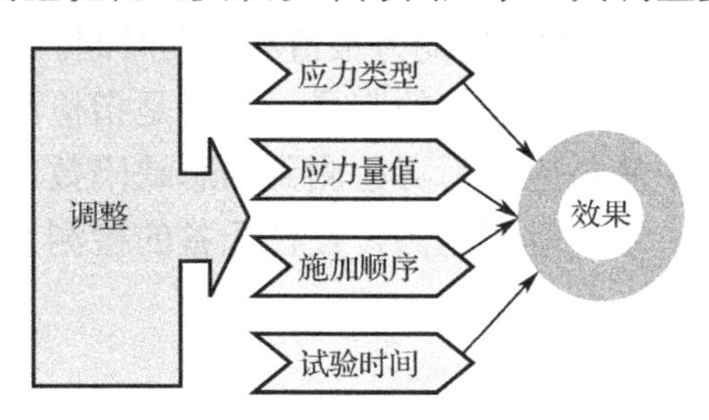

图 5-18 筛选方案调整要素

5.2 筛选方法基本介绍

1. 定量筛选方法概述

定量环境应力筛选是环境应力筛选的量化评价方式，要求在筛选效果、成本和产品的可靠性目标、现场故障修理费用之间建立定量关系的筛选。目前我国定量筛选主要依据 GJB/Z 34—93《电子产品定量环境应力筛选应用指南》实施，该标准对于应用传统筛选方法定量筛选的产品具有较好的指导性，然而因使用中涉及多个参数的确定，实际上较少使用。

根据 GJB/Z 34 标准，定量筛选主要涉及以下模型参数：引入缺陷密度（D_{IN}）、筛选检出度（TS）、筛选析出量（F）或残留缺陷密度（D_R）。筛选析出量（F）或残留缺陷密度（D_R）是引入缺陷密度（D_{IN}）和筛选检出度（TS）的应变量。

1）引入缺陷密度

引入缺陷密度取决于制造过程中从元器件和制造工艺两个方面引入产品中潜在缺陷的数量，与产品中的元器件数量、元器件制造质量、产品复杂程度、生产人员操作水平、制造工艺等有关。元器件或制造工艺引入产品中的潜在缺陷是否会变成早期故障或可筛缺陷，主要取决于其未来的使用环境。如果未来使用环境比较温和，有些缺陷在使用寿命期内不会变成早期故障，就不应把它看作可筛缺陷，当然也就不是筛选要考虑的对象。因此，在 GJB/Z 34 中的元器件缺陷率表中，缺陷率要根据使用环境类别和元器件质量等级两个因素来分析。从这些表中可看出，环境越严酷，元器件质量等级越低或加工质量越差，缺陷率也就越高。

2）筛选检出度

筛选检出度是指用筛选和检测的方法将缺陷析出的程度，因此，它是筛选强度和检测效率的乘积，即

$$TS=S_S \times DE$$

式中，

TS——筛选检出度；

S_S——筛选强度；

DE——检测效率。

筛选强度取决于所施加的筛选应力的强度。环境应力筛选通常使用温度循环和随机振动两种应力。温度循环的筛选强度主要取决于温度极值范围、温度变化速率和循环次数。随机振动的筛选强度主要取决于其加速度均方根值和振动时间。

检测效率是检测系统的检测充分程度的度量，具体是指检测系统在规定的检测过程中发现的缺陷数与在筛选过程中施加应力后可检测到的总缺陷数之比。一般说来，检测系统性能越先进，检测效率越高。组装等级越高，往往配备的检测系统越成熟、完整，检测效率越高。

2. 筛选效应说明

典型的筛选应力是高温、振动和温度循环。各种应力激发的主要缺陷类型不同。

1）高温老化筛选效应

产品在高温环境下，内部材料通常容易发生物理化学变化，而且随着温度的升高，变化速度会加快。因此，在高温条件下会加速产品的老化。

恒定高温能激发的故障模式主要如下：

- 使未加防护的金属表面氧化，导致接触不良或机械卡滞；
- 加速两种材料间的扩散；
- 使液体干涸，如由电解电容器和电池的泄漏造成的干涸；
- 使塑料软化，如果这些塑料零部件处于太高的机械张力下，则产生蠕变；
- 使保护性化合物和灌封的蜡软化或蠕变；
- 提高化学反应速度，加速与内部污染粒子的反应过程；
- 使部分绝缘、损坏处绝缘击穿。

2）温度循环筛选效应

温度循环是指让产品在一定的温度上下限范围内持续反复运行；当温度在上下限内循环时，产品交替膨胀和收缩，使设备中产生热应力和应变；如果产品内部邻接材料的热膨胀系数不匹配，则这些热应力和应变会加剧，这种应力和应变在缺陷处最大，它起着应力集中的作用；这种循环加载使缺陷增长，最终可能造成结构故障从而产生电气故障。温度循环是使焊接头和印制电路板上的电镀通孔等产生故障的首要原因。例如：有裂纹（存在温度循环）的电镀通孔其周围最终完全裂开，引起开路。

温度循环应力的主要激发缺陷为：

- 玻璃容器和光学仪器的碎裂；
- 运动部件的卡紧或松弛；
- 不同材料的收缩率、膨胀率或诱发应变速率不同；
- 零部件的变形或破裂；
- 表面涂层开裂；
- 密封舱泄漏；

- 绝缘保护失效。

3）随机振动筛选效应

随机振动是在很宽的频率范围上对产品施加振动，产品在不同的频率上同时受到应力，使产品在多个共振点上同时受到激励。这就意味着具有不同共振频率的元器件同时共振，从而使安装不当的元器件因受到扭曲、碰撞而被损坏的概率增加。即使产品实际使用中不经受任何振动，随机振动一般也是适用的。这是因为环境应力筛选重点考虑的是其把缺陷变成故障的能力，而不管实际使用中这些缺陷如何变成故障。表征随机振动筛选应力的基本参数是频率范围、加速度功率谱密度（PSD）、振动时间和振动轴向。

随机振动激发的产品主要故障模式如下：

- 结构部件、引线或元件接头产生疲劳；
- 电缆磨损、引线脱开、密封破坏及虚焊点脱开；
- 螺钉松弛；
- 安装不当的元器件引线断裂；
- 焊接头受到高应力，引起连接薄弱点故障；
- 元器件引线因没有充分消除应力而造成损坏；
- 已受损或安装不当的脆性绝缘材料出现裂纹。

HASS 即通过提高温度变化范围和变化率极大地加强产品的热膨胀冷缩程度，导致应力激发的效果增强，从而缩短这一过程的筛选时间；而传统筛选只能通过循环次数的增加（时间的增加）而累积这种激发效应。

3. 定量筛选模型介绍

1）筛选强度函数分析

定量筛选的目标与有可靠性目标值的产品中的残留缺陷密度（D_R）有关。产品中残留缺陷密度（D_R）则与引入缺陷密度（D_{IN}）和析出量（F）有关，也可以通过引入缺陷密度（D_{IN}）和筛选检出度（TS）表示，筛选检出度（TS）与筛选强度（S_S）和检测效率（DE）有关。上述关系的表达方式如下：

$$\begin{cases} D_R = D_{IN} - F \\ D_R = D_{IN}(1 - \mathrm{TS}) \\ \mathrm{TS} = S_S \times \mathrm{DE} \end{cases} \tag{5.1}$$

式中，

D_R——残留缺陷密度；

D_{IN}——引入缺陷密度；

F——析出量；

TS——筛选检出度；

S_S——筛选强度；

DE——检测效率。

由上述关系可知：

$$F = D_{IN} \cdot S_S \cdot \mathrm{DE} \tag{5.2}$$

也就是说析出量与引入缺陷密度、筛选强度、检测效率有密切关系，是成正比的，在固定引入缺陷密度（D_{IN}）与检测效率（DE）的前提下，析出量与筛选强度成正比。因此，

可以用筛选强度 S_S 表示筛选的效率。

2）高温老化筛选强度函数

GJB/Z 34 中高温老化筛选强度计算公式如下：

$$S_s=1-\exp[-0.0017(R+0.6)^{0.6}t] \tag{5.3}$$

式中，

S_s——筛选强度；

R——温度变化范围，上限温度 T_u 与室内环境温度 T_e 之差；

t——恒定高温持续时间（h）。

从上述公式可知，在高温老化筛选模型各参数中，对筛选效果有影响的是温度变化范围 R、恒定高温持续时间 t。增大这些参数的量值均有利于提高温度循环筛选效果。

3）温度循环筛选强度函数

GJB/Z 34 中温度循环筛选强度计算公式如下：

$$S_s=1-\exp\{-0.0017(R+0.6)^{0.6}[\ln(e+V)]^3N\} \tag{5.4}$$

式中，

S_s——筛选强度；

R——温度变化范围，$R=$（T_u-T_L）（℃）；

V——温度变化率（℃/min）；

N——循环次数。

从上述公式可知，在温度循环筛选模型各参数中，对筛选效果有影响的是温度变化范围 R、温度变化率 V 和循环次数 N。增大这些参数的量值均有利于提高温度循环筛选效果。

4）随机振动筛选强度函数

GJB/Z 34 中随机振动筛选强度计算公式如下：

$$S_s=1-\exp[-0.0046(G_{rms})^{1.71}t] \tag{5.5}$$

式中，

S_s——筛选强度；

G_{rms}——实测的振动加速度均方根值（g）；

t——振动时间（min）。

从式（5.5）可知，在随机振动筛选模型各参数中，对筛选效果有影响的是振动加速度均方根值和振动时间，增大这些参数均有利于提高随机振动筛选效果。

5.3 定量筛选加速效应分析

筛选强度模型给出了筛选强度与应力因素和时间因素的关系，这里说的时间因素是广义的时间因素，如高温老化时间、温度循环次数、随机振动时间。

5.3.1 高温老化筛选方法加速效应与筛选效率分析

由 GJB/Z 34 中高温老化筛选强度计算公式可知所需筛选时间 t 为：

$$t=\ln(1-S_S)/\{-0.0017(R+0.6)^{0.6}\} \quad (5.6)$$

则，加速筛选条件（R_a）和常规筛选条件（R_u），在达到相同筛选强度的情况下，可计算得到加速因子，加速因子是加速筛选所需时间与常规筛选所需时间的比值：

$$AF=t_u/t_a \quad (5.7)$$

则可推算出，高温筛选加速因子为：

$$AF=\left(\frac{R_a+0.6}{R_u+0.6}\right)^{0.6} \quad (5.8)$$

本式表明了在高温老化效应下筛选加速效应量化关系，由式可知，提高 R_a 可以增大筛选的加速效应，从而在更短的时间内达到相同的筛选强度（S_S）。

假设常规应力筛选采用高温+60℃进行（恒定高温筛选的加速因子分析见表 5-2），考虑室温通常选取为 25℃，根据高温老化筛选模型，常规应力筛选条件下 R_u=35℃，如果要达到筛选强度 95%，则根据循环数计算公式得出常规应力筛选所需高温试验时间 t_u=206.6h。

表 5-2　恒定高温筛选的加速因子分析

序号	常规/℃	加速/℃	AF
1	60	70	1.2
2	60	80	1.3
3	60	90	1.4
4	60	100	1.6
5	60	110	1.7
6	60	120	1.8

如果采用高加速应力筛选，高温+120℃，则高加速应力下 R_a=95℃，如果要达到相同的筛选强度 95%，根据高温老化试验时间计算公式可得所需高温老化试验时间 t=114.3h。由此可见，高温老化试验时间由 206.6h 缩短为 114.3h，前者是后者的 1.8 倍。

由式（5.7）计算得 AF=1.8。

由此可见，高温老化试验时间缩短的倍数与加速因子 AF 是一致的。

根据上述关系，可以得到各个加速筛选应力条件相对常规筛选应力条件的加速因子。

5.3.2　温度循环筛选方法加速效应与筛选效率分析

由 GJB/Z 34 中温度循环的筛选强度计算公式可知试验所需循环数 N 为：

$$N=\ln(1-S_S)/\{-0.0017(R+0.6)^{0.6}[\ln(e+V)]^3\} \quad (5.9)$$

则，加速筛选条件（V_a, R_a）下相对于常规筛选条件（V_u, R_u），要达到相同的筛选强度（S_S），所需循环数的比值（加速因子）为：

$$AF=N_u/N_a \quad (5.10)$$

由上述关系可以推导出，加速因子 AF 为：

$$AF=\left(\frac{R_a+0.6}{R_u+0.6}\right)^{0.6}\left(\frac{\ln(e+V_a)}{\ln(e+V_u)}\right)^3 \quad (5.11)$$

式（5.11）表明了在热疲劳效应下筛选加速效应量化关系，由式（5.11）可知，提高 R_a、V_a 可以增大筛选的加速效应，从而在更少的循环数（N_a）内达到相同的筛选强度（S_S）。

另外，从式（5.11）还可以看出，温度循环加速效应为高温老化加速效应与循环速率加速效应的乘积。

假设常规应力筛选采用高温+60℃、低温-20℃、温变率 5℃/min 的速度（温度循环筛选的加速因子分析见表 5-3），根据温度循环筛选模型，常规应力筛选下 R_u=80℃，V_u=5℃/min，如果要达到筛选强度 95%，根据循环数计算公式得出常规应力筛选所需循环数 N=14.8（个）。

如果采用高加速应力筛选，高温+80℃，低温-40℃，温变率 20℃/min，则高加速应力下 R_a=120℃，V_u=20℃/min，如果要达到相同的筛选强度 95%，根据循环数计算公式得出所需循环数 N=3.26（个）。由此可见，循环数由 14.8 个缩短为 3.26 个，前者是后者的 4.5 倍。

采用加速因子的计算公式计算 AF=4.5。

由此可见，循环数缩短的倍数与加速因子 AF 是一致的。

根据上述关系，可以得到各个加速应力筛选条件相对常规应力筛选条件的加速因子（温度循环筛选的加速因子分析见表 5-3）。

表 5-3　温度循环筛选的加速因子分析

筛选方式	高温/℃	低温/℃	温变速率/（℃/min）	温变范围/（R/℃）	AF
常规筛选	60	-20	5	80	
加速筛选 温变率 10℃/min	70	-20	10	90	2.1
	70	-30	10	100	2.2
	80	-30	10	110	2.3
	80	-40	10	120	2.5
	90	-40	10	130	2.6
加速筛选 温变率 20℃/min	70	-20	20	90	3.8
	70	-30	20	100	4.1
	80	-30	20	110	4.3
	80	-40	20	120	4.5
	90	-40	20	130	4.8
加速筛选 温变率 30℃/min	70	-20	30	90	5.3
	70	-30	30	100	5.7
	80	-30	30	110	6.0
	80	-40	30	120	6.3
	90	-40	30	130	6.6
加速筛选 温变率 40℃/min	70	-20	40	90	6.7
	70	-30	40	100	7.1
	80	-30	40	110	7.5
	80	-40	40	120	7.9
	90	-40	40	130	8.3

从本示例表还可以看出，加速筛选温变率产生的加速效应显著大于温差产生的加速效应。

5.3.3　振动筛选方法加速效应与筛选效率分析

由 GJB/Z 34 中振动筛选强度计算公式可知，所需筛选时间 t 为：

$$t=\ln(1-S_S)/\{-0.0046(G_{rms})^{1.71}\} \tag{5.12}$$

则，加速筛选条件（G_a）相对于常规筛选条件（G_u），要达到相同的筛选强度，所需振动时间的比值（加速因子）为：

$$AF=t_u/t_a \tag{5.13}$$

则

$$AF=\left(\frac{G_a}{G_u}\right)^{1.71}$$

上式表明了在振动疲劳效应下筛选加速效应量化关系，由式可知，提高 G_{rms} 可以增大筛选的加速效应，从而在更短的时间（t_a）内达到相同的筛选强度（S_S）。

假设常规应力筛选采用振动 G_{rms}=2.5 进行，根据振动疲劳筛选模型，常规应力筛选下 G_{rms}=2.5，如果要达到筛选强度 95%，根据循环数计算公式得出常规应力筛选所需振动试验时间 t=135.92min。

如果采用高加速应力筛选，振动 G_{rms}=6，则高加速应力下，如果要达到相同的筛选强度 95%，根据振动试验时间计算公式则所需振动老化试验时间 t=30.4min。由此可见，高温老化试验时间由 135.92h 缩短为 30.4h，前者是后者的 4.47 倍。

采用加速因子的计算公式计算 AF=4.47。

由此可见，高温老化试验时间缩短的倍数与加速因子 AF 是一致的。

根据上述关系，可以得到各个加速应力筛选条件相对常规应力筛选条件的加速因子。

4）*定量筛选及加速效应模型存在的问题分析*

从筛选强度模型和筛选加速效应模型我们可以看到，模型的参数都已经给定，知道试验条件和时间就可以计算出筛选强度，知道试验条件就可以计算出筛选加速效应了，使用非常方便。然而，问题是，固化的模型参数使得不同对象只要试验条件相同其加速因子都相同，这明显不合理。另外，这些模型的加速效应都十分小，其原因是模型参数相对保守。随机振动筛选的加速因子分析见表 5-4。

表 5-4　随机振动筛选的加速因子分析

序号	常规（G_{rms}）	加速（G_{rms}）	AF
1	2.5	4	2.23
2	2.5	5	3.27
3	2.5	6	4.47
4	2.5	7	5.82
5	2.5	8	7.31

5.4 现代加速模型在筛选中的应用

基于 GJB/Z 34 中模型的弊端，我们可以引入其他当代经典模型应用于加速筛选中，下面介绍几类典型模型。

5.4.1 高温老化加速模型

当以温度作为加速应力时，在某一时刻的速度与温度的关系，可以参考阿伦尼斯（Arrhenius）模型：

$$\mu(T_l) = A\mathrm{e}^{-\frac{E_a}{KT_l}} \tag{5.14}$$

式中，

$\mu(T_l)$——在 T_l 温度应力水平下的退化速度；

A——频数因子；

E_a——激活能，以 eV 为单位；

K——玻耳兹曼常数，8.6×10^{-5} eV/K。

根据上述公式可以推导出加速高温条件（T_a）相对常规高温条件（T_u）下的加速因子：

$$\mathrm{AF}(T_a : T_u) = \mathrm{e}^{\frac{E_a}{K}\left(\frac{1}{273.15+T_u}-\frac{1}{273.15+T_a}\right)}$$

根据近年来大量研究文献资料，大多数产品的激活能 E_a 约为 0.6～1.2，根据该模型及其模型参数，加速效应相对 GJB/Z 34 中模型要高很多，也就是说筛选效率要相对高很多（GJB/Z 34 中模型与当代模型比较见表 5-5）。

表 5-5　GJB/Z 34 中模型与当代模型比较

常规	加速	GJB/Z 34 中模型	当代模型 AF		
		AF	E_a=0.6	E_a=0.8	E_a=1.0
60	70	1.2	1.8	2.3	2.8
60	80	1.3	3.3	4.8	7.2
60	90	1.4	5.6	10.0	17.8
60	100	1.6	9.4	19.8	41.8
60	110	1.7	15.3	38.0	94.2
60	120	1.8	24.3	70.3	203.5

由此可见，根据加速试验理论，在相同的试验条件下，加速系数 AF 随 E_a 变化，并且加速效应很有可能相对 GJB/Z 34 中模型大得多。也就是说，GJB/Z 34 中模型对应的经验参数取值较保守。

实际上，不同的产品激活能不完全相同，由此可知，GJB/Z 34 将筛选模型参数完全固化的方法实际上是一种简化的做法，有其利弊。利的一面是标准便于使用和操作，不利的一面是忽视了产品间的差异。

因此，采用更有针对性的高效筛选方法可以结合产品的特点，在摸清楚加速效应后进一步制订高效筛选方案，这特别适合专门从事同类型产品研发与生产的单位。

5.4.2 热疲劳加速效应

根据 JESD 94A 标准提供的温度循环模型，温度循环加速效应与加速条件下的高温 T_1、温循的温差 ΔT_1 以及常规条件下的高温 T_2、温循的温差 ΔT_2 有关，即加速效应为：

$$\mathrm{AF}=\left(\frac{\Delta T_1}{\Delta T_2}\right)^{1.9}\left(\frac{V_1}{V_2}\right)^{1/3}\exp\left[0.01(T_1-T_2)\right] \tag{5.15}$$

将 GJB/Z 34 标准与 JESD 94A 标准的温度循环加速效应模型进行比对，见表 5-6。

表 5-6 GJB/Z 34 标准与 JESD 94A 标准的温度循环加速效应模型比对

	高温	低温	温变速率	温变范围 R	GJB/Z34 AF	JESD 94A AF
常规筛选	60	−20	5	80		
加速筛选	70	−20	10	90	2.1	1.7
	70	−30	10	100	2.2	2.1
	80	−30	10	110	2.3	2.8
	80	−40	10	120	2.5	3.3
	90	−40	10	130	2.6	4.3
加速筛选	70	−20	20	90	3.8	2.2
	70	−30	20	100	4.1	2.7
	80	−30	20	110	4.3	3.6
	80	−40	20	120	4.5	4.2
	90	−40	20	130	4.8	5.4
加速筛选	70	−20	30	90	5.3	2.5
	70	−30	30	100	5.7	3.1
	80	−30	30	110	6.0	4.1
	80	−40	30	120	6.3	4.8
	90	−40	30	130	6.6	6.2
加速筛选	70	−20	40	90	6.7	2.8
	70	−30	40	100	7.1	3.4
	80	−30	40	110	7.5	4.5
	80	−40	40	120	7.9	5.3
	90	−40	40	130	8.3	6.8

由此可见，GJB/Z 34 方法下的温度循环加速效应与 JESD 94A 方法下的较为接近。JESD 94A 标准与 GJB/Z 34 标准存在同样的模型参数被固化的问题。

5.4.3 振动疲劳加速效应

根据近几年研究成果表明，振动疲劳加速效应为逆幂模型：

$$u_l = A \cdot V^{-n} \tag{5.16}$$

模型形式与 GJB/Z 34 温度循环模型具有类似性，GJB/Z 34 温度循环模型的逆幂次数 n=1.71。然而，相关文献表明逆幂次数 n=3～7，GJB 1032 取值为 3，GJB 150 取值为 4。

在假定逆幂次数取值为 3 的情况下与 GJB/Z34 标准的振动疲劳加速效应模型进行比对，见表 5-7。

表 5-7 振动疲劳加速效应模型比对

序号	常规	加速	GJB/Z 34 AF	AF（n=3）
1	0.5	1.0	3.3	8
2	0.5	1.5	6.5	27
3	0.5	2.0	10.7	64
4	0.5	2.5	15.7	125
5	0.5	3.0	21.4	216
6	0.5	3.5	27.9	343

由此可见，当代加速试验理论中振动疲劳加速效应模型参数的经验系数比 GJB/Z 34 标准中的要大，当代加速试验理论中的振动疲劳筛选效应要大得多。

5.5 综合应力加速模型及其筛选强度模型

根据最近几年综合应力加速模型的研究，通常不同应力的加速效应具有卷积叠加的形式，以 GJB/Z 34 的温度循环模型为例，其温度循环剖面的组成形式包括高温段、温变段、低温段。通常情况下低温没有加速效应，因此，模型加速效应 AF 与高温和温变有关，而且体现为两者的卷积。近年来，根据国内外研究情况，均表明综合应力加速效应为各类应力加速效应的卷积。根据上述逻辑，本节对综合应力加速效应和筛选强度进行推导。

5.5.1 温度与振动综合应力加速模型

温度与振动综合应力加速模型为：

$$\mathrm{AF} = \left(\frac{R_\mathrm{a}+0.6}{R_\mathrm{u}+0.6}\right)^{0.6}\left(\frac{G_\mathrm{a}}{G_\mathrm{u}}\right)^{1.71} \quad \text{（由 GJB/Z 34 导出）} \tag{5.17}$$

或

$$\mathrm{AF} = \mathrm{e}^{\frac{E_\mathrm{a}}{K}\left(\frac{1}{273.15+T_\mathrm{u}}-\frac{1}{273.15+T_\mathrm{a}}\right)} \cdot \left(\frac{G_\mathrm{a}}{G_\mathrm{u}}\right)^n \tag{5.18}$$

根据上述两个模型，利用筛选强度（S_S）函数，我们可以进一步推导出筛选强度模型为：

$$S_s=1-\exp\{-0.0017(R+0.6)^{0.6}t_T\} \times\exp[-0.0046(G_{rms})^{1.71}t_G] \quad (5.19)$$

根据前述条件假定+60℃高温下筛选 150h，筛选强度可以达到 95%；在 2.5G_{rms} 振动下筛选 135min，筛选强度可以达到 95%；则在高温和振动综合应力条件下，在施加高温 150h 筛选的同时，同步分段施加 135min 的振动应力，则筛选强度可以达到 99.75%。

或

$$S_s=1-\exp\{-A\cdot E_a/K\cdot(1/T)\cdot t_T\} \times\exp[-B(G_{rms})^n t_G] \quad u_l = A\cdot V^{-n} \quad (5.20)$$

式中，A、B 为常数，E_a、n 为模型参数。

5.5.2 温度循环与振动综合应力加速模型

温度循环与振动综合应力加速模型为：

$$\mathrm{AF}=\left(\frac{R_a+0.6}{R_u+0.6}\right)^{0.6}\left(\frac{\ln(e+V_a)}{\ln(e+V_u)}\right)^3\cdot\left(\frac{G_a}{G_u}\right)^{1.71} \text{（由 GJB/Z 34 导出）} \quad (5.21)$$

或

$$\mathrm{AF}=\left(\frac{\Delta T_1}{\Delta T_2}\right)^{1.9}\left(\frac{V_1}{V_2}\right)^{1/3}\exp[0.01(T_1-T_2)]\cdot\left(\frac{G_a}{G_u}\right)^n \quad (5.22)$$

或更加抽象地表述为：

$$\mathrm{AF}=e^{\frac{E_a}{K}\left(\frac{1}{273.15+T_u}-\frac{1}{273.15+T_a}\right)}\cdot\left(\frac{\Delta T_1}{\Delta T_2}\right)^k\cdot\left(\frac{V_1}{V_2}\right)^m\cdot\left(\frac{G_a}{G_u}\right)^n \quad (5.23)$$

根据上述三个模型，利用筛选强度（S_S）函数，我们可以进一步推导出筛选强度模型为：

$$S_s=1-\exp\{-0.0017(R+0.6)^{0.6}[\ln(e+V)]^3N\}\times\exp[-0.0046(G_{rms})^{1.71}t_G] \quad (5.24)$$

根据前述条件假定在低温-20℃、高温+60℃、温变率 5℃/min 的速度下进行筛选，筛选 14.8 个循环可以达到 95%的筛选强度；在 2.5G_{rms} 振动下筛选 135min，筛选强度可以达到 95%；则在温循和振动综合应力条件下，施加温循 14.8 个循环筛选，同步分段施加 150min 振动应力，则筛选强度可以达到 99.75%。

或

$$S_s=1-\exp\{-C\cdot(\Delta T)^{1.9}\cdot V^{1/3}\cdot N\}\times\exp[-B(G_{rms})^n t_G] \quad (5.25)$$

或

$$S_s=1-\exp\{-A\cdot E_a/K\cdot(1/T)\cdot t_T\} \times\exp\{-C\cdot(\Delta T)^k\cdot V^m\cdot N\}\times\exp[-B(G_{rms})^n t_G] \quad (5.26)$$

5.5.3 综合应力筛选模型的归纳与改进

由上述情况可知，综合应力筛选模型可进一步表述为：

$$S_s=1-F(a)\times F(b)\times F(c) \quad (5.27)$$

式中，$F(x)$表示各类应力的指数函数。

考虑到不同应力之间的耦合关系，可以进一步改善为：

$$S_s=1-k\times F(a)\times F(b)\times F(c) \quad (5.28)$$

式中，k表示多个应力的耦合系数。

由此可见，基于综合应力的高加速应力筛选效果将远远高于基于单一类型应力的筛选效果。

经过试验验证，可以确定模型中各参数的关系，特别是针对某一类产品，确定模型参数关系后，可以为该类产品的筛选工作提供具体指导。

5.5.4 综合应力筛选模型小结

1）综合应力筛选模型表述

根据加速筛选剖面形式可知，加速筛选模型可以表述为温度循环与振动应力的综合模型，根据上述研究情况可以将加速筛选综合应力筛选模型表述为：

$$S_s=1-\exp\{-0.0017(R+0.6)^{0.6}[\ln(e+V)]^3N\}\times\exp[-0.0046(G_{rms})^{1.71}t_G] \quad (5.29)$$

根据前述条件，如果采取综合应力高效筛选试验，假定在低温−40℃、高温+80℃、温变率 20℃/min 的速度下进行筛选，筛选 3.2 个循环可以达到 95%的筛选强度；在 6.0G_{rms}振动下筛选 30min，筛选强度可以达到 95%；则在温循和振动综合应力高效筛选条件下，施加温循 3.2 个循环进行筛选，同步分段施加 30min 振动应力，筛选强度可以达到 99.75%。如果仍然只要求达到 95%的筛选强度，还可以进一步缩短试验时间，根据综合应力筛选强度模型可知，单类应力的筛选强度为 90.25%，则温度循环数仅为 2.5 个，振动时间仅为 23min。

由此可见，采用综合应力筛选不但大大缩短了试验时间，提高了筛选效率，而且筛选效果也显著增强。

加速筛选综合应力筛选模型还可以进一步表述为：

$$S_s=1-\exp\{-C\cdot(\Delta T)^{1.9}\cdot V^{1/3}\cdot N\}\times\exp[-B(G_{rms})^n t_G] \quad (5.30)$$

或

$$S_s=1-\exp\{-A\cdot E_a/K\cdot(1/T)\cdot t_T\}\times\exp\{-C\cdot(\Delta T)^k\cdot V^m\cdot N\}\times\exp[-B(G_{rms})^n t_G] \quad (5.31)$$

2）综合应力筛选模型收敛性问题探讨

根据 GJB/Z 34 给出的各类应力模型的筛选强度函数，可知筛选强度函数 S_s 具有收敛性，即其值区间为[0,1]，在模型形式给定的前提条件下，其收敛特性主要取决于模型参数，特别是常数项，如A、B、C的取值。在 GJB/Z 34 中，对于高温老化模型和温度循环模型参数A=0.0017，对于振动疲劳模型参数B=0.0046。

在综合应力筛选新模型中，由于采用了个性化的模型参数，如温度老化模型中激活能参数E_a，其取值范围为 0.6～1.2；振动疲劳模型中逆幂次数为n，其取值范围为 3～7。这些对模型输出造成的影响十分大，因此，一旦模型参数确定了，模型其余的常数项 A、B、C 的值将影响模型的收敛性。

也就意味着，对于不同的产品模型参数如 E_a，取值不同，可能对应不同的常数项 A，否则，可能会造成模型不收敛，即求得的 S_s>1。

第6章

橡胶材料类产品加速建模

6.1 概述

橡胶是一种通用的材料，有着广泛的用途，在装备中通常作为密封件和绝缘件使用。装备的性能通常与密封和绝缘有着很大关系，密封和绝缘甚至影响到装备的正常使用和使用安全。因此，在橡胶件的研发过程中，不但要关注其性能，更应高度关注其寿命，性能再好如果不能长期保持，就可能给装备带来巨大的维修更换工作，极大地影响装备全寿命周期的效费比。因此，橡胶类材料的寿命研究与评价对装备设计与使用有着重大的意义。

橡胶件在使用过程中通常承受着一定的载荷，还受到温度、光照及其他有害物质的影响。上述各个因素及其组合，均可能导致橡胶件物理及化学变化，引起橡胶件（机械/电）性能降低，最终表现为橡胶件（密封/绝缘）功能失效，从而导致其寿命终结。实际上，橡胶在使用了一段时间后，开始逐步老化，为了预防橡胶件失效可能带来的后果，通常需要在失效前进行更换。橡胶组件的逐步老化降解，与基体本身以及添加剂有关，橡胶硫化体系形成的交联网络，随着热老化的不断进行而发生改变，受到热老化后，高硫磺含量硫化体系形成的交联网络的变化要大于低硫磺含量硫化体系形成的交联网络。橡胶件所处的环境条件不同，它们的降解方式也不一样，环境因素对橡胶件老化类型的影响见表 6-1。

表 6-1　环境因素对橡胶件老化类型的影响

序号	环境因素	老化类型
1	温度	热氧老化、添加剂迁移
2	紫外光	光老化
3	电离辐射	辐射氧化、交联
4	湿度	水解
5	流体（气体、有机物、挥发物）	化学降解、溶胀
6	机械载荷（拉力、压力）	疲劳、蠕变、应力松弛、压缩永久变形

装备中，对于橡胶密封件，其承受的主要是温度环境应力和预紧力载荷，对于绝缘橡胶件，其承受的主要是温度应力和光照应力。由此可见，研究橡胶件的热老化模型有着普遍的适用性，也是综合应力模型研究的基础，具有十分重要的意义。

本章在参考 GJB 92 标准的基础上结合该标准的实际使用和工程经验编写而成，读者可参照 GJB 92 进行本章的阅读。本章提供的加速试验方法可用于绝大多数非金属材料的加速试验，因为绝大多数非金属材料都具有较为明显的、渐变的老化过程。

6.2 橡胶件加速试验方案设计与实施

本章主要以天然橡胶、聚异戊二烯橡胶、丁苯橡胶、氯丁橡胶、乙丙橡胶等硫化橡胶为对象，分析其加速试验方案的设计与实施。

6.2.1 试验原理

硫化橡胶在贮存条件下的失效主要是热氧老化。热的作用将加速硫化橡胶交联、降解等化学变化，宏观表现出物理机械性能的改变，某些性能与老化时间呈单一变化关系，如扯断伸长率、应力松弛系数、压缩永久变形率等。按照性能与老化时间关系的经验式，可求得性能变化速度常数。在一定的温度范围内，速度常数与热力学温度（热力学温度）的关系一般符合阿伦尼斯方程。对试验数据统计计算，可预测室温下的贮存性能。

6.2.2 试验项目的选择

试验项目的选择如下：

- 应选择有效反映硫化橡胶使用功能的性能，并选择与老化时间呈灵敏不可逆（或称单一）变化的试验项目；
- 推荐扯断伸长率、压缩应力松弛系数、压缩永久变形率等指标作为测试项目；
- 扯断伸长率只考虑热空气的因子，对应于硫化橡胶自由状态下的贮存老化条件；压缩应力松弛系数、压缩永久变形率考虑热空气和形变因子，对应于硫化橡胶装配贮存的老化条件；
- 不排除选择其他与老化时间呈灵敏不可逆变化的力学性能以及理化参数作为测试项目。

6.2.3 老化试验温度

老化试验温度遵循如下条件：

- 老化试验分组不少于 4 组，相邻温度间隔不小于 10℃；
- 最高老化试验温度应视生胶种类、硫化体系和测试项目而定。

老化试验温度可参照下列数值：

- 天然、聚异戊二烯橡胶为 80～100℃；
- 氯丁、丁苯、聚丁二烯、丁腈橡胶为 90～100℃；
- 乙丙橡胶为 110～130℃。

同时，为了选择合适的最高老化温度，应对硫化橡胶的老化试验做出估计，必要时要进行探索试验。

6.2.4 老化时间

老化时间要求如下：

- 每个老化温度的测试点不得少于 10 个。各测试点的时间间隔可根据性能变化情况调整，一般前期时间间隔短，后期时间间隔长；
- 最高老化温度试验第一点的扯断伸长率不低于老化前值的 80%，压缩应力不低于老化前值的 70%，压缩永久变形率不高于 30%；
- 最低老化温度试验终止点的扯断伸长率不高于老化前值的 80%，压缩应力不高于老化前值的 60%，压缩永久变形率不低于 60%。

6.2.5 试样

各个试样制作要求如下：

- 各温度老化试验用的试样，应该用同一批胶料一次制备，试样要符合相应的标准；
- 每个测试点拉伸性能的试样不少于 5 个，压缩应力松弛、压缩永久变形的试样不少于 3 个。

6.2.6 试验步骤

加速试验步骤如下：

（1）试样预处理。

- 压缩应力松弛试验将试样压缩到规定的变形率，在标准试验室温度（23±2）℃下，停放 24h 后应力为老化前的应力，待做老化试验；
- 压缩永久变形试验将试样压缩到规定的变形率，在标准试验室温度（23±2）℃下，停放 24h 后，试样在自由状态下停放 1h 后的高度为老化前的试样高度，继续压缩到规定的变形率，待做老化试验。

（2）将准备好的试样放入已升到规定试验温度的烘箱中，开始计算老化时间。

（3）到确定的老化时间，取出试样，进行测试。

（4）整理试验数据。

6.2.7 试验报告

试验报告应包括下列内容：

- 试验样品的名称或代号；
- 试验项目名称；
- 列出各老化温度的试验数据；
- 做出相应的回归图形；
- 列出统计计算的每一步骤结果。

6.3 橡胶件加速试验模型与数据处理方法

6.3.1 方法说明

本方法适用于递减型加速退化试验数据。如输入数据为递增型，则可变换为递减型再采用本方法进行处理。也可以参照该方法制订递增型数据处理流程和方法。

6.3.2 加速退化模型

考虑到计算机数据处理的简便性，为了获得更好的评估精度，性能参数退化模型采用如下模型：

$$P_l = A_l \mathrm{e}^{-K_l t_l f} \tag{6.1}$$

式中，

t_l——在第 l 个应力水平下的老化时间，单位为 d；

P_l——在 t 时刻，第 l 个应力水平下样品的性能参数值；

K_l——在第 l 个应力下的性能变化速度常数；

A_l——在第 l 个应力水平下的退化模型频数因子，常数；

f——模型修正因子，常数。

该性能模型具有十分好的拟合特性，主要原因是时间参数 t 上增加了幂指数 f 作为调节因子。因此，性能拟合曲线就像一张弓，具有一定的弯曲特性，通过优化后可以使得拟合误差更小。

调节因子 f 采用逼近法求解，逼近的准则为 I：

$$I = \sum_{l=1}^{m}\sum_{j=1}^{n_l}\left(P_{lj} - \widehat{P_{lj}}\right)^2 \tag{6.2}$$

式中，

P_{lj}——第 l 个老化试验温度下，第 j 个测试点的性能变化值指标的试验值；

$\widehat{P_{lj}}$——第 l 个老化试验温度下，第 j 个测试点的性能变化值指标的预测值；

n_l——第 l 个老化试验温度下的测试次数。

加速模型采用阿伦尼斯模型：

$$K_l = Z\mathrm{e}^{-\frac{E}{RT_l}} \tag{6.3}$$

式中，

Z——加速模型频率因子，为常数，单位为 d^{-1}；

E——表观活化能，单位为 $\mathrm{J{\cdot}mol^{-1}}$；

R——气体常数，单位为 $\mathrm{J{\cdot}K^{-1}{\cdot}mol^{-1}}$；

T_l——在第 l 个应力下的老化温度，热力学温度，单位为 K。

值得注意的是，橡胶件加速模型与电子元器件加速模型尽管形式一样，但两者的区别是明显的，橡胶件的表观活化能单位是 $J\cdot mol^{-1}$，元器件激活能单位是 eV；另外，两类模型的常系数也不一样，橡胶件加速模型中气体常数 R=8.314$J\cdot k^{-1}\cdot mol^{-1}$，元器件加速模型中玻耳兹曼常数 K=8.6×10^{-5}eV/K。

6.3.3 模型输入与输出

橡胶材料类产品加速模型求解的基础如下：

（1）输入条件：在试验方案明确的前提下，已知各组试验应力条件 $T_l\ (l=1,2,\cdots,m)$ 以及各组试验的测试数据 $\{(t_{lj},P_{lj})\,|\,l=1,2,\cdots,m;j=1,2,\cdots,n_l\}$。

（2）输出要求：

- 给出任意目标年限下产品的性能预测结果；
- 给出产品性能参数超差的首达时间。

本章确定退化模型参数、加速模型参数、模型修正参数优化的求解和检验方法及实现，确定模型修正参数优化求解方法及实现、明确产品寿命预测条件和寿命预测方法。根据模型输入得到输出结果，则应逐步开展下述工作。

6.3.4 退化模型参数求解

根据试验测试结果 $\{(t_{lj},P_{lj})\,|\,l=1,2,\cdots,m;j=1,2,\cdots,n_l\}$，可求解每个应力水平下样品退化模型中的 3 个参数 A_l、K_l、f。首先，假定修正参数 f_l 取某一值；然后，采用最小二乘法求解 A_l、K_l 参数。为了检验模型的符合性，在完成模型参数求解后，进一步对模型线性化方程的线性相关系数进行求解和检验，以判定模型的符合性。

修正参数 f_l 的求解在完成累计误差平方和计算后进行，采用最优算法求解。

1）线性化方程截距 a_1 和斜率 b_1 求解

退化模型的参数求解，采用最小二乘法。

首先，将退化模型线性化，取对数：

$$\ln(P_l)=\ln(A_l)-K_l t_l f,\quad l=1,2,\cdots,m \tag{6.4}$$

由最小二乘法 $Y_l=a_l+b_lX_l$，可知：

$$\begin{cases} X_l=t_l^{\,f} \\ Y_l=\ln(P_l) \\ a_l=\ln(A_l) \\ b_l=-K_l \end{cases},\quad l=1,2,\cdots,m \tag{6.5}$$

利用上述关系，首先根据试验测试结果 $\{(t_{lj},P_{lj})\,|\,l=1,2,\cdots,m;j=1,2,\cdots,n_l\}$ 求出线性化后的 $\{(X_{lj},Y_{lj})\,|\,l=1,2,\cdots,m;j=1,2,\cdots,n_l\}$。

根据标准，线性化模型中参数 a_l（截距）和参数 b_l（斜率）的求解方法如下：

$$\begin{cases} b_l=\dfrac{L_{X_lY_l}}{L_{X_lX_l}} \\ a_l=\overline{Y_l}-b_l\overline{X_l} \end{cases},\quad l=1,2,\cdots,m \tag{6.6}$$

其中 $\begin{cases} L_{X_lX_l} = \sum\limits_{l,j=1}^{n_l}(X_{lj} - \overline{X}_l)^2 \\ L_{X_lY_l} = \sum\limits_{l,j=1}^{n_l}(X_{lj} - \overline{X}_l)(Y_{lj} - \overline{Y}_l) \\ L_{Y_lY_l} = \sum\limits_{l,j=1}^{n_l}(Y_{lj} - \overline{Y})^2 \end{cases}$ $\begin{cases} \overline{X}_l = \dfrac{1}{n_l}\sum\limits_{l,j=1}^{n_l} X_{lj} \\ \overline{Y}_l = \dfrac{1}{n_l}\sum\limits_{l,j=1}^{n_l} Y_{lj} \end{cases}$

再利用试验结果 $\{(X_{lj}, Y_{lj}) \mid l = 1,2,\cdots,m; j = 1,2,\cdots,n_l\}$，分别求出 $\overline{X}_l$、$\overline{Y}_l$、$L_{X_lX_l}$、$L_{X_lY_l}$、$L_{Y_lY_l}$ 等 5 个中间参量后，可进一步求得退化模型线性化后的参数 a_l（截距）和参数 b_l（斜率）。

对于线性方程 $Y_l = a_l + b_l X_l$，利用最小二乘法求得其 n_l 次观测结果的直线拟合参数，还可写成：

$$\begin{cases} \widehat{b_l} = \dfrac{\sum\limits_{j=1}^{n_l} X_{lj} \sum\limits_{j=1}^{n_l} Y_{lj} - n\sum\limits_{j=1}^{n_l} X_{lj}Y_{lj}}{(\sum\limits_{j=1}^{n_l} X_{lj})^2 - n_l \sum\limits_{j=1}^{n_l} X_{lj}^2} \\ \widehat{a_l} = \dfrac{\sum\limits_{j=1}^{n_l} Y_{lj} - \widehat{b_l}\sum\limits_{j=1}^{n_l} X_{lj}}{n_l} \end{cases} \tag{6.7}$$

2）退化模型参数 A_l 和 K_l 求解

根据退化模型线性化方程的对等关系可知：

$$\begin{cases} A_l = \mathrm{e}^{a_l} \\ K_l = -b_l \end{cases} \tag{6.8}$$

3）线性相关系数 r_l 求解

线性相关系数为：

$$r_l = \frac{L_{X_lY_l}}{\sqrt{L_{X_lX_l} L_{Y_lY_l}}}, \quad l = 1,2,\cdots,m \tag{6.9}$$

4）线性相关性检验

线性相关性检验临界值表的求解方法为：

$$r_{\alpha_l}(n_l - 2) = \sqrt{\frac{F_{a_l}(1, n_l - 2)}{F_{a_l}(1, n_l - 2) + n_l - 2}} \tag{6.10}$$

线性相关系数的检验标准为：

$$|r_l| > r_{l\alpha_l}(n_l - 2) \tag{6.11}$$

6.3.5 加速模型参数求解

根据退化模型中求解出的各个应力水平下的模型参数 K_l 和各个应力水平值 T_l 组成的序列 $\{(T_l, K_l) \mid l = 1,2,\cdots,m\}$，可求解出加速模型中的参数 Z 和 E。Z 和 E 采用最小二乘法求解。为了检验模型的符合性，在完成模型参数求解后，进一步对模型线性化方程的线性相关系数进行求解和检验，以判定模型的符合性。

1）线性化方程截距 c 和斜率 d 求解

加速模型的参数求解，采用最小二乘法。

首先，将加速模型线性化，取对数：

$$\ln(K_l)=\ln(Z)-\frac{E}{R}\frac{1}{T_l},\quad l=1,2,\cdots,m \tag{6.12}$$

由最小二乘法 $V=c+dU$，可知：

$$\begin{cases} U_l=\dfrac{1}{T_l} \\ V_l=\ln(K_l) \\ c=\ln(Z) \\ d=-\dfrac{E}{R} \end{cases} \tag{6.13}$$

利用上述关系，首先根据试验温度和退化模型解算获得的结果 $\{(T_l,K_l)\,|\,l=1,2,\cdots,m\}$ 求出线性化后的序列 $\{(U_l,V_l)\,|\,l=1,2,\cdots,m\}$。

2）加速模型参数 Z 和 E 求解

根据退化模型线性化方程的对等关系可知：

$$\begin{cases} Z=\mathrm{e}^c \\ E=-dR \end{cases} \tag{6.14}$$

3）线性相关系数求解

线性相关系数为：

$$r_{UV}=\frac{L_{UV}}{\sqrt{L_{UU}L_{VV}}} \tag{6.15}$$

6.3.6 模型修正参数优化求解

1）拟合值的计算

根据退化模型的线性化方程，得

$$Y_l=a_l+b_lX_l \tag{6.16}$$

已知：$X_l=t_lf$，在求出参数 a_l（截距）和参数 b_l（斜率）后，将其代入方程，可求出 Y_l 的拟合值 $\widehat{Y}_l$，进一步利用 $Y_l=\ln(P_l)$，可求出 P_l 的拟合值 $\widehat{P}_l$：

$$\widehat{P}_l=\mathrm{e}^{\left(\widehat{a}_l+\widehat{b}_l\cdot t_l f\right)} \tag{6.17}$$

2）累计误差的计算

首先，求出各个应力水平下的累计误差平方和：

$$I_l=\sum_{j=1}^{n_l}\left(P_{lj}-\widehat{P}_{lj}\right)^2 \tag{6.18}$$

然后，求出所有应力水平下的累计误差平方和：

$$I=\sum_{j=1}^{n_l}I_l=\sum_{l=1}^{m}\sum_{j=1}^{n_l}\left(P_{lj}-\widehat{P}_{lj}\right)^2 \tag{6.19}$$

在完成累计误差平方和的计算后，可开展修正参数 f 的优化。

3）退化模型修正参数 f 的优化

参数 a 采用尝试搜索法，考虑到这种方法属于手工方法，不便于计算机操作。根据逼近准则的实质，实际上参数 a 的求解是一个在约束条件下最优求解的问题。利用 Excel 的规划求解功能能够实现参数 a 的自动求解。

6.3.7 预测条件的确定

在完成退化模型和加速模型参数求解后，为了利用模型进行产品寿命预测，应确定预测条件，包括温度基准 T_{b}、频数因子 A_d、反应速率 K_d。

6.3.8 温度基准 T_{b} 的确定

对于一个产品，通常是非工作状态和工作状态并存，确定寿命评估的温度基准时，往往有以下 2 个因素需要考虑：

- 产品运行时间长短对产品寿命的影响；
- 工作状态和非工作状态下的温度差异较大。

为此，引入运行比、工作温度、贮存温度等条件，用于确定产品的等效温度，作为产品寿命评估的温度基准。

已知一个产品，平均每天的工作时间为 t_{w}，工作温度为 T_{w}，平均每天的非工作时间为 $t_{\mathrm{n}}\,(t_{\mathrm{n}}=24-t_{\mathrm{w}})$，非工作状态下的平均温度为 T_{n}。在加速模型参数 E 和 R 已知的情况下，利用加速模型可知存在以下关系：

$$\begin{cases} \mathrm{e}^{\frac{E}{R}\left(\frac{1}{T_{\mathrm{n}}}-\frac{1}{T_{\mathrm{w}}}\right)}=\mathrm{AF}_{\mathrm{wn}} \\ \dfrac{\mathrm{AF}_{\mathrm{wn}}\cdot t_{\mathrm{w}}+t_{\mathrm{n}}}{t_{\mathrm{w}}+t_{\mathrm{n}}}=\mathrm{AF}_{\mathrm{bn}} \\ \mathrm{e}^{\frac{E}{R}\left(\frac{1}{T_{\mathrm{n}}}-\frac{1}{T_{\mathrm{b}}}\right)}=\mathrm{AF}_{\mathrm{bn}} \end{cases} \tag{6.20}$$

式中，

$\mathrm{AF}_{\mathrm{wn}}$ ——工作状态相对于非工作状态的加速因子；

$\mathrm{AF}_{\mathrm{bn}}$ ——基准温度相对于非工作状态的加速因子。

由此可见，根据已知条件可求解出 $\mathrm{AF}_{\mathrm{wn}}$ 和 $\mathrm{AF}_{\mathrm{bn}}$，联立上式可求解出基准温度 T_{b}。

首先，求出 $\mathrm{AF}_{\mathrm{wn}}$ 和 $\mathrm{AF}_{\mathrm{bn}}$：

$$\begin{cases} \mathrm{AF}_{\mathrm{wn}}=\mathrm{e}^{\frac{E}{R}\left(\frac{1}{T_{\mathrm{n}}}-\frac{1}{T_{\mathrm{w}}}\right)} \\ \mathrm{AF}_{\mathrm{bn}}=\dfrac{\mathrm{AF}_{\mathrm{wn}}\cdot t_{\mathrm{w}}+t_{\mathrm{n}}}{t_{\mathrm{w}}+t_{\mathrm{n}}} \end{cases} \tag{6.21}$$

然后，代入式（6.20）联立，采用两式相除或相减的办法求解：

$$\begin{cases} \dfrac{E}{R}\left(\dfrac{1}{T_n}-\dfrac{1}{T_w}\right)=\ln(AF_{wn}) \\ \dfrac{E}{R}\left(\dfrac{1}{T_n}-\dfrac{1}{T_b}\right)=\ln(AF_{bn}) \end{cases} \Rightarrow \begin{cases} \dfrac{\left(\dfrac{1}{T_n}-\dfrac{1}{T_w}\right)}{\left(\dfrac{1}{T_n}-\dfrac{1}{T_b}\right)}=\dfrac{\ln(AF_{wn})}{\ln(AF_{bn})} \text{或} \\ \dfrac{E}{R}\left(\dfrac{1}{T_b}-\dfrac{1}{T_w}\right)=\ln(AF_{wn})-\ln(AF_{bn}) \end{cases} \tag{6.22}$$

因此，可求出$\dfrac{1}{T_b}$：

$$\begin{cases} \dfrac{1}{T_b}=\dfrac{1}{T_n}-\left(\dfrac{1}{T_n}-\dfrac{1}{T_w}\right)\dfrac{\ln(AF_{bn})}{\ln(AF_{wn})} \text{或} \\ \dfrac{1}{T_b}=\dfrac{1}{T_w}+\dfrac{R}{E}(\ln(AF_{wn})-\ln(AF_{bn})) \end{cases} \tag{6.23}$$

因此，可求得温度基准T_b。

6.3.9 频数因子A_d的确定

A_d的确定有两种方法，第一种是当$\{(T_l,A_l)\,|\,l=1,2,\cdots,m\}$存在线性相关性时，采用外推法求解$A_d$；第二种是当$\{(T_l,A_l)\,|\,l=1,2,\cdots,m\}$无线性关系时，采用均值法求解$A_d$。

1）T_l与A_l存在线性相关性时

（1）线性模型参数解算。

假设$\{(T_l,A_l)\,|\,l=1,2,\cdots,m\}$存在线性相关：

$$A_l=e+gT_l \tag{6.24}$$

（2）线性相关系数求解。

线性相关系数为：

$$r_{TA}=\frac{L_{TA}}{\sqrt{L_{TT}L_{AA}}} \tag{6.25}$$

（3）线性相关性检验。

计算线性相关性检验临界值，并开展线性相关系数的检验。

（4）A_d外推预测。

当线性相关系数检验结果表明可“接受”$\{(T_l,A_l)\,|\,l=1,2,\cdots,m\}$之间的线性相关性时，将求出的参数$e$和参数$g$，以及输入条件$T_d$代入模型，可外推求出$A_d$：

$$A_d=e+gT_d \tag{6.26}$$

否则，不能采用该方法进行外推求解A_d。

然而，采用这种方法可能存在$A_d>1$这样与实际不符合的情况，因此，A_d的求解应注意这一隐含的限制条件：

$$A_d=\min(e+gT_d,1) \tag{6.27}$$

2）T_l与A_l无线性关系时

当线性相关系数检验结果表明“拒收”$\{(T_l, A_l) \mid l=1,2,\cdots,m\}$之间的线性相关性时，则可采用均值法求解$A_d$：

$$A_d = \frac{1}{m}\sum_{l=1}^{m} A_l \tag{6.28}$$

然而，采用这种方法也可能存在$A_d > 1$这样与实际不符合的情况，因此，A_d的求解应注意这一隐含的限制条件：

$$A_d = \min\left(\frac{1}{m}\sum_{l=1}^{m} A_l \ , \ 1\right) \tag{6.29}$$

6.3.10 K_d置信区间的估计

1）K_d均值的求解

根据加速模型线性化后求得的参数c和参数d，已知：

$$V = c + dU \tag{6.30}$$

其中存在变量关系：$U_l = \frac{1}{T_l}$，$V_l = \ln(K_l)$。

因此，将$U_d = \frac{1}{T_d}$，$V_d = \ln(K_d)$带入后，可得到：

$$\ln(K_d) = c + d\frac{1}{T_d} \tag{6.31}$$

由此可求出K_d：

$$K_d = e^{c + d\frac{1}{T_d}} \tag{6.32}$$

2）V的标准离差求解

V的标准离差为：

$$S_V = S\sqrt{1 + \frac{1}{m} + \frac{(U_b - \overline{U})^2}{L_{UU}}} \tag{6.33}$$

其中，$\begin{cases} \overline{U} = \sum_{l=1}^{m} \frac{1}{T_l} \\ U_b = \frac{1}{T_b} \\ S = \sqrt{\frac{(1 - r_{UV}^2) L_{VV}}{m-2}} \end{cases}$。

可得到：

$$\begin{cases} \overline{V} = \sum_{l=1}^{m} \ln(K_l) \\ L_{VV} = \sum_{l=1}^{m} (V_l - \overline{V})^2 \end{cases}$$

3）V的置信界限求解

通常V在整个区间上为负值，而标准离差项为正值，因此，$V=c+dU$的置信界限为：

$$\begin{cases} V_u = c + d\dfrac{1}{T_b} + t\left(2(1-\alpha_2), m-2\right) S_V \\ V_l = c + d\dfrac{1}{T_b} - t\left(2(1-\alpha_2), m-2\right) S_V \end{cases} \tag{6.34}$$

4）置信下限K_{bl}的求解

由于V为负值，则K_b的下限K_{bl}为：

$$K_{bl} = e^{V_u} = e^{c + d\frac{1}{T_b} + t\left(2(1-\alpha_2), m-2\right) S_V} \tag{6.35}$$

6.3.11 产品寿命评估

1）目标年限t_m下的平均性能P_{bm}求解

$$P_{bm} = A_b e^{-K_b t_m{}^f} \tag{6.36}$$

2）目标年限t_m下的性能下限P_{bml}求解

$$P_{bml} = A_b e^{-K_{bl} t_m{}^f} \tag{6.37}$$

3）临界性能的超差时间求解

由$P = Ae^{-Kt^f}$可推出：

$$t_b = \sqrt[f]{\frac{\ln(A_b) - \ln(P_b)}{K_b}} \tag{6.38}$$

6.4 橡胶件加速试验寿命数据处理流程

1）数据处理流程图

数据处理流程如图6-1所示。

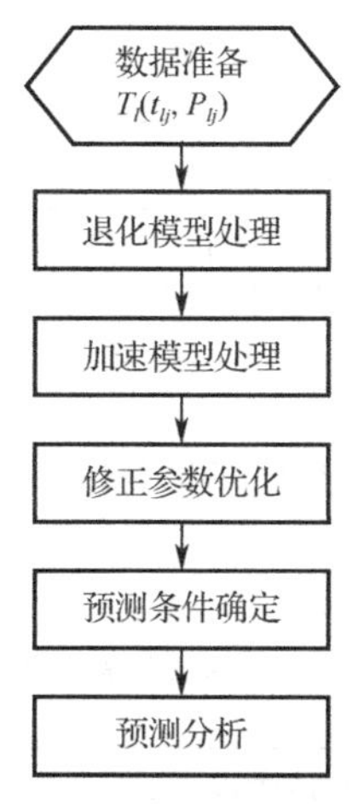

图6-1　数据处理流程

2）数据处理步骤

数据处理步骤见表 6-2。

表 6-2 数据处理步骤

序号	数据处理流程	数值计算方法
1	退化模型求解	
1.1	整理试验数据，形成 $\{(t_{lj},P_{lj})\mid l=1,2,\cdots,m;j=1,2,\cdots,n_l\}$ 序列	/
1.2	按应力水平逐一对各个应力水平下的性能参数测试 n_l 次	/
1.3	按应力水平逐一对各个应力水平下的性能参数值取对数 $\{(t_{lj},P_{lj})\mid l=1,2,\cdots,m;j=1,2,\cdots,n_l\}$	$\ln(P_{lj})$
1.4	在假定已经获得优化参数 f 的条件下，按应力水平逐一对各个应力水平下的测试时间值求出 $\{t_{lj}^{\ f}\mid l=1,2,\cdots,m;j=1,2,\cdots,n_l\}$	$t_{lj}^{\ f}$
1.5	逐一对各个应力水平下的数据序对 $\{(t_{lj},\ln(P_{lj}))\mid l=1,2,\cdots,m;j=1,2,\cdots,n_l\}$ 采用最小二乘法求解线性化参数 b_l	$\widehat{b_l}=\dfrac{\sum\limits_{j=1}^{n_l}X_{lj}\sum\limits_{j=1}^{n_l}Y_{lj}-n\sum\limits_{j=1}^{n_l}X_{lj}Y_{lj}}{(\sum\limits_{j=1}^{n_l}X_{lj})^2-n_l\sum\limits_{j=1}^{n_l}X_{lj}^2}$
1.6	逐一对各个应力水平下的数据序对 $\{(t_{lj},\ln(P_{lj}))\mid l=1,2,\cdots,m;j=1,2,\cdots,n_l\}$ 采用最小二乘法求解线性化参数 a_l	$\widehat{a_l}=\dfrac{\sum\limits_{j=1}^{n_l}Y_{lj}-\widehat{b_l}\sum\limits_{j=1}^{n_l}X_{lj}}{n_l}$
1.7	逐一求出各个应力水平下的退化模型参数中的频数因子 A_l	$A_l=\mathrm{e}^{a_l}$
1.8	逐一求出各个应力水平下的退化模型参数中的退化速率 K_l	$K_l=-b_l$
1.9	逐一对各个应力水平下的数据序对 $\{(t_{lj},\ln(P_{lj}))\mid l=1,2,\cdots,m;j=1,2,\cdots,n_l\}$ 求解线性化方程的线性相关系数 r_l	$r_l=\dfrac{L_{X_lY_l}}{\sqrt{L_{X_lX_l}L_{Y_lY_l}}}$
1.10	根据各个应力水平下样品的测试次数，选择退化模型线性相关性检验的置信度 α_1，通常为 0.99；当测试次数低于 10 次时，可选择 0.95	/
1.11	确定各个应力水平下的线性相关性检验的接收限 $r_{\alpha_l}(n_l-2)$	$r_{\alpha_l}(n_l-2)=\sqrt{\dfrac{F_{\alpha_l}(1,n_l-2)}{F_{\alpha_l}(1,n_l-2)+n_l-2}}$
1.12	判定各个应力水平下退化模型的线性相关性检验是否可接受	$\lvert r_l\rvert>r_{l\alpha_l}(n_l-2)$
2	加速模型求解	
2.1	对各个应力水平下的试验温度求 $1/T_l$	$1/T_l$
2.2	对各个应力水平下的退化模型参数 K_l 取对数	$\ln(K_l)$
2.3	整理试验数据，形成 $\{(1/T_l,\ln(K_l))\mid l=1,2,\cdots,m\}$ 序列	/
2.4	确定应力水平数 m	/
2.5	对数据序对 $\{(1/T_l,\ln(K_l))\mid l=1,2,\cdots,m\}$ 采用最小二乘法求解线性化参数 d	$d=\dfrac{\sum\limits_{l=1}^{m}U_l\sum\limits_{l=1}^{m}V_l-m\sum\limits_{l=1}^{m}U_lV_l}{\sum\limits_{l=1}^{m}U_l-m\sum\limits_{l=1}^{m}U_l^2}$
2.6	对数据序对 $\{(1/T_l,\ln(K_l))\mid l=1,2,\cdots,m\}$ 采用最小二乘法求解线性化参数 c	$\hat{c}=\dfrac{\sum\limits_{l=1}^{m}V_l-\hat{d}\sum\limits_{l=1}^{m}U_l}{m}$
2.7	逐一求出各个应力水平下的退化模型参数中的频数因子 Z	$Z=\mathrm{e}^{c}$

续表

序号	数据处理流程	数值计算方法
2.8	逐一求出各个应力水平下的退化模型参数中退化速率 E	$E=-dR$
2.9	逐一对各个应力水平下的数据序对 $\{(1/T_l,\ln(K_l))\mid l=1,2,\cdots,m\}$ 求解线性化方程的线性相关系数 r_{UV}	$r_{UV}=\dfrac{L_{UV}}{\sqrt{L_{UU}L_{VV}}}$
2.10	根据应力水平数，选择退化模型线性相关性检验的置信度 α_2，通常为0.95	/
2.11	确定加速模型线性相关性检验的接收限 $r_{\alpha_2}(m-2)$	$r_{\alpha_2}(m-2)=\sqrt{\dfrac{F_{\alpha_2}(1,m-2)}{F_{\alpha_2}(1,m-2)+m-2}}$
2.12	判定各个应力水平下退化模型的线性相关性检验是否可接受	$\lvert r_{UV}\rvert>r_{\alpha_2}(m-2)$
3	修正参数 f 的优化求解	
3.1	计算各个应力水平下的各个时刻点性能参数拟合值 $\widehat{P}_l$	$\widehat{P}_l=\mathrm{e}^{\widehat{a}_l+\widehat{b}_lX_l}$
3.2	计算各个应力水平的累计误差平方和 I_l	$I_l=\sum\limits_{j=1}^{n_l}\left(P_{lj}-\widehat{P}_{lj}\right)^2$
3.3	计算所有应力水平下的累计误差平方和的和 I	$I=\sum\limits_{j=1}^{n_l}I_l=\sum\limits_{l=1}^{m}\sum\limits_{j=1}^{n_l}\left(P_{lj}-\widehat{P}_{lj}\right)^2$
3.4	优化参数 f 的求解，求解后上述求解的相关参数均得以更新	
4	预测条件的确定	
4.1	每天的工作时间为 t_{w}，工作温度为 T_{w}，非工作状态下的平均温度为 T_{n} 后，则每日非工作时间 $t_{\mathrm{n}}=24-t_{\mathrm{w}}$，可求出基准温度的倒数 $\dfrac{1}{T_{\mathrm{b}}}$，因此，可得出 T_{b}	$\dfrac{1}{T_{\mathrm{b}}}=\dfrac{1}{T_{\mathrm{w}}}+\dfrac{R}{E}(\ln(\mathrm{AF_{wn}})-\ln(\mathrm{AF_{bn}}))$ 其中：$\begin{cases}\mathrm{AF_{wn}}=\mathrm{e}^{\frac{E}{R}\left(\frac{1}{T_{\mathrm{n}}}-\frac{1}{T_{\mathrm{w}}}\right)}\\ \mathrm{AF_{bn}}=\dfrac{\mathrm{AF_{wn}}\cdot t_{\mathrm{w}}+t_{\mathrm{n}}}{t_{\mathrm{w}}+t_{\mathrm{n}}}\end{cases}$
4.2	频数因子 A_d 的计算	$A_d=\min\left(\dfrac{1}{m}\sum\limits_{l=1}^{m}A_l\ ,\ 1\right)$
4.3	基准温度下退化速率均值 K_{b} 的求解	$K_{\mathrm{b}}=\mathrm{e}^{c+d\frac{1}{T_d}}$
4.4	计算加速模型回归方程的标准偏差 S	$S=\sqrt{\dfrac{(1-r_{UV}{}^2)L_{VV}}{m-2}}$
4.5	计算加速模型回归方程中 V 的标准离差	$S_V=S\sqrt{1+\dfrac{1}{m}+\dfrac{(U_{\mathrm{b}}-\overline{U})^2}{L_{UU}}}$
4.6	计算 V_u	$V_u=c+d\dfrac{1}{T_{\mathrm{b}}}+t\big(2(1-\alpha_2),m-2\big)S_V$
4.7	计算 V_l	$V_l=c+d\dfrac{1}{T_{\mathrm{b}}}-t\big(2(1-\alpha_2),m-2\big)S_V$
4.8	计算 K_{bl}	$K_{\mathrm{bl}}=\mathrm{e}^{V_u}=\mathrm{e}^{c+d\frac{1}{T_b}+t(2(1-\alpha_2),m-2)S_V}$
5	预测分析	
5.1	目标贮存年限为 t_m 时的性能参数均值 P_{bm}	$P_{\mathrm{bm}}=A_{\mathrm{b}}\mathrm{e}^{-K_{\mathrm{b}}t_m{}^f}$
5.2	目标贮存年限为 t_m 时的性能参数下限 P_{bml}	$P_{\mathrm{bml}}=A_{\mathrm{b}}\mathrm{e}^{-K_{\mathrm{bl}}t_m{}^f}$
5.3	性能参数达到临界值 P_{b} 时对应的时间 t_{b}	$t_{\mathrm{b}}=\sqrt[f]{\dfrac{\ln(A_{\mathrm{b}})-\ln(P_{\mathrm{b}})}{K_{\mathrm{b}}}}$

6.5 橡胶件加速试验与寿命预测案例

针对某单位提供的液压系统密封所用的丁腈橡胶密封圈开展加速试验与寿命预测。

1）样品的制作

按照标准规定，制作 Φ10mm×10mm 圆柱体试样。

2）试验条件保障

橡胶件加速试验与寿命预测分析需要温度箱、试验夹具、橡胶测厚计、滑石粉。

3）试验条件的确定

试验条件如下：

- 压缩率为 30%；
- 试验温度为 50℃、60℃、70℃、80℃；
- 浸泡介质为航空 10 号液压油。

4）夹具数量的确定

样品在每组温度应力条件下需要 12 个夹具，样品需要进行 4 组温度应力试验。综合权衡试验进度要求和夹具制作成本，制作 24 个夹具以便可以同时开展 2 组温度应力试验，从而尽快完成 4 组加速试验。

5）样品数量的确定

考虑数据处理需要试验设置 12 个检测点，每个检测点需要 3 个平行样品，4 组温度应力需要 4 组样品，根据橡胶试样的性质，采用平行样进行检测，即试样测试后不再投入试验箱继续试验，因此，所需样品数量为：12×3×4=144 个。

6）试验总时间的估算

根据制作的夹具数量，样品可同时开展 2 组温度应力试验，每组温度应力条件下的试验时间约为 28d，样品完成 4 组温度应力试验所需时间约为 56d。在试验过程中应根据试样数据退化规律，进行适当调整。

7）样品的检测

由于数据处理在每组温度应力条件下至少需要 10 个检测点，为了防止初期数据变化不明显，在每组检测点选为 12 个，初期选择每 24h 检测一次，并根据数据退化趋势进行适当调整。

压缩永久变形按照相关标准测定。试验前，测量试样高度；试验到达规定时间，从高温箱中取出夹具，在室温下冷却 2h；打开夹具，取出试样，在自由状态下停放 1h，测量试样压缩后的高度，计算压缩永久变形。

在试验中，根据试验方案仅对样品压缩永久变形参数进行检测，为降低测试误差对预测结果的影响，每个样品进行 5 次测量，每次测量应在靠近橡胶圆柱体上下断面的中心位置附近选择橡胶测厚计的接触点。

8）试验概况

根据丁腈橡胶寿命评估试验方案进行试验，丁腈橡胶压缩永久变形试验情况见表 6-3。

表 6-3 丁腈橡胶压缩永久变形试验情况

序号	压缩永久变形/%					
	试验时间/d	试验温度 50℃	试验温度 60℃	试验时间/d	试验温度 70℃	试验温度 80℃
1	1	2.87	5.08	1	6.91	9.68
2	2	4.78	5.38	2	7.39	9.02
3	4	4.35	7.61	4	9.73	10.49
4	6	4.49	7.56	6	10.50	12.53
5	10	6.42	9.94	8	13.90	16.56
6	14	7.79	12.32	10	13.86	16.98
7	18	6.78	11.04	12	13.17	16.93
8	22	7.86	11.45	16	16.57	20.91
9	26	8.91	14.27	20	18.48	23.93
10	34	10.67	15.75	24	20.19	26.51
11	42	12.67	18.41	32	23.38	31.04
12	50	13.24	20.20	40	24.39	34.40

该数据为递增数据，丁腈橡胶压缩永久变形程度逐行递增，则其性能保持数据可转换为递减数据，丁腈橡胶性能保持试验情况见表 6-4。

表 6-4 表 丁腈橡胶性能保持试验情况

序号	性能保持/%					
	试验时间/d	试验温度 50℃	试验温度 60℃	试验时间/d	试验温度 70℃	试验温度 80℃
1	1	0.9713	0.9492	1	0.9309	0.9032
2	2	0.9522	0.9462	2	0.9261	0.9098
3	4	0.9565	0.9239	4	0.9027	0.8951
4	6	0.9551	0.9244	6	0.8950	0.8747
5	10	0.9358	0.9006	8	0.8610	0.8344
6	14	0.9221	0.8768	10	0.8614	0.8302
7	18	0.9322	0.8896	12	0.8683	0.8307
8	22	0.9214	0.8855	16	0.8343	0.7909
9	26	0.9109	0.8573	20	0.8152	0.7607
10	34	0.8933	0.8425	24	0.7981	0.7349
11	42	0.8733	0.8159	32	0.7662	0.6896
12	50	0.8676	0.7980	40	0.7561	0.6560

9）橡胶寿命评估

根据橡胶产品加速试验数据处理方法，对丁腈橡胶试验数据进行处理，得到该型丁腈橡胶的寿命为 3.8 年。

6.6 橡胶件综合应力加速试验设想

GJB 92 的发布已经有 20 多年了，至今，人们主要用热老化模型研究橡胶件的老化与寿命。正如前所述，无论是密封件还是绝缘件，橡胶件的老化往往同时受到多个环境因素的影响，因此，研究橡胶件综合环境应力加速试验具有重要的意义。作者建议重点研究温度-湿度、温度-光照、温度-湿度-光照等类型的综合环境应力下的橡胶寿命，采用相关研究成果修订 GJB 92 标准，为未来利用综合应力模型开展橡胶件寿命评价提供依据。其中，温度-湿度方面可采用艾林模型、PECK 模型以及 IPC279 标准中有关的模型，温度-湿度模型中两个环境因素的耦合已经在模型中考虑和体现；光照方面可在光照总强度相等的原则上通过加大单位时间光照强度来实现加速和时间压缩，温度和光照之间分别看作独立因素，没有耦合效应，进行两个加速因子的匹配以同步完成试验；温度-湿度-光照模型中，可将温度-湿度模型与光照模型通过加速因子进行应力大小的匹配实现同步完成试验。

6.7 其他类型材料的加速试验与寿命预测

本章以橡胶件为对象阐述了橡胶件的加速试验方案设计与实施、加速试验模型与数据处理方法以及橡胶件加速试验与寿命预测案例等。其他材料件如何进行加速试验？我们将材料分成非金属材料和金属材料，非金属材料的失效模式主要是老化失效，金属材料的失效模式主要是腐蚀失效，无论是非金属材料还是金属材料，其失效都具有较好的渐进性。橡胶件属于典型的非金属材料，根据笔者多年的工程经验，本章的加速试验与寿命评价方法，基本适用于各类非金属材料的加速试验与寿命评价。对于金属材料，由于其腐蚀机理有相应的加速模型和退化模型，因此，建议本章的试验方法不用于金属材料。

第7章

弹药元件加速寿命试验方法

7.1 概述

弹药中往往存在着一些影响贮存寿命的重要元件和器件，在开展弹药贮存寿命评价时，往往需要额外关注这些重要元件和器件，甚至有必要单独进行试验验证其贮存寿命。

本章重点参照 GJB 5103—2004《弹药元件加速试验方法》，给出了步进应力加速寿命试验方法；同时，结合加速寿命试验相关理论和工程经验，给出弹药元件和器件平行加速寿命试验方法的指导。两类方法均采用基于高温老化的阿伦尼斯模型。

本章方法适用于弹药元件中引信、底火等火工品的加速试验，也可用于弹药上元器件的加速试验。

7.2 步进应力加速寿命试验

7.2.1 概述

通过对弹药元件进行加速寿命试验，评估弹药元件在应力环境下的贮存可靠性和贮存寿命。弹药元件加速寿命试验采用恒定相对湿度应力下的步进温度应力加速寿命试验。首先选定一组应力水平$T_1,T_2,\cdots,T_l$，它们都高于正常贮存条件下的应力水平T_0。试验开始时应力水平为T_1，经过t_1时间后，把应力水平提高到T_2，试验时间为t_2，如此继续下去，直至有一定数量的样品失效为止。弹药元件步进应力加速寿命试验过程如图 7-1 所示。

7.2.2 步进应力加速寿命试验应力确定

1. 加速试验应力类型

依据弹药贮存环境特点，弹药元件加速寿命试验应力为温度和相对湿度。

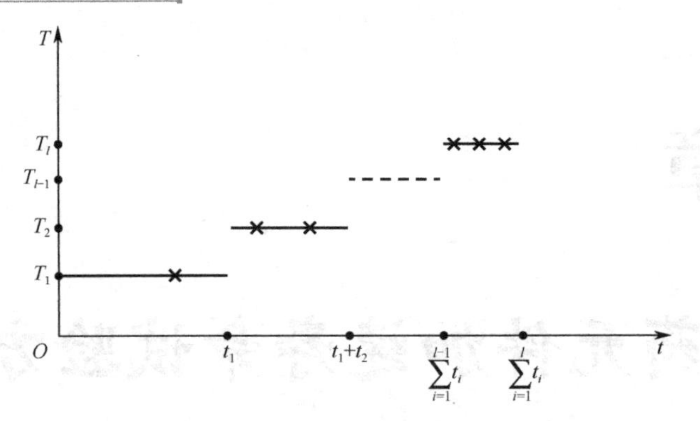

图 7-1 弹药元件步进应力加速寿命试验过程

2. 温度应力水平

温度应力水平 T 应根据弹药元件的种类、特性、结构与作用原理等因素确定。应力水平的个数一般不少于四个，最高应力水平应不高于 353K（80℃），最低应力水平应不低于 323K（50℃），其他应力水平可按温度等间隔原则确定，但相邻应力水平间差值应不小于 5K（5℃）。对某些特殊类型弹药元件，应预先通过失效机理分析，确定合适的试验应力水平。按步进应力次序先后，弹药元件加速寿命试验的应力水平宜选择如下。

① 第一应力水平 T_1：333K（60℃）；

② 第二应力水平 T_2：340K（67℃）；

③ 第三应力水平 T_3：347K（74℃）；

④ 第四应力水平 T_4：353K（80℃）。

3. 相对湿度应力水平

相对湿度应力水平按弹药在正常贮存环境中的相对湿度值确定，一般为 65%（RH）。

7.2.3 步进应力加速寿命试验时间确定

1. 加速试验总时间

1）概述

弹药元件加速寿命试验总时间 t 按试验对象技术指标规定的贮存寿命值的 1/40～1/20 确定，如弹药贮存寿命为 10 年，则加速试验时间约为 2190～4380h。如技术指标未提供贮存寿命值，则通过摸底加速寿命试验方法确定。

2）摸底加速寿命试验方法与步骤

① 抽取 80 发试验样品，分为 10 组，前 6 组每组 10 发作为摸底加速寿命试验样品，后 4 组每组 5 发作为备份试验样；

② 将试验箱调至相对湿度 65%，温度 347K（74℃）的应力水平；

③ 将 80 发试验样品全部投入加速试验箱中进行恒定应力加速寿命试验；

④ 每隔 30d（720h）从加速试验箱中取一组 10 发样品进行性能检测。正常情况下 180d 内完成 6 组共 60 发样品性能检测，从而结束摸底加速寿命试验。若第一次性能检测即发现样品全部失效，则终止摸底试验，通过失效机理分析，确定合适的应力水平，重新进

行摸底加速寿命试验；若进行到第 6 次性能检测尚无样品失效，则使用另外 4 组共 20 发备份样品继续试验，适当延长性能检测时间间隔，直至出现失效样品为止。

3）建立数学模型

在进行弹药元件摸底加速寿命试验中，弹药元件失效的准确时间是无法观察到的，当弹药元件试验一段时间 t 之后，取样进行性能检测，检测结果只表明该样品失效或者未失效。若样品失效，只说明失效时间发生在 t 时间以前，但无法知道其准确时间；若未失效，只说明失效将发生在 t 时间之后，但也无法准确知道还能试验多长时间。因此，当以 X 表示弹药元件在该应力水平下的贮存寿命时，它是随机变量，不能被直接观察到，只能观察 X 比 t 大还是比 t 小，即只能观察到 Y：

$$Y=\begin{cases}1，若X\leqslant t\\0，若X>t\end{cases} \tag{7.1}$$

因此弹药元件摸底加速试验数据可表示为：

$$(t_i,n_i,f_i)，\ i=1,2,\cdots,k \tag{7.2}$$

在 (t_i,n_i,f_i)，$i=1,2,\cdots,k$ 数据中，记第 i 组的 n_i 个样品寿命依次为 $X_{i1},X_{i2},\cdots,X_{in}$，即第 i 组的第 j 个样品的贮存寿命为 X_{ij}，$j=1,2,\cdots,n_i$，可以看出 $X_{11},X_{12},\cdots,X_{1n}$；$X_{21},X_{22},\cdots,X_{2n}$；$\cdots$；$X_{k1},X_{k2},\cdots,X_{kn}$ 独立同分布，记它们共同分布为 $F(t,\theta)$，其中 θ 是分布参数。令：

$$Y_{ij}=\begin{cases}1，若X_{ij}\leqslant t_i（即第i组第j个样品失效）\\0，若X_{ij}>t_i（即第i组第j个样品未失效）\end{cases} \tag{7.3}$$

Y_{ij} 有下列性质：

① Y_{ij} 相互独立；

② $Y_{11},Y_{12},\cdots,Y_{1n}$ 独立分布，$P(Y_{1j}=1)=F(t_i,\theta)$，$P(Y_{1j}=0)=1-F(t_i,\theta)$；

③ $f_i=\sum Y_{ij}$ 服从二项分布 $B(n_i,P_i)$，这里 $P=F(t_i,\theta)$。

由于弹药元件试验数据可表示为 (t_i,n_i,f_i)，$i=1,2,\cdots,k$ 的形式，因此也可写成如下形式：

$$\begin{cases}t_1,n_1,Y_{11},\cdots,Y_{1n_1}\\t_2,n_2,Y_{21},\cdots,Y_{2n_1}\\\qquad\cdots\\t_k,n_k,Y_{k1},\cdots,Y_{kn_k}\end{cases} \tag{7.4}$$

由于样品各检测点的试验结果实际上是一个整体，记该总体的寿命分布为 $F(t_i,\theta)$，则试验数据相应的对数似然函数为：

$$L(\theta)=\sum_{i=1}^{k}\{f_i\ln F(t_i,\theta)+(n_i-f_i)\ln[1-f_i]\} \tag{7.5}$$

对于给定的分布模型，可以用广义线性模型的方法求出分布中参数 θ 的极大似然估计。

4）参数估计与可靠性分布函数

设随机变量 $Y_1,Y_2,\cdots,Y_n$ 相互独立，Y_i 的分布密度函数 $f_i(y_i)$ 可以表示为：

$$f_i(y_i)=\exp\left\{\frac{y_i\theta_i-b(\theta_i)}{a(\Phi)}+c(y_i,\Phi)\right\} \tag{7.6}$$

即为指数族分布，而且有已知的 r 维向量 $(r\leqslant n)$ $\boldsymbol{x}_i$ 和未知参数向量 $\boldsymbol{\beta}$，Y_i 的期望可以写成：

$$\mu_i = EY_i = h(\boldsymbol{x}_i^{\mathrm{T}}\boldsymbol{\beta}) \tag{7.7}$$

这里 $\boldsymbol{x}_i^{\mathrm{T}}$ 表示向量 $\boldsymbol{x}_i$ 的转置；$h(\boldsymbol{x}_i^{\mathrm{T}}\boldsymbol{\beta})$ 叫做联结函数，由指数族分布的性质可知 Y_i 的期望和方差分别为：

$$Y_i = b'(\theta_i)\text{，}\mathrm{Var}(Y_i) = a_i(\Phi)b''(\theta_i) \tag{7.8}$$

这里 $b'(\theta_i)$、$b''(\theta_i)$ 分别是 $b(\theta_i)$ 的一、二阶导数。由上式可知 θ_i 和 $\boldsymbol{x}_i^{\mathrm{T}}\boldsymbol{\beta}$ 之间有一定的函数关系，求出 $\boldsymbol{\beta}$ 的极大似然估计，也就得到了 θ_i 的极大似然估计。

不难看出，对数似然函数为：

$$\sum_{i=1}^{n}\ln f_i(y_i) = \sum_{i=1}^{n}\left\{\frac{y_i\theta_i - b(\theta_i)}{a(\Phi)} + c(y_i,\Phi)\right\} \tag{7.9}$$

在广义线性模型式成立时，θ_i 依赖 $\boldsymbol{\beta}$，所以上式实际是 $\boldsymbol{\beta}$ 的函数，记作 $L(\boldsymbol{\beta})$，$\boldsymbol{\beta}$ 的极大似然估计 $\hat{\boldsymbol{\beta}}$ 应满足：

$$L(\hat{\boldsymbol{\beta}}) = \max L(\boldsymbol{\beta}) \tag{7.10}$$

对于如上广义线性模型，可以用变权迭代最小二乘法求 $\boldsymbol{\beta}$ 的极大似然估计，令：

$$\omega_i = \omega_i(\boldsymbol{\beta}) = [h'(\boldsymbol{x}_i^{\mathrm{T}}\boldsymbol{\beta})]^2 / [a_i(\Phi)b'(\theta_i)] \tag{7.11}$$

则求解 $\hat{\boldsymbol{\beta}}$ 的迭代方程为：

$$\sum_{i=1}^{n}\omega_i\boldsymbol{x}_i\boldsymbol{x}_i^{\mathrm{T}}\boldsymbol{\beta}^* = \sum_{i=1}^{n}\omega_i\left[\boldsymbol{x}_i^{\mathrm{T}}\boldsymbol{\beta} + \frac{y_i - h(\boldsymbol{x}_i^{\mathrm{T}}\boldsymbol{\beta})}{h'(\boldsymbol{x}_i^{\mathrm{T}}\boldsymbol{\beta})}\right]\boldsymbol{x}_i \tag{7.12}$$

具体做法是：给了 $\boldsymbol{\beta}$ 的一个初值以后，先计算出 ω_i，再把 ω_i 代入式（7.12)，解线性方程，求得 $\boldsymbol{\beta}$ 的迭代值 $\boldsymbol{\beta}^*$，再把 $\boldsymbol{\beta}^*$ 当作初始值重新进行上述工作，如此反复，即可得到 $\hat{\boldsymbol{\beta}}$。

取 $F(t,\theta)$ 为威布尔分布，即 $\theta = (\eta, m)$

$$F_w(t,\theta) = 1 - \exp\{-(t/\eta)^m\} \tag{7.13}$$

这时 Y_{i1} 的期望值为：

$$EY_{i1} = p_i = F_w(t,\theta) = 1 - \exp\{-(t/\eta)^m\} = 1 - \exp\{m\ln t_i - m\ln\eta\} \tag{7.14}$$

令

$$\boldsymbol{x}_i = (1, \ln t_i)^{\mathrm{T}}\text{，}\ \boldsymbol{\beta} = (-m\ln\eta, m)^{\mathrm{T}}$$

$$h(\boldsymbol{x}_i^{\mathrm{T}}\boldsymbol{\beta}) = 1 - \exp(-\exp(\boldsymbol{x}_i^{\mathrm{T}}\boldsymbol{\beta}))$$

则

$$EY_{i1} = h(\boldsymbol{x}_i^{\mathrm{T}}\boldsymbol{\beta}) \tag{7.15}$$

这正是广义线性模型的形式，这样就可以用迭代法求出威布尔模型中 $\boldsymbol{\beta}$ 的两个参数的似然估计，进而得到相应的贮存可靠度函数。在威布尔模型中，参数向量 $\boldsymbol{\beta}$ 是二维的，记为：

$$\boldsymbol{\beta} = (\boldsymbol{\beta}_0, \boldsymbol{\beta}_1)^{\mathrm{T}} \tag{7.16}$$

这时的 $\boldsymbol{\beta}$ 为 $(-m\ln\eta, m)^{\mathrm{T}}$，故 $\boldsymbol{\beta}_0 = -m\ln\eta$，$\boldsymbol{\beta}_1 = m$，得到 $\boldsymbol{\beta}$ 的极大似然估计 $\hat{\boldsymbol{\beta}} = (\hat{\boldsymbol{\beta}}_0, \hat{\boldsymbol{\beta}}_1)$ 后，就可得到 $\theta = (\eta, m)$ 的极大似然估计：

$$\hat{m} = \hat{\boldsymbol{\beta}}_1\text{，}\ \hat{\eta} = \exp(-\hat{\boldsymbol{\beta}}_0 / \hat{\boldsymbol{\beta}}_1)\text{，}\ \hat{\theta} = (\hat{\eta}, \hat{m}) \tag{7.17}$$

可靠度分布函数为：

$$\hat{R}(t) = 1 - F_w(t,\hat{\theta}) = \exp\{-(t/\hat{\eta})^{\hat{m}}\} = \exp\{-\exp(\hat{\boldsymbol{\beta}}_1\ln t + \hat{\boldsymbol{\beta}}_0)\} \tag{7.18}$$

5）试验时间估计

- 计算当$\hat{R}$为0.5时的可靠贮存寿命$\hat{T}$；
- 取$\hat{T}$作为弹药元件加速寿命总试验时间。

2. 各应力水平下加速试验时间

（1）各应力水平下被试样品试验时间依照低应力水平试验时间长、高应力水平试验时间短的原则确定。

（2）对于具有 4 个应力水平T_1、T_2、T_3、T_4的加速寿命试验，各应力水平下样品试验时间占整个加速试验时间的比例，可按以下公式计算：

$$t_1 \approx \frac{4}{10}t \tag{7.19}$$

式中，

t_1——T_1应力水平下的试验时间；

t——试验总时间。

$$t_2 \approx \frac{3}{10}t \tag{7.20}$$

式中，

t_2——T_2应力水平下的试验时间；

t——试验总时间。

$$t_3 \approx \frac{2}{10}t \tag{7.21}$$

式中，

t_3——T_3应力水平下的试验时间；

t——试验总时间。

$$t_4 \approx \frac{1}{10}t \tag{7.22}$$

式中，

t_4——T_4应力水平下的试验时间；

t——试验总时间。

（3）当第一应力水平下无失效样品出现时，延长第一应力水平的试验时间，直至出现失效样品为止；第二、第三、第四应力水平的试验时间也相应延长，其试验时间分别为延长后第一应力水平试验时间的四分之三、二分之一和四分之一。

（4）当第一应力水平试验样品全部失效时，终止试验，分析样品失效机理和薄弱环节，然后通过摸底加速寿命试验，确定合适的应力水平和试验时间。

7.2.4 样品检测要求

1. 检测项目

在加速试验前、中、后，应对样品进行检测。其中，试验前和试验后，在可能的条件下，应对样品进行全面的外观、功能、性能、贮存寿命特征参数检测。在试验中，在兼顾检测经济成本、检测时间、试验效率、样品需求的情况下，尽可能选取贮存寿命特征参数（包括功能和性能的关键参数）进行检测。

为规范检测工作，在试验前，应分别制订试验前、试验后和试验中检测项目表，明确检测项目、合格判据，并给出各个检测项目所需仪器仪表，见表 7-1、表 7-2。

表 7-1　XX 产品试验前、试验后检测项目表

序号	检测项目	合格判据	所需仪器仪表
1			
2			
说明			

表 7-2　XX 产品试验中检测项目表

序号	检测项目	合格判据	所需仪器仪表
1			
2			
说明	重点说明试验中未安排检测项目的原因		

2. 检测时机

1）初始检测

加速试验前，应对试验样品进行一次全面的初始性能检测，作为试验中和试验后对比参考的依据。

2）试验中检测

在试验中，各应力水平下均须进行抽样性能检测，各应力水平下的检测次数一般为 3 次，检测时间可取等时间间隔。对于可重复检测的弹药元件，所有应力水平下检测的累计时间不应超过其工作寿命。

3）试验后检测

加速试验前，应对试验样品进行一次初始性能检测，作为试验前和试验中对比参考的依据。

7.2.5　试验样品要求

1）基本要求

样品应从同一贮存环境下的弹药中随机抽取，且包装完好，标志清晰。样品的生产应相同，技术状态应具有较好的一致性和稳定性，贮存环境应具有代表性。

2）样本容量

样本容量由初始检测样本容量、加速寿命试验样本容量和备份样本容量三部分组成。

根据 GJB 5103 标准，初始性能检测样本容量为 30 个。根据个人经验，建议如下：对于破坏性检测，初始检测样品数量为 5～10 个；对于非破坏性检测，投入试验样品需要全部进行初始检测，无须为初始检测专门考虑样品。

加速寿命试验样本容量为各应力水平下各次性能检测样本容量之和。每一应力水平的每次性能检测样本容量相同，一般不少于 5～10 个。对于破坏性检测，考虑到每次检测样本消耗问题，每个应力水平下 3 次检测应对应 15～30 个样本，4 个应力水平下总计需要约 60～120 个样本。对于可重复检测的弹药元件，加速寿命试验样品应重复使用，但应保证各次性能检测样本容量不少于 10 个，考虑到 4 个应力水平下部分发生失效损失样品数量，建议样品总数不少于 40 个，按照加速试验做到 60%失效的理想估计，则样品数量达到 75 个更为理想。

备份样本为加速寿命试验样本容量的 10%。

综上所述，如果为破坏性测试，样品总量需求为(10～30)+(60～120)+(6～12)=76～162 个；如果为非破坏性检测，样品总量需求为(40～75)+(4～8)=44～83 个。

通常，对于有些样品，试验中我们往往采取频繁非破坏性测试与数次破坏性测试相结合的方法，这样可以观测到多次样品的外部宏观功能性能状态，也可以定期了解到样品内部微观物理化学变化情况。这种结合方式加深了检测深度，也考虑了节约样品数量和检测成本。

7.2.6 试验设备要求

试验设备的选择应满足以下条件：

① 试验设备的额定最高温度应不低于 363K（90℃），控温精度误差应不大于±2℃；最高相对湿度应不低于 90%RH，控湿精度误差应不大于±5%RH，且在温度为 353K（80℃）时相对湿度应能调节至 65%RH。

② 试验设备的容积应保证全部试验样品投入后，样品间互不接触。

③ 试验设备的结构及其附件放置方式应能防止冷凝水滴在被试样品上。

④ 试验设备内应装有温、湿度传感器，用于监控试验条件。

⑤ 试验设备应有与大气相通的排气孔，以防止温度升高时，箱内压力过大。

⑥ 试验设备内应有空气循环装置，保证箱内有效使用容积内温、湿度均匀一致，但试验样品周围空气流动速度不宜超过 0.75m/s，防止试验样品内产生不符合实际要求的热传导。

⑦ 试验设备内应有照明及观察装置，以便观察箱内样品试验情况。

7.2.7 试验程序与要求

1）样品准备

（1）危险样品改装

用于加速寿命试验的样品及备份样品，试验前应进行改装，以避免样品在加速试验过程中因意外发火而造成安全事故。所有改装均不应影响样品的技术性能，不应妨碍样品包装的恢复。

引信应按以下要求进行改装：

- 除去引信包装盒；
- 按照引信实验室试验法要求，将引信的传爆管换成“假”传爆管，必要时，还需要焊接引信测试引线；

- 经改装后的样品，按照样品原密封性能和环境条件要求，恢复其密封包装。

底火应按以下要求进行改装：

- 除去底火包装盒；
- 依据底火的密封性能和发火威力，设计加工底火密封防爆装置；
- 按照底火包装或装配环境条件，将其放入底火密封防爆装置中。

（2）编号

所有样品应按顺序编号，编号标记应正确、完整、清晰、牢固。在多组试验同时实施过程中，应避免样品放错试验设备，避免样品试验应力混乱施加。

2）试验设备准备

按照试验设备使用说明书，熟练掌握试验箱的工作性能与使用方法，确保试验箱处于完好状态。

3）样品入箱试验

- 将改装好的加速试验样品及备份样品全部投入试验箱中。通过在箱内加放搁板和搁条，使样品分层、均匀放置，不但可以避免样品与样品之间、样品与试验箱内壁之间相互接触，还便于样品的取出；
- 关闭试验箱门，将试验箱工作状态设定为“湿热”，并设定温度为第一应力水平，相对湿度为65%RH。启动试验箱，使其开始工作；
- 当试验箱内温、湿度到达设定值并保持稳定时，开始记录第一应力水平下的试验时间，并按规定的应力水平和试验时间，依次步进至最高应力水平。

7.2.8 样品检测

1）取样

加速试验过程中，当样品到达预定检测时机时，则取样进行性能检测。取样后应迅速关好试验箱门，使其尽快达到所需的应力水平。若是最后一次取样，则待样品取出后，停机终止试验。

2）环境条件恢复

从试验箱取出的试验样品，为使其性能稳定，在进行性能检测之前，应在下列正常环境条件下放置2h以上：

- 温度：288～303K（15～35℃）；
- 相对湿度：45%～75%RH；
- 大气压：84.37～103.97Pa（860～1060mbar）。

3）性能检测要求

（1）检测环境

检测环境应符合产品技术标准的相关规定。

（2）检测设备、项目、方法

检测设备、项目、方法等应符合相应样品实验室试验法的有关规定。

（3）失效判据

失效判据包括以下两点：以产品技术标准规定的不合格判据作为样品的失效判据；在排除试验箱和检测仪器设备故障、人员误操作等非产品自身因素之后，样品任一性能指标出现失效，即判该样品失效。

7.2.9 试验过程中的停机处理

（1）试验箱因故停机后，应首先启动备用试验箱，并使其在1h内达到所需的应力水平。

（2）若排除故障时间不大于 1h，则不影响样品的加速试验时间，即按未发生故障处理；若排除故障时间大于1h，则将试验箱内所有试验样品移至备用试验箱内继续进行试验。

（3）外部线路停电后，应在30min内启动发电机供电，保证试验得以继续进行。

7.2.10 备份样品的使用

（1）加速试验过程中，当样品在应力水平T_1下无失效出现时，则延长t_1的时间，使用备用样品进行性能检测。

（2）因试验箱或检测仪器设备以及人员误操作等非产品自身因素造成的样品损坏，应使用备份样品进行补试。

（3）在其他确实需要使用备份样品的情况下，应使用备份样品。

7.2.11 试验记录

1）试验时间记录

按要求先将试验样品投入试验箱，使试验前达到预定的应力水平T_1，并在稳定后开始计时，所记录的时间为T_1应力水平下的试验时间。之后在进行各级应力水平$T_{i+1}(i=0,1,\cdots,l)$下的试验时，则从T_i升至T_{i+1}后立即开始记录。

2）试验应力水平记录

试验箱内温、湿度应力水平稳定之前，应每隔 10min 记录一次箱内温、湿度值；温、湿度等应力水平稳定以后，每隔1h记录一次温、湿度值。

3）试验情况记录

加速试验期间，应安排专人值班，明确责任和要求。值班员应详细记录加速试验过程中所发生的情况，对于异常情况和事故，还应给出处置措施、处置结果和分析结论。

4）检测结果记录

逐发记录样品名称、试验条件、应力水平、检测次数、投样时间、取样时间及样品性能检测结果。对于失效样品，还应分析、记录失效原因和失效模式。

7.2.12 试验注意事项

加速试验中应注意以下事项：

（1）加速试验和性能检测所用的仪器、设备、工具，应按有关标准经计量部门检定合格方可使用，每次检测应使用同一检测仪器、设备和工具，如需更换，则应重新计量检测；

（2）性能检测中出现的失效样品，要有明显标记，对于那些不影响加速试验继续进行的失效样品，可以继续参加试验；

（3）加速试验中，样品从试验箱取出进行性能检测到样品再次入箱继续进行加速试验的时间，不应超过 24h。

7.2.13 步进加速试验数据处理方法

1）概述

本方法规定了弹药元件恒定湿度应力、步进温度应力加速寿命试验数据处理程序与方法。它适用于产品贮存寿命服从威布尔分布（特征寿命$\eta>0$，位置参数$\gamma>0$）的可靠性特征量的评估。

2）基本假定

根据弹药工程理论与实践经验提出下列基本假设。

假设 1 在应力水平T_i下，弹药元件贮存寿命服从威布尔分布。

$$F_i(t)=1-\exp\{-(t/\eta_i)^{m_i}\},\quad t\geqslant 0,\quad i=0,1,2,\cdots,l \tag{7.23}$$

假设 2 在各个温度应力水平下进行试验，失效机理不变。从数学角度上看就是形状参数保持不变，即：

$$m_0=m_1=m_2=\cdots=m_l \tag{7.24}$$

假设 3 在不同的应力水平T_i下，有不同的特征寿命η_i，η_i与T_i符合阿伦尼斯模型，即：

$$\eta_i=\mathrm{e}^{a+b/T_i} \tag{7.25}$$

假设 4 在进行步进应力加速寿命试验的过程中，弹药元件在高应力水平T_{i+1}下试验时，已在低于该应力水平T_i下试验了一段时间，根据 Nelson 原理，产品的剩余贮存寿命仅仅依赖于当时已累计失效的部分和当时的应力水平，与累计方式无关。

3）参数估计

由基本假定，可推导出步进应力加速试验条件下弹药元件贮存寿命的“折算”分布。

样品首先在T_1下进行试验，试验时间为t_1；然后将温度提高到T_2，试验时间为t_2-t_1；之后在T_3下试验时间t_3-t_2；在T_4下试验时间t_4-t_3；…；最后在T_l下试验时间t_l-t_{l-1}，试验在t_l时刻结束。按基本假定，在时间段$[0,t_l]$，寿命分布为：

$$F(t)=F_1(t)=1-\exp\{-(t/\eta)^m\} \tag{7.26}$$

在时间$(t_1,t_2]$上，当在T_2下进行试验时，样品曾在T_1下进行过一段试验，不能忽略，因而必须把这段时间折算成T_2下相应的一段时间，设相应的时间为S_1，于是在$(t_1,t_2]$上样品的寿命分布为：

$$F(t)=F_2(S_1+(t-t_1)),\quad t_1<t\leqslant t_2 \tag{7.27}$$

由基本假设 4，有：

$$F_1(t_1)=F_2(S_1) \tag{7.28}$$

可得

$$F(t)=F_2(t)=1-\exp\left[-\left(\frac{t_1}{\eta_1}+\frac{t-t_1}{\eta_2}\right)^m\right],\ t_1<t\leqslant t_2 \tag{7.29}$$

同理，有 S_2 满足：

$$F_3(S_2)=F_2(S_1+(t_2-t_1)) \tag{7.30}$$

且有：

$$F(t)=F_3(S_2+(t-t_2)),\ t_2<t\leqslant t_3 \tag{7.31}$$

即：

$$F(t)=1-\exp\left[-\left(\frac{t_1}{\eta_1}+\frac{t_2-t_1}{\eta_2}+\frac{t-t_2}{\eta_3}\right)^m\right],\ t_2<t\leqslant t_3 \tag{7.32}$$

经过类似运算得到：

$$F(t)=1-\exp\left[-\left(\frac{t_1}{\eta_1}+\frac{t_2-t_1}{\eta_2}+\frac{t_3-t_2}{\eta_3}+\frac{t-t_3}{\eta_4}\right)^m\right],\ t_3<t\leqslant t_4 \tag{7.33}$$

把上面的结果，统一用一个式子表达，就有：

$$F(t)=1-\exp\left[-\left(\frac{t-t_{i-1}}{\eta_i}+\sum_{k=1}^{i-1}\frac{t_k-t_{k-1}}{\eta_k}\right)^m\right],\ t_{i-1}<t\leqslant t_i,\ i=1,2,\cdots,l \tag{7.34}$$

即为经过折算后得到的对应温度步进加速试验的失效分布函数。

由此得到样本的似然函数为：

$$L(a,b,m)=\prod_{i=1}^{l}\left[F\left(\sum_{k=1}^{i-1}t_k\right)\right]^{r_i}\cdot\left[1-F\sum_{k=1}^{i-1}t_k\right]^{m_i-r_i} \tag{7.35}$$

式（7.34）$F(t)$ 中的 η_i 要用关系式 $\eta_i=\mathrm{e}^{a+b/T_i}$ 代入，将 $F(t)$ 化为 (a,b,m) 的函数。由数值解法，可分别求得 a、b、m 的极大似然估计。

4）特征寿命的估计

由加速方程可求得在正常温度应力水平 T_0 下特征寿命 η_0 的估计值 $\hat{\eta}_0$。

$$\hat{\eta}_0=\mathrm{e}^{\hat{a}+\hat{b}/T_0} \tag{7.36}$$

5）在正常贮存环境下弹药元件贮存寿命预测

记 $R(t)$ 为弹药元件的贮存可靠度，R_L 为给定的贮存可靠度下限，γ 为置信度，也就是要求贮存寿命 T_S，使：

$$P\{R(T_S)\geqslant R_L\}=\gamma \tag{7.37}$$

由于样本量较大，可以认为 $\hat{R}(t)$ 近似服从均值为 $R(t)$，方差为 $D(\hat{R}(t))$ 的正态分布，得：

$$P\left\{\frac{\hat{R}(T_S)-R(T_S)}{\sqrt{D(\hat{R}(T_S))}}\leqslant\frac{\hat{R}(T_S)-R_L}{\sqrt{D(\hat{R}(T_S))}}\right\}=\gamma \tag{7.38}$$

记 μ_γ 为标准正态分布的 γ 上侧分位点，于是 T_S 满足：

$$\hat{R}(T_S)-\mu_\gamma\sqrt{D(\hat{R}(T_S))}=R_L \tag{7.39}$$

将 $\hat{\eta}_0$、R_L、γ、μ_γ 代入式（7.39），用数值迭代法即可求出在正常贮存环境下弹药元件的贮存寿命。

7.2.14 试验报告

试验报告应包括以下内容：

- 试验目的；
- 试验样品；
- 失效标准；
- 试验应力、应力水平、试验时间及说明；
- 试验方案及说明；
- 试验箱名称、型号及精度；
- 性能检测仪器、设备名称、设备型号及精度；
- 试验数据整理、数据处理方法；
- 失效分析；
- 试验分析；
- 试验结论。

7.3 恒定应力加速寿命试验

7.3.1 概述

通过上述内容我们可以看出，步进应力加速寿命试验各个应力串行进行，完成试验的自然时间较长；如果采用恒定应力加速寿命试验方法，则各个应力可以并行进行，完成试验的自然时间可以缩短。另外，恒定应力加速寿命试验比步进应力加速寿命试验数据处理简单，因此，我们可以考虑采用恒定应力加速寿命试验方法进行试验。

7.3.2 试验方法差异说明

在恒定应力加速寿命试验中，相比步进应力加速寿命试验，试验应力类型、应力大小、检测项目、试验设备要求可以完全一致，主要方法差异说明如下：

（1）检测时机。恒定应力加速寿命试验中测试次数应该增加，建议整个试验周期中安排 12 次以上检测，如经济和时间成本上允许，可增加至 25 次。这样可以获得更为充分的性能变化规律数据，这些数据甚至可以支持完成加速退化试验的数据处理。

（2）样品数量。每个应力水平下，非破坏性测试样品数量可安排 10～30 个，可根据样品贵重情况和实际数量来安排，总而言之，单个样品的失效对累计故障概率的影响为 $r/(n-r)$。也就是说，如果有 10 个样品，每个样品失效对累计故障概率的影响大于等于 10%；如果有 30 个样品，每个样品失效对累计故障概率的影响大于等于 3.3%。由此可见，30 个样品一次不合理的失效判定造成的影响控制在较小范围内。破坏性测试样品数量可以每组安排 12×(3～5)=36～60 个，即保持获得 12 次测试数据，每次破坏性测试 3～5 个样品。对于破坏性测试，通过获得的性能参数退化数据进行寿命预测更为合理。

（3）数据处理：严格按照加速寿命试验数据处理方法，即阿伦尼斯模型的解算方法，通过 3～4 组试验，计算得出每组的寿命/可靠性特征值，再利用应力-强度模型外推得到常规应力的寿命/可靠性特征值。具体方法可参照第 4 章。

7.4 典型元器件失效物理模型

元器件类型多，各种元器件可能具有不同的失效模式与失效激励，涉及的失效模型多，下面我们给出几种典型的失效物理模型。

7.4.1 电迁移

由于载流电子和金属晶格之间的动量交换，铝离子能够沿着电流方向漂移，进而导致金属线的某些部位出现空洞从而发生断路，而另外一些部位由于有晶须生长或出现小丘造成电路短路。当芯片集成的程度越来越高时，其中金属互连线变得更细、更窄、更薄，其电迁移现象越来越严重，铝离子的积累增加了支撑电介质的机械应力，并可能最终导致短路的出现。

目前普遍采用 Black 方程来计算失效时间（T_f）。

$$T_f = A_O (J - J_{crit})^{-N} \exp(E_a / KT) \tag{7.40}$$

式中，

T_f——失效时间；

A_O——加速因数；

J——电流密度；

J_{crit}——临界（极限）电流密度；

N——电流密度，衬底电流或相对湿度指数；

E_a——激活能；

K——玻耳兹曼常数，8.6×10^{-5}eV/K；

T——热力学温度，单位为 K。

其中，J 的值必须大于 J_{crit} 以产生故障。

J_{crit} 与薄板的长度成反比，例如，$J_{crit}\times L_{crit}\approx$6000A/cm 这是典型的分析（$JL$ 乘积近似为常数）。

当测试条纹的长度为 60μm 时，J_{crit} 与正常的 EM 值比较，压力电流密度在 1mA/cm^2 附近。

对应于一个潜伏期，针对层状的金属系统或者那些相对粗糙的间距（线宽>～1μm），使用 N=2，但是通常对于深亚微米技术来说，应该使用 N=1。如果 J_{crit} 被认为是零，人们可能会明显观察到电流密度指数为 2。

E_a=0.5～0.6eV，对于纯铝以及含有一部分硅的铝。

E_a=0.7～0.9eV，对于纯铝或者铝铜合金。

对于单极电流波形，J 是平均电流密度。

对于双极电流波形，一个恢复动作的发生和有效电流密度 $J=(\langle J+\rangle-r)\langle J-\rangle$，这里的 $\langle J+\rangle$ 是正极脉冲的平均值，$\langle J-\rangle$ 是负极脉冲的平均值，恢复因子 r 的值至少为 0.7。

7.4.2 温、湿度效应

$$A_f=\left(\frac{\mathrm{RH_t}}{\mathrm{RH_u}}\right)^3\cdot\exp\left[\frac{E_\mathrm{a}}{K}\cdot\left(\frac{1}{T_\mathrm{u}}-\frac{1}{T_\mathrm{t}}\right)\right] \tag{7.41}$$

式（7.41）常用于估计温、湿度效应与偏压效应（应用 HAST 试验结果）的加速度因数。针对铝金属化电解腐蚀的温度、湿度和寿命之间的关系，Peck 提出了用一个非常短时间的试验来代替 1000h 的温、湿度偏压（THB）试验的关系式，并提出用这种关系外推高压蒸煮试验结果。这一关系式如下：

$$T_f=A(\mathrm{RH})^n\cdot\exp\left(\frac{E_\mathrm{a}}{KT}\right) \tag{7.42}$$

式中，

T_f——失效时间；

n——湿、度逆幂次数；

E_a——激活能；

A——常数。

Hallberg 和 Peck 在接下来的研究中发现，从几个公开出版物中提取的数据跟式（7.42）拟合得很好，n=−3.0，E_a=0.90eV。

最新的研究表明，有温、湿度效应的某些器件具有更高的激活能。例如，Tam 发现某个器件的试验结果与 E_a=0.95eV 有更好的相关性，而一般情况下推荐使用 E_a=0.90eV 这一数值，除非器件生产厂有经验数据证明某个器件有更高的激活能。

Hallberg 和 Peck 指出应该用 HAST 代替 THB，以缩短反馈和运输时间，可根据式（7.43）完成从 THB 外推潮湿寿命，这一公式也可在外推高压蒸煮（无偏）试验结果时使用。

$$A_f=\left(\frac{0.85}{\mathrm{RH}}\right)\cdot\exp\left[10444\cdot\left(\frac{1}{T+273}-\frac{1}{385}\right)\right] \tag{7.43}$$

式中，

T——温度，单位为℃；

RH——相对湿度，单位为%。

7.4.3 热效应（阿伦尼斯）

$$A_f=\exp\left[\frac{E_\mathrm{a}}{K}\cdot\left(\frac{1}{T_\mathrm{u}}-\frac{1}{T_\mathrm{a}}\right)\right] \tag{7.44}$$

式中，

A_f——加速因子；

E_a——激活能，可从某种失效机制的典型值或经验数据中得出具体值；

K——玻耳兹曼常数（8.6×10^{-5}eV/K）；

T_u——使用环境温度，单位为K；

T_a——加速试验温度，单位为K。

阿伦尼斯寿命温度关系广泛应用于建立产品寿命与温度的关系模型。

这一关系式用于表示某个失效机理对温度的敏感度和产品的热加速因数。在用于估计产品可靠性时，式（7.44）用于表示产品可靠性与温度和时间的关系。器件生产厂用这一阿伦尼斯等式推导高温操作寿命、高温稳定态寿命与数据保持（非易失性存储器件）的加速因数。用阿伦尼斯等式估计的失效时间对激活能值的变化非常敏感。例如，当激活能值出现0.05eV的变化时对70℃时失效时间的影响为：

$$t_f = \frac{\exp(E_a + 0.05)/KT}{\exp^{E_a/KT}} \approx 5 \tag{7.45}$$

EIA/JEP122"硅半导体器件的失效机理和模型"中提供了详细的基本热加速度等式，并指导选择用失效率求和的方法估计系统失效率的热激活能。EIA/JEP122包括每一个企业推荐使用的最差情况类似值，以便保证一致性和进行比较。表7-3（常见失效机理的激活能）摘自EIA/JEP122，表中可见微电路常见失效机理类别的激活能。如果对采用的物理工艺了解不多，又没有其他途径得到该失效机理的特性值，但知道失效属于表（7.3）中的一类，那么选择典型激活能值可为估计该失效机理对微电路失效率的影响提供合理的基础。

表7-3 常见失效机理的激活能

常见失效机理类别	典型值/eV
表面/氧化	1.0
电荷损失（动态储存器）	0.6
介质击穿	
场>0.04μm厚	0.3
场≤0.04μm厚	0.7
金属化	
电迁移（铝、合金和多层铝）	0.6
腐蚀-氯	0.7
腐蚀-磷	0.53
圆片制造	
化学玷污	1.00
硅/晶体缺陷	0.50

7.4.4 非易失性储存器数据保持

用阿伦尼斯寿命-温度关系式推导数据保持失效时间的加速因数时要注意。根据DeSalve等人的研究，阿伦尼斯寿命-温度关系式对于数据保持寿命与温度的关系没有提供合理的模型。阿伦尼斯寿命-温度关系式一般规定了扩散率与温度的关系。由于半导体器件中的失效机理有很多是由离子迁移的影响造成的，因此阿伦尼斯寿命-温度关系式对于计算温度上升作用下这些效应的加速度提供了很好的模型，对于高温下观察到的失效率与低温下预期寿命之间的关系提供了很好的模型。

DeSalvo 等人则认为，阿伦尼斯寿命-温度关系式对于浮栅非易失性储存器件中的数据保持没有提供合理的模型，因为数据损失是由遵从 FN 隧道电流原理的电荷损失引起的。历史数据的分析令人信服地证明，新提出的“T 模型”与现有的数据吻合。但阿伦尼斯模型则需要不同的激活能来拟合不同试验温度下的数据。如果选择了给定温度下错误的激活能，得出的结果会有很大出入。

采用“T 模型”可用下式计算数据保持失效时间：

$$t_{\mathrm{R}} = t_0 \exp\left(-\frac{T}{t_{0\mathrm{DR}}}\right) \tag{7.46}$$

式中，

t_{R}——数据保持失效时间；

t_0——在参考条件下的数据保持失效时间；

T——温度，单位为 K；

$t_{0\mathrm{DR}}$——数据保持的特性温度。

由加速因数外推出下面的数据保持失效时间：

$$A_f = \frac{t_{\mathrm{Ru}}}{t_{\mathrm{Rt}}} = \frac{t_0 \cdot \mathrm{e}^{-\left(\frac{T_{\mathrm{u}}}{T_0}\right)}}{t_0 \cdot \mathrm{e}^{-\left(\frac{T_{\mathrm{t}}}{T_0}\right)}} = \mathrm{e}^{\left(\frac{T_{\mathrm{t}}-T_{\mathrm{u}}}{T_0}\right)} \tag{7.47}$$

7.4.5 微电路的电压加速度

对于由电压加速的失效机理（时间相关介质击穿、栅氧化缺陷、电荷增益等）通常是用电压加速度因数与阿伦尼斯寿命-温度关系式结合：

$$A_{fv} = \exp[\beta \cdot (V_{\mathrm{t}} - V_{\mathrm{u}})] \tag{7.48}$$

式中，

V_{t}——试验电压；

V_{u}——使用电压；

β——电压加速度常数（由经验值得出）。

总的加速度因数由阿伦尼斯寿命-温度关系式与电压加速度因数的乘积得出：

$$A_{ftu} = A_{ft} \cdot A_{fu} \tag{7.49}$$

7.4.6 热机械效应（Coffin-Manson）

$$A_f = \left(\frac{\Delta T_{\mathrm{t}}}{\Delta T_{\mathrm{u}}}\right)^m \tag{7.50}$$

式中，

A_f——加速因子；

ΔT_{t}——测试环境下温度循环试验的温差；

ΔT_{u}——使用环境下温度循环试验的温差；

m——常数，可从某种失效机制的典型值或经验数据中得出具体值。

Coffin-Manson 关系式是针对由热应力引起的低循环疲劳对微电路和半导体封装可靠性的影响进行建模的有效方法。这一关系以倒数幂定律为基础，该定律原用于热循环中金属疲劳寿命的建模，现在也可用于机械和电子部件、焊接和其他连接件的金属疲劳寿命的建模。典型的失效循环数（N）与热循环温度范围（ΔT）的关系表达式为：

$$N = \frac{A}{(\Delta T)^B} \tag{7.51}$$

式中，

A——参考条件下的失效循环数；

B——特定金属和试验方法的特征值。

Coffin-Manson 关系式的加速度系数是加速条件下温度摆动与使用条件下温度摆动的比率，自乘到每个失效机理特定的 Coffin-Manson 指数幂中（m=1/B）。

Dunn 和 McPherson 用这一公式分析了加速条件下的金属间黏合开裂和分离失效（“凹陷”），并得出这些失效机理的 Coffin-Manson 指数。Blish 和 Vaney 则在薄膜开裂上使用这一方法，这一失效是由热应力造成的钝化层开裂引起的。Blish 根据几个研究结果得出结论，集成电路失效机理的 Coffin-Manson 指数落在 3 个相对较窄的范围之一，Coffin-Manson 指数见表 7-4。

表 7-4　Coffin-Manson 指数

失效机理	m
塑性金属疲劳	1～3
常用 IC 金属合金与金属间化合物	3～5
脆性开裂	6～8

Blish 翻阅了大量论文，提取了一套市场上有用的可靠性模型参数，市场主要产品的环境范围见表 7-5。用文献中的 SN 图表（应力与疲劳失效的循环数）可预计循环热应力引起的集成电路失效率。他还研究了大量的热疲劳数据，得出 Coffin-Manson 指数随失效机理激活而变化的情况。各种文献中的 Coffin-Manson 指数见表 7-6。表中有些材料与集成电路可靠性无关，但出于历史和技术的考虑也一并提供。相似的失效机理都分在一个组别。

表 7-5　市场主要产品的环境范围

市场主要产品	工作寿命	通电（h/周）	循环/d	潮湿低功率	工作温度	贮存温度
室内产品：PC/台面机，服务器，工作站等	5～10 年	60～168	环境循环：1～2 功率循环：1～2	30～36℃， 85%～92%RH	0～40℃	-40～50℃
消费便携式产品：笔记本 PC，PDA，蜂窝电话等	5～10 年	60～168	环境循环：2～4 功率循环：4～6	30～36℃， 85%～92%RH	-18～55℃	-40～50℃
其他产品：汽车，电信交换机等	7～25 年	20～168	环境循环：2～4 功率循环：2～10	30～36℃， 85%～92%RH	-55～125℃	-40～50℃

表 7-6 各种文献中的 Coffin-Manson 指数

作　者	机　理	*m*
Halford	316 不锈钢	1.5
Morrow	316 不锈钢，Wasp 合金，4340 钢	1.75
Norris，Landzberg	焊料（97Pb/3Sn）跨 30℃	1.9
Kotlowicz	焊料（37Pb/63Sn）跨 30℃	2.27
Li，Hall	焊料（37Pb/63Sn）T<30℃　T>30℃	1.2 2.7
Mavori	焊料（37Pb/3Ag&91Sn/9Zn）	2.4
Scharr	Cu&引线框（TAB）	2.7
Dittmer	Al 线焊	3.5
Dunn，McPherson	线焊中 Au4Al 开裂	4.0
Peddada，Blish Mischke	PQFP 分层/焊接失效 ASTM2024 铝合金	4.2 4.2
Hatanka	铜	5.0
Blish	Au 线下焊接尾部开裂	5.1
Egashira	ASTM 6061 铝合金	6.7
Blish	氧化铝开裂-bubble 存储器	5.5
Zelenka	层间介质开裂	5.5±0.7
Hagge	硅开裂	5.5
Dunn，McPherson	硅开裂（“凹陷”）	7.1
Blish，Vaney	薄膜开裂	8.4

7.4.7 温度循环和温度冲击

（1）Coffin-Manson 模型

对于韧性材料低循环疲劳数据由 Coffin-Manson 方程给出：

$$N_f = A_{\mathrm{o}}\left[\frac{1}{\Delta\varepsilon_{\mathrm{p}}}\right]^B \tag{7.52}$$

式中，

N_f——疲劳破坏循环次数；

A_{o}——材料相关的常数；

$\Delta\varepsilon_{\mathrm{p}}$——塑性应变范围（不可逆的滞后回线，无单位）；

B——经验常数。

（2）改进的 Coffin-Manson 模型

$$N_f = C_{\mathrm{o}}[\Delta T - \Delta T_0]^{-q} \tag{7.53}$$

式中，

N_f——疲劳破坏循环次数；

C_o——材料相关的常数；

ΔT——设备的整个温度周期范围；

ΔT_0——弹性区域的温度循环范围；

q——Coffin-Manson 指数，经验常数。

第 8 章

火工品加速寿命试验

8.1 火工品基本介绍

火工品是一种受到一定外界能量激发即可按预定时间、地点和形式发生燃烧或爆炸的元件或装置，能产生各种预期设计效应，其应用范围极为广泛。同时，火工品的设计与生产需考虑较多因素，不确定性较大。因此，对火工品性能的评估成为其生产应用过程中的一项重要工作。火工品性能的优劣除依靠必需的外观与质量检查判断外，最终还要靠试验来确定。火工品的试验类型主要包括感度、输出、功能、环境、可靠性、电性能以及寿命等，其中每一个类型都可以包括多种试验方法。对于一些具有普遍应用范围的试验方法，我国制定了国军标对这类试验方法进行标准化和规范化，其中 GJB 736 代表了我国当前火工品可靠性评估方法和试验方法的水平。这些标准将满足火工品研制与生产的需要，对于加速我国火工品的发展有着积极的意义。

火工品是典型的长期贮存、一次使用的高可靠产品，在正常贮存条件下失效率很低，在短期内很难暴露缺陷，也就很难得到有效的贮存寿命信息，一般采用加速寿命试验的方法来评价其贮存寿命指标。

火工品在贮存过程中失效的影响因素主要有三个方面，一是火工品自身的贮存性能，如热安定性、吸湿性等；二是火工品的结构，如密封性好坏等；三是火工品所处的贮存环境，如温度、湿度条件等。

本章节在参考 GJB 736 的基础上结合该标准的实际使用情况和工程经验编写而成，读者可参照 GJB 736 进行本章的阅读。

8.2 火工品加速试验

火工品加速试验通常采取多组（不小于 4 组）样品在不同高温应力水平下进行加速试验，通常有 2 种方式：

（1）通过观测失效数据进行加速寿命试验，利用寿命分布模型评估各组高温应力下的可靠寿命，再利用加速模型外推出常规应力水平下的可靠寿命。

（2）通过观察性能退化数据进行加速退化试验，利用性能退化模型预测各组应力下的失效时间，再利用加速模型外推出常规应力水平下的失效时间。

无论采取哪种方式进行加速试验，只是数据处理方式不同，试验部分基本相同，下面对火工品加速试验进行详细说明。

8.2.1 试验准备

1. 试验样品要求

一次随机抽取具有代表性的样品，每一应力水平的试验至少需要样品 175～210 发。尽管火工品涉及装备安全问题，需要增加样本以提高试验结果的可信度和精确性，然而，实际上每组试验均提供这么多样品在实际工程中是不大可能的。根据工程经验，如果采取加速寿命试验方法，建议每组样品保持 25～40 个，即第一个样品失效导致累计故障概率为 2.5%～4.0%，减少累计失效概率点估计的误差；如果采取加速退化试验方法，建议每组样品保持 5～10 个即可，预测出一组应力下每个样品的失效时间后再进行均值处理。当然，如果希望得到每组样品的失效时间分布，则应进一步增加样品数，通常，同一应力水平下样品寿命应当服从正态分布，如要做正态性检验，则每组样品数不应低于 25 个。上述建议基于测试没有破坏性的情况，如果样品在试验过程中，还需要安排多次破坏性检测，则应相应增加每组样品数。

2. 应力水平的确定

为利用高应力水平寿命信息外推得出常规应力水平寿命信息，加速试验选取应力水平数至少不低于 3 个，建议应不少于 4 个，通常应力水平数越多，得到的外推预测结果越准。无论应力水平分成多少组，其中最高和最低应力水平都应确保失效机理不变。最高应力水平通常要根据产品的实际情况而定，可通过调查分析确定，也可通过步进试验确定，过高的应力水平会导致产品失效机理发生变化，出现不正常的故障现象和故障数量。最低应力水平也要保证加速试验的效率，不宜采取过低的应力水平，否则会导致加速效果不佳和加速试验时间较长。相邻两个应力水平之间应有一定的间隔，通常取间隔不低于 10℃。因此，通常要在应力水平数、最高应力、最低应力三者之间进行必要的权衡。

3. 测试项目

应选取反映产品变化最敏感的性能参数即灵敏参量作为测试项目。在测试项目能够实现自动化、无损测试的情况下，试验中应尽可能多地监测测试项目；如需手动完成测试，在所需测试时间长且难以接受的情况下，应考虑选择部分参数（优先敏感参数、关键参数）作为试验中的测试项目；如果测试项目具有破坏性，则应考虑样品的测试损失，在确定样品数时结合测试计划进行必要的权衡和补增。

4. 失效判据

试验的失效判据如下：

（1）以产品技术条件规定的不合格判据作为失效判据的标准。

（2）一个样品只要有一项性能参数达到失效标准，就判该样品失效。

8.2.2 试验方案设计

试验方案设计如下：

（1）确定本次试验的应力水平、投入样品数量和试验日程。

（2）确定测试周期。根据产品性能和施加应力大小来确定取样时间进行测试。每个应力水平的试验，一般应有 5～7 个测试周期。

测失效数的试验，第一个测试周期安排在样品开始出现失效的时间取样，在其他测试周期安排中不要使失效数过于集中（在 1～2 个测试周期内）；测性能参数退化规律的试验，第一周期应在估计样品性能稍有退化时取样，在其他周期安排中应使样品性能参数退化有一定的变化量。

（3）确定试验截尾时间。测失效数试验截尾时间，一般是当样品出现 70%以上失效数时进行为宜；测性能参数退化规律试验的截尾时间，一般是在样品性能参数退化已超出临界值，并且至少出现 10%的样品失效时进行为宜。

8.2.3 仪器设备

试验所需的仪器设备如下：

- 恒温试验箱：控温精度±1℃；
- 防爆器：防爆器可装 30 发样品，样品间应隔爆；
- 测试样品性能参数所用的仪器；
- 水银温度计：0～100℃分度值为 0.2℃。

8.2.4 试验程序与要求

试验程序与要求如下：

（1）接通恒温试验箱电源，使其运转正常，并调试温度至试验规定值。

（2）将抽取的样品随机分组，分别装入防爆器。为便于取样，一组样品装入一个防爆器。每组样品数量为 25～30 发。

（3）将装好的样品放入恒温试验箱内，并立即关好箱门，记录放入样品的时间，一小时后开始计算试验时间。

（4）试验中要定时记录恒温试验箱温度。

（5）按规定的周期取样。取样后应注意立即关好恒温试验箱门，试验箱应在 5min 内恢复正常。

（6）取出的样品应在常温下放置 2h 后，再进行性能测试。

（7）按规定的测试项目进行测试。试验中，应使用相同的测试仪器，由固定专人操作，如需更换仪器，必须经过计量。

（8）按规定的截尾时间关机停止试验。

8.2.5 试验记录

试验记录要求如下：

（1）各应力水平试验记录要求完整，包括试验条件，放样、取样时间，试验截尾时间。

（2）测试结果的记录要求详细填写测试数据和失效形式分析情况。

8.2.6 结果处理

试验结果处理包括：

（1）对各测试周期的原始数据，按有关测试方法进行整理、统计。对失效样品进行失效分析和统计。

（2）试验有效性的判断。

- 失效数据的取舍是否恰当；
- 寿命分布是否符合假设；
- 加速模型的检验。

（3）数据处理。

当受试样品的寿命分布服从对数正态分布，或能找到样品的灵敏参量变化规律时，采用相应的加速寿命试验数据处理方法。

（4）试验报告。

应包括以下内容：

- 试验目的；
- 失效标准；
- 试验样品及应力的选择和试验说明；
- 测试用的仪器型号及精度；
- 整理试验数据并计算；
- 试验分析；
- 试验结论。

8.3 火工品加速试验数据处理

8.3.1 基于失效判据的加速寿命试验数据处理

1. 假设条件

- 假设试验前的样品中没有废品；
- 每组样品测试结果可以代表总体；
- 后一周期测得的失效数应大于或等于前一周期测得的失效数。

2. 失效分布参数估计方法

1）图估法

（1）将每一取样周期测试结果列入试验信息记录表（见表 8-1）。

表 8-1 试验信息记录表

产品名称		样本大小	
测试项目		失效标准	
试验贮存时间/h	累计失效数/发	累计失效概率/%	
备注	累计失效概率计算方法：$F(t)=\begin{cases}\dfrac{j}{n+1}, & (j=1,2,\cdots,r;n<50)\\ \dfrac{j}{n}, & (j=1,2,\cdots,r;n\geqslant 50)\end{cases}$		

（2）根据表 8-1 中的数据 $(t_1,F(t_1)),(t_2,F(t_2)),\cdots,(t_r,F(t_r))$ 在对数正态概率纸上描点。

（3）配置分布直线。

用所描的点配制出一条直线，绘制直线时应注意下列事项：

- 使所描的点交错地分布在直线两边，并使分布在直线两边的点的数目大致相等；
- 使 $F(t)=50\%$ 附近的数据点尽可能分布在直线附近，使分布直线和所描各数据点的偏差之和尽可能小。

（4）μ 值的估计。

分布直线和 $F(t)=50\%$ 的直线（x 轴）相交于 M 点。由 M 点向上引 x 轴的垂线和 $\ln t$ 轴相交，交点的刻度值即为 μ 值。

（5）σ 值的估计。

过对数正态分布概率纸 Y 轴上的固定点 Y_1 作分布直线的平行线，与 $\ln t$ 轴相交，交点的刻度值即为 σ 值。

（6）σ^2、E_t 的估计。

由 σ 值处上引与 $\ln t$ 轴垂直的线，和 σ^2 尺的交点即为 σ^2 值，与 $\dfrac{E_t}{t_{0.5}}$ 尺的交点为平均寿命 E_t 值。

该方法主观性较强，作图画线容易造成较大的人为误差，因此，不推荐读者使用。

2）极大似然估计法

（1）失效时间的处理。

定时测试中，某测试间隔 (t_{K-1},t_K) 内测得失效数为 r_K，则第 i 个试验水平中，第 K 个测试间隔内，第 j 个失效样品的失效时间 $t_{K,j}$ 应确定为：

$$t_{K,j}=t_{K-1}+\frac{t_K-t_{K-1}}{r_K+1}\cdot j,\ j=1,2,\cdots,r_K \tag{8.1}$$

将该应力水平的试验中，所有失效样品的失效时间从小到大依次排列，并分别取对数，填入失效时间处理表（见表 8-2）。

表 8-2 失效时间处理表

失效序号 j	失效时间 t_j	$\ln t_j$
1		
2		
3		
…		
i		

（2）极大似然估计。

截尾试验的对数正态分布（μ,σ）的极大似然估计，可直接在计算机上用迭代法解似然方程。为便于普及使用，可将似然方程等量变换，（μ,σ）的极大似然估计如下：

$$\sigma = d / g(zs) \tag{8.2}$$

$$\mu = X + (\sigma^2 - s^2) / d \tag{8.3}$$

其中，$d = \ln t_s - \ln t$。

$$X = \frac{1}{r}\sum_{i=1}^{t} \ln t_i \tag{8.4}$$

$$S^2 = \frac{1}{r}\sum_{i=1}^{t} (\ln t_i - \ln t)^2 \tag{8.5}$$

（3）寿终 t_Z 的估计。

$$t_Z = \mathrm{e}^{\mu + \sigma K_a} \tag{8.6}$$

其中，K_a 由正态分布下侧分位数表查得。

8.3.2 基于性能退化的加速退化试验数据处理

1. 假设条件

（1）受试火工品灵敏参量的分布类型不随贮存时间的变化而变化。

（2）试验条件完全相同，每次取相等的样品数，测得的结果可以反映来自同一母体的样品的变化。

2. 老化方程的确定

（1）将每一温度应力水平各取样周期的测试结果分别填入试验数据记录（见表 8-3）。

表 8-3 试验数据记录表

贮存寿命 t_i	
灵敏参量 G_i	
$\ln G_i$	
σ_{G_i}	

（2）表 8-3 中数据$(\ln t_1,\ln G_1),(\ln t_2,\ln G_2),\cdots,(\ln t_i,\ln G_i)$用最小二乘法拟合，得回归方程系数 a、b 的值，即可写出老化方程。

$$\ln G = a + b\ln t \tag{8.7}$$

（3）由老化方程估计寿终 t_Z。根据假设条件成立式（8.8）：

$$u = \frac{G_Z - a(t_Z)}{\sigma(t_Z)} \tag{8.8}$$

其中，u 值、G_Z 值由产品技术条件所规定，σ_G 值取 $\sigma_{G(1\sim i)}$ 的平均值。

$$a(t_Z) = G_Z - u\sigma_G \tag{8.9}$$

用 $a(t_Z)$ 值替代老化方程中的 G 值，则有：

$$\ln a(t_Z) = a + b\ln t_Z \tag{8.10}$$

可估计产品的寿终 t_Z 为：

$$t_Z = \mathrm{e}\frac{\ln a(t_Z) - a}{b} \tag{8.11}$$

8.3.3 温度加速寿命方程的估计

（1）将四个温度应力水平的寿终值 t_{Zi} 列入试验数据记录表（见表 8-4）。

表 8-4 试验数据记录表

T_i	$1/T_i$	t_{Zi}	$\ln t_{Zi}$

（2）由上表数据，以 $\ln t_{Zi} \sim \frac{1}{T_i}$ 依次在单对数纸上描点，配置一条直线，即为温度加速寿命直线。将配置温度加速寿命直线延长，在 $\ln t_Z$ 轴上找与 $\frac{1}{T}$ 轴上 $\frac{1}{T_0}$ 对应的点，该点的坐标值即为 $\ln t_Z$。

（3）将数据$\left(\frac{1}{T_1},\ln t_{Z_1}\right)$、$\left(\frac{1}{T_2},\ln t_{Z_2}\right)$、$\left(\frac{1}{T_3},\ln t_{Z_3}\right)$用最小二乘法拟合得 A、B 常数的估计值，则可写出回归方程，即温度加速寿命方程，见式（8.12）。

$$\ln t_Z = A + B\cdot\frac{1}{T} \tag{8.12}$$

（4）由温度加速系数定义计算：

$$\tau(T_0 \sim T_i) = \frac{t_{Z0}}{t_{Zi}} \tag{8.13}$$

（5）由温度加速寿命方程的系数计算：

$$\tau(T_0 \sim T_i) = \mathrm{e}^{B\left(\frac{1}{T_0}-\frac{1}{T_i}\right)} \tag{8.14}$$

（6）常温下贮存寿命的估计：

$$\ln t_{Z0} = A + B \cdot \frac{1}{T_0} \tag{8.15}$$

则

$$t_{Z0} = \mathrm{e}^{A+B\cdot\frac{1}{T_0}} \tag{8.16}$$

8.4 火工品加速试验探讨

在实际贮存中，火工品可能经受温、湿度应力，在温、湿度综合环境下，开展火工品的加速试验具有更为现实的意义。

火工品在温、湿度应力下的加速试验方法，可采用典型的温、湿度模型，开展多组温、湿度组合的加速试验（如 X_1℃-Y_1%RH、X_1℃-Y_2%RH、X_2℃-Y_1%RH、X_3℃-Y_2%RH）。首先，基于性能退化模型预测各组样品的寿命特征值；然后，基于应力-强度模型，采用最小二乘法求解模型参数，外推典型温、湿度应力下的寿命特征值。

第9章

关键组件加速退化试验

9.1 加速退化试验技术介绍

按照一定的设计要求和工艺方案所生产出来的产品，在规定的工作条件下均具有某种规定的功能，在可靠性理论中，将产品丧失规定功能的现象称为失效，产品在贮存或工作一段时间后，往往会出现失效的现象。

根据产品丧失规定功能的形式，可以将产品失效分成突发型失效和退化型失效两种类型。若产品在以往的工作或贮存过程中，一直保持或基本保持所需要的功能，但在某一时刻，这种功能突然完全丧失，则称这种现象为突发型失效，如器件击穿、电路短路、材料断裂等；若产品在以往的工作或贮存过程中，其功能随时间的延长而逐渐缓慢下降，直至达到无法正常工作的状态，则称此种现象为退化型失效，如电子元器件性能衰退、机械件磨损、药品效力降低、绝缘材料老化等。

产品失效通常是由产品内在的失效机理与产品外部环境和工作条件综合作用而产生的，这一般是一个十分复杂的过程。根据材料失效机理和损伤模型，大致可将失效机理分为过应力机理和耗损型机理两大类。在过应力机理中，当应力超过产品所能承受的强度时产品就会发生失效，如果应力低于产品的强度，则该应力不会对产品造成影响；在耗损型机理中，无论是否导致产品失效，应力都会对该产品造成一定的损伤且损伤会逐渐累积，此损伤累积可能会导致产品功能逐渐退化，或导致内部材料、结构等抗应力的某种强度发生退化，当这种强度或产品的功能退化到一定程度时，产品随即失效。

结合失效形式类型和失效机理类型来看，过应力失效机理导致的失效显然是突发失效，比如玻璃碎裂、弹性变形等；而耗损型失效机理导致的失效可能是突发失效也可能是退化失效。产品由于应力的作用造成的损伤受不同因素的影响：产品的外形、结构，材料的构成与损伤特性，产品生产过程以及产品工作环境等。产品性能退化过程也有不同的形式，如磨损、腐蚀、扩散失效等。根据统计，在产品的失效中，耗损型失效机理造成的失效占绝大部分。

对突发型失效的产品，其规定功能通常是产品的某种属性，因而只有两种状态，即产品具有某种功能（合格状态）或产品不具有某种功能（不合格状态）。若将产品具有该功能的合格状态记为 1，不具有该功能的不合格状态记为 0。产品的两类失效形式示意图如图 9-1 所示。产品功能随时间推移所产生的变化可用合格与不合格来表示，产品在时间段$[0,T)$内处于合格状态，在T时刻发生突发型失效，显然，T为产品的寿命或失效时间（见图 9-1(a)）。与突发型失效产品不同，退化型失效产品的功能无法用只有两种状态的属性变量来描述，而需用产品的某个计量特性指标来表示，这个特性指标值的大小反映产品功能的高低，并且该特性指标值随产品工作或贮存时间的延长而缓慢发生变化。在大多数实际应用中，表示产品功能的特性指标值的变化趋势总是单调上升或单调下降，这种现象也反映出产品的退化过程是不可逆转的。由于产品的上述特性指标值无论是上升变化还是下降变化，表示的总是产品功能的下降，因此将反映产品功能下降的特性指标值称为退化量。随着时间的增加，产品功能逐渐退化，当退化量达到或超过某一个量时，产品的功能将不能满足工程需求，即发生退化失效。判断产品发生退化失效与否的量被称为退化失效临界或退化失效标准，也称退化失效阈值。图 9-1（b）给出失效阈值为l时的退化型失效示意图，在时间段$[0,T_l)$内，产品的退化量低于失效标准l，即产品在正常工作状态之中。图中，产品的退化量低于失效标准l时，产品功能不再满足工程需求，即发生退化失效。由图 9-1 可以看出，突发型失效产品在失效以前功能保持不变，或基本保持不变，而失效以后功能完全丧失；退化型失效产品在失效以前功能就在不断下降，并且发生退化失效与否是相对于失效标准而言的。

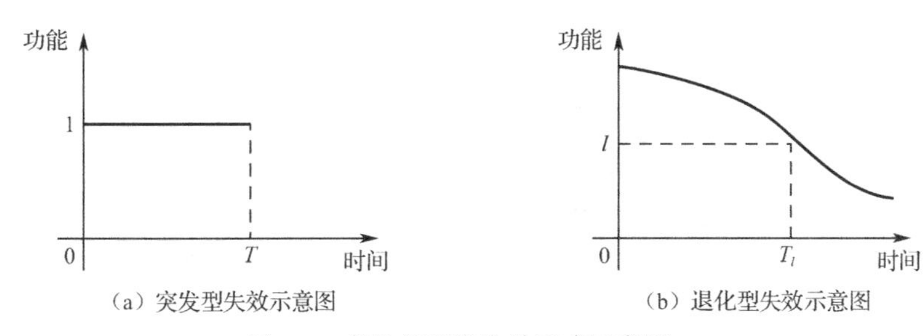

（a）突发型失效示意图　　（b）退化型失效示意图

图 9-1　产品的两类失效形式示意图

目前，产品寿命评定通常采用寿命试验，寿命试验是以失效时间作为统计分析对象的，其做法是通过大量试验得到产品或其部件的失效数据，然后使用统计判断准则，选择最合适的统计分布模型（主要是指数、正态、威布尔、对数正态等传统寿命分布），最后通过系统可靠性结构模型和部件寿命分布模型，得到产品寿命评估结论。对于高可靠、长寿命产品，则常采用加速寿命试验，在保证失效机理不变的前提条件下，提高试验效果，缩短试验时间。利用加速寿命试验建立产品寿命与应力之间关系的加速模型，然后使用外推的方法预计产品在正常应力下的寿命。无论是传统寿命试验还是加速寿命试验均假定产品只具有正常、失效两种状态，也就是说，产品“非好即坏”，分析过程中并不使用产品试验过程中的微观变化信息，即没有使用失效前的相关信息；另外，由于试验基于大量寿命数据进行寿命分析，其寿命分析结果反映的是总体在给定的条件下的“平均属性”。寿命试验方法通常需要大量产品进行非常长时间的试验才能获得失效数据，从而有效评估产品寿命，而现代工业生产具有“多品种、小批量、快速生产”等特点，且受到项目经费、周期和产品长寿命等客观条件的制约，故寿命试验实际应用甚少。

有研究表明，退化失效是产品失效的主要原因，产品规定完成的功能是由其性能参数表征的，并且动态环境对产品的影响也体现在性能参数的变化上，很多情况下，产品失效与性能退化存在着必然联系，产品性能退化可导致失效。产品性能退化过程中包含着大量可信、精确而又有用的与产品寿命有关的关键信息，所以从产品性能参数的变化着手，通过对表征产品功能的某些量进行连续测量，取得退化数据，利用退化数据对产品功能的退化过程进行分析，就可以对产品可靠性做出评定。利用性能退化数据进行可靠性分析是寿命评估的一种新的手段。

一般情况下，随着使用时间的增加，表征产品特性的性能特征参数将出现退化的情况。性能退化现象是自然而又大量存在的，如电子元器件的特性退化，金属材料的蠕变、裂纹初始化及其磨损、腐蚀、氧化，绝缘体和隔热体的老化等。当产品的某些性能特征参数不断退化并超过其规定范围时，产品就会失效。当某些高可靠性产品在正常应力条件下退化速度较慢以至于在合理的时间内很难做出有用的推断时，可以利用提高应力的方法加速性能参数的退化过程，从而在较短的时间内得到可用的退化信息。因此可以从产品性能退化的角度去分析产品的寿命。

9.2 加速退化试验实施流程

加速试验实施流程应包括试验前、试验中、试验后三个部分的工作，电子部件加速退化试验主要流程如图 9-2 所示。

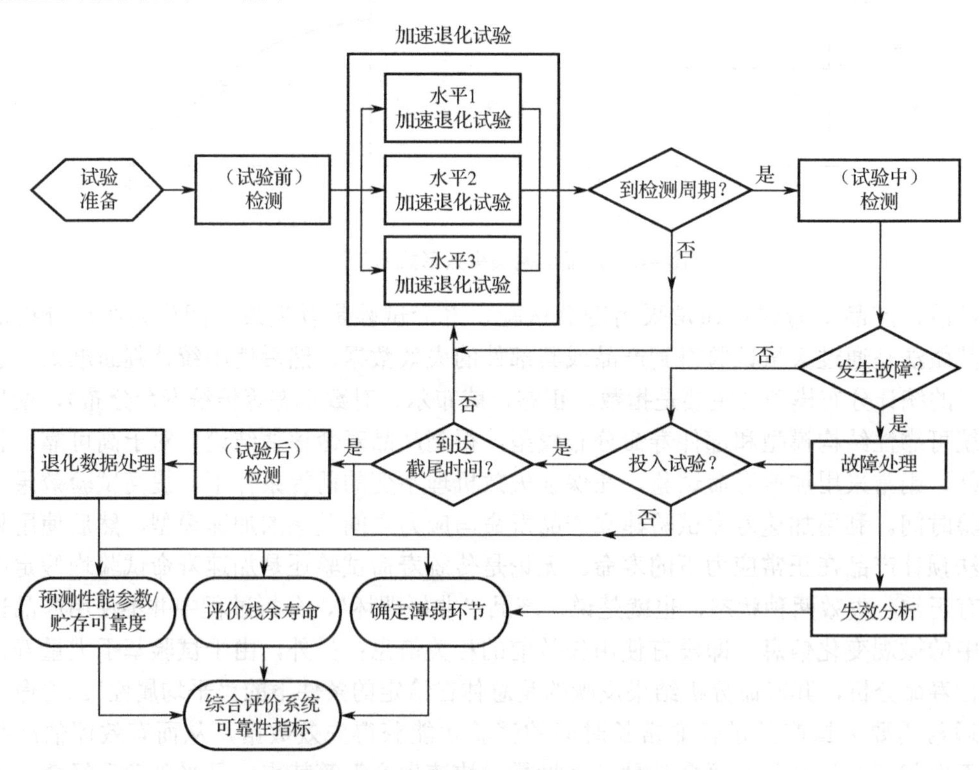

图 9-2　电子部件加速退化试验主要流程

（1）在试验前应做好以下准备：

- 确定试验方案，包括试验分组数、每组样品数、试验应力大小、检测项目、检测周期、试验时间、故障分析和处理方法等因素；
- 完成试验设备准备，根据每组样品大小和组数确定试验设备，应保证容积足够；

- 完成检测仪器准备，根据样品检测需要确定检测设备，应保证设备处于可用状态；
- 完成试验和检测所需辅助、配套保障设施和设备准备，保障试验和检测顺利进行；
- 完成试验样品准备，包括试验样品获取、分解、检查、试验前测试以及故障处理；
- 制订试验工作计划，确定每个试验周期开始和结束的时间、试验值班安排、检测工作安排以及相关人员名单，保证试验工作能够按照计划有条不紊地进行。

（2）在试验中应完成以下工作：

- 每次进箱前，对所有样品进行标识和检查，保证样品投放的正确性；
- 试验值班人员按照试验计划施加规定时间长度和规定大小的应力，每天应记录试验设备运行状态以及应力量值大小；
- 每个周期完成时，将样品冷却后，出箱并运送到规定检测地点；
- 检验人员对样品按照规定的顺序和方法，并使用规定的夹具和仪器进行检测，记录检测结果，确保同类样品两次检测之间的间隔时间相同；
- 每个周期完成检验并确认检测结果后，应将样品送至试验间指定的位置，完成样品进箱；
- 在试验中，应及时整合各个周期的检测数据，掌握每个周期检测是否合格，必要时应对检测周期进行调整；
- 对于试验中因发生故障需要进行排故修理的样品，应及时进行故障分析和修理，尽快将样品投入后续试验。

（3）在试验后应完成以下工作：

- 对试验中故障定位的失效元器件开展失效分析，必要时开展寿命特征检测分析；
- 汇总试验数据，进行数据处理，给出寿命结论，编制加速退化试验报告。

9.3 试验前准备工作

9.3.1 试验样品分析

通常，每一个失效模式和失效机理对应一类失效物理模型，对于一个设备而言，由于产品材料的多样性和承受环境条件的复杂性，往往失效机理也具有多样性。考虑到产品往往包含多个组成部分，以及每个组成部分的复杂性，影响产品寿命的往往是产品的薄弱环节。因此，在开展加速退化试验前，应对样品选取进行分析，选择具有代表性的样品开展加速退化试验。

9.3.2 分析准备工作

试验样品的分析准备工作主要从以下 3 个方面开展：

- 提供电子部件组成清单；
- 开展电子部件质量调研；
- 进行薄弱环节理论分析。

产品组成清单分析：为了指导选样工作，首先，应明确列出产品组成，提供组成清单，明确长期贮存类装备各个设备的名称、型号、批次、装机数量，以及相关物料（包括元器件、原材料、辅料）的贮存环境温度范围。

开展电子部件质量调研：在选择样品前，应对电子部件质量信息进行调研，主要通过 2 个途径，一方面是产品使用质量信息（包括贮存、检测、使用）；另一方面是修理质量信息（包括故障参数、故障部件及元器件），通过调研了解产品的薄弱环节。

薄弱环节理论分析：当具备条件时，应根据产品功能组成和结构原理，采用 FTA 和 FMEA 分析方法，分析产品对应环境下的薄弱环节。

在初步确定了关重件和薄弱环节及其承受典型环境应力的能力后，初步确定试验样品的选取范围。

9.3.3 对象选择考虑因素

试验对象（样品）主要从以下产品中选取：

- 重点选择装备中的贮存、使用、检测数据进行分析，评估确定故障率高的薄弱件；
- 为增加样品的覆盖性，根据产品 FTA 和 FMEA 的分析结果，补充选取关重件；
- 为减少样品种类并保证代表性，对结构原理相似、具有继承性的产品合并选择；
- 无论选择任何产品作为样品，都应保证该样品具备检测设备并具有明确的检测合格判据。

值得注意的是，在工程型号选取过程中，在选择对象时，应考虑其是否可检测。不具备可检测性能的对象，在加速试验中因不能开展检测工作，无法得到产品的质量状态和性能数据。

9.3.4 样品数量

样品数量的选择应考虑精度和成本、模型求解检验需要、降低风险需要 3 个方面的因素。从这 3 个方面进行定性分析，使得加速退化试验设计者了解样品数量对这 3 个方面的影响，以结合实际情况更合理地安排样品数量。

1）精度和成本

从精度因素考虑，样品数量越多，模型参数求解精度越高，模型预测结果精度越高。然而，样品数量越多，意味着成本越高。特别是当样品价格昂贵时，能够提供的数量往往非常有限。因此，当研究对象是军工样品，选择样品数量时应优先考虑成本，尽可能降低样品数量；当研究对象是元器件时，选择样品数量时应优先考虑精度，适当增加样品数量。

从成本因素考虑，通常，推荐每组样品投样数量为 3～5 个，在必要时可以剔除个别异常样品或各个样品的异常测试数据，这样可以减少个别样品性能参数差异对整个预测结果造成的影响。最低要求是每组投入样品数量应不低于 1 个，才可以应用加速试验方法进行寿命预测。

2）模型求解检验需要

试验样品数量应多于加速退化模型所需的最少的应力水平数量，以保证在各组应力水平试验条件下至少投入 1 个试验样品进行加速退化试验。

从模型参数解算和模型符合性检验角度考虑，在加速退化试验中，通常采用最小二乘法求解加速模型参数：

- 当采用单温度应力模型时，典型模型具有 2 个模型参数，则至少应有 3 个应力水平；
- 当采用温度循环疲劳模型时，典型模型具有 2 个模型参数，则至少应有 3 个应力水平；
- 当采用温湿度双应力模型时，典型模型具有 3 个模型参数，则至少应有 4 个应力水平。

3）降低风险需要

（1）在加速试验方案设计时，应考虑试验失败的风险，试验失败的风险通常表现在 2 个方面：

- 不符合退化模型，即某组样品的性能参数根本没有任何退化规律；
- 不符合加速模型，即因某组样品的加速效应异常导致各组样品应力和加速效应之间不呈匹配关系，即不能构成应力越大加速效应越大的关系。

（2）产生这两种风险的原因主要有 2 个：

- 个别样品性能参数有差异；
- 样本本身没有可加速特性。

（3）降低风险的措施主要有 2 点：

- 试验前充分调研和了解产品性能参数、敏感参数及其初步变化规律，避免选择没有退化可能的产品进行加速退化试验；
- 通过试验方案优化设计降低上述情况发生的可能性，如增加一组应力或增加各组应力下的样品数量。

由此可见，为了降低试验的失败风险，需要考虑增加一定数量的样品，如通过增加试验分组或通过增加组下的样品数实现。

通过以上 3 方面的综合分析得到，针对单温度应力开展加速退化试验的情况如下：

- 加速退化试验至少需要投入 3 个样品分成 3 组在 3 个温度应力水平下进行试验；
- 当样品数量可达到 4 个及以上时，可采用 4 个温度应力进行试验，降低试验失败风险；
- 当样品足够多时，可采用 4 个温度应力，每个温度应力下包含 3～5 个样品进行试验，降低试验失败风险，提高寿命预测精度。

9.4 试验应力

1）加速试验应力类型的选取

加速试验应力类型的选取应考虑 3 个因素：

- 系统的实际使用环境；
- 引起主要失效机理对应的环境应力类型；
- 所采用的加速退化模型中包含的应力类型。

综合以上 3 个因素确定系统加速试验的应力类型。

2）应力水平数的选取

加速应力模型确定了最少的应力水平数。

单温度恒定应力模型中包含 2 个参数，为了采用最小二乘法或极大似然估计法求解模型参数，至少需要 3 个应力水平的测试数据，故至少选取 3 个温度应力水平；为了提高模型预测精度，降低试验失败风险，在样品数量充足时，可以增加应力水平数。

3）最大应力量值的确定

在进行加速试验方案设计时，最大应力量值的确定十分关键。最大应力量值既要满足失效机理保持不变的前提条件，又要尽可能大，以获得较大的加速效应。如果最大应力量值确定得过大，则无法满足失效机理不变的前提条件，甚至损坏试验样品，使得试验面临失败的风险；如果最大应力量值确定得过小，则将导致试验样品的性能退化趋势不明显，以至影响加速试验效果，使得试验时间变长，特别是对随后确定的较低应力组的影响较大。这两种情况都达不到加速试验的目的。

目前，常用确定最低应力量值的方法包括理论分析法和步进应力试验法。

温度应力量值的选取应综合考虑系统及其组成部件的设计特点、元器件的工作温度范围和原材料的耐温范围等 3 个主要因素。确定的最高试验应力应不超过各因素的最大允许值，以避免试验温度超过某部分产品耐受温度极限。在制订试验方案时应对试验温度进行调研。

除理论分析方法外，当具有足够的试验样品时，最高温度应力的确定还可以通过步进应力试验确定，步骤如下：

- 首先，获得产品的极限温度值，起始步进温度从产品极限温度 10～15℃开始；
- 步进应力试验的步长可为若干小时，每经过一步后，应将产品恢复到常温下，进行全面检测，当质量状态良好时继续升高温度进行下一个台阶试验；
- 步进应力试验台阶可前长后短，当步进温度低于极限温度时，采用较长步长，可以选择 10℃或 15℃；当步进温度超过极限温度，且低于产品内部各组成部分极限温度时，采用较短步长，可以选择 5℃或 10℃；
- 当有样品发生故障时，步进应力温度不再升高，再降低 10～15℃进行试验确认该温度作为最高试验温度的合理性。

4）各组温度应力的确定

在确定了最大应力量值后，其他各组温度应力的确定，主要考虑以下 3 个因素：

- 首先，确定最低应力水平组的温度应力，最低应力不应过低，否则将导致该组加速效应过小，所需试验时间可能会加长；
- 然后，根据应力水平组数，依据等分布原则，计算其他各组温度应力量值；
- 最后，检查各组温度梯度大小，相邻组间的温度梯度应不低于 5℃，当温度梯度过小时，可适当调整最低温度和最高温度，重新计算其他各组温度应力。

通过上述步骤，应能确保最高温度安全、最低温度加速效应可取、温度梯度大小合适。

根据加速试验温度梯度的设计经验，为提高加速模型参数解算的准确性，应适当选择应力水平的间隔，各组之间的温度梯度遵循以下原则：

$$\begin{cases} \Delta = \dfrac{\left(\dfrac{1}{T_1} - \dfrac{1}{T_l}\right)}{l-1} \\ \dfrac{1}{T_k} = \dfrac{1}{T_1} - (k-1)\Delta \quad k = 2,3\cdots \end{cases} \tag{9.1}$$

值得说明的是，加速寿命试验和加速退化试验均可采用该方法确定各组应力值，因为该方法的本质是使应力强度-寿命外推模型中，各个寿命特征值对应的应力相关参数横坐标均匀分布，这样有利于减少拟合精度误差。

假定通过前期调查、分析和摸底试验，确定产品的最高耐温范围为 100℃；考虑到加速试验的长时间特性，选取 90℃作为最大的加速应力值；考虑到加速试验效率的保障，选取 50℃作为最低的加速应力值，如果分成 3 组或 4 组进行加速试验，则其他应力组的应力大小计算如下。

（1）针对 3 组应力：

[1/(273.15+50)−1/(273.15+90)]/(3−1)=0.00017；

1/ [1/(273.15+50)−0.00017]−273.15=69℃。

（2）针对 4 组应力：

[1/(273.15+50)−1/(273.15+90)]/(4−1)=0.000114；

1/[1/(273.15+50)−0.000114]−273.15=62℃；

1/[1/(273.15+90)+0.000114]−273.15=76℃。

加速试验应力安排见表 9-1。

表 9-1　加速试验应力安排

方案	应力 1/℃	应力 2/℃	应力 3/℃	应力 4/℃
3 组应力	50	69	90	/
4 组应力	50	62	76	90

9.5 试验时间

加速试验时间从下面两个方面进行考虑。

1）视情况确定和调整

初步确定一个试验时间用于试验计划管理，具体试验截止时间根据性能参数退化数据处理结果而定，可提前结束试验或适当延长试验时间。

在以下三种情况下，经试验工作组分析和决定，相应样品可提前结束试验：

- 该型电子部件性能参数试验数据足以得到预测结果时；
- 该型样品因受现场条件限制，无法对可修复的故障实施修理时；
- 样品出现的故障无法修复或修复没有价值时。

经数据处理无法得到性能参数的预测结果时，试验工作组将决定相应样品可适当延长试验时间。

2）建模分析确定

在可以获得产品组成部分的加速模型及其模型经验参数的情况下，可以考虑对电子部件进行可靠性建模，按照模型关系递推电子部件的加速模型，利用模型检验参数和试验条件获得电子部件的加速因子，根据目标等效时间确定试验时间。

9.6 检测要求

9.6.1 检测时机

试验前、后，在实验室环境条件下对试验样品进行全面的功能检查和性能测试。

在试验中，考虑到贮存状态为非工作状态，因此，不对样品进行通电和实时检测，而是将整个加速退化试验分成若干个周期，在每个周期结束后，将样品恢复到常温状态下进行检测。在贮存加速试验中应保证从加速应力状态到正常应力状态的恢复时间足以使样品恢复到测试环境温度，同时，每次测试工作应尽量在 24h 内完成，以保证检测结果的时效性。

9.6.2 检测周期

在加速试验中，应考虑根据产品施加应力的大小和失效分布类型确定产品的检测周期。检测周期的选择可能影响到产品可靠性特征量的准确性，应在不过多增加测量工作量的前提下，尽量避免使失效过分集中在某个周期内。对于当预期累计失效概率较低时就会停止的试验，检测周期应安排得短些，以及时捕获样品的失效信息；对于当预期累计失效概率较高时才会停止的试验，检测周期可适当增长。首先，从理论上计算测试间隔，在不知道分布类型的情况下，可按照指数分布的方式确定 $t_i = \theta \ln \dfrac{1}{1-F(t_i)}$，其中 $i=1,2,3,\cdots,n$，$F(t_i)$ 可按照 5%或 10%的等间距取值，得到累计试验时间序列 t_i，从而得到各个检测周期。

然而，在加速试验中，产品未必发生故障，检测周期的确定需要考虑以下几个因素：

- 检测周期的确定应考虑检测工作量和检测成本，过小的检测周期将增加检测工作量，检测有效性不高；
- 检测周期的确定应考虑是否满足数据处理的需要，过大的检测周期将导致检测次数不足，不满足加速退化试验数据处理要求；
- 在试验间隔合理的前提下，为了简化试验数据的处理，各个应力水平下所有样品的检测周期应保持一致；
- 通常情况下，检测周期依据工程经验来确定，根据试验计划时间，按照所需检测次数，初步确定检测周期，当检测周期过长时，应适当调整；
- 当可以通过其他技术方法评估产品整体的加速效应时，检测周期可根据产品定检周期所对应的该温度下的试验时间来确定。

根据以上情况，在加速退化试验中，由于产品性能是否发生退化、退化程度如何无法事先确定，因此，检测间隔往往需要初步确定，并通过试验进行摸索，根据性能参数的变化适当调整，以保证检测工作的有效性和合理性。

9.6.3　检测次数

检测次数的确定可依据试验时间和检测周期计算得出，然而在试验方案设计时，应考虑加速退化试验数据处理所需要的最少检测次数：

- 考虑退化模型参数解算和符合性检验所需的检测次数，当需要考虑正态分布相关检验时，建议检测次数不小于 20 次，当需要考虑威布尔分布相关检验时，建议检测次数不小于 10 次；
- 考虑检测数据中可能存在的数据异点，应适当增加检测次数，使得数据异点剔除后仍能够满足上述要求。

加速退化试验的检测次数与产品预期寿命内通电时间相对应是最理想的，但这需要事先得到加速模型才能确定检测次数并控制通电时间。另一方面，通过上述方法获得的检测次数不一定符合加速退化模型检验的需要。因此，该方式适用于加速寿命试验，不适用于加速退化试验。

9.6.4　检测项目

检测项目往往依据产品技术条件和修理检验方法确定。通常来说，试验中应重点针对与样品寿命退化特征相关的参数进行检验。确定退化特征参数可以考虑以下方法：

- 通过分析，选择代表产品性能的关键参数；
- 根据长期检测经验，选择具有随时间退化特性的参数；
- 在缺乏经验的情况下，在可能的检测时间和检测工作量内，尽可能多地检测产品性能参数；
- 结合检测方式，对于手动检测方法应考虑时间和工作量的限制，对于自动检测方法应尽可能多地考虑监控参数。

在试验前和试验后，应对电子部件产品进行全面检测；在试验中，可根据参数的重要性和检测所需时间确定检测参数，各型产品的关键参数由产品责任单位确定。

9.6.5　检测要求

在加速退化试验中，是以性能参数退化作为输入预测寿命的，关心的不仅是性能参数是否合格，因此，检测工作中应尽量消除检测误差，并按照以下要求进行：

- 性能参数检测应在规定的检测环境和检测条件下进行，以消除检测环境和检测条件波动引起的参数测量误差；
- 检测时应采用同一夹具设备和检测设备，并由专人负责检测，以消除装夹、仪器和人员引起的性能参数测量误差；
- 为消除检测误差，采用“2+1”检测方案，即每个试验周期对样品必要的参数进行 2 次检测，如果 2 次检测的结果出现较大波动，则补充 1 次检测，剔除检测波动较大的检测结果；当参数检测结果处于临界状态或出现超差时，可视情况进行复测，以免误判；

- 样品进行性能参数检测前，应保证从加速应力状态到正常应力状态的恢复时间足以使样品恢复到检测环境温度，且每次检测工作应在24h内完成；
- 检测设备应计量合格，检测精度应满足要求，检测应具有稳定性，检测设备反映的检测结果应具有逻辑性，即在检测的性能参数超差的情况下，其检测结果仍然具有意义。

9.7 故障和故障点的处理

9.7.1 故障的现场处理

在现场处理故障时，可根据以下4个原则确定排故时机：

- 当出现功能故障或无法继续测试时，应立即采取排故措施；
- 性能参数超差，已经确认故障，在有把握定位故障且能够采取修复措施的情况下，可立即采取排故措施，也可继续试验1～2个周期再次确认故障后采取排故措施；
- 性能参数超差，能够继续测试，但测试的结果没有数值意义，在有把握进行故障定位和采取修复措施的情况下，可立即采取排故措施，也可继续试验1～2个周期再次确认超差后采取排故措施；在没有把握进行故障定位或采取修复措施的情况下，应继续进行试验2～3个周期（观察其他部分），直至故障影响变大或有把握进行故障定位，且能够采取修复措施时再进行排故；
- 性能参数超差，能够继续测试，且测试结果具有数值意义，建议继续进行试验，暂不采取修理措施，并观察参数的变化趋势。

故障处理流程如图9-3所示。

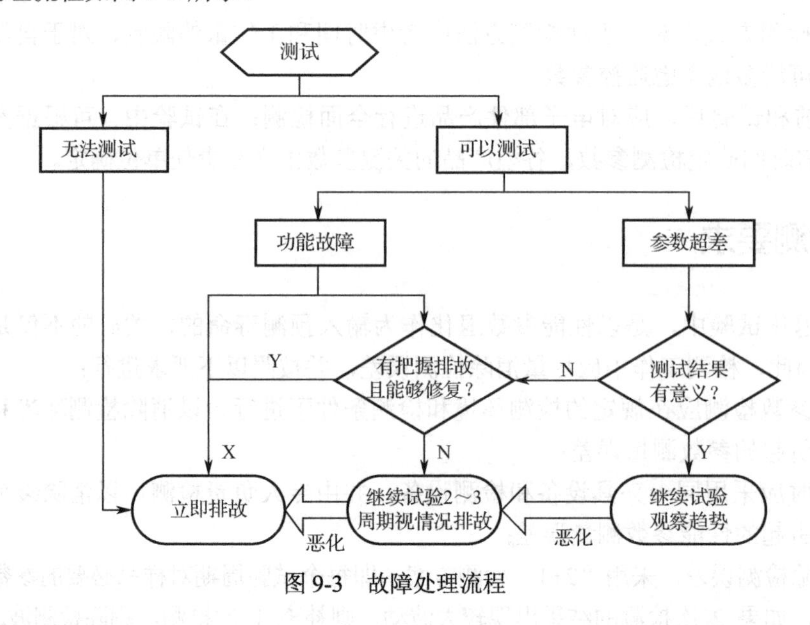

图9-3　故障处理流程

9.7.2 故障元器件的处理

故障元器件的处理流程如下：

首先，确保做到故障定位到最小分解单元（元器件或不能测试和分解的封装组件），尽量做到不更换板级以上单元，即降低样机组成变化对寿命评估结果和范围的影响。

故障元器件应进行电参数复测，当没有直接检测设备时，如有必要可利用辅助电路进行复测，以确认更换件是否存在功能故障（如无输出、断开、短路）或参数超差（性能参数超出合格判据）。如样品测量合格，则应进行进一步的故障原因分析，继续放入试验箱陪试；如样品参数超差，则样品不进行失效分析，继续放入试验箱陪试；如样品出现功能故障，则后续应进行失效分析。

放入试验箱陪试时，应定期对更换件进行电参数测量，当发现样品出现功能故障时，应进行失效分析，更换件的测试可以随试验周期每周期进行一次或每2～3个周期进行一次。

进行失效分析时，应提供样品的合格品（用于对比）和失效背景资料（包括整机的贮存历史、样品所在整机的部位、样品所起到的功能、周边电路图、样品试验时间和应力、故障定位分析过程）。

9.7.3 故障对寿命的影响

首先，应通过失效机理分析，确定故障发生的频次。通过历史数据分析和试验数据分析，确定该类故障的频次高低，如果为低频次失效（无论是否可以修复），则不考虑其对寿命的影响；如果为高频次失效，应考虑其对寿命的影响。

低频次失效：不将其计入薄弱环节，不计入其对寿命的影响，根据定检情况可采取视情修理（基于状态的维修）措施。

高频次失效：将其计入薄弱环节，计入对寿命的影响，结合整机翻修期应采取的预防性修理措施，对不能采取预防性修理措施的，应采取视情修理措施或有条件地确定延寿寿命。

不能采取预防性修理措施是指不值得修复或不可修复。不值得修复包括故障件为贵重件、修理经济成本高、没有修理的必要性、故障涉及面广甚至涉及整个部件的更换等情况；不可修复主要包括技术上没有能力修复、没有备件修复只能对整个部件进行更换的情况。

9.7.4 故障点数据的处置

1. 在没有采取修理措施的情况下

如果故障数据为单点，即该点之前和之后的数据均合格且正常，无论其变化是具有连续性的还是突变的，均作为奇异点处理，并对该点数据进行替换。

如果故障数据为连续点，即该点之前和之后的数据均不合格，则应剔除故障数据，不计入出现故障周期的试验时间，仅对故障前的试验数据进行处理。在预测产品寿命时，按照故障时间服从均匀分布的原则，增加半个周期的试验时间，确定产品的等效贮存寿命。

2. 在采取修理措施的情况下

应将修理前的测试数据与修理后的测试数据进行对比，确定数据是否发生明显变化。

如果数据没有明显变化趋势，则只考虑故障属性本身而不考虑修理措施对寿命预测结果的影响，不区分故障前后，对数据进行直接处理。

如果数据发生明显变化趋势，则应考虑故障属性本身和修理措施对寿命预测结果的影响，可区分故障前后，对数据进行分段处理，然后对各段的等效时间求和。

9.8 故障判据

9.8.1 故障定义

通常，故障是指产品不能执行规定功能的状态，主要包括：

- 在规定的条件下，一个或多个功能丧失；
- 在规定的条件下，一个或多个性能参数超出允许范围；
- 在规定的条件下，出现影响样品功能、性能和结构完整性的机械部件，结构件或元器件的破损、断裂或损坏状态。

9.8.2 故障分类

参照《GJB 899A—2009 可靠性鉴定和验收试验》方法，将故障分为关联故障和非关联故障。

非关联故障是指已经证实未按规定的条件使用而引起的故障，主要包括：

- 因试验设备、检测设备及其配套设备的条件保障不满足要求而引起的故障；
- 因样品搬运、操作、检测、维修不当引起的人为故障；
- 因施加了不符合规定的试验应力或过应力而引起的故障；
- 由独立故障引发的从属故障。

关联故障主要是指因样品本身存在问题而引发的故障，结合贮存延寿研究试验的特点，关联故障主要包括：

- 因样机设计、工艺或装配不当引起的故障；
- 因零部件和元器件设计、制造或选用不当引起的故障。

9.8.3 故障处理

当样品检测中发现故障时，首先，应对故障进行确认；其次，进行故障定位、分析；然后，在具备验证条件的情况下，对故障进行验证。

在具备备件和修理条件时，应对样品进行修复，修复后的试验样品应继续进行试验；如果现场无法对故障样品进行修理，可更换故障件后继续进行试验。

在具备失效分析的条件下，应对故障件进行失效分析。失效分析的目的包括确认定位的故障件失效，寻找导致失效的原因，并对失效性质进行确定。当故障件定位到电路板或元器件时，应选取失效电路板或元器件试验样品和相应型号的合格样品进行寿命特征检测分析。

如工厂不具备排故和修理条件，试验工作组应组织相关人员进行分析和讨论，寻找排故和修理的方法，分析和确认已经开展的试验工作是否正常和充分，在适当的情况下，经试验工作组决定可提前结束故障样品的试验工作。

9.9 条件保障分析

9.9.1 试验设备要求分析

首先，加速退化试验用试验设备应满足通常的试验要求，即试验设备应能保证加速退化试验所需的应力条件，且必须经过计量、校准、检定合格并在有效期内，温度稳定后容差应在±2℃的范围内。

除此以外，结合加速退化试验的特点，加速退化试验设备还应满足以下要求：

- 试验箱应有自动控温、记录、报警、切断电源装置，以及照明和观察装置，便于在试验中保护和观察样品，自动记录应力条件；
- 各组样品所用的试验箱应尽可能体积相近、制热方式相同，以消除样品局部温度效果差异以及对加速效应造成的影响。

9.9.2 测试仪器要求分析

首先，加速退化试验用测试仪器应满足通常的检测要求，即通用测试仪器和仪表应经过校准和计量，并在计量合格有效期内；专用测试仪器和仪表应经校准合格并经质量部门确认；仪器精度至少应为被测参数容差的三分之一，且其标定应能追溯到国家最高计量标准。

除此以外，结合加速退化试验的特点，加速退化试验用测试仪器还应满足以下要求：

- 检测仪器的检测结果在量程范围内应能反映被测样品性能变化的逻辑关系，避免存在样品检测结果因超差而没有参考意义的情况；
- 检测仪器的检测精度应与样品允许容差的位数匹配，在理想情况下，检测精度应至少高出允许容差一个数量级，以保证检测误差足够小。

9.9.3 其他方面要求分析

根据加速退化试验的特点，试验需要分成若干个周期开展，在每个周期后需要将样品从试验间运输到检测间进行检测，因此，在试验准备方面，应根据样品特点和需要，合理配置搬运工具，保证搬运工作的安全和便利。

为了使所有设备处于稳定状态，减少试验和检测误差，应保证所有设备、仪器在整个试验过程中无须进行计量校准，对于剩余计量校准时间不足的设备、仪器应提前完成计量校准工作。

9.10 数据处理

加速退化试验性能参数测试数据主要采用两种模型进行处理：布朗漂移运动-阿伦尼斯模型和灰色系统理论-阿伦尼斯模型。对于各个产品的性能参数测试数据，优先采用布朗漂移运动-阿伦尼斯模型，计算性能参数的超差时间；对于不符合布朗漂移运动-阿伦尼斯模型的性能参数测试数据，再采用灰色系统理论-阿伦尼斯模型，计算性能参数的超差时间。对于两种模型都不符合的性能参数测试数据则不进行模型处理计算。

对于不适合采用布朗漂移运动-阿伦尼斯模型和灰色系统理论-阿伦尼斯模型进行数据处理的样机，采用基于应力分析的加速因子评估方法计算出在加速应力下的等效时间，若等效时间不满足要求，则将数据外推补齐后，根据数据变化情况判断是否在要求的时间内存在超差的可能，并给出薄弱参数结论。

加速退化试验数据处理流程如图 9-4 所示。

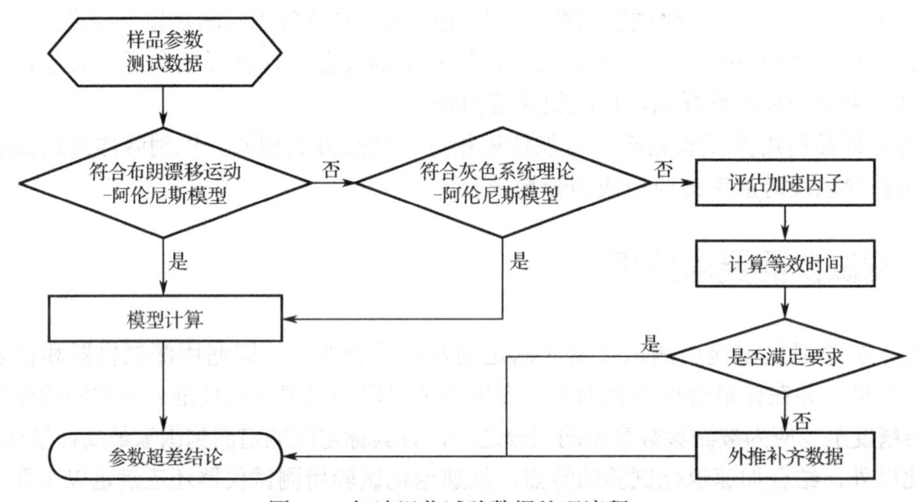

图 9-4 加速退化试验数据处理流程

如果试验测试数据不能采用布朗漂移运动-阿伦尼斯模型和灰色系统理论-阿伦尼斯模型处理，或样品数量少于 3 个，采用加速因子评估方法得到加速因子和加速试验中故障时间信息评估寿命。

9.11 基于布朗漂移运动的加速退化模型

9.11.1 布朗漂移-阿伦尼斯模型介绍

用于性能退化预测的布朗漂移运动模型如下：

$$Y(t_0+\Delta t)=Y(t_0)+\mu\Delta t+\sigma B(\Delta t) \tag{9.2}$$

式中，

$Y(t)$——在 t 时刻，产品的性能值为 $Y(t)$；在 t_0（初始）时刻，产品的性能（初始）值为 $Y(t_0)$；在 $t_0+\Delta t$ 时刻，产品的性能值为 $Y(t_0+\Delta t)$；

μ——漂移系数，即某应力水平下的退化速度，$\mu>0$；

σ——扩散系数，$\sigma>0$，在整个加速退化试验中，σ 不随应力而改变；

$B(\Delta t)$——标准布朗运动，$B(\Delta t)\sim N(0,\Delta t)$。

当以温度作为加速应力时，采用阿伦尼斯（Arrhenius）模型作为加速模型：

$$\mu(T_l)=A\mathrm{e}^{-\frac{E_a}{KT_l}} \tag{9.3}$$

式中，

$\mu(T_l)$——在 T_l 温度应力水平下的退化速度；

T_l——第 l 组的温度，单位为 K；

A——频数因子；

E_a——激活能，单位为 eV；

K——玻耳兹曼常数，8.6×10^{-5}eV/K。

9.11.2 布朗漂移-阿伦尼斯模型参数求解

通过采用极大似然估计和最小二乘法求解得到基于布朗漂移运动的阿伦尼斯加速退化模型（布朗漂移-阿伦尼斯模型）参数。

（1）第 l 组应力水平下 μ_l 的观测值为：

$$\hat{\mu}_l=\frac{\sum_{l,j=1}^{m_l}\sum_{i=1}^{k_{lj}}(Y_{lji}-Y_{lj(i-1)})}{\sum_{l,j=1}^{m_l}\sum_{i=1}^{k_{lj}}\Delta t_{lji}}=\frac{\sum_{l,j=1}^{m_l}(Y_{ljk_{lj}}-Y_{lj0})}{\sum_{l,j=1}^{m_l}\sum_{i=1}^{k_{lj}}\Delta t_{lji}}\quad(l=1,2,\cdots,n) \tag{9.4}$$

（2）第 l 组应力水平下 σ_l 的观测值为：

$$\sigma_l^2=\frac{\sum_{l,j=1}^{m_l}\sum_{i=1}^{k_{lj}}\frac{(Y_{lji}-Y_{lj(i-1)}-\mu(T_l)\Delta t_{lji})^2}{\Delta t_{lji}}}{\sum_{l,j=1}^{m_l}\sum_{i=1}^{k_{lj}}1}\quad(l=1,2,\cdots,n) \tag{9.5}$$

（3）所有应力水平下 σ 的观测值为：

$$\hat{\sigma}^2=\frac{\sum_{l=1}^{n}\sum_{j=1}^{m_l}\sum_{i=1}^{k_{lj}}\frac{(Y_{lji}-Y_{lj(i-1)}-\hat{\mu}_l\Delta t_{lji})^2}{\Delta t_{lji}}}{\sum_{l=1}^{n}\sum_{l,j=1}^{m_l}\sum_{i=1}^{k_{lj}}1} \tag{9.6}$$

（4）激活能 E_a 的观测值为：

$$\hat{E}_a=-K\frac{\sum_{l=1}^{n}1/T_l\sum_{l=1}^{n}\ln|\mu(T_l)|-n\sum_{l=1}^{n}\ln|\mu(T_l)|/T_l}{\left(\sum_{l=1}^{n}1/T_l\right)^2-n\sum_{l=1}^{n}(1/T_l)^2} \tag{9.7}$$

（5）频数因子 A 的观测值为：

$$A=\exp\left\{\frac{\sum_{l=1}^{n}\ln|\mu(T_l)|+\frac{\hat{E}_a}{K}\sum_{l=1}^{n}1/T_l}{n}\right\} \tag{9.8}$$

（6）累计失效概率的预测如下：

$$F(t)=1-\phi\left(\frac{|l|-|\mu|t}{\sigma\sqrt{t}}\right)+\exp\left(\frac{2|\mu||l|}{\sigma^2}\right)\left[1-\phi\left(\frac{|l|+|\mu|t}{\sigma\sqrt{t}}\right)\right] \tag{9.9}$$

9.11.3 等效寿命的预测

当采取寿命分布模型时，通常，在寿命期限内，产品应在寿命分布模型下达到规定的可靠度。因此，在目标贮存年限内，产品的可靠度不应低于某一规定值，这一规定值可作为能否达到规定寿命的判据。

一般来说，一个产品包含多个参数，每个参数都可能发生超差，只要有参数超差，即认为产品不合格。在加速退化试验中，重点关注关键参数，以关键参数为判据。针对每个关键参数，分别给出产品累计失效概率预测结果，重点关注在目标年限内性能参数累计失效概率超过 50%的参数。在相同的目标年限内，对累计失效概率越大的参数给予的关注程度应越高。

因此，依据布朗漂移运动累计失效概率模型，可以预测产品寿命。

9.11.4 布朗漂移-阿伦尼斯模型预测流程

基于布朗漂移运动的阿伦尼斯加速退化模型的数据处理流程如图 9-5 所示。

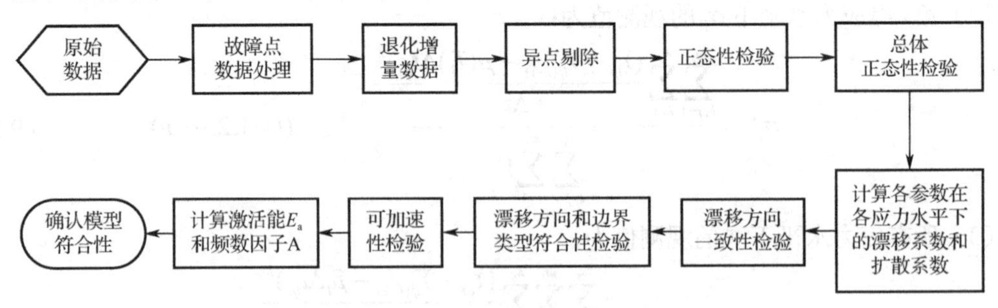

图 9-5　基于布朗漂移运动的阿伦尼斯加速退化模型的数据处理流程

9.11.5 布朗漂移-阿伦尼斯模型预测步骤

基于布朗漂移运动的阿伦尼斯加速退化模型的数据处理步骤如下。

（1）根据合格判据判定性能参数的边界类型，分为上边界型、下边界型、双边界型，计数规定如下：

-1——下边界；

0 ——双边界；

+1——上边界。

（2）进行故障分析和故障点数据检查和处理，分为采取修理措施和不采取修理措施两种情况进行故障分析和故障点数据的处理。

（3）进行奇异点数据检验和处理，包括故障点和非故障点异常数据的处理。

（4）利用公式

$$\hat{\mu}_l=\frac{\sum_{l,j=1}^{m_l}\sum_{i=1}^{k_{lj}}(Y_{lji}-Y_{lj(i-1)})}{\sum_{l,j=1}^{m_l}\sum_{i=1}^{k_{lj}}\Delta t_{lji}}=\frac{\sum_{l,j=1}^{m_l}(Y_{ljk_{lj}}-Y_{lj0})}{\sum_{l,j=1}^{m_l}\sum_{i=1}^{k_{lj}}\Delta t_{lji}}\qquad(l=1,2,\cdots,n)\tag{9.10}$$

逐一计算各个应力水平下参数 μ_l 的观测值 $\hat{\mu}_l$。

（5）判据各组应力水平下参数的漂移方向：若 $\hat{\mu}_l\geqslant10^{-10}(l=1,2,\cdots,n)$，则为正漂移；若 $\hat{\mu}_l\leqslant-10^{-10}(l=1,2,\cdots,n)$，则为负漂移；若 $-10^{-10}<\hat{\mu}_l<10^{-10}(l=1,2,\cdots,n)$，则无漂移。记数规定如下：

1——正漂移；

-1——负漂移；

0——无漂移。

（6）判断各组应力水平下参数漂移方向的一致性：如果参数在各个应力水平下均为正漂移或均为负漂移则漂移方向一致，否则漂移方向不一致。如果不满足漂移方向一致性条件，则不满足加速退化试验模型，不再进行数据处理。记数规定如下：

1——一致正漂移；

-1——一致负漂移；

0——存在无漂移情况或漂移方向不一致。

（7）判断各组应力水平下参数是否有退化：对于上边界类型的参数，漂移方向一致并均为正漂移；对于下边界类型的参数，漂移方向一致并均为负漂移；对于双边界类型的参数，漂移方向一致且不为无漂移；满足上述任何一个条件则该以为参数应力水平下有退化特性，否则无退化特性。结合上述记数规定，前提条件表述如下：

(1,1)——上边界、正漂移型退化；

(-1,-1)——下边界、负漂移型退化；

(0,±1)——双边界漂移型退化；

其他——无退化。

退化结果规定如下：

1——有退化；

0——无退化。

（8）判断参数的整体退化性：如果漂移方向一致（正或负）且各组均有退化，则整体具有退化性，可继续处理；否则整体无退化性，停止处理。记数规定如下：

1——整体有退化；

0——整体无退化。

（9）判断性能参数的可加速性，构成函数 $|\mu(T_l)|=aT_l+b$，求解参数 a，判断 $a>0$（$\dfrac{\sum_{l=1}^{n}T_l\sum_{l=1}^{n}|\mu_l|-n\sum_{i=1}^{n}T_l|\mu_i|}{\left(\sum_{l=1}^{n}T_l\right)^2-n\sum_{l=1}^{n}T_l^2}>0$）是否成立，否则不具有可加速性。记数规定如下：

1——具有加速性；

0——不具加速性。

（10）利用公式

$$\sigma_l^2=\frac{\sum_{l,j=1}^{m_l}\sum_{i=1}^{k_{lj}}\frac{(Y_{lji}-Y_{lj(i-1)}-\mu(T_l)\Delta t_{lji})^2}{\Delta t_{lji}}}{\sum_{l,j=1}^{m_l}k_{lj}}\quad(l=1,2,\cdots,n)\tag{9.11}$$

逐一计算各个应力水平下的参数的 $\hat{\sigma}_l$，利用公式

$$\hat{\sigma}^2=\frac{\sum_{l=1}^{n}\sum_{j=1}^{m_l}\sum_{i=1}^{k_{lj}}\frac{(Y_{lji}-Y_{lj(i-1)}-\hat{\mu}_l\Delta t_{lji})^2}{\Delta t_{lji}}}{\sum_{l=1}^{n}\sum_{l,j=1}^{m_l}k_{lj}}\tag{9.12}$$

计算所有应力下参数的 $\hat{\sigma}$。

（11）采用巴特利特检验法检验 $H_0:\sigma_1=\sigma_2=\cdots=\sigma_n$ 是否成立，判断 σ 的一致性，接受域为 $\dfrac{B^2}{C}\leqslant\chi_\alpha^2(l-1)$，其中：

$$\begin{cases}B^2=2\left(\sum_{l=1}^{n}(k_{lj}-1)\right)\left[\ln\left(\sum_{l=1}^{n}(k_{lj}-1)\hat{\sigma}_l\right)-\ln\left(\sum_{l=1}^{n}(k_{lj}-1)\right)\right]-2\sum_{l=1}^{n}(k_{lj}-1)\cdot\ln\hat{\sigma}_l\\ C=1+\dfrac{1}{6(l-1)}\left[\sum_{l=1}^{n}\dfrac{1}{(k_{lj}-1)}-\left(\sum_{l=1}^{n}(k_{lj}-1)\right)^{-1}\right]\end{cases}\tag{9.13}$$

（12）利用各个应力水平下样品的性能参数测试数据进行置信区间估计：

$$\begin{cases}\mu_l\in\left[\dfrac{\overline{x}_l}{\Delta t}-\dfrac{s_l\cdot t_{\alpha/2}(n_T-1)}{\sqrt{n_T}\Delta t},\dfrac{\overline{x}_l}{\Delta t}+\dfrac{s_l\cdot t_{\alpha/2}(n_T-1)}{\sqrt{n_T}\Delta t}\right]\\ \sigma_l^2\in\left[\dfrac{(n_T-1)s_l^2}{\Delta t\cdot\chi_{\alpha/2}^2(n_T-1)},\dfrac{(n_T-1)s_l^2}{\Delta t\cdot\chi_{1-\alpha/2}^2(n_T-1)}\right]\end{cases}\tag{9.14}$$

其中，n_T 表示统计量的观测次数，$\overline{x_l}$ 表示统计量的均值，s_l^2 表示统计量的方差，计算公式如下：

$$
\begin{cases}
n_T = \sum_{l,j=1}^{m_l}\sum_{i=1}^{k_{lj}} 1 \\
\overline{x_l} = \sum_{l,j=1}^{m_l}\sum_{i=1}^{k_{lj}} (Y_{lji} - Y_{lj(i-1)}) \Big/ \sum_{l,j=1}^{m_l}\sum_{i=1}^{k_{lj}} 1 \\
s_l^2 = \dfrac{\sum_{l,j=1}^{m_l}\sum_{i=1}^{k_{lj}} 1 \times \sum_{l,j=1}^{m_l}\sum_{i=1}^{k_{lj}} (Y_{lji} - Y_{lj(i-1)})^2 - \sum_{l,j=1}^{m_l}\sum_{i=1}^{k_{lj}} (Y_{lji} - Y_{lj(i-1)})^2}{\sum_{l,j=1}^{m_l}\sum_{i=1}^{k_{lj}} 1 \left(\sum_{l,j=1}^{m_l}\sum_{i=1}^{k_{lj}} 1 - 1 \right)}
\end{cases}
\tag{9.15}
$$

（13）计算阿伦尼斯模型参数 E_a 和 A，并检查其是否具有物理意义，如果 $\hat{E}_a > 0$ 且 $A > 0$ 则有物理意义，否则无物理意义：

$$
\begin{cases}
\hat{E}_a = -K \dfrac{n\sum_{l=1}^{n} \ln|\mu(T_l)|/T_l - \sum_{l=1}^{n} \ln|\mu(T_l)| \sum_{1}^{n} 1/T_l}{n\sum_{l=1}^{n}(1/T_l)^2 - \left(\sum_{l=1}^{n} 1/T_l\right)^2} > 0 \\
A = \exp\left\{ \dfrac{\sum_{l=1}^{n} \ln|\mu(T_l)| + \dfrac{\hat{E}_a}{K}\sum_{l=1}^{n} 1/T_l}{n} \right\} > 0
\end{cases}
\tag{9.16}
$$

（14）拟用布朗漂移运动模型性能参数的确定：对能够通过正态性检验、漂移方向一致性检验、退化特征检验和可加速性检验的性能参数进行选择，最终确定拟用布朗漂移运动模型进行计算的性能参数。

（15）等效贮存条件下目标年限内贮存可靠度的计算：首先，按照等效贮存条件 T，计算等效条件下的 μ，然后采用 $Y(t_0 + \Delta t) = Y(t_0) + \mu\Delta t + \sigma\sqrt{\Delta t}N(0,1)$ 进行性能参数预测，确定等效条件下性能参数超差时间；利用累计失效概率计算公式

$$
F(t) = 1 - \phi\left(\frac{|l| - |\mu|t}{\sigma\sqrt{t}}\right) + \exp\left(\frac{2|\mu||l|}{\sigma^2}\right)\left[1 - \phi\left(\frac{|l| + |\mu|t}{\sigma\sqrt{t}}\right)\right] \tag{9.17}
$$

计算预期目标寿命 t 时产品的累计失效概率。

（16）寿命判定：在规定的目标年限内，如果计算得出的累计失效概率大于 50%，则确定贮存寿命达不到目标年限；如果计算得出的累计失效概率小于 50%，则确定寿命可达到目标年限。

9.12 基于灰色系统理论的加速退化模型

9.12.1 序列数据定义

假定各组应力水平下的时间序列为 $\boldsymbol{X}$，性能参数测试结果序列为 $\boldsymbol{Y}$，序列数据定义如下。

（1）原始序列：

$$\boldsymbol{X}^{(0)}=(x^{(0)}(1),\cdots,x^{(0)}(j),\cdots,x^{(0)}(n)) \tag{9.18}$$

（2）预测序列：

$$\hat{\boldsymbol{X}}^{(0)}=(\hat{x}^{(0)}(1),\cdots,\hat{x}^{(0)}(j),\cdots,\hat{x}^{(0)}(n)) \tag{9.19}$$

（3）残差序列：

$$\begin{aligned}\boldsymbol{\varepsilon}^{(0)}&=(\varepsilon(1),\varepsilon(2),\cdots,\varepsilon(j),\cdots,\varepsilon(n))=\boldsymbol{X}^{(0)}-\hat{\boldsymbol{X}}^{(0)}\\&=(x^{(0)}(1)-\hat{x}^{(0)}(1),\cdots,x^{(0)}(j)-\hat{x}^{(0)}(j),\cdots,x^{(0)}(n)-\hat{x}^{(0)}(n))\end{aligned} \tag{9.20}$$

（4）相对误差序列：

$$\begin{aligned}\boldsymbol{\varDelta}&=\left\{\varDelta_j=\frac{|\varepsilon(j)|}{x^{(0)}(j)},\quad j=1,2,\cdots,n\right\}\\&=\left(\frac{|\varepsilon(1)|}{x^{(0)}(1)},\frac{|\varepsilon(2)|}{x^{(0)}(2)},\cdots,\frac{|\varepsilon(j)|}{x^{(0)}(j)},\cdots,\frac{|\varepsilon(n)|}{x^{(0)}(n)}\right)\end{aligned} \tag{9.21}$$

（5）原始序列 $\boldsymbol{X}^{(0)}$ 的均值和方差：

$$\bar{x}=\frac{1}{n}\sum_{j=1}^{n}x^{(0)}(j)\qquad S_1^2=\frac{1}{n}\sum_{j=1}^{n}[x^{(0)}(j)-\bar{x}]^2 \tag{9.22}$$

（6）残差序列 $\boldsymbol{\varepsilon}^{(0)}$ 的均值和方差：

$$\bar{\varepsilon}=\frac{1}{n}\sum_{j=1}^{n}\varepsilon(j)\qquad S_2^2=\frac{1}{n}\sum_{j=1}^{n}[\varepsilon(j)-\bar{\varepsilon}]^2 \tag{9.23}$$

（7）误差定义：对于 $j\leqslant n$，称 $\varDelta_j=\dfrac{|\varepsilon(j)|}{x^{(0)}(j)}$（其中$j=1,2,\cdots,n$）为 j 点模拟误差，称 $\bar{\varDelta}=\dfrac{1}{n}\sum\limits_{j=1}^{n}\varDelta_j$ 为平均相对误差。

（8）精度定义：称$1-\varDelta_j$（其中$j=1,2,\cdots,n$）为 j 点模拟的精度，称$1-\bar{\varDelta}$为序列模拟的平均相对精度。

（9）均方差比值定义：

$$C=\frac{S_2}{S_1} \tag{9.24}$$

即残差的均方差与原始序列的均方差的比值。

（10）小误差概率定义：

$$p=P(|\varepsilon(k)-\bar{\varepsilon}|<0.6745S_1) \tag{9.25}$$

（11）残差合格判定：给定α，当$\bar{\varDelta}\leqslant\alpha$且$\varDelta_n\leqslant\alpha$成立时，称模型为残差合格模型。

（12）关联度合格判定：ε为原始序列$\boldsymbol{X}^{(0)}$与模拟序列$\hat{\boldsymbol{X}}^{(0)}$的绝对关联度，若对于给定$\varepsilon_0>0$，有$\varepsilon>\varepsilon_0$，称模型为关联度合格模型。

（13）均方差比合格模型：对于给定的$C_0>0$，当$C<C_0$时，称模型为均方差比合格模型。

（14）小误差概率合格模型：对于给定的$p_0>0$，当$p<p_0$时，称模型为小误差概率合格模型。

灰色系统理论精度等级及相关系数见表 9-2。

表 9-2 灰色系统理论精度等级及相关系数

精度等级	相对误差α	关联度ε_0	均方差比值 C_0	小误差概率 p_0
一级	0.01	0.9	0.35	0.95
二级	0.05	0.8	0.50	0.80
三级	0.10	0.7	0.65	0.70
四级	0.20	0.6	0.80	0.60

9.12.2 预测流程

基于灰色系统理论-阿伦尼斯加速退化模型的数据处理流程如图 9-6 所示。

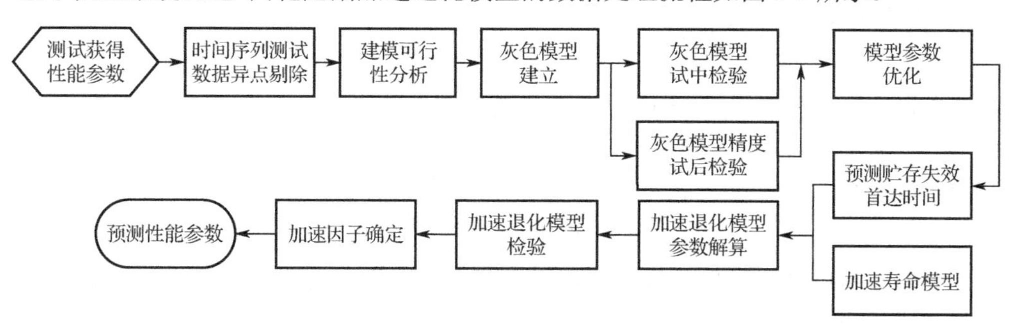

图 9-6 基于灰色系统理论-阿伦尼斯加速退化模型的数据处理流程

9.12.3 数据归一化变换

为增强各种边界类型和各种取值范围数据的一致性和可读性，进行数据归一化变换。

（1）判断边界类型：分为上边界、下边界、双边界；

（2）赋予基准值：上边界值 Y_s 作为基准值 Y_j，下边界值 Y_x 作为基准值 Y_j，标称值 Y_b 作为双边界基准值 Y_j，当基准值 $Y_j=0$ 时取 $Y_j=1$；容差范围为 Y_t。

（3）对上边界数据，数据归一化变换方法为：

$$x^{(0)}(j)=\frac{y^{(0)}(j)}{Y_j}=\begin{cases}\dfrac{y^{(0)}(j)}{Y_s} \\ y^{(0)}(j)\end{cases},\ j=1,2,\cdots,n \tag{9.24}$$

（4）合格的判据统一为：

$$x^{(0)}(j)\leqslant\begin{cases}1 & Y_s\neq 0 \\ Y_s & Y_s=0\end{cases} \tag{9.26}$$

（5）对下边界数据，数据归一化变换方法为：

$$x^{(0)}(j)=\frac{y^{(0)}(j)}{Y_j}=\begin{cases}\dfrac{y^{(0)}(j)}{Y_x} \\ y^{(0)}(j)\end{cases},\ j=1,2,\cdots,n \tag{9.27}$$

合格判据统一为：

$$x^{(0)}(j) \geqslant \begin{cases} 1 & Y_x \neq 0 \\ Y_x & Y_x = 0 \end{cases} \tag{9.28}$$

（6）对双边界数据，数据归一化变换方法为：

$$x^{(0)}(j) = \frac{y^{(0)}(j)}{Y_j} = \begin{cases} \dfrac{y^{(0)}(j)}{Y_b}, & j = 1,2,\cdots,n \\ y^{(0)}(j) \end{cases} \tag{9.29}$$

合格判据统一为：

$$1 - \left|\frac{Y_t}{Y_b}\right| \leqslant x^{(0)}(j) \leqslant 1 + \left|\frac{Y_t}{Y_b}\right| \tag{9.30}$$

9.12.4 序列等间距生成

当各组样品性能参数测试时间间隔不等时应进行以下工作：

（1）当序列数据存在时序不同的情况时，将其转化为时间序列相同的序列数据，采用等距均值生成方法，如

$$x^{(0)}(5) = x^{(0)}(3) + x^{(0)}(7) \tag{9.31}$$

（2）当序列数据存在时序不等的情况时，将其转化为时间序列相等的序列数据，采用紧邻均值生成方法，如

$$x^{(0)}(5) = x^{(0)}(4) + x^{(0)}(6) \tag{9.32}$$

（3）端点空缺采用级比生成方法，对末端有：

$$x(n) = \sigma(n-1)x(n-1) \tag{9.33}$$

对首端有：

$$x(1) = x(2)\sigma(3) \tag{9.34}$$

9.12.5 级比和光滑比检验

（1）对原始数据序列有：

$$\boldsymbol{X}^{(0)} = (x^{(0)}(1), x^{(0)}(2), \cdots, x^{(0)}(n)) \tag{9.35}$$

（2）计算级比序列：

$$\sigma^{(0)}(j) = \frac{x^{(0)}(j-1)}{x^{(0)}(j)}, \quad j = 2,3,\cdots,n \tag{9.36}$$

计算$\mathrm{e}^{-\frac{2}{n+1}}$和$\mathrm{e}^{\frac{2}{n+1}}$。

（3）判断各个$\sigma^{(0)}(j)$是否满足：

$$\sigma^{(0)}(j) \in \left(\mathrm{e}^{-\frac{2}{n+1}}, \mathrm{e}^{\frac{2}{n+1}}\right), \quad j = 2,3,\cdots,n \tag{9.37}$$

如果满足则可以适用 GM(1,1)模型。

（4）计算光滑比：

$$p(j)=\frac{x(j)}{\sum_{i=1}^{j-1}x(i)}，\ j=2,3,\cdots,n \tag{9.38}$$

（5）计算准光滑比：

$$zp(j)=\frac{\rho(j+1)}{\rho(j)}，\ j=2,3,\cdots,n-1 \tag{9.39}$$

（6）判断依据：

$$\begin{cases}0\leqslant\rho(j)\leqslant 0.5\\ 0\leqslant z\rho(j)\leqslant 1\end{cases} \tag{9.40}$$

如满足，则满足准光滑比检验。

（7）通过判定：级比检验和光滑比检验均通过则判定通过检验；光滑比检验通过，而级比检验未通过则先用模型再看效果；级比检验和光滑比检验均未通过则考虑改变数据转换方法。

如果不满足级比检验和准光滑比检验要求，则应该对序列进行数据变换，形成新的原始序列 $\boldsymbol{X}^{(0)}$，重复第（1）～（6）步，重新进行级比检验和准光滑比检验。

9.12.6 残差检验

（1）必要时，对原始数据序列进行数据变换，得到新的原始数据序列 $\boldsymbol{X}^{(0)}$。

（2）对原始数据序列 $\boldsymbol{X}^{(0)}$ 或新原始数据序列 $\boldsymbol{X}^{(0)}$ 做一阶累加生成（1-AGO），得到序列

$$\boldsymbol{X}^{(1)}:x^{(1)}(j)=\sum_{j=0}^{n}x^{(0)}(j)，\quad j=1,2,\cdots,n \tag{9.41}$$

（3）对序列 $\boldsymbol{X}^{(1)}$ 做紧邻均值生成，得到 $\boldsymbol{Z}^{(1)}$：

$$Z^{(1)}(j)=\frac{1}{2}[x^{(1)}(j-1)+x^{(1)}(j)],\quad (j=2,\cdots,n) \tag{9.42}$$

（4）根据 $\boldsymbol{X}^{(0)}$ 和 $\boldsymbol{Z}^{(1)}$，得到参数估计用矩阵 $\boldsymbol{B}$ 和 $\boldsymbol{Y}$：

$$\boldsymbol{B}=\begin{bmatrix}-Z^{(1)}(2) & 1\\ -Z^{(1)}(3) & 1\\ \vdots & \vdots\\ -Z^{(1)}(n) & 1\end{bmatrix} \tag{9.43}$$

$$\boldsymbol{Y}=\begin{bmatrix}X^{(0)}(2)\\ X^{(0)}(3)\\ \vdots\quad\vdots\\ X^{(0)}(n)\end{bmatrix} \tag{9.44}$$

（5）对参数列 $\hat{a}=[a,b]^{\mathrm{T}}$ 进行最小二乘估计，得到：

$$[a,b]^{\mathrm{T}}=(\boldsymbol{B}^{\mathrm{T}}\boldsymbol{B})^{-1}\boldsymbol{B}^{\mathrm{T}}\boldsymbol{Y} \tag{9.45}$$

（6）确定模型的时间响应序列：

$$\hat{X}^{(1)}(j+1)=\left(X^{(0)}(1)-\frac{b}{a}\right)\mathrm{e}^{-aj}+\frac{b}{a},\quad j=1,2,\cdots,n-1 \tag{9.46}$$

利用其计算出 $\boldsymbol{X}^{(1)}$ 的模拟序列 $\hat{\boldsymbol{X}}^{(1)}$。

（7）还原求出 $\boldsymbol{X}^{(0)}$ 的模拟序列 $\hat{\boldsymbol{X}}^{(0)}$：

$$\hat{X}^{(0)}(j+1)=a^{(0)}\hat{X}^{(0)}(j+1)=\hat{X}^{(1)}(j+1)-\hat{X}^{(1)}(j),\quad j=1,2,\cdots,n-1 \tag{9.47}$$

（8）计算残差序列：

$$\varepsilon(j)=X^{(0)}(j)-\hat{X}^{(0)}(j),\quad j=1,2,\cdots,n-1 \tag{9.48}$$

（9）计算相对误差序列：

$$\varDelta_j=\frac{|\varepsilon(j)|}{X^{(0)}(j)},\quad j=1,2,\cdots,n \tag{9.49}$$

当 $X^{(0)}(j)=0$ 时，该点计算结果无意义。

（10）求出残差平方和：

$$s=\boldsymbol{\varepsilon}^{\mathrm{T}}\boldsymbol{\varepsilon}=\sum_{j=1}^{n}\boldsymbol{\varepsilon}^{2} \tag{9.50}$$

（11）计算平均相对误差：

$$\overline{\varDelta}=\frac{1}{n}\sum_{j=1}^{n}\varDelta_j \tag{9.51}$$

应剔除 $\varDelta_j$ 无意义的点后再计算平均值。

（12）确定相对误差等级（Δd）：如果 $\overline{\varDelta}\leqslant 0.01$ 则相对误差等级为 1 级；如果 $\overline{\varDelta}\leqslant 0.05$ 则相对误差等级为 2 级；如果 $\overline{\varDelta}\leqslant 0.1$ 则相对误差等级为 3 级；如果 $\overline{\varDelta}\leqslant 0.2$ 则相对误差等级为 4 级。

（13）如果 $\Delta D\leqslant 2$，则残差合格，检验通过；如果 $\Delta D\leqslant 2$ 不成立，则采用残差 GM(1,1) 模型进行优化。

① 选取 $j\geqslant j_0$ 的残差尾段序列：

$$\boldsymbol{\varepsilon}^{(0)}=(\varepsilon^{(0)}(j_0),\varepsilon^{(0)}(j_0+1),\cdots,\varepsilon^{(0)}(n)) \tag{9.52}$$

（大约保留 4～6 个值），用于建立残差 GM(1,1)模型，对于

$$\boldsymbol{\varepsilon}^{(0)}=(\varepsilon^{(0)}(j_0),\varepsilon^{(0)}(j_0+1),\cdots,\varepsilon^{(0)}(n)) \tag{9.53}$$

序列，首先求得其 1-AGO 序列：

$$\boldsymbol{\varepsilon}^{(1)}=(\varepsilon^{(1)}(j_0),\varepsilon^{(1)}(j_0+1),\cdots,\varepsilon^{(1)}(n)) \tag{9.54}$$

② 累加生成序列 $\boldsymbol{\varepsilon}^{(1)}$ 的 GM(1,1)模型的时间响应序列为：

$$\hat{\varepsilon}^{(1)}(j+1)=\left[\varepsilon^{(0)}(j_0)-\frac{b_\varepsilon}{a_\varepsilon}\right]\times\mathrm{e}^{-a_\varepsilon(j-j_0)}+\frac{b_\varepsilon}{a_\varepsilon},\quad j\geqslant j_0 \tag{9.55}$$

③ 则残差尾段的预测序列为：

$$\hat{\boldsymbol{\varepsilon}}^{(0)}=(\hat{\varepsilon}^{(0)}(j_0),\hat{\varepsilon}^{(0)}(j_0+1),\cdots,\hat{\varepsilon}^{(0)}(n)) \tag{9.56}$$

其中，

$$\hat{\varepsilon}^{(0)}(j+1)=-a_\varepsilon\cdot\left[\varepsilon^{(0)}(j_0)-\frac{b_\varepsilon}{a_\varepsilon}\right]\times\mathrm{e}^{-a_\varepsilon(j-j_0)},\quad j\geqslant j_0 \tag{9.57}$$

④ 得出累加生成序列 $\boldsymbol{X}^{(1)}$ 的残差 GM(1,1)模型如下：

$$\hat{x}^{(1)}(j+1)=\left[x^{(0)}(1)-\frac{b}{a}\right]\times \mathrm{e}^{-aj}+\frac{b}{a}\pm\eta(j-j_0)a_\varepsilon\left(\varepsilon^{(0)}(j_0)-\frac{b_\varepsilon}{a_\varepsilon}\right)\times \mathrm{e}^{-a_\varepsilon(j-1)} \tag{9.58}$$

其中$\eta(j-j_0)=\begin{cases}1 & j\geqslant j_0\\0 & j<j_0\end{cases}$，结果的正负应与$\varepsilon^{(0)}(j_0)$的符号保持一致。

⑤ 原始序列的残差模型如下：

$$\hat{x}^{(0)}(j+1)=\hat{x}^{(1)}(j+1)-\hat{x}^{(1)}(j)=(1-\mathrm{e}^{a})\left[x^{(0)}(1)-\frac{b}{a}\right]\times \mathrm{e}^{-aj}\pm\eta(j-j_0)a_\varepsilon\left(\varepsilon^{(0)}(j_0)-\frac{b_\varepsilon}{a_\varepsilon}\right)\times \mathrm{e}^{-a_\varepsilon(j-1)} \tag{9.59}$$

其中，$\eta(j-j_0)=\begin{cases}1 & j\geqslant j_0\\0 & j<j_0\end{cases}$，结果的正负应与$\varepsilon^{(0)}(j_0)$的符号保持一致。

⑥ 修正后尾段序列的残差和相对误差为：

$$\begin{cases}\varepsilon(j)=x^{(0)}(j)-\hat{x}^{(0)}(j)\\ \Delta(k)=\dfrac{\varepsilon(j)}{x^{(0)}(j)}\end{cases},\ j=j_0+1,\cdots,n \tag{9.60}$$

当$x^{(0)}(j)=0$时，该点计算结果无意义。

⑦ 修正后尾段序列平均相对误差为：

$$\Delta=\frac{1}{n-j_0}\sum_{j_0+1}^{n}\Delta(j) \tag{9.61}$$

应剔除Δ_j无意义的点后再计算平均值。

⑧ 重新列出预测序列：

$$\hat{\boldsymbol{X}}^{(0)}=\left(\underbrace{X^{(0)}(1),X^{(0)}(2),\cdots,X^{(0)}(j)}_{\text{GM(1,1)模型}},\underbrace{X^{(0)}(j_0+1),\cdots,X^{(0)}(n)}_{\text{残差GM(1,1)模型}}\right) \tag{9.62}$$

⑨ 重新列出残差序列：

$$\boldsymbol{\varepsilon}^{(0)}=\left(\underbrace{\varepsilon^{(0)}(1),\varepsilon^{(0)}(2),\cdots,\varepsilon^{(0)}(j)}_{\text{GM(1,1)模型}},\underbrace{\varepsilon^{(0)}(j_0+1),\cdots,\ \varepsilon^{(0)}(n)}_{\text{残差GM(1,1)模型}}\right) \tag{9.63}$$

⑩ 重新列出相对误差序列：

$$\Delta=\left(\underbrace{\Delta(1),\Delta(2),\cdots,\Delta(j_0)}_{\text{GM(1,1)模型}},\underbrace{\Delta(j_0+1),\cdots,\Delta(n)}_{\text{残差GM(1,1)模型}}\middle|\Delta_j=\frac{|\varepsilon(j)|}{x^{(0)}(j)},\ j=1,2,\cdots,n\right) \tag{9.64}$$

⑪ 重新计算平均相对误差：

$$\bar{\Delta}=\frac{1}{n}\sum_{j=1}^{n}\Delta_j \tag{9.65}$$

应剔除Δ_j无意义的点后计算平均值。

⑫ 重新确定相对误差等级（ΔD）：如果$\bar{\Delta}\leqslant 0.01$则相对误差等级为 1 级；如果$\bar{\Delta}\leqslant 0.05$则相对误差等级为 2 级；如果$\bar{\Delta}\leqslant 0.1$则相对误差等级为 3 级；如果$\bar{\Delta}\leqslant 0.2$则相对误差等级为 4 级。

⑬ 如果$\Delta D \leqslant 2$，则残差合格，检验通过；如果$\Delta D \leqslant 2$不成立，则判定GM(1,1)模型不适用。

9.12.7 关联度检验

（1）对原始数据序列$\boldsymbol{X}^{(0)}$或新原始数据序列和预测序列$\hat{\boldsymbol{X}}^{(0)}$进行始点零值化变换：

$$\begin{cases} X_0^{(0)}(j) = X^{(0)}(j) - X^{(0)}(1),\ j = 2,\cdots,n \\ \hat{X}_0^{(0)}(j) = \hat{X}^{(0)}(j) - \hat{X}^{(0)}(1),\ j = 2,\cdots,n \end{cases} \tag{9.66}$$

（2）求$|s|$、$|\hat{s}|$、$|s-\hat{s}|$：

$$\begin{cases} |s| = \left|\sum_{j=2}^{n-1} x_0^{(0)}(j) + \frac{1}{2}x_0^{(0)}(n)\right| = \left|\sum_{j=2}^{n-1}(x^{(0)}(j) - x^{(0)}(1)) + \frac{1}{2}(x^{(0)}(n) - x^{(0)}(1))\right| \\ |\hat{s}| = \left|\sum_{j=2}^{n-1} \hat{x}_0^{(0)}(j) + \frac{1}{2}\hat{x}_0^{(0)}(n)\right| = \left|\sum_{j=2}^{n-1}(\hat{x}^{(0)}(j) - \hat{x}^{(0)}(1)) + \frac{1}{2}(\hat{x}^{(0)}(n) - \hat{x}^{(0)}(1))\right| \\ |s-\hat{s}| = \left|\sum_{j=2}^{n-1}(x_0^{(0)}(j) - \hat{x}_0^{(0)}(j)) + \frac{1}{2}(x_0^{(0)}(n) - \hat{x}_0^{(0)}(n))\right| \\ \qquad = \left|\sum_{j=2}^{n-1}[(\hat{x}^{(0)}(j) - \hat{x}^{(0)}(1)) - (x^{(0)}(j) - x^{(0)}(1))] + \frac{1}{2}[(\hat{x}^{(0)}(n) - \hat{x}^{(0)}(1)) - (x^{(0)}(n) - x^{(0)}(1))]\right| \end{cases} \tag{9.67}$$

（3）计算灰色绝对关联度：

$$\varepsilon = \frac{1+|s|+|\hat{s}|}{1+|s|+|\hat{s}|+|\hat{s}-s|} \tag{9.68}$$

（4）确定关联度等级（ε_d）：如果$\varepsilon \geqslant 0.9$则关联度等级为 1 级；如果$\varepsilon \geqslant 0.8$则关联度等级为2级；如果$\varepsilon \geqslant 0.7$则关联度等级为3级；如果$\varepsilon \geqslant 0.6$则关联度等级为4级。

（5）关联度合格判定：如果$\varepsilon_d \leqslant 3$，则关联度检验合格。

（6）如果关联度检验不合格，应对原始数据进行数据变换（改变方法），再重新进入模型进行运算。

9.12.8 均方差比检验

（1）计算新原始序列$\boldsymbol{X}^{(0)}$的均值：

$$\overline{x} = \frac{1}{n}\sum_{j=1}^{n} x^{(0)}(j) \tag{9.69}$$

（2）计算新原始序列$\boldsymbol{X}^{(0)}$的方差：

$$S_1^2 = \frac{1}{n}\sum_{j=1}^{n}[x^{(0)}(j) - \overline{x}]^2 \tag{9.70}$$

（3）计算最终残差序列$\boldsymbol{\varepsilon}^{(0)}$的均值：

$$\overline{\varepsilon} = \frac{1}{n}\sum_{j=1}^{n} \varepsilon(j) \tag{9.71}$$

（4）计算最终残差序列$\boldsymbol{\varepsilon}^{(0)}$的方差：

$$S_2^2=\frac{1}{n}\sum_{j=1}^{n}[\varepsilon(j)-\bar{\varepsilon}]^2 \tag{9.72}$$

（5）计算均方差比值：

$$C=\frac{S_2}{S_1} \tag{9.73}$$

（6）确定均方差比值等级（CD）：如果$C\leqslant 0.35$则均方差比值等级为 1 级；如果$C\leqslant 0.50$则均方差比值等级为 2 级；如果$C\leqslant 0.65$则均方差比值等级为 3 级；如果$C\leqslant 0.80$则均方差比值等级为 4 级。

（7）均方差比值合格判定：如果$\mathrm{CD}\leqslant 3$则判定均方差比值检验合格。

（8）如果均方差比值检验不合格，应对原始数据进行数据变换（改变方法），重新进入模型进行运算。

9.12.9 小误差概率检验

（1）计算$0.6745S_1$。

（2）计算

$$p=P(|\varepsilon(k)-\bar{\varepsilon}|<0.6745S_1) \tag{9.74}$$

（3）确定小误差概率等级（pd）：如果$\mathrm{pd}\geqslant 0.95$则小误差概率等级为 1 级；如果$\mathrm{pd}\geqslant 0.80$则小误差概率等级为 2 级；如果$\mathrm{pd}\geqslant 0.70$则小误差概率等级为 3 级；如果$\mathrm{pd}\geqslant 0.60$则小误差概率等级为 4 级。

（4）小误差概率合格判定：如果$\mathrm{pd}\leqslant 3$则均方差比值检验合格。

（5）如果小误差概率检验不合格，应对原始数据进行数据变换（改变方法），重新进入模型进行运算。

9.12.10 退化趋势判断

为了确定首达时间中的边界值，应在首达时间预测前，进行性能趋势判断。

由

$$\hat{x}^{(0)}(j+1)=(1-\mathrm{e}^{a})\left[x^{(0)}(1)-\frac{b}{a}\right]\cdot\mathrm{e}^{-aj} \tag{9.75}$$

可得：

$$\hat{x}^{(0)}(j+1)-\hat{x}^{(0)}(j)=(1-\mathrm{e}^{a})\left[x^{(0)}(1)-\frac{b}{a}\right]\cdot[\mathrm{e}^{-aj}-\mathrm{e}^{-a(j-1)}] \tag{9.76}$$

$$\hat{x}^{(0)}(j+1)-\hat{x}^{(0)}(j)=(1-\mathrm{e}^{a})^2\left[x^{(0)}(1)-\frac{b}{a}\right]\cdot\mathrm{e}^{-aj}\begin{cases}x^{(0)}(1)<\dfrac{b}{a}\text{时，序列递减}\\x^{(0)}(1)=\dfrac{b}{a}\text{时，序列不变}\\x^{(0)}(1)>\dfrac{b}{a}\text{时，序列递增}\end{cases} \tag{9.77}$$

对于上边界类型，$a<0$时，具有退化趋势；对于下边界类型，$a>0$时，具有退化趋势；对于双边界类型，$a\neq 0$时，具有退化趋势。

因此，可得

$$Y=\begin{cases}Y_s & a<0\\ \text{无意义} & a=0\\ Y_x & a>0\end{cases} \tag{9.78}$$

9.12.11　首达时间预测

对预测函数进行变化，得到达到边界结果的时间序列。

（1）由

$$\hat{x}^{(0)}(j+1)=(1-\mathrm{e}^{a})\left[x^{(0)}(1)-\frac{b}{a}\right]\times\mathrm{e}^{-aj} \tag{9.79}$$

可得：

$$\ln|\hat{x}^{(0)}(j+1)|=\ln|1-\mathrm{e}^{a}|+\ln\left|x^{(0)}(1)-\frac{b}{a}\right|-aj \tag{9.80}$$

（2）另 $\hat{x}^{(0)}(j_m+1)=Y$，可得：

$$j_m=\frac{\ln|1-\mathrm{e}^{a}|+\ln\left|x^{(0)}(1)-\dfrac{b}{a}\right|-\ln|Y|}{a} \tag{9.81}$$

（3）计算 j_m-1，j_m，j_m+1，j_m+2 预期序列的预测结果：

$$\hat{x}^{(0)}(j+1)=\hat{x}^{(1)}(j+1)-\hat{x}^{(1)}(j)=(1-\mathrm{e}^{a})\left[x^{(0)}(1)-\frac{b}{a}\right]\times\mathrm{e}^{-aj}\pm\eta(j-j_0)a_z\left(\varepsilon^{(0)}(j_0)-\frac{b_\varepsilon}{a_\varepsilon}\right)\times\mathrm{e}^{-a_\varepsilon(j-j_0)} \tag{9.82}$$

其中，$\eta(j-j_0)=\begin{cases}1 & j\geqslant j_0\\ 0 & j<j_0\end{cases}$，$\eta$与$\varepsilon^{(0)}(j_0)$的符号保持一致。

（4）首先判断 $\hat{x}^{(0)}(j_m-1)\leqslant Y$ 是否成立（如不成立则报错），如成立则继续判断 $\hat{x}^{(0)}(j_m)\leqslant Y$ 是否成立（如果不成立则 $j_l=j_m-0.5$），如成立则继续判断 $\hat{x}^{(0)}(j_m+1)\leqslant Y$ 是否成立（如果不成立则 $j_l=j_m+0.5$），如成立则继续判断 $\hat{x}^{(0)}(j_m+2)\leqslant Y$ 是否成立（如果不成立则 $j_l=j_m+1.5$）。

（5）计算该组应力下样品失效的首达时间：

$$t_l=j_l\times\Delta t \tag{9.83}$$

9.12.12　加速模型解算

由

$$t_l=A\mathrm{e}^{\frac{E_a}{KT_l}} \tag{9.84}$$

得

$$\ln t_l = \ln A + \frac{E_a}{KT_l} \tag{9.85}$$

对于线性方程 $y = a + bx$，利用最小二乘法求得其 n 次观测结果的直线拟合参数：

$$\begin{cases} \hat{b} = \dfrac{\sum\limits_{i=1}^{n} X_i \sum\limits_{i=1}^{n} Y_i - n\sum\limits_{i=1}^{n} X_i Y_i}{\left(\sum\limits_{i=1}^{n} X_i\right)^2 - n\sum\limits_{i=1}^{n} X_i^2} \\ \hat{a} = \dfrac{\sum\limits_{i=1}^{n} Y_i - \hat{b}\sum\limits_{i=1}^{n} X_i}{n} \end{cases} \tag{9.86}$$

令 $\ln t_l = y, \dfrac{1}{T_l} = x, \ln A = a, \dfrac{E_a}{K} = b$，可计算参数 E_a 和 A 的估计值。

参数 E_a 的估计值为：

$$\hat{E}_a = K\frac{\sum\limits_{l=1}^{n} 1/T_l \sum\limits_{l=1}^{n} \ln(t_l) - n\sum\limits_{l=1}^{n} \ln(t_l)/T_l}{\left(\sum\limits_{l=1}^{n} 1/T_l\right)^2 - n\sum\limits_{l=1}^{n} (1/T_l)^2} \tag{9.87}$$

参数

$$A = \exp\left\{\frac{\sum\limits_{l=1}^{n} \ln(t_l) - \dfrac{\hat{E}_a}{K}\sum\limits_{l=1}^{n} 1/T_l}{n}\right\} \tag{9.88}$$

加速因子为：

$$\mathrm{AF}(T_a : T_u) = \mathrm{e}^{\frac{E_a}{K}\left(\frac{1}{273.15+T_u} - \frac{1}{273.15+T_a}\right)} \tag{9.89}$$

9.12.13 等效寿命的预测

在 T_u 条件下，产品的等效寿命为：

$$L = \mathrm{AF}(T_a : T_u) \times t_l = \mathrm{e}^{\frac{E_a}{K}\left(\frac{1}{273.15+T_u} - \frac{1}{273.15+T_a}\right)} \times t_l \tag{9.90}$$

第10章

整机加速试验与寿命评估方法

10.1 整机加速试验基本类型

10.1.1 以产品的失效模式划分

产品的失效主要包括两类失效模式：突发型失效模式和退化型失效模式。根据试验产品的失效模式情况，加速试验可分为以下三种类型。

（1）加速寿命试验：主要针对产品为突发型失效模式的情况，是指通过提高应力水平来加速产品失效（在试验中得到的数据是产品失效时间），并利用失效时间来估计产品可靠性及预测产品在正常应力下的寿命时间的加速试验方法。

（2）加速退化试验：主要针对产品为退化型失效模式的情况，是指通过提高应力水平来加速产品性能退化，采集产品在高应力水平下的性能退化数据，并利用这些数据来估计产品性能超差时间及预测产品在正常应力下的寿命时间的加速试验方法。在加速退化试验中，“失效”一般定义为性能参数退化至低于给定的工程指标（退化阈值）。产品性能参数随测试时间退化的数据被称为退化数据。

（3）竞争失效场合加速试验：对于结构复杂的产品，可能存在多种失效模式，任意一种失效模式的发生均可导致产品失效，这种情形被称为竞争失效场合。对于此类产品进行的加速试验被称为竞争失效场合加速试验。其试验数据既可能有失效时间也可能有性能退化数据。加速寿命试验和加速退化试验可看作竞争失效场合加速试验的特殊情况。

10.1.2 以产品的应力加载方式划分

加速试验按照试验应力的加载方式，通常可分为恒定应力试验、步进应力试验和序进应力试验三种基本类型，分别表示三种基本加速寿命试验的应力加载历程。

（1）恒定应力贮存加速试验：简称恒加试验。这是最常见的加速寿命试验，是了解产品可靠性特性的一种有效方法，如图 10-1 所示。这种方法操作简单，数据处理方法比较成熟，外推的准确性较高，但试验时间较长、样品数量较多。

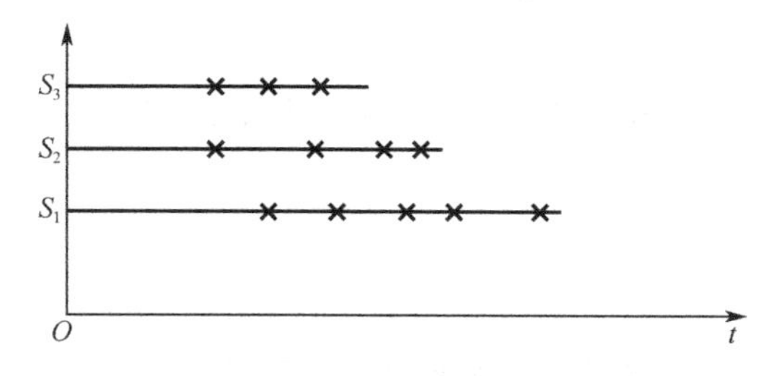

图 10-1 恒定应力贮存加速试验示意图

（2）步进应力贮存寿命试验：简称步加试验，在试验过程中，应力随时间分阶段增强，如图 10-2 所示。

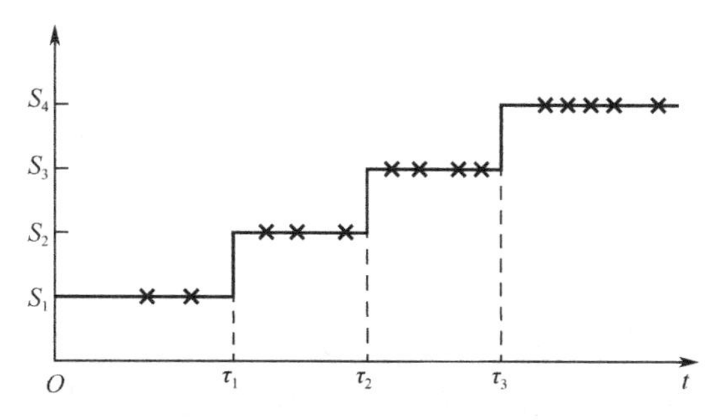

图 10-2 步进应力贮存加速试验示意图

（3）序进应力贮存加速试验：在试验过程中，应力随时间等速连续增强，简称序进试验。

序进试验的程序可仿照步加试验，先选定比正常应力水平稍高的加速应力水平 s_1，同时选定加速应力与试验时间的关系式；从产品中抽出一批样品并依次放入试验箱；从应力水平 s_1 开始，按加速关系式实施加速，直到满足试验截尾条件为止。

在实际应用中，应力不一定需要呈线性增加，也可以增加得更快一些。这种方法的退化是累计的，随着时间等速连续地增加应力，就能缩短到达退化的时间。此法试验技术比较复杂，需要配备随时间增加应力的装置和自动显示、记录达到何等应力就发生故障的设备。此法数据处理也比较复杂，外推的准确性也稍差，工程应用稍少。但此法不分组，节省试验件数量，并且样品失效更快一些。

在上述三种加速寿命试验中，以恒定应力加速寿命试验更为成熟。尽管这种试验所需时间不是最短的，但比一般寿命试验的试验时间还是缩短了不少，因此经常被采用。另外，还有序降应力、综合应力等应力施加方式。

10.2 加速因子的分析与评估方法

10.2.1 加速因子的定义与内涵研究

加速因子是电子整机贮存加速试验最重要的指标之一。加速因子的准确程度直接决定贮存试验结果的好坏。本章内容首先给出加速因子的定义，并给出在不同分布模型下加速因子的表达式。

对给定的退化量$\partial>0$，在应力水平S_i、$S_j(i\neq j)$下，产品∂的退化累计时间分别被记为$t_{\alpha i}$、$t_{\alpha j}$，则称：

$$k_{ji}^{I}(\partial)=\frac{t_{\alpha i}}{t_{\alpha j}} \tag{10.01}$$

为产品应力水平S_j对应力水平S_i的Ⅰ型加速退化因子函数，简称Ⅰ型加速退化因子。

对给定时刻$t>0$，在应力水平S_i、$S_j(i\neq j)$下，产品性能退化量的均值分别被记为：

$$h_i(t)=E(Y_i(t)),\quad h_j(t)=E(Y_j(t)) \tag{10.02}$$

$$k_{ji}^{\mathrm{II}}(t)=\frac{h_i(t)}{h_j(t)} \tag{10.03}$$

则称$k_{ji}^{\mathrm{II}}(t)=\dfrac{h_i(t)}{h_j(t)}$为产品的应力水平$S_j$对应力水平$S_i$的Ⅱ型加速退化因子函数，简称Ⅱ型加速退化因子。

1）定义1（退化累计时间）

产品在应力水平S_i下，性能参数退化的随机过程为$\{Y_i(t);t\geqslant 0\}$。其中，t为测试时间；$Y_i(t)$为应力水平S_i下时间区间$[0,t]$上产品性能参数的退化量，记随机过程$\{Y_i(t);t\geqslant 0\}$的均值函数$h_i(t)=E(Y_i(t))$，则称：

$$t_{ai}=h_i^{-1}(\partial)k_{ji}^{I}(\partial)=\frac{t_{\partial i}}{t_{\partial j}} \tag{10.04}$$

为产品在应力水平S_i下的∂退化累计时间，简称退化累计时间。

2）定义2（Ⅰ型退化累计时间）

对给定的退化量$\partial>0$，在应力水平S_i、$S_j(i\neq j)$下，产品∂的退化累计时间分别被记为t_{ai}、$t_{\alpha j}$，则称：

$$k_{ji}^{\mathrm{I}}(\partial)=\frac{t_{\alpha i}}{t_{\alpha j}} \tag{10.05}$$

为产品的应力水平S_j对应力水平S_i的Ⅰ型加速退化因子函数，简称Ⅰ型加速退化因子，另有：

$$k_{j0}^{\mathrm{I}}(\partial)=\frac{t_{\alpha 0}}{t_{\alpha j}} \tag{10.06}$$

为产品的应力水平S_j对正常应力水平S_0的Ⅰ型加速退化因子。

3）定义3（Ⅱ型退化累计时间）

对给定时刻$t>0$，在应力水平S_i、$S_j(i\neq j)$下，产品性能退化量均值分别被记为：

$$h_i(t)=E(Y_i(t)),\quad h_j(t)=E(Y_j(t)) \tag{10.07}$$

则称$k_{ji}^{\mathrm{II}}(t)=\dfrac{h_i(t)}{h_j(t)}$为产品的应力$S_j$对应力水平$S_i$的Ⅱ型加速退化因子函数，简称Ⅱ型加速退化因子。

另有：

$$k_{j0}^{\mathrm{II}}(t)=\frac{h_0(t)}{h_j(t)} \tag{10.08}$$

为产品的应力水平 S_j 对正常应力水平 S_0 的II型加速退化因子。

10.2.2 常用寿命分布的加速因子

由于I型加速退化因子表示为：

$$k_{ji}^{\mathrm{I}}(\partial)=\frac{t_{\alpha i}}{t_{\alpha j}} \tag{10.09}$$

设 F_0 是预先给定的累计失效率，$t_{\alpha i}(F_0)$ 是在应力 S_i 条件下达到累计失效概率 F_0 的时间。又设加速应力水平为 S_j，$t_{\alpha i}(F_0)$ 是在应力水平 S_j 条件下达到累计失效概率 F_0 的时间。则加速因子可以表示为：

$$k_{ji}^{\mathrm{I}}(\partial)=\frac{t_{\alpha i}(F_0)}{t_{\alpha j}(F_0)} \tag{10.10}$$

1. 指数分布加速因子计算

对于服从指数分布的电子产品，失效率为常数，其失效概率函数可表示为：

$$F(t)=1-\mathrm{e}^{-\lambda t} \tag{10.11}$$

则达到相同的累计失效概率 F_0 时，对应式（10.12）。

$$\mathrm{AF}=\frac{t_{su}}{t_{sa}}=\frac{\dfrac{1-F_0}{\lambda_{su}}t_i}{\dfrac{1-F_0}{\lambda_{sa}}}=\frac{\lambda_{sa}}{\lambda_{su}} \tag{10.12}$$

式中，

λ_{su}——在正常应力水平下产品的失效率；

λ_{sa}——在加速应力水平下产品的失效率；

F_0——事先约定的目标积累失效概率值；

t_{su}——在正常应力水平下，累计失效概率达到 F_0 时，对应的正常试验时间；

t_{sa}——在加速应力水平下，累计失效概率达到 F_0 时，对应的加速试验时间。

根据以上推导可知，产品在加速应力水平下的失效率 λ_{sa}，与其在正常应力水平下的失效率 λ_{su} 之比，即为在不同环境应力水平下应用应力分析方法确定的加速系数AF。

2. 威布尔分布加速因子计算

对于服从威布尔分布的产品，设在正常应力水平 S_0 和加速应力水平 S_i 下产品的寿命 T 都服从威布尔分布，其失效分布函数为：

$$F_i(t)=1-\mathrm{e}^{-(t/\eta_i)^{m_i}},\quad t>0,\quad i=0,1,\cdots \tag{10.13}$$

其中，$m_i>0$ 为形状参数，$\eta_i>0$ 为特征寿命。在威布尔分布场合，特征寿命 η_i 就是 $p=1-\mathrm{e}^{-1}=0.632$ 的分位寿命，因此在威布尔分布场合，常用两个特征寿命之比来确定加速系数，即将上式变换为：

$$\ln\eta = a^0 + b\phi(S) \tag{10.14}$$

假设在正常应力水平下产品的特征寿命为η_0，加速应力水平下的产品特征寿命为η_i。则

$$\ln\eta_0 = a^0 + b\phi(S_0) \tag{10.15}$$

$$\ln\eta_i = a^0 + b\phi(S_i) \tag{10.16}$$

所以

$$\ln\eta_0 - \ln\eta_i = b[\phi(S_0) - \phi(S_i)] \tag{10.17}$$

$$\ln\left(\frac{\eta_0}{\eta_i}\right) = b[\phi(S_0) - \phi(S_i)] \tag{10.18}$$

因而

$$k_{ji}^{\mathrm{I}} = \frac{\eta_0}{\eta_i} = \mathrm{e}^{b[\phi(S_0) - \phi(S_i)]} \tag{10.19}$$

3. 对数正态分布加速因子计算

由加速因子定义有$k_{ji}^{\mathrm{I}} = \dfrac{t_{\alpha i}(F_0)}{t_{\alpha j}(F_0)}(k = 1,2,\cdots,l)$，若$F_0 = 50\%$，则：

$$k_{ji}^{\mathrm{I}} = \frac{t_{ai}(0.5)}{t_{aj}(0.5)} \tag{10.20}$$

其中，$t_{\alpha i}(0.5)$为加速应力水平为S_i时的中位寿命；$t_{aj}(0.5)$为加速应力水平为S_k时的中位寿命。

对数正态分布中的加速系数又可用失效率$\lambda(t)$来表示，即：

$$\lambda(t) = \frac{\dfrac{1}{\sigma t\sqrt{2\pi}}\mathrm{e}^{-\frac{1}{2\sigma^2}(\ln t - \mu)^2}}{1 - \varphi\left(\dfrac{\ln t - \mu}{\sigma}\right)} = \frac{\dfrac{1}{\sigma t}\phi\left(\dfrac{\ln t - \mu}{\sigma}\right)}{1 - \varphi\left(\dfrac{\ln t - \mu}{\sigma}\right)} \tag{10.21}$$

其中，$\phi\left(\dfrac{\ln t - \mu}{\sigma}\right)$为标准正态分布的概率密度函数；$\varphi\left(\dfrac{\ln t - \mu}{\sigma}\right)$为标准正态分布的分布函数，因此：

$$\frac{\lambda_j(t_j(F_0))}{\lambda_i(t_i(F_0))} = \frac{\dfrac{1}{\sigma_j t_j(F_0)}\phi\left(\dfrac{\ln t_j - \mu_j}{\sigma_j}\right)}{1 - \varphi\left(\dfrac{\ln t_j - \mu_j}{\sigma_j}\right)} \cdot \frac{1 - \varphi\left(\dfrac{\ln t_i - \mu_i}{\sigma_i}\right)}{\dfrac{1}{\sigma_i t_i(F_0)}\phi\left(\dfrac{\ln t_i - \mu_i}{\sigma_i}\right)} \tag{10.22}$$

由于在应力水平S_i与应力水平S_j下的失效机理不变，故$\sigma_j = \sigma_i = \sigma$。又根据加速因子的定义，在应力水平$S_i$下的分布函数应该与应力水平$S_j$下的分布函数相同，即：

$$\varphi\left(\frac{\ln t_j - \mu_j}{\sigma_j}\right) = \varphi\left(\frac{\ln t_i - \mu_i}{\sigma_i}\right) \tag{10.23}$$

$$\phi\left(\frac{\ln t_j - \mu_j}{\sigma_j}\right) = \phi\left(\frac{\ln t_i - \mu_i}{\sigma_i}\right) \tag{10.24}$$

所以

$$\frac{\lambda_j(t_j(F_0))}{\lambda_i(t_i(F_0))}=\frac{t_i(F_0)}{t_j(F_0)}=k_{ji}^I \tag{10.25}$$

10.2.3 常用加速模型及其加速因子

1. 阿伦尼斯加速模型下的加速因子

在加速试验中，常用温度作为加速应力，因为高温能使产品（如电子元器件、绝缘材料等）内部加快化学反应，促使产品提前失效。阿伦尼斯通过研究这类化学反应，在大量数据的基础上，提出如下加速模型：

$$\xi = A\mathrm{e}^{E/KT} \tag{10.26}$$

其中，ξ 是某寿命特征，如中位寿命、平均寿命等；A 是一个常数，且 $A>0$；E 是激活能，与材料有关，单位是电子伏特，以 eV 表示；K 是玻耳兹曼常数，为$8.6\times10^{-5}\mathrm{eV/K}$，从而 E/K 的单位是温度，故又称 E/K 为激活温度；T 是热力学温度，单位为 K。

从而上式可以表示为：

$$h_i(t)=A\exp\left\{\frac{E}{KT_i}\right\} \tag{10.27}$$

故加速因子为：

$$k_{ji}^I(\partial)=\exp\left\{\frac{E}{K}\left(\frac{1}{T_j}-\frac{1}{T_i}\right)\right\}=k_{ji}^I \tag{10.28}$$

2. 逆幂律加速模型下的加速因子

逆幂律加速模型表示产品的某些寿命特征与电应力（如电压、电流、功率等）有如下关系：

$$\xi = A\upsilon^{-C}$$

其中，ξ 是某寿命特征，如平均寿命、中位寿命、特征寿命等；A 是一个正常数；C 是一个与激活能有关的正常数；υ 是应力，常取电压。上述关系被称为逆幂律模型，表明产品的某寿命特征是应力 υ 的负 C 次幂函数。

可以表示为：

$$h_i(t)=AV_i^{-C_t} \tag{10.29}$$

故加速因子为：

$$k_{ji}^I(\partial)=\left(\frac{V_j}{V_i}\right)^{-C}=k_{ji}^I \tag{10.30}$$

3. 单应力艾林加速模型下的加速因子

根据量子力学原理可以推导出单应力的艾林模型，该模型表示某些产品的寿命特性是热力学温度的函数。

$$\xi = \frac{A}{T}\exp\left(\frac{B}{KT}\right) \tag{10.31}$$

其中，A、B 是待定常数；$K = 8.6\times10^{-5}\,\text{eV}/\text{K}$ 是玻耳兹曼常数；T 是热力学温度。它与阿伦尼斯模型只相差一个因子 A/T。当热力学温度 T 在较小的范围内变化时，A/T 可近似看作一个常数，这时艾林模型就近似于阿伦尼斯模型。加速因子为：

$$k_{ji}^{I}(\partial) = \exp\left\{\frac{E}{K}\left(\frac{1}{T_j}-\frac{1}{T_i}\right)\right\} = k_{ji}^{I} \tag{10.32}$$

10.3 电子整机加速建模与加速因子评估

10.3.1 电子整机基于高温应力预计分析方法

1. 电子整机加速因子求解

加速系数是产品在正常应力水平下达到某一失效概率所经历的试验时间，与产品在加速应力水平下达到相同失效概率所经历的试验时间之比。服从指数分布电子产品的失效率为常数，失效概率函数为：

$$F(t) = 1 - \mathrm{e}^{-\lambda t} \tag{10.33}$$

假设在正常应力水平 s_0 下某元器件的失效分布函数为 $F_0(T)$，失效率为 λ_0，$t_{p,0}$ 为失效概率达到 p 的时间，即 $F_0(t_{p,0}) = p$，又设该元器件在加速应力水平 s_i 下的失效分布函数为 $F_j(t)$，失效率为 λ_i，$t_{p,j}$ 为失效概率达到 p 的时间，即 $F_j(t_{p,j}) = p$。根据加速系数 τ_1 的定义，则：

$$F_0(t_{p,0}) = F_j(t_{p,j}) \tag{10.34}$$

$$1-\mathrm{e}^{-\lambda_0 t_{p,0}} = 1-\mathrm{e}^{-\lambda_j t_{p,j}} \tag{10.35}$$

$$\tau_1 = \frac{t_{p,0}}{t_{p,j}} = \frac{\lambda_j}{\lambda_0} \tag{10.36}$$

而根据基本可靠性的串联模型，各个单元的失效率等于其包含的所有元器件的失效率之和，产品的失效率等于各个单元的失效率之和，即：

$$\lambda_s = \sum_{i=1}^{n}\lambda_i \tag{10.37}$$

因此，产品在高温条件下的加速因子为：

$$\tau_1 = \frac{t_{p,0}}{t_{p,j}} = \frac{\sum_{i=1}^{n}\lambda_i'}{\sum_{i=1}^{n}\lambda_i} = \frac{\lambda_s'}{\lambda_s} \tag{10.38}$$

式中，

λ_i——在正常应力水平下第 i 个组成单元的失效率；

λ_i'——在加速应力水平下第 i 个组成单元的失效率；

λ_s——在正常应力水平下产品的失效率；

λ_s'——在加速应力水平下产品的失效率；

n——组成产品的单元数。

根据以上的推导可知，受试样机在加速试验条件下的失效率λ_{p2}，与其在传统可靠性试验剖面下的失效率λ_{p1}之比，即为在不同环境应力水平下应用应力分析方法确定的加速系数τ_1。

根据相关标准可知每类器件的失效率模型和参数，通过利用整机的元器件信息开展两轮可靠性预计，可分别得到高温下的电子设备可靠性失效率和常温下的电子设备可靠性失效率，从而得到电子设备的加速因子。

以某惯导产品中某单元电阻器为例，按照上述失效率模型和 GJB/Z 299C，可以计算在不同环境温度条件下的失效率，见表 10-1。

表 10-1　某惯导产品中某单元电阻器失效率统计

单元名称：8A93W1											
预计依据：GJB/Z299C-2006　环境类别：AUF　环境温度：70℃、80℃											
型号规格	数量/N	质量等级	S	πE	πQ	πR	λ_b（×10⁻⁶/h）70℃	λ_b（×10⁻⁶/h）80℃	λ_P（×10⁻⁶/h）70℃	$N\lambda_P$（×10⁻⁶）70℃	λ_P（×10⁻⁶/h）80℃	$N\lambda_P$（×10⁻⁶）80℃
RMK1206-1/4W-100Ω-B-GB	3	A2	0.1	11.5	0.3	1	0.007	0.007	0.02415	0.07245	0.02415	0.07245
RMK3225-1/4W-100KΩ-J	1	A2	0.1	11.5	0.3	1	0.007	0.007	0.02415	0.02415	0.02415	0.02415
RMK3225-1/4W-10KΩ-J	1	A2	0.1	11.5	0.3	1	0.007	0.007	0.02415	0.02415	0.02415	0.02415
RJ14-1/4W-120Ω-J	8	A2	0.1	11	0.3	1	0.0013	0.0015	0.00429	0.03432	0.00495	0.0396
RMK0805-1/4W-33Ω-B-GB	13	A2	0.1	11.5	0.3	1	0.007	0.007	0.02415	0.31395	0.02415	0.31395
RMK3225-1/4W-4.7KΩ-J	18	A2	0.1	11.5	0.3	1	0.007	0.007	0.02415	0.4347	0.02415	0.4347
RMK1206-1/4W-200Ω-B-GB	1	A2	0.1	11.5	0.3	1	0.007	0.007	0.02415	0.02415	0.02415	0.02415
RMK1206-1/4W-330Ω-B-GB	1	A2	0.1	11.5	0.3	1	0.007	0.007	0.02415	0.02415	0.02415	0.02415
小计（×10⁻⁶/h）70℃	0.95202											
小计（×10⁻⁶/h）80℃	0.9573											

2. 电子整机加速因子推导流程归纳

结合整机常规的实际环境和加速模型，利用指数分布模型，结合应力分析法来计算电子整机的加速因子，并参考 IEC 62380、GJB 108 及工程经验和历史数据，在失效率服从指数分布的情况和规定的应力条件下，通过分析产品各元器件工作时所承受的电、热应力及了解元器件的质量等级，电、热应力的额定值，工艺结构参数和应用环境类别等，利用元器件失效率模型及失效率数据、数表与图表，给出各元器件在某应力水平下的失效率，并根据基本可靠性模型得出产品在全寿命周期下各个应力水平下的失效率，经过工程化处理，得到电子整机的加速因子。电子整机贮存加速因子评估方法流程如图 10-3 所示。

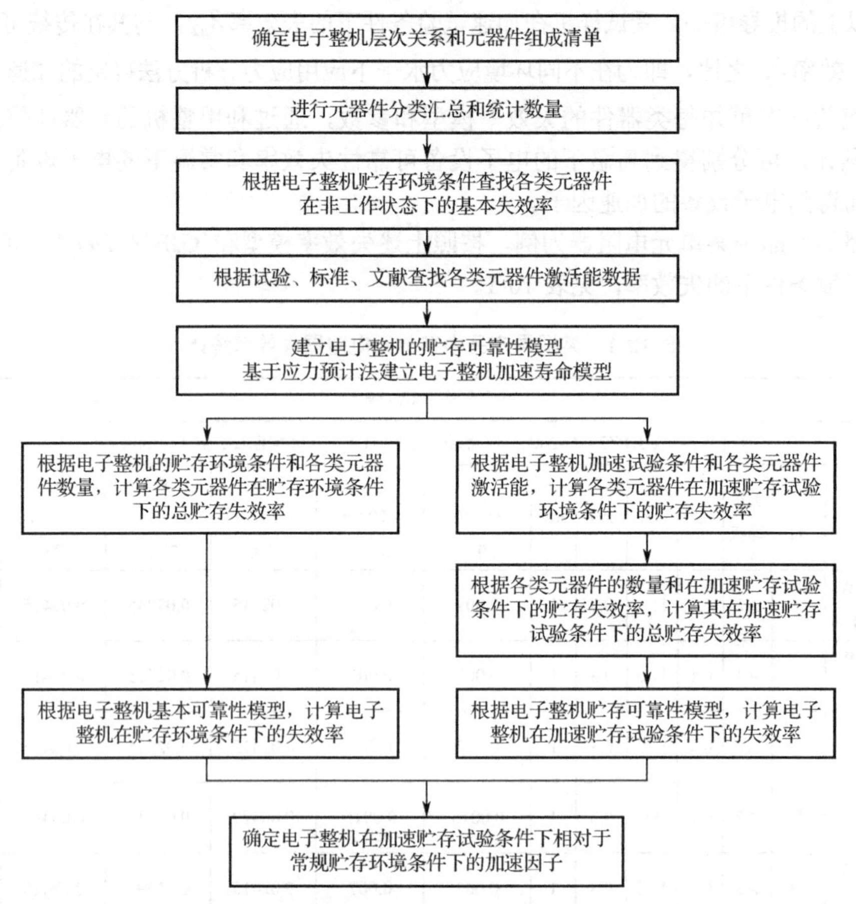

图 10-3　电子整机贮存加速因子评估方法流程

3. 电子整机加速因子评估简化流程

依据电子整机的元器件组成清单，按照加速模型的标准建模流程，需要对电子整机分别在典型贮存环境和加速贮存环境下进行两轮可靠性预计后，才能得出加速贮存环境相对于典型贮存环境的加速因子。然而，依据 GJB 299、GJB108、MIL 217 标准进行预计的过程需要进行大量的数据查询，涉及工作量巨大，依据国际最新的 IEC 61709 标准，失效率模型基于加速模型建立，更加清晰地表达了失效率与温度系数等应力因素的关系，使失效率的预计工作量得到大量简化。

考虑到元器件的加速效应可用其在不同温度应力下失效率的商来表达，大量非应力相关系数可以互相消掉，最后主要与应力系数相关，特别是对贮存加速试验而言，仅与温度应力相关。元器件失效率的数量级主要与基本失效率相关，因此，可以将元器件失效率简化为基本失效率和温度系数函数的乘积，能够更加简洁和快速地计算出电子整机在典型贮存环境和加速贮存环境下的失效率，从而快速评估电子整机的加速系数。

4. 电子整机加速因子评估案例

例 1： 某 LED 照明灯具元器件清单与失效率预计值见表 10-2，现根据上面的方法计算其加速系数。

表 10-2　某 LED 照明灯具元器件清单与失效率预计值

序号	元器件	数量/个	单个器件的失效率/（10^{-6}/h）	计算过程	25℃失效率/（10^{-6}/h）
1	LED	40	0.004264	0.004264×40	0.17056
2	整流二极管	1	0.073	0.0073×1	0.073
3	电容	7	0.00888	0.00888×7	0.06216
4	电阻	14	0.0021	0.0021×14	0.0294
5	压敏电阻	4	0.04	0.04×4	0.16
6	变压器	7	0.0276	0.0276×7	0.1932
7	光电耦合器	3	0.0076	0.0076×3	0.0228
8	合计	76	/	/	0.71112

根据 IEC 61709，在 75℃和 85℃下各类元器件相对于 25℃的加速因子 π_T 分别见式（10.39）和式（10.40）。

$$\pi_T = \exp\left[\frac{E_a}{k_0}\left(\frac{1}{25+273} - \frac{1}{T+273}\right)\right] \tag{10.39}$$

$$\pi_T = \frac{A \times e^{E_{a1} \times Z} + (1-A) \times e^{E_{a2} \times Z}}{A \times e^{E_{a1} \times Z_{ref}} + (1-A) \times e^{E_{a2} \times Z_{ref}}} \tag{10.40}$$

辅助变量 $z = \frac{1}{k_0}\left(\frac{1}{313} - \frac{1}{T+273}\right), z_{ref} = \frac{1}{k_0}\left(\frac{1}{313} - \frac{1}{25+273}\right)$，单位为 1/eV。其中，$T$ 为 70℃或 85℃。

其中，LED、整流二极管、光电耦合器适用于式（10.39）；电容、电阻、敏压电阻、变压器和电感适用于式（10.40）。

LED 产品主要元器件失效率见表 10-3，将表中的数据代入上式，即可得到各类元器件的加速因子，将它与正常应力（25℃）下基本失效率相乘，可以得到在加速条件下的失效率。

由这些失效率信息可以求得 LED 照明灯具的加速因子。

表 10-3　LED 产品主要元器件失效率

元器件	基本失效率/（10^{-6}/h）	激活能 E_{a1}/eV	激活能 E_{a2}/eV	A
LED	0.004264	0.65	/	/
整流二极管	0.073	0.4	/	/
电容	0.00888	0.5	1.59	0.999
电阻	0.0021	0.16	0.44	0.873
压敏电阻	0.04	0.16	0.44	0.873
变压器	0.0276	0.06	1.13	0.996
电感	0.0076	0.06	1.13	0.996
光电耦合器	0.0104	0.5	/	/

如在 85℃下开展试验，则各元器件的失效率如下。

LED 器件在 85℃下的失效率为：

$$\begin{aligned}\lambda=\lambda_b\times\pi_T&=0.004264\times\exp\left[\frac{E_a}{k_0}\left(\frac{1}{25+273}-\frac{1}{85+273}\right)\right]\\&=0.004264\times\exp\left[\frac{0.65}{8.6171\times10^{-5}}\left(\frac{1}{25+273}-\frac{1}{85+273}\right)\right]\\&=0.004264\times69.6=0.29664\end{aligned}\tag{10.41}$$

整流二极管在 85℃下的失效率为：

$$\begin{aligned}\lambda=\lambda_b\times\pi_T&=0.073\times\exp\left[\frac{E_a}{k_0}\left(\frac{1}{25+273}-\frac{1}{85+273}\right)\right]\\&=0.073\times\exp\left[\frac{0.4}{8.6171\times10^{-5}}\left(\frac{1}{25+273}-\frac{1}{85+273}\right)\right]\\&=0.073\times13.6=0.99339\end{aligned}\tag{10.42}$$

电容在 85℃下的失效率为：

$$\begin{aligned}\lambda=\lambda_b\times\pi_T&=0.00888\times\frac{A\times e^{E_{a_1}\times Z}+(1-A)\times e^{E_{a_2}\times Z}}{A\times e^{E_{a_1}\times Z_{ref}}+(1-A)\times e^{E_{a_2}\times Z_{ref}}}\\&=0.00888\times\frac{0.999\times e^{0.5\times4.66}+(1-0.999)\times e^{1.59\times4.66}}{0.999\times e^{0.5\times(-1.866)}+(1-0.999)\times e^{1.59\times(-1.866)}}\\&=0.00888\times30.338=0.2694\end{aligned}\tag{10.43}$$

电阻在 85℃下的失效率为：

$$\begin{aligned}\lambda=\lambda_b\times\pi_T&=0.0021\times\frac{A\times e^{E_{a_1}\times Z}+(1-A)\times e^{E_{a_2}\times Z}}{A\times e^{E_{a_1}\times Z_{ref}}+(1-A)\times e^{E_{a_2}\times Z_{ref}}}\\&=0.0021\times\frac{0.873\times e^{0.16\times4.66}+(1-0.873)\times e^{0.44\times4.66}}{0.873\times e^{0.16\times(-1.866)}+(1-0.873)\times e^{0.44\times(-1.866)}}\\&=0.0021\times4.01=0.0084\end{aligned}\tag{10.44}$$

压敏电阻在 85℃下的失效率为：

$$\begin{aligned}\lambda=\lambda_b\times\pi_T&=0.04\times\frac{A\times e^{E_{a_1}\times Z}+(1-A)\times e^{E_{a_2}\times Z}}{A\times e^{E_{a_1}\times Z_{ref}}+(1-A)\times e^{E_{a_2}\times Z_{ref}}}\\&=0.04\times\frac{0.873\times e^{0.16\times4.66}+(1-0.873)\times e^{0.44\times4.66}}{0.873\times e^{0.16\times(-1.866)}+(1-0.873)\times e^{0.44\times(-1.866)}}\\&=0.04\times4.01=0.161\end{aligned}\tag{10.45}$$

变压器在 85℃下的失效率为：

$$\begin{aligned}\lambda=\lambda_b\times\pi_T&=0.0276\times\frac{A\times e^{E_{a_1}\times Z}+(1-A)\times e^{E_{a_2}\times Z}}{A\times e^{E_{a_1}\times Z_{ref}}+(1-A)\times e^{E_{a_2}\times Z_{ref}}}\\&=0.0276\times\frac{0.966\times e^{0.06\times4.66}+(1-0.966)\times e^{1.13\times4.66}}{0.966\times e^{0.06\times(-1.866)}+(1-0.966)\times e^{1.13\times(-1.866)}}\\&=0.0276\times2.348=0.06481\end{aligned}\tag{10.46}$$

光电耦合器在 85℃下的失效率为：

$$\begin{aligned}\lambda &= \lambda_b \times \pi_T = 0.0104 \times \exp\left[\frac{E_a}{k_0}\left(\frac{1}{25+273}-\frac{1}{85+273}\right)\right] \\ &= 0.0104 \times \exp\left[\frac{0.5}{8.6171\times 10^{-5}}\left(\frac{1}{25+273}-\frac{1}{85+273}\right)\right] \\ &= 0.0104 \times 26.1 = 0.2718\end{aligned} \quad (10.47)$$

根据以上的计算结果，可以计算 85℃下该型产品的失效率，计算过程见表 10-4。

表 10-4 该型产品在 85℃下失效率的预计值

序号	元器件	数量/个	单个器件的失效率/（10^{-6}/h）	计算过程	85℃失效率/（10^{-6}/h）
1	LED	40	0.2966	0.2966×40	11.86579
2	整流二极管	1	0.9933	0.9933×1	0.993389
3	电容	7	0.2694	0.2694×7	1.885812
4	电阻	14	0.0084	0.0084×14	0.118152
5	压敏电阻	4	0.160	0.160×4	0.643002
6	变压器	7	0.0648	0.0648×7	0.453654
7	光电耦合器	3	0.2718	0.2718×3	0.815456
8	合计	76	/	/	16.77525

该型产品在 85℃下相对于 25℃的加速因子 AF=16.77525/0.71112=23.3（倍）。

由此可见，简化后，不需要针对电子整机开展可靠性预计，从而避免了大量查找预计参数的工作，仅仅通过元器件种类、激活能数据、基本失效率就可以推导出电子整机对应各个元器件在高温下的失效率和整机的失效率，从而可简单获取电子整机的加速因子。

10.3.2 电子整机基于失效物理仿真分析方法

基于失效物理仿真的加速试验方法是指以已有的可靠性试验剖面中的应力条件为基础，以可靠性强化试验得出的工作应力极限作为加速试验条件制订的约束条件，以可靠性仿真试验得出的应力损伤模型（加速因子）设计加速试验条件。

加速试验条件可作为综合应力（温度循环+振动应力综合），当敏感应力为温度交变时，仅对可靠性试验剖面中的温度应力按照温度循环方式进行加速，可缩短连续振动应力持续时间；当敏感应力为振动应力时，保持可靠性试验剖面中的温度循环应力，对剖面中的振动应力进行加速；当温度交变和振动均为敏感应力时，对温度交变和振动应力均进行加速。

现有软件工具激发出来的故障主要是温度循环导致的热疲劳失效和振动机械疲劳失效，当前，利用现有工具难以对温、湿度应力进行建模从而获取加速因子。

1. 敏感应力确定原则

敏感应力的确定一方面可通过收集数据、调查分析给出初步范围；另一方面可根据前期相关试验（如仿真、强化、摸底）结果，确定产品的敏感应力类型和承受应力范围。

（1）调查分析：了解产品组成，根据经验和初步分析确定不耐应力薄弱环节，列出所有元器件、原材料、薄弱环节贮存/工作温度范围等应力范围信息，根据列表给出较为安全的加速应力值。

（2）试验确定：统计环境试验、可靠性摸底试验、可靠性强化试验中的故障数据，若其中 80%以上的故障由温度应力引起，则敏感应力为温度；若其中 80%以上的故障由振动引起，则敏感应力为振动应力；若没有一种应力引起故障超过 80%以上，则敏感应力确定为温度循环和振动。

（3）仿真确定：在仿真试验中有薄弱环节的，若仅存在由温度交变应力引起的失效，则敏感应力为温度交变；若仅存在由振动引起的失效，则敏感应力为振动；如同时存在由温度交变和振动引起的失效，则敏感应力为温度循环和振动。在仿真试验中无薄弱环节的，则取潜在故障信息矩阵的前 20 项，若其中 80%以上是由温度交变应力引起的，则敏感应力为温度交变；若其中 80%以上的故障则由振动引起的，则敏感应力为振动应力；若没有一种应力引起的故障超过 80%以上，则敏感应力确定为温度循环和振动。

2. 加速方案制订流程

敏感应力的确定一方面可通过收集数据、调查分析给出初步范围；另一方面可根据前期相关试验（如仿真、强化、摸底）结果，确定产品的敏感应力类型和承受应力范围。

如一个产品的工作寿命为 30000h，采用 1.5 倍的工程经验系数，确定需要进行 45000h（振动）的试验，每个循环 14h，约 3214 个循环（温度交变）试验，采用加速试验可缩短试验时间。

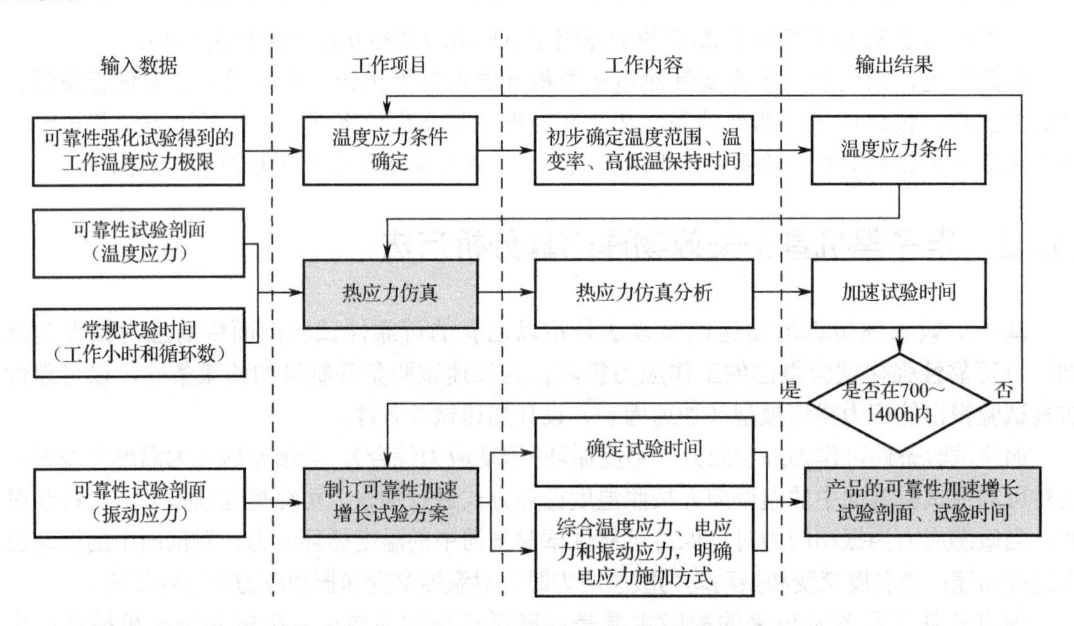

图 10-4　基于失效物理仿真的温度应力加速试验设计流程

1）当敏感应力为温度应力时

当敏感应力为温度应力时，基于失效物理仿真的温度应力加速试验设计流程如下。

（1）根据可靠性强化试验得出的工作应力极限初步制订加速试验的温度应力条件，考虑到强化试验为短期高应力，而加速试验为长期高应力，因此，可以在强化试验工作极限基础上，预留出来一定安全裕量（降低 1～2 个台阶）作为加速试验应力。

（2）以传统试验剖面的温度条件和循环数对应的工作时间为输入，通过可靠性仿真试验得出的加速模型计算出步骤（1）确定的加速试验温度应力下的等效试验时间。

（3）确认等效试验时间是否可接受，可进一步进行调整，包括通过调整温度应力（包括温度范围、温变率、高低温保持时间等）改变等效试验时间（应力越大，等效时间越短），直至得到合适的加速应力和加速试验时间，最终确定加速试验时间。

（4）综合最终确定的温度应力、传统试验剖面中的电应力（在低温保持结束前进行通电，通电时间可根据产品测试时间调整，在高温保持结束时断电）和振动应力（在低温和高温段分别压缩连续振动应力，最大振动应力调整至测试点，低温不通电阶段不施加振动应力），即为加速试验剖面。

2）当敏感应力为振动应力时

当敏感应力为振动应力时，基于失效物理仿真的振动应力加速试验设计流程如图 10-5 所示。

（1）根据以往振动仿真分析结果，初步把传统试验剖面中振动功率谱密度提高 3 倍，作为加速试验振动应力条件。

（2）以传统试验剖面的振动应力和常规试验时间（45000h 工作时间）作为输入，通过可靠性仿真试验得出的加速模型计算在步骤（1）中得出的加速试验振动条件下的等效试验时间。

（3）确认等效试验时间是否可接受，进一步进行调整，可通过调整振动应力（功率谱密度）改变振动等效时间（应力越大，等效时间越短），直至得到合适的加速应力和加速试验时间，最终确定加速试验时间。

（4）综合（1）中最终确定的振动应力及传统试验剖面中的温度应力和电应力（在低温保持结束前通电，通电时间可根据产品测试时间调整，在高温保持结束时断电），即为加速试验剖面。

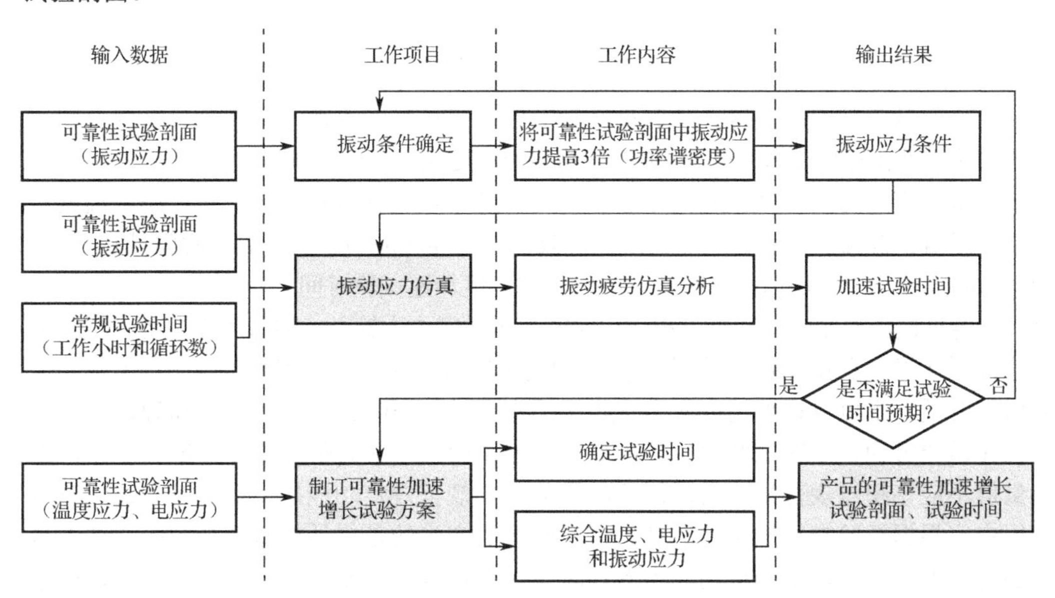

图 10-5 基于失效物理仿真的振动应力加速试验设计流程

3）当敏感应力为温度和振动应力时

当敏感应力为温度和振动应力时，基于失效物理仿真的温度和振动综合应力加速试验设计流程如图 10-6 所示。

（1）根据可靠性强化试验得出的工作应力极限初步制订加速试验的温度应力条件，考虑到强化试验为短期高应力，而加速试验为长期高应力，因此，可以在强化试验工作极限基础上，预留出来一定安全裕量（降低 1～2 个台阶）作为加速试验应力。

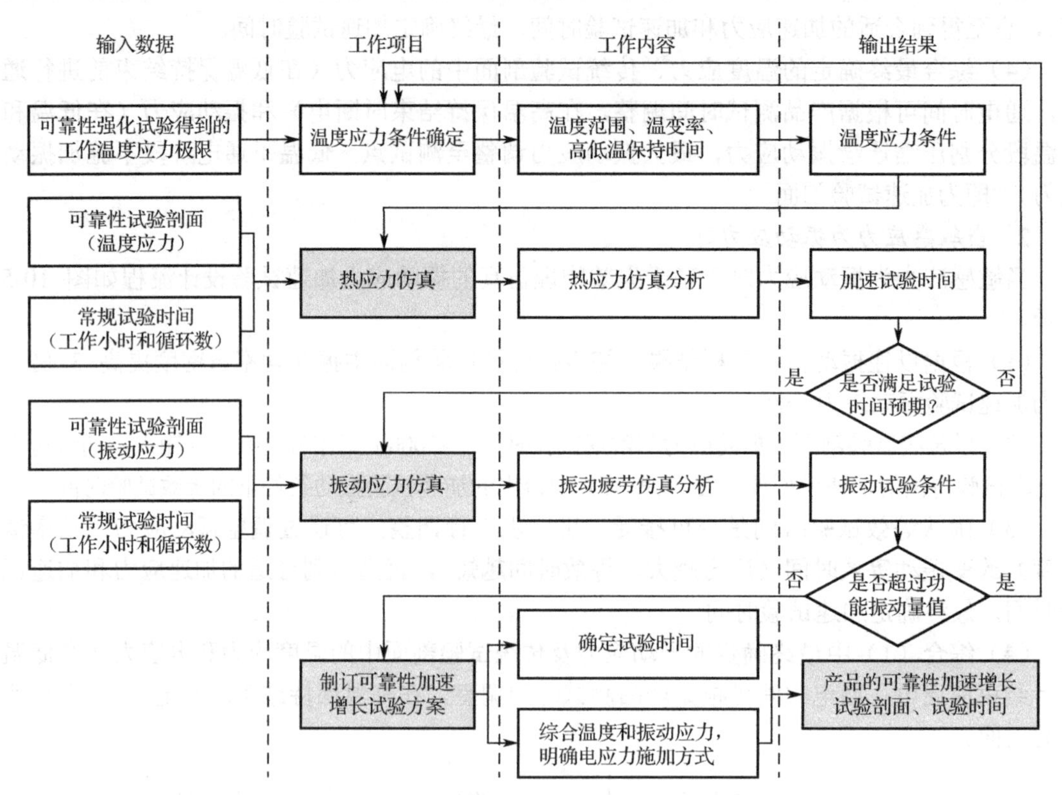

图 10-6　基于失效物理仿真的温度和振动综合应力加速试验设计流程

（2）以传统试验剖面的温度条件和循环数对应的工作时间为输入，通过可靠性仿真试验得出的加速模型计算出步骤（1）确定的加速试验温度应力下的等效试验时间。

（3）确认温度应力等效试验时间是否可接受，进一步进行调整，包括通过调整温度应力（包括高温值、低温值、温变率等）改变等效试验时间（应力越大，等效时间越短），直至得到合适的加速应力和加速试验时间，最终确定温度加速试验时间。

（4）以传统试验剖面的振动应力和 45000h 工作时间作为输入，通过可靠性仿真试验得出的加速模型计算在步骤（3）中得出的温度加速试验时间对应的加速试验振动量值，如果振动量值不合适，则可以调整温度应力重新按照步骤（3）和（4）进行计算和确定，直至得到的加速试验时间、加速试验温度应力值、加速试验振动应力值均满足预期。通常，加速振动量值不应该超过规范规定的功能振动量值，如规范规定功能振动量值过小或没有规定，则用户应根据经验自行确定。另外，考虑到振动产生的是累计机械疲劳效应，增大量值根据加速模型关系可以缩短振动应力施加时间，也可以考虑提高振动应力值，使样机不用在整个试验过程中均施加振动应力。

（5）综合（1）和（4）中最终确定的温度应力、电应力（在低温保持结束前通电，通电时间可根据产品测试时间调整，在高温保持结束时断电）和（4）中得出的振动应力（在低温不通电阶段不施加振动），即为加速试验剖面，得到加速试验时间。

3. 基于仿真的加速因子计算方法

1）温度交变加速因子计算方法

（1）通过可靠性仿真试验得到产品在正常条件下热疲劳失效的前 10 个潜在薄弱点，假定其首发故障循环数分别为 $N_{\mathrm{Tu1}},N_{\mathrm{Tu2}},N_{\mathrm{Tu3}},\cdots,N_{\mathrm{Tu10}}$。

（2）在初步设定的加速条件下再次进行可靠性仿真试验，得到上面 10 个潜在薄弱点的首发故障循环数分别为 $N_{\mathrm{Ta1}},N_{\mathrm{Ta2}},N_{\mathrm{Ta3}},\cdots,N_{\mathrm{Ta10}}$。

（3）将第 i 个潜在故障点在正常条件和加速条件下的首发故障循环数相除，得到第 i 个故障点的加速因子 $\mathrm{AF_{Ti}}$，即 $\mathrm{AF_{Ti}}=N_{\mathrm{Tui}}/N_{\mathrm{Tai}}$。

（4）将 10 个潜在故障点的加速因子进行算术平均，得到产品的温度循环加速因子 $\mathrm{AF}=\sum_{i=1}^{10}\mathrm{AF_{Ti}}$。

2）振动应力加速因子的计算

（1）通过可靠性仿真试验得到产品在正常条件下振动疲劳失效的前 10 个潜在薄弱点，假定其首发故障循环数分别为 $t_{\mathrm{vu1}},t_{\mathrm{vu2}},t_{\mathrm{vu3}},\cdots,t_{\mathrm{vu10}}$。

（2）在初步设定的加速条件下再次进行可靠性仿真试验，得到上面 10 个潜在薄弱点的首发故障循环数分别为 $t_{\mathrm{va1}},t_{\mathrm{va2}},t_{\mathrm{va3}},\cdots,t_{\mathrm{va10}}$。

（3）将第 i 个潜在故障点在正常条件和加速条件下首发故障循环数相除，得到第 i 个故障点的加速因子 $\mathrm{AF_{vi}}$，即 $\mathrm{AF_i}=t_{\mathrm{vui}}/t_{\mathrm{vai}}$。

（4）将 10 个潜在故障点的加速因子进行算术平均，得到产品的振动加速因子 $\mathrm{AF}=\sum_{i=1}^{10}\mathrm{AF_{vi}}$。

4. 可靠性加速试验方案

1）背景介绍

已知一个产品寿命要求 3×10^4h，根据寿命考核方法，其工程经验系数 k 取 1.5，寿命试验时间应为 45000h。按照传统试验方法，根据其典型任务剖面，制订传统可靠性试验剖面，如图 10-7 所示。每个剖面的试验周期为 14h，需要进行 3214 个周期的试验。

2）敏感应力分析

以无线电接口单元（RIU）为试验对象，由于在前期试验数据中没有发现耗损型故障数据，因此根据受试产品最新技术状态的可靠性仿真试验结果确定敏感应力，通过基于故障机理的仿真分析，在受试产品中存在 5 个薄弱环节，见表 10-5。

表 10-5　无线电接口单元（RIU）可靠性仿真试验薄弱环节

故障位置		故障模式	故障机理	预计故障循环数均值/个
位置	位号			均值
CPU 模块	D37	焊点开裂	热疲劳	25701
	D5	焊点开裂	热疲劳	25702
	D6	焊点开裂	热疲劳	26600
AES 模块	D12	焊点开裂	热疲劳	21625
	D6	焊点开裂	热疲劳	26142

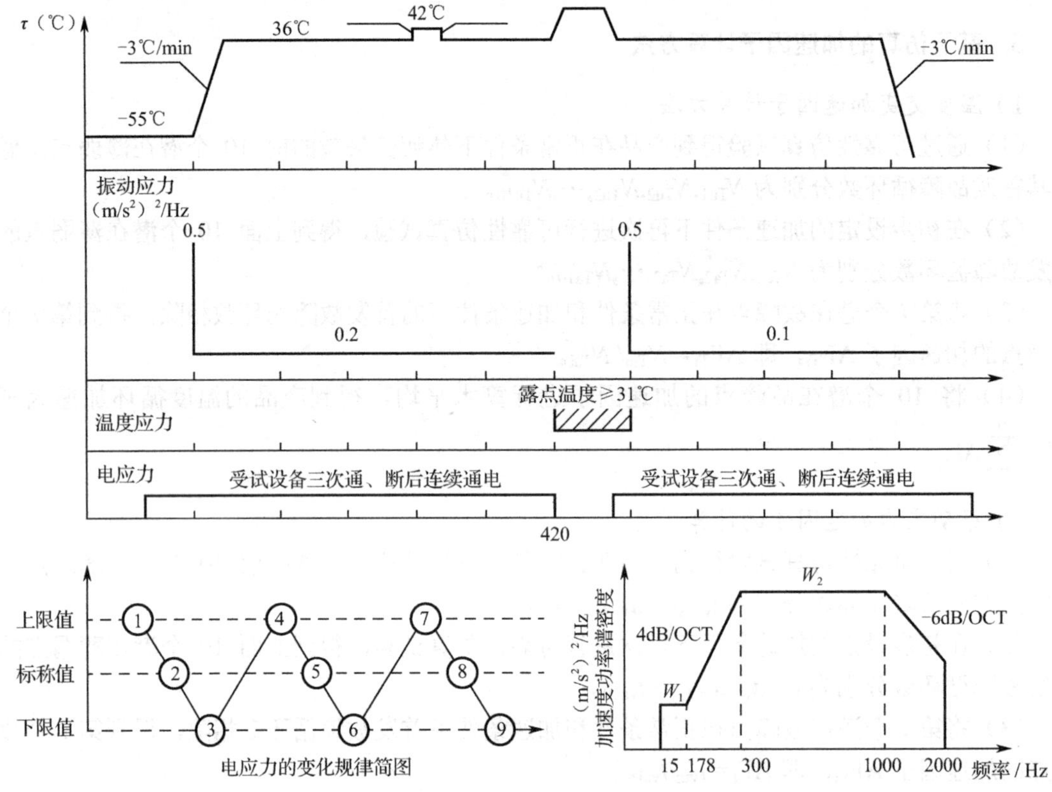

图 10-7　传统可靠性试验剖面

从表 10-5 可以看出，5 个薄弱环节均由温度应力引起失效，所以受试产品的敏感应力为温度。

3）加速温度应力条件初步确定

根据强化试验得到的极限工作应力：低温−75℃、高温 110℃、振动 22g（电磁台，GJB899 中机载设备谱），考虑到产品技术状态的离散性，取低温+10℃（高于低温极限 10℃）和高温−20℃（低于高温极限 20℃）作为温度范围，初步确定温度循环条件：

- 低温：−65℃，保温 30min；
- 高温：90℃，保温 90min；
- 温变率：15℃/min；
- 一个循环时间为 140min。

4）加速试验时间计算

（1）以传统可靠性试验剖面（见图 10-7）为输入条件，通过可靠性仿真试验得出在正常条件下的前 10 个潜在薄弱点，其故障信息见表 10-6。

表 10-6　在正常条件下的前 10 个潜在薄弱点

故障位置		故障模式	故障机理	预计故障循环数均值/个
位置	位号			均值
AES	D12	焊点开裂	热疲劳	3841.1
CPU	D37	焊点开裂	热疲劳	4565.0

续表

故障位置		故障模式	故障机理	预计故障循环数均值/个
位置	位号			均值
CPU	D5	焊点开裂	热疲劳	4565.2
AES	D6	焊点开裂	热疲劳	4643.4
CPU	D6	焊点开裂	热疲劳	4724.7
AES	D5	焊点开裂	热疲劳	5080.6
AES	D4	焊点开裂	热疲劳	5089.5
NSM	D2	焊点开裂	热疲劳	5156.2
CPU	D48	焊点开裂	热疲劳	5526.3
CPU	D46	焊点开裂	热疲劳	5871.7

（2）在加速试验条件下的平均故障首发时间，通过在正常条件下前 10 个潜在薄弱点进行分析，其故障信息见表 10-7。

表 10-7　在加速试验条件下的前 10 个潜在薄弱点

故障位置		故障模式	故障机理	预计故障循环数均值/个
位置	位号			均值
AES	D12	焊点开裂	热疲劳	789
CPU	D37	焊点开裂	热疲劳	612
CPU	D5	焊点开裂	热疲劳	549
AES	D6	焊点开裂	热疲劳	1005
CPU	D6	焊点开裂	热疲劳	595
AES	D5	焊点开裂	热疲劳	1059
AES	D4	焊点开裂	热疲劳	1037
NSM	D2	焊点开裂	热疲劳	1091
CPU	D48	焊点开裂	热疲劳	1227
CPU	D46	焊点开裂	热疲劳	1389

（3）将无线电接口单元（RIU）前 10 个潜在薄弱点在正常条件下首发故障循环数均值与在加速条件下首发故障循环数均值对比，获得的加速因子见表 10-8。

表 10-8　无线电接口单元（RIU）前 10 个潜在薄弱点加速因子

位置	位号	正常条件首发故障循环数均值	加速条件首发故障循环数均值	加速因子
AES	D12	3841.1	789	4.9
CPU	D37	4565.0	612	7.5
CPU	D5	4565.2	549	8.3
AES	D6	4643.4	1005	4.6
CPU	D6	4724.7	595	7.9

续表

位置	位号	正常条件首发故障循环数均值	加速条件首发故障循环数均值	加速因子
AES	D5	5080.6	1059	4.8
AES	D4	5089.5	1037	4.9
NSM	D2	5156.2	1091	4.7
CPU	D48	5526.3	1227	4.5
CPU	D46	5871.7	1389	4.2

（4）根据潜在故障点的加速因子进行算术平均，获得产品加速因子为

$$\delta_{\mathrm{r}}=\frac{1}{10}\sum\tau_{\mathrm{Ti}}=\frac{1}{10}(4.9+7.5+8.3+7.9+4.6+4.8+4.9+4.7+4.5+4.2)=5.6 \tag{10.48}$$

（5）等效试验时间为

$$T_{\mathrm{v}}=\frac{C_{\mathrm{N}}}{\tau_{\mathrm{v}}}\times\frac{140}{60}=\frac{3214}{5.6}\times\frac{140}{60}=1340\text{（h）} \tag{10.49}$$

加速试验时间范围为700～1400h。试验设计参考图10-7中的应力条件，仅需要压缩连续振动应力，但需保证最大振动应力的起始点与测试点一致，另外需在低温期间保持20min的通电状态，高温期间在结束时断电，得到的加速试验剖面如图10-8所示。

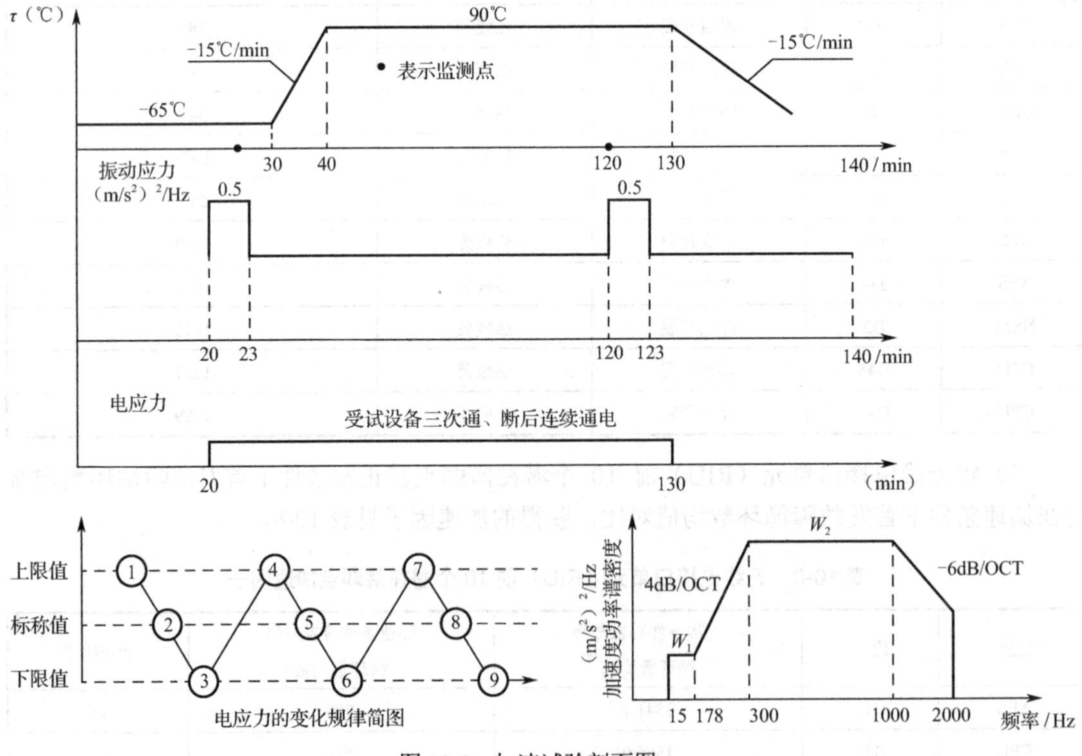

图10-8　加速试验剖面图

综上，试验时间为1340h。

5）加速试验故障处理原则

（1）在试验过程中出现的责任故障分为两类：偶发性故障和损耗型故障。

① 偶发性故障：由元器件偶然失效、产品未按正常工艺生产等引起的故障，发生该类故障时，修复产品后可继续试验。

② 损耗型故障：由设计或工艺缺陷引起的应力疲劳性故障，如由结构设计缺陷、接口设计缺陷、正常工艺下的焊点开裂等原因引起的故障。损耗型故障又分为两类：

- A 类故障：受技术水平限制不能低成本改进的故障，在出现该类故障时，对故障进行修复后，可继续试验。
- B 类故障：能够低成本改进的故障。在规定的试验时间内出现该类故障时必须进行改进，改进后，应当进行试验方案要求的试验时间验证，需要说明的是，在规定的试验时间以外，出现非验证的 B 类损耗型故障可修复后继续进行验证试验。

（2）损耗型故障的分类必须经过总师单位组织的评审会确认。

（3）在本方案规定的加速试验时间内不出现 B 类损耗型故障或出现的 B 类损耗型故障经过本方案规定的加速试验时间的验证时试验结束。

（4）在试验过程中出现的故障均应按照 GJB 841 的相关要求进行信息收集和故障处理工作。

6）试验实施要求

（1）试验的组织和管理。试验应成立试验工作组，由承试单位任组长单位负责试验工作，包括制订有关规章制度，安排试验的实施、故障处理及紧急情况的处置等；监督单位（如有）任副组长单位，负责对试验全过程实施监控，包括产品性能检测，检查并签署各种试验记录；产品研制单位作为成员单位参加试验工作组，提供对受试产品的技术支持。

（2）试验样件要求。进行加速试验的样件应满足以下要求：

- 完成可靠性预计和 FMECA 等可靠性设计分析并提供相应报告；
- 检验合格，功能和性能符合有关技术规范要求；
- 技术状态、工艺状态、软件版本基本固化；
- 如要求进行环境应力筛选、环境试验、可靠性强化试验，则应在之前进行，并采取必要和有效的改进措施。

（3）试验大纲的编制和确认。由承试单位负责组织编制加速试验大纲后，应由试验工作组进行确认和宣贯。

（4）在试验过程中的检测要求。原则上，在试验中，产品的所有功能和性能都应该进行检测，对于不能在实验室检测的内容应该说明理由，并在生产单位进行测试且记录检测结果，在试验过程中，应详细记录检测及故障处理等各种信息。

由于加速试验的试验条件远比使用条件严酷，主要目的是暴露产品耐耗损型故障的设计和工艺水平，因此在试验过程汇总时应考虑对产品的结构完整性进行检查。

（5）故障归零评审。在试验过程中出现故障且引起产品设计或工艺更改时，承制单位应对故障进行归零，经工作组确认后进行后续试验。

（6）试验结束要求。当试验时间达到试验方案规定的试验时间且未发生 B 类耗损型故障或发生 B 类耗损型故障但已经过试验方案规定试验时间验证后，试验结束。

（7）试验结果确认和报告编制。试验结束后，由承试单位编写试验报告，在试验过程中出现需要归零的故障时，产品承制单位应向承试单位提交故障归零报告，并纳入最终的试验报告中。承试单位应初步提供试验结果，经试验工作组进行结果确认后，再出具试验报告。

（8）试验设备和检测仪器要求。用于加速试验的试验设备应符合规定的试验剖面应力施加要求，且在检定有效期内。

检测仪器应能满足检测要求并在检定有效期内，对于个别不具备计量校准条件的仪器，应通过对比检测确定其可用性，并提供证据材料。

6）试验结果评估

受试产品的可靠性按照下列方法进行评估：

设产品的实际加速因子为 k，仿真分析得到的产品加速因子为τ，由于仿真加速因子近似服从正态分布，因此有$|k-\tau|\leqslant d$，即$\tau-d\leqslant k\leqslant\tau+d$，从而经仿真分析得到的产品加速因子$\tau$与产品实际加速因子的偏差情况决定了利用$\tau$评估产品可靠性水平的准确度。假设$d=0.5\tau$，则有：

$$0.5\tau\leqslant k\leqslant 1.5\tau \tag{10.50}$$

根据给定的产品可靠性指标 MTBF 值θ_1，可以得到产品可靠性满足要求的置信度取值区间$[a_1,a_2]$。其中，a_1和a_2分别满足下列方程：

$$X^2_{(1-a_1),(2r+2)}=\tau\times\frac{T_0}{\theta_1}\qquad X^2_{(1-a_2),(2r+2)}=\tau\times\frac{3T_0}{\theta_1} \tag{10.51}$$

这种τT_0为与本次可靠性加速增长试验等效的在正常应力下的试验时间，即 45000h；r为在可靠性增长加速试验时间内出现的责任故障数（不含超过加速试验时间后出现的故障和经验证改进措施有效的 B 类故障）。

当产品的实际加速因子 k 与仿真分析得到的加速因子τ相等时，在加速试验中的各个观测值在外推后，与在正常条件下得到的观测值结果是一致的，因此可以按照下式评估产品的可靠性，即：

$$\theta\geqslant\tau\times\frac{2T_0}{X^2_{(1-c),(2r+2)}} \tag{10.52}$$

其中，c为置信度（建议取 70%）。

10.4 电子整机加速试验与快速评价

完成电子整机加速建模后，可以获得电子整机在预设的高温应力下相对于使用环境温度的加速因子，从而可以实现一组加速试验，实现电子整机长寿命指标的快速评价和高可靠性指标的快速评价。本方法特别适用于使用环境和贮存环境相对稳定的电子整机，如室内使用电子整机的工作可靠性指标（MTBF）快速评价、室内贮存电子整机的贮存寿命指标快速评价。

电子整机加速试验与高可靠性指标的快速评价思路为：首先，预计电子整机室内的可靠性指标，结合加速因子，初步评估在加速应力条件下的可靠性指标；然后，选择相应的统计试验方案，并开展加速试验；最后，对试验数据进行处理。

1）电子整机可靠性指标点估计

对试验结果的评估方法一般有极大似然法、图估计法、最小二乘法等。常用的是极大似然法。

设总体的分布密度函数为 $f(t,\theta)$，其中 θ 为待估参数，从总体中得到一组样本，则统计量的观测值为 $(t_{(1)},t_{(2)},\cdots,t_{(n)})$，取这组观测值的概率为：

$$L(\theta)=\prod_{i=1}^{n} f(t_i,\theta)\mathrm{d}t_i \tag{10.53}$$

让其概率达到最大，即当 $\dfrac{\partial L(\theta)}{\partial(\theta)}=0$ 时，就能得到 θ 的估计值。

因此，寿命服从指数分布的产品，其概率密度是 $f(\theta)=\dfrac{1}{\theta}\mathrm{e}^{-t/\theta}$。在不同试验方案下产品验证值的评估结果见表 10-9。

表 10-9　产品验证值的评估结果

试验类型	平均寿命的点估计	总试验时间
无替换定时截尾	$\hat{\theta}=\dfrac{T}{r}\cdot A$	$T=\sum_{i=1}^{r} t_{(i)}+(n-r)t_{(0)}$
有替换定时截尾		$T=nt_{(0)}$
无替换定数截尾		$T=\sum_{i=1}^{r} t_{(i)}+(n-r)t_{(r)}$
有替换定数截尾		$T=nt_{(r)}$

表中，

n——投入试验的样本量；

r——试验中出现的总故障数；

$t_{(o)}$——定时截尾试验的截尾时间；

$t_{(r)}$——定数截尾试验中出现第 r 个故障的故障时间；

A——产品的加速因子。

2）电子整机可靠性指标区间估计

选择一个与待估参数有关的统计量 H，寻找它的分布，使得：

$$P(H_L \leqslant H \leqslant H_U)=1-\alpha \tag{10.54}$$

通过 H 与待估参数的关系，得到待估参数的置信区间，即：

$$P(\theta_L \leqslant \theta \leqslant \theta_U)=1-\alpha \qquad L(\theta)=\prod_{i=1}^{n} f(t_i,\theta)\mathrm{d}t_i \tag{10.55}$$

根据上述求区间估计的方法得到在指数分布场合下各种试验方案的区间估计公式，见表 10-10。

表 10-10　指数分布区间估计公式

/	T_{BF} 的区间估计	T_{BF} 单侧置信下限
定时截尾	$\theta_L=\dfrac{2TA}{\chi^2_{\frac{\alpha}{2}}(2r)},\theta_U=\dfrac{2TA}{\chi^2_{1-\frac{\alpha}{2}}(2r)}$	$\theta_L=\dfrac{2TA}{\chi^2_{\alpha}(2r)}$

续表

/	T_{BF}的区间估计	T_{BF}单侧置信下限
定数截尾	$\theta_L=\dfrac{2TA}{\chi^2_{\frac{\alpha}{2}}(2r+2)},\theta_U=\dfrac{2TA}{\chi^2_{1-\frac{\alpha}{2}}(2r)}$	$\theta_L=\dfrac{2TA}{\chi^2_{\alpha}(2r+2)}$
无失效	—	$\theta_L=\dfrac{TA}{-\ln\alpha}$

表中，

α——上分位点；T——总试验时间；A——产品的加速因子。

10.5 电子整机综合应力加速试验方法探讨

尽管温度应力对电子整机的可靠性和寿命具有重要的影响，有相当一部分电子整机承受的典型应力，除了温度应力，还有湿度应力、温度变化、振动应力，因此建立电子整机综合应力加速试验方法具有更广泛的适用性。

在开展电子整机综合应力加速可靠性试验时，需要保证受试设备的失效机理不发生变化，且施加的总应力与可靠性鉴定试验等效，要求试验设计者应确定在加速可靠性试验剖面中各应力的范围并计算出各应力的加速因子，最终根据几类应力之间的匹配关系，得到在加速条件下的试验剖面。综合应力加速试验剖面确定的总体步骤如图10-9所示。

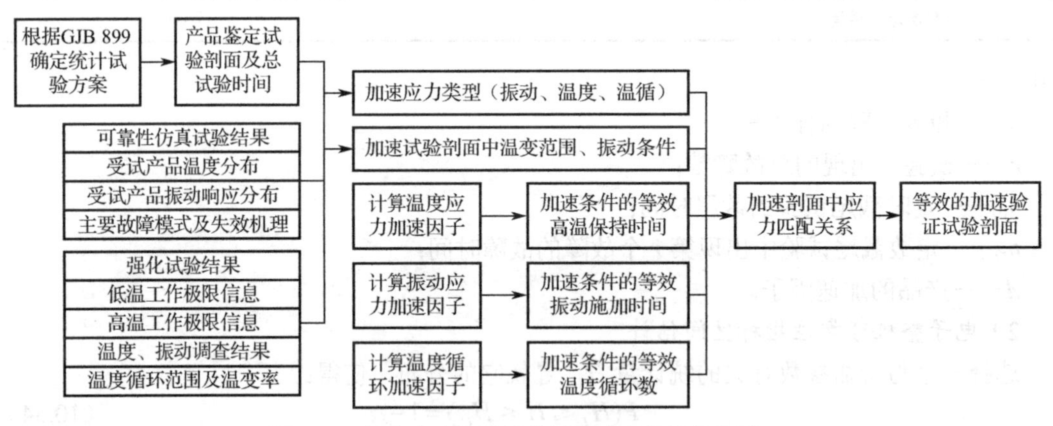

图10-9　综合应力加速试验剖面确定的总体步骤

1）选取加速应力

装备可靠性鉴定剖面的综合应力类型主要包含温度应力、振动应力、温循、湿度应力和电应力。等效后的加速可靠性试验剖面包含的应力类型在理论上应该与可靠性鉴定试验剖面的应力类型保持一致，选取温度应力和振动应力作为加速应力。虽然电应力和湿度应力不作为加速应力，但依然在加速可靠性试验中保留，如在加速可靠性试验剖面中，依然在某一段高温时间控湿，电应力按照技术文件用电要求中规定的幅度范围循环变化，第一试验循环的输入电压为标称电压，第二试验循环的输入电压为下限电压，第三试验循环的输入电压为上限电压。三个试验循环输入电压的变化构成一个完整的电应力循环，在整个试验期间重复这一电应力循环。

2）温度条件的确定

在加速可靠性试验中，高温老化温度的确定依据可靠性强化试验和可靠性仿真结果确定。强化试验所得的高温工作极限是受试产品内部的环境温度，而在加速可靠性试验中，受试产品需长时间加电，考虑到设备在通电工作时内部会有温升，因此需要结合仿真试验中的热分布情况确定高温老化温度。在加速可靠性试验中，高温老化温度推荐值为不小于产品的工作温度上限，不大于产品高温工作极限温度-10℃。

因为低温没有加速效应，所以在加速可靠性试验中只保留 1h 的低温，温度值为产品的工作范围下限，以考核产品的低温工作能力。因为低温主要考虑适应性，按照试验剖面中的低温工作值选取。

3）在加速可靠性试验中振动和温变率条件

为保证在加速可靠性试验中振动应力激发故障的失效机理与传统可靠性鉴定试验中振动应力激发故障的失效机理一致，加速可靠性试验随机振动谱型设定为可靠性鉴定试验中产品的随机振动谱型。

随机振动量值和时间之间存在比较简单的折合关系，在加速可靠性试验中可自由选取量值，但考虑到有可能会引入新的故障模式，最大量值不应超过原剖面中的最大量值。

因此，加速可靠性试验中随机振动量值可以由温度加速系数和传统剖面振动应力量值反推得到。

温变速率推荐值：可靠性鉴定试验剖面中最大的升温和降温速率≤加速可靠性试验中环境温度的升降温变化速率≤温/湿度箱最大的升温和降温速率。

4）剖面匹配关系

加速可靠性试验的剖面设计需要考虑与原鉴定试验的匹配关系，即加速剖面在温度、振动和温循应力的施加效应与原鉴定剖面等效。

（1）温循次数的匹配。设原鉴定试验剖面中有 n 个温度循环，温变速率为 v_{2i}，温度跨度为Δt_{2i}，最高温度为 T，加速试验剖面中的温变速率为 v_1，温度跨度为Δt_1，则每个温度循环折合为加速剖面的加速因子为：

$$Acc_i = \left(\frac{\Delta t_1}{\Delta t_{2i}}\right)^{1.9} \left(\frac{v_1}{v_{2i}}\right)^{1/3} \exp[0.01(t_1 - t_{2i})] \tag{10.56}$$

设原鉴定试验的总循环数为 K，在加速试验中一个周期包括两个温度循环，则加速试验循环次数匹配值为：

$$\sum \frac{K}{2Acc_i} \tag{10.57}$$

（2）高温老化加速系数的确定。产品在高温条件下的加速因子为：

$$\tau_1 = \frac{t_{p,0}}{t_{p,j}} = \frac{\sum_{i=1}^{n} \lambda_i'}{\sum_{i=1}^{n} \lambda_i} = \frac{\lambda_s'}{\lambda_s} \tag{10.58}$$

式中，

λ_i——在正常应力水平下第 i 个组成单元的失效率；

λ_i'——在加速应力水平下第 i 个组成单元的失效率；

λ_s——在正常应力水平下产品的失效率；

λ_s'——在加速应力水平下产品的失效率；

n——组成产品的单元数。

各元器件在加速应力水平下的失效率可由以下步骤计算：首先运用 GJB 299C 提供的应力分析方法，根据受试产品元器件的选用情况计算出各元器件在正常应力水平下的失效率，然后利用阿伦尼斯模型计算出在加速应力水平下各元器件的加速因子；用正常应力下的失效率与各自的加速因子相乘，最终可得到在加速应力水平下的失效率（这里元器件的激活能主要是元器件各主要失效模式下的激活能值加权所得）。

将加速可靠性试验高温老化条件下的元器件失效率总和与原鉴定试验剖面温度下（不考虑负温）的元器件失效率总和相比，即可得到加速剖面相对于原剖面各温度段的加速系数。

（3）温度时间的匹配。设原鉴定试验的剖面由 m 段温度组成（不计负温），每个温度段的持续时间为 t_i，加速试验温度值相对于每个温度段的加速系数为 τ_i，原鉴定试验的总循环数为 K，则加速可靠性试验的高温持续总时间 $T=\sum_i^m K\dfrac{t_i}{\tau_i}$。每个循环高温持续时间=$T$/温循次数匹配值。

（4）振动的匹配关系。加速可靠性试验随机振动谱型设定为可靠性鉴定试验中产品的随机振动谱型。

根据 GJB1032-1990、MIL-STD-2164 及 FIDES 基于故障物理的可靠性预计手册，随机振动应力的加速因子计算方法为：

$$\tau_2=\frac{T_1}{T_2}=\left(\frac{v_2}{v_1}\right)^m \tag{10.59}$$

式中，

v_2——在加速可靠性试验剖面中的振动功率谱密度；

v_1——在传统试验剖面下的振动功率谱密度（加权值）；

m——在振动应力加速率常数，取值为 3～5，此处保守取 3。

加速可靠性试验中产品的振动应力与电应力同时施加。试验设计者可以将原鉴定剖面中的振动时间按照振动加速公式折合到加速试验剖面中。

（5）其他应力的匹配。为保证温度应力和湿度产生的复合应力激发产品故障的失效机理未变，特在加速可靠性试验剖面中高温保持段设置 1h 控湿段（露点温度≥31℃），并安排在加速试验剖面每循环剖面点 1～2h。

在每一加速循环中，只有在模拟地面冷浸的半小时内不通电，其他时间均通电。

10.6 机械产品耐久寿命评价

10.6.1 概述

机械产品是装备中的一类重要产品。其机械故障往往更容易造成灾难性的后果。以飞机为例，机械产品的耐久性将直接影响和决定飞机的飞行安全及寿命。

进入“十二五”以来，在我国新的飞机型号研制中首次提出明确的机械产品耐久性指标要求，在机械产品研制过程中，采用实物开展耐久性试验能够在研制阶段验证产品的耐久性指标。然而采用实物试验的方法具有很多缺点和不足，如耐久性试验周期长、成本高，耐久性试验中发现问题时间滞后，改进难度大、代价高、周期长，甚至可能影响型号工程的进度，产品研制过程具有很大的不确定性和无法预测的风险。

随着现代计算技术的发展，基于数字样机和动态仿真技术的仿真试验得到了初步应用并取得显著效果。仿真试验能够在产品设计的早期阶段就通过利用产品的数字样机模型，根据产品的特性参数，采用仿真分析方法预测产品的各种动态性能，进而及时发现产品的薄弱环节并改进设计。这一过程不依赖实物，并且容易实现，完全克服了利用实物进行试验的缺点。因此，基于数字样机的仿真试验必将成为未来产品研发的主流手段和趋势。

考虑到机械产品工作原理的多样性和故障机理的复杂性，非常有必要开展机械产品耐久性仿真试验共性技术研究，通过建立典型机械产品的耐久性仿真试验流程和方法，为新研制机型机械产品的耐久性设计及优化提供技术支持，为我国机械产品耐久性设计水平的提高奠定了基础。

GJB451A—2005 和 GB 3187—1994 中均给出了一致的耐久性定义，即产品在规定的使用、储存与维修条件下，在达到极限状态之前，完成规定功能的能力，一般用寿命度量。极限状态是指由于耗损（如疲劳、磨损、腐蚀、变质等）使产品从技术上或从经济上考虑，都不宜再继续使用而必须大修或报废的状态。

10.6.2 机械产品耐久性分析基本原理和步骤

1）耐久性分析基本原理

耐久性分析是指通过分析产品在预期的寿命周期内的失效模式和失效机理，确定产品的耐久性关键件及耗损特征，采用相似产品法或寿命定量分析技术来发现设计中的薄弱环节，提出改进措施，最终提高产品耐久性水平的一种过程和方法。通过耐久性分析工作，可以暴露产品潜在的设计缺陷，确定产品的薄弱环节，明确产品的主要耗损机理，确定产品的耐久性是否满足规定的耐久性指标要求。

2）耐久性分析基本步骤

机械产品耐久性设计分析的基本步骤如图 10-10 所示，可分为耗损机理分析、耐久性指标转换及载荷谱确定、耐久性分析方法选择和耐久性分析及评价，当通过耐久性分析结果表明产品的耐久性水平无法达到规定要求时，需要根据确定的薄弱环节进行设计改进，直到达到要求为止。这一改进的过程实际上就是产品的耐久性设计过程。

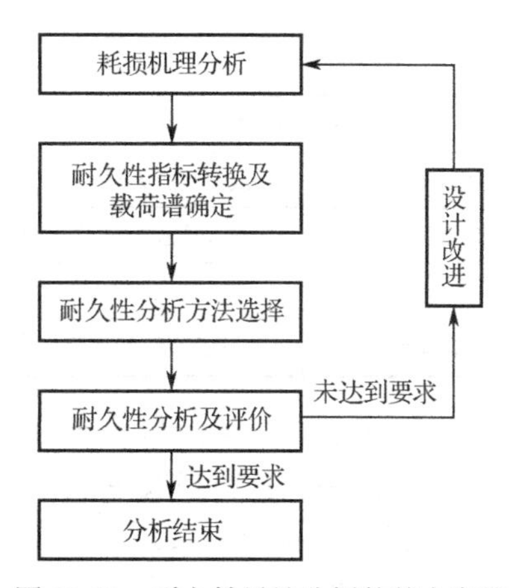

图 10-10　耐久性设计分析的基本步骤

（1）耗损机理分析。根据产品寿命周期载荷谱或任务剖面，结合产品的组成、结构、工作原理，定性分析并确定产品薄弱环节及其对应的主要耗损机理。这一过程也就是对产品进行故障模式及机理分析，从中找出耗损性机理作为耐久性主机理（详见第 4 章）。

（2）耐久性指标转换及载荷谱确定。根据耐久性机理，结合产品的工作特点，将耐久性指标转换为耐久性机理对应的指标，如疲劳、磨损对应为循环次数，老化对应为工作时间等。这一转换过程通常根据产品工作原理及任务剖面来确定。载荷谱包括工作载荷和环境载荷，应结合任务剖面来确定。

（3）耐久性分析方法选择。根据确定的耐久性机理选择相应的耐久性分析方法。常见的耐久性分析方法包括静强度分析、疲劳寿命分析、磨损寿命分析、老化寿命分析等（详见第 5 章）。

（4）耐久性分析及评价。利用确定的耐久性分析方法分析产品是否达到规定的耐久性指标，如果未达到，则应该改进设计方案后，重新进行耐久性分析。

10.6.3 机械产品耐久性分析方法

耐久性分析方法分为定性分析方法和定量分析方法。定性分析方法，如相似产品分析法，适用情况：①产品设计比较成熟，有充分的外场数据作为支撑；②缺乏定量分析方法或定量分析方法所需的内场数据缺失，无法给出定量结论的情况。定量分析方法主要包括静强度分析方法、基于模型的疲劳寿命分析方法、磨损寿命分析方法、老化寿命分析方法等。在耐久性分析方法的选择上，优先采用定量分析方法进行分析。

1. 静强度分析方法

静强度分析方法是指分析结构或构件在常温条件下承受载荷的能力，通常简称为强度分析方法。它是机械设计应满足的基本要求之一，强度要求满足后，方可对其耗损特征进行耐久性分析。这里的静强度分析包括：①校核结构的承载能力是否满足强度设计的要求；②校核结构抵抗变形的能力是否满足强度设计的要求。

大量关于材料失效的实验结果和工程构件强度失效的实例表明，尽管失效现象比较复杂，但强度不足引起的失效主要还是有屈服和断裂两种类型，目前有四大强度理论来解释这两种类型的失效现象，见表 10-11。

表 10-11　四大强度理论

强度理论的分类及名称		强度条件	失效形式
第一强度理论	最大拉应力理论	$\sigma_{r1}=\sigma_1\leqslant\sigma_b/n=[\sigma]$	断裂
第二强度理论	最大拉应变理论	$\sigma_{r1}=\sigma_1-\mu(\sigma_2+\sigma_3)\leqslant\sigma_b/n=[\sigma]$	
第三强度理论	最大剪应力理论	$\sigma_{r3}=\sigma_1-\sigma_3\leqslant\sigma_s/n=[\sigma]$	屈服
第四强度理论	形状改变比能理论	$\sigma_{r4}=\sqrt{(\sigma_1-\sigma_2)^2+(\sigma_2-\sigma_3)^2+(\sigma_3-\sigma_1)^2}\leqslant\sigma_s/n=[\sigma]$	

一般来说，在常温和静载的条件下，脆性材料多发生脆性断裂，故通常采用第一、二强度理论；塑性材料多发生塑性屈服，故应采用第三、四强度理论；无论塑性材料或脆性材料，在三向拉应力接近相等的情况下，都以断裂的形式发生破坏，应采用第一强度理论；无论塑性材料还是脆性材料，在三向压应力接近相等的情况下，都会引起塑性变形，应采用第三或第四强度理论。

强度分析要依次确定构件的危险点、计算当量应力大小、对比表 10-11 中的强度条件，最后判断构件的强度是否满足设计要求。对于复杂结构及复杂受力情况，通常采用有限元分析来实现。

2. 疲劳寿命分析方法

疲劳是机械、机电、液压类产品的重要耗损型故障模式之一。对于机械产品，采用合理的疲劳设计，是提高设计水平和产品质量的一个重要环节和必要保证。对于有疲劳故障模式的产品，除了考虑必要的静强度外，最主要的是考虑疲劳强度，也就是结构必须进行疲劳分析并按疲劳观点进行设计。比较常用的疲劳分析方法有以 S-N 曲线为基础的名义应力法和以 ε-N 曲线为基础的局部应力应变法。前者适用于高周疲劳；后者适用于低周疲劳。机械产品多数属于高周疲劳。

3. 老化寿命分析方法

老化是引起机载机械产品中橡胶、塑料、胶黏剂等高分子材料制成的零部件发生故障的重要故障模式之一，表现为在贮存、使用过程中性能逐渐劣化，导致不能满足使用要求而发生故障，属于耗损型故障。老化寿命分析通常采用相似类比法和经验模型法。

1）相似类比法

相似类比法仅在存在相似/同类产品老化监测信息的情况下使用，通过环境应力、防护措施、零件自身材料等确定产品的老化寿命。

2）经验模型法

经验模型法根据材料的加速老化试验数据，建立性能与时间的老化曲线，再根据相应的寿命模型预测材料的老化寿命。在寿命设计分析阶段，老化问题通常考虑得较为简单，主要在后期的研制试验和鉴定试验中对其老化情况进行检测，并验证其耐久性。

4. 磨损寿命分析方法

磨损是引起机构类机械产品故障的重要故障模式之一，属于耗损型故障。磨损主要发生在具有相对运动的零部件上，与摩擦和润滑有关，如轴承、齿轮、铰链和导轨等。其后果是增加零部件的间隙，降低配合精度。

1）相似类比分析法

相似类比分析法仅在存在相似/同类产品磨损监测信息的情况下使用，通过对比摩擦副的材料、运行速度、润滑条件、表面接触应力、许用极限磨损量、制造工艺等，初步估计产品的磨损寿命。

2）基于模型的磨损寿命计算法

现在可供实用的并经过实验验证的磨损模型和方法并不多，其中以 1953 年由英国的 Archard 教授提出的粘着磨损理论模型，即 Archard 模型应用最广。该模型基于粘着磨损为基础推导而来，现已扩展到磨粒磨损、疲劳磨损、腐蚀磨损（详见《Archard 的磨损设计计算模型及其应用方法》）。

3）经验公式法

该类方法多用于标准件的计算，如轴承类等。滑动轴承、关节轴承、滚动轴承等的寿命计算可参见《机械设计手册》（第五版，第 2 卷）或《机械设计大典》（江西科学技术出版社）。

5. 腐蚀寿命分析方法

腐蚀是引起机载机械产品中金属材料失效的一类重要故障模式，属于耗损型故障。腐蚀会导致零部件结构强度下降、疲劳寿命降低等，缩短产品的使用寿命。对于主要处于贮存状态或使用频率不高的设备，贮存腐蚀起主导作用，设备的腐蚀寿命主要取决于贮存腐蚀；对于使用频率较高的设备，使用环境影响不可忽略，应综合考虑贮存腐蚀影响和使用环境影响确定设备的腐蚀寿命。

腐蚀是指金属材料与环境介质之间发生有害的化学作用或电化学作用。化学作用主要指氧化，金属材料在高温下才发生强烈的氧化。金属材料发生电化学作用须具备三个必要条件：两个电极、相互连接、在电介质中。也就是说，需要有两种材料的两个零件或同一零件上的两个区域、两种相或两种成分，电介质可以是酸、碱、盐、水和潮湿大气等。

腐蚀寿命计算理论相对薄弱，目前，可采用相似类比分析法进行腐蚀寿命估计。相似类比分析法仅在存在相似/同类产品腐蚀监测信息的情况下使用，通过对比腐蚀环境、防护措施、产品自身材料等确定产品的腐蚀寿命。

第11章

板级电路寿命特征检测分析

11.1 概述

在开展寿命评价的过程中，特别是当针对整机开展加速试验时，往往存在一些深层次的缺陷，这些缺陷隐藏在基本组成单元（如板级电路、元器件、结构材料）中，进行深入的检测分析有助于发现潜在缺陷。这些基本组成单元往往具有一些寿命特征参数，对板级电路进行检测分析，查找板级电路中存在的缺陷，确认是否属于贮存寿命缺陷，为确定板级电路是否满足装备寿命要求提供参考。

本章编写主要参照 GJB 362B《刚性印制板通用规范》和 IPC 610D《电子组件的可接受性》等标准，并结合了板级电路寿命评价的需求和目标。

11.2 依据和引用文件

GJB 360B—2009　电子及电气元件试验方法
GJB 362B—2009　刚性印制板通用规范
GJB 4027A—2006　军用元器件破坏性物理分析方法
GJB 4896—2003　军用电子设备印制电路板验收判据
GJB/Z 50.1993　军用印制电路板及其基材系列型谱
IPC-6012　刚性印制板的资格认证和性能规范
IPC-6103　挠性印制板的质量鉴定与性能规范
IPC-A-600E　印制电路板的可接受性测试规范
IPC-A-610D—2000　电子组件的可接受性
IPC-TM-650　测试方法手册

11.3 寿命特征检测分析概述

1. 寿命特征检测分析项目

从贮存失效机理来看，板级电路的贮存失效主要分为三类：材料性能退化、物理结构退化、电性能退化。板级电路贮存寿命特征检测分析主要是检查板级电路的以上三类缺陷。其中，检查材料性能退化、物理结构退化的方法包括外观检查、X-Ray 检查、金相分析；检查电性能退化的项目包括介质耐压测试、耐湿和绝缘电阻测试。

从贮存失效对象来看，板级电路贮存寿命特征检测分析包括焊点和电路板的检测分析。焊点的特征检测分析包括外观检查、X-Ray 检查和金相分析等项目，评估典型焊点存在的质量缺陷；电路板的特征检测分析包括外观检查、介质耐电压测试、耐湿和绝缘电阻测试、金相分析，评估电路板存在的质量缺陷。

表 11-1 规定了板级电路贮存寿命特征检测分析项目。

表 11-1　板级电路贮存寿命特征检测分析项目

检测分析项目		参考标准	检测方法	备注
焊点	外观检查	GBJ 362B GJB 4896 IPC-A-610D	立体显微镜	评估焊点是否存在明显的工艺缺陷和贮存退化特征
	X-Ray 检查	GJB 4027A IPC-A-610D	/	考核焊点的工艺质量
	金相分析	/	SEM 等分析方法	金相结构评估焊点是否存在疲劳退化现象，给出焊点能否使用的结论
电路板	外观检查	GJB 4896 IPC-A-610D	立体显微镜	评估电路板是否存在明显的工艺缺陷和贮存退化特征
	介质耐电压测试	GJB 360B GJB 362B	参考工作电压	确定电路板的绝缘材料和空间是否合适
	耐湿和绝缘电阻测试	GJB 360B GJB 362B	/	评估板级电路经过高温高湿条件后绝缘电阻能否满足标准要求
	金相分析（视情而定）	GJB 362B	SEM 等分析方法	评估电路板表面、通孔和孔中的镀层/涂层的质量和退化情况

2. 寿命特征检测分析流程

板级电路贮存寿命特征检测分析流程如图 11-1 所示。

3. 寿命特征检测分析步骤

板级电路贮存寿命特征检测分析的主要工作包括样品标识、样品预处理、检测分析、结果记录、合格判定、不合格处理及综合分析。

（1）样品标识：在进行特征检测分析前，应核对和清点各型试验样品，包括各种板级电路的数量、编号、表面标识等信息，对所有样品进行唯一性标识，并对所有样品的正面和反面进行拍照，以保持试验样品状态清晰。

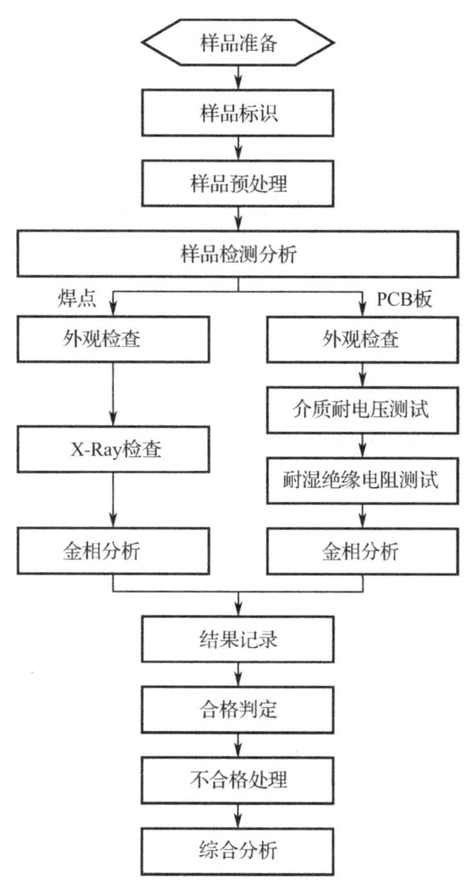

图 11-1 板级电路贮存寿命特征检测分析流程

（2）样品预处理：在进行特征检测分析时，应充分考虑试验样品是从装机成品中分解得到的而非新品，对试验样品进行必要的预处理，避开干扰特征检测分析的因素，保证特征检测分析结果的真实性。

（3）检测分析：按照规定的特征检测分析项目和流程，对各个样品开展特征检测分析工作。

（4）结果记录：将各个试验样品特征检测分析过程的结果（包括照片、数据、分析结论等）进行详细记录，记录格式由分析人员确定。

（5）合格判定：对板级电路贮存寿命特征检测分析结果进行汇总，判定各项检测分析结果是否符合规定要求，给出判定结果，标明不符合要求的结果，并进行记录。

（6）不合格处理：对不合格的所有试验样品的检测情况进行汇总，对所有不合格的试验样品进行拍照，标明不合格处，提供不合格证据，并进行记录。

（7）综合分析：综合板级电路贮存寿命特征检测分析结果，给出板级电路贮存寿命特征检测结论，形成《板级电路贮存寿命特征检测分析总结报告》。

11.4 样品要求

1. 样品选取原则

在选取板级电路样品时，可依据电路板的类型和板级电路的重要性进行选取，通常来说，单层板、双层板、多层板应分别选取，应将对完成任务起关键作用的和故障率相对较高的电路板作为选取对象。

2. 样品数量要求

在确定选取对象后，每种类型的电路板应至少选取 3 块样品开展贮存寿命特征检测分析，以便用作比对，从而增强检测结果的可信程度。

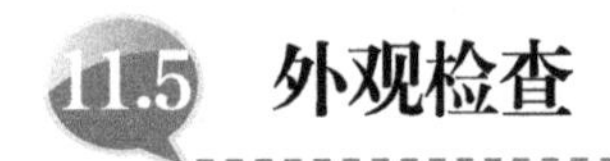

11.5 外观检查

1. 检查依据

外观检查的目的是检查板级电路的金属物部分是否存在物理结构退化特征。外观检查参照 GJB 362B、GJB 4896 和 IPC-A-610D 的规定进行。

2. 检查方法

针对所有试验样品上的焊点及 PCB 板面进行外观检查，外观检查采用放大倍数为 10～20 倍的立体显微镜，重点检查焊点缺陷、PCB 板的表面缺陷、PCB 板的表面下缺陷。

3. 检查要求

焊点外观检验标准按照 IPC-A-610D 标准中“5.2 焊接异常条款”进行。焊点外观检验依据见表 11-2，重点检查焊点是否存在润湿不良、焊点扰动、焊料破裂等明显缺陷。

PCB 外观检验标准依据 IPC-A-610D 标准 10.2～10.5 条款及 GJB 362B、GJB 4896 标准进行，PCB 外观检验依据见表 11-3，重点检查 PCB 板面是否存在白斑气泡、露织物、缺口和撕裂、变色等明显缺陷。

表 11-2 焊点外观检验依据

项目	依据	备注
暴露基底金属	IPC-A-610D 5.2.1	
针孔	IPC-A-610D 5.2.2	
不润湿/反润湿	IPC-A-610D 5.2.4	
焊料过量	IPC-A-610D 5.2.6	
焊料扰动	IPC-A-610D 5.2.7	
焊料破裂	IPC-A-610D 5.2.8	
锡尖	IPC-A-610D 5.2.9	

表 11-3　PCB 外观检验依据

项目	依据	备注
白斑和微裂纹	IPC-A-610D　10.2.1	同时参考 GJB 4896 的要求检查 PCB 表面和表面下缺陷。
气泡和分层	IPC-A-610D　10.2.2	
显布纹和露织物	IPC-A-610D　10.2.3	
晕圈和边缘分层	IPC-A-610D　10.2.4	
粉红圈	IPC-A-610D　10.2.5	
烧焦	IPC-A-610D　10.2.6	
缺口和撕裂	IPC-A-610D　10.2.8	
增强板分层	IPC-A-610D　10.2.8	
变色	IPC-A-610D　10.2.8	
焊料芯吸	IPC-A-610D　10.2.8	
焊盘起翘	IPC-A-610D　10.2.9	
机械损伤	IPC-A-610D　10.2.9	
助焊剂涂覆	IPC-A-610D　10.5.1	同时参考 GJB 4896 要求检查 PCB 涂覆层缺陷。
褶皱和裂纹	IPC-A-610D　10.5.1.1	
空洞和起泡	IPC-A-610D　10.5.1.2	

11.6 X-Ray 检查

1. 检查依据

X-Ray 检查参照 GJB 4027A 方法中 2012A 的规定进行。

2. 试验设备

试验设备应满足 GJB 4027A 方法中 2012A 的规定，试验前，准备好 X 射线设备、X 射线照片观察器、固定夹具等所需设备。

3. 试验程序

完成试验样品的安装、印制板的观察、观察点的拍照工作后，对 X 射线照片进行分析和记录。

4. 检查结果要求

X-Ray 检查的目的是检查板级电路的金属物部分是否存在物理结构退化特征。

X-Ray 检查主要是检查铜孔焊点的爬锡高度、PCB 的导线间是否存在金属夹杂物、PCB 导线是否出现缺口和断裂缺陷等。

如焊点的通孔爬锡高度小于 75%，导线出现明显缺口和断裂，则被视为潜在缺陷，进一步根据专业经验采用金相分析方法进行分析，确认是否由贮存原因导致。

11.7 金相分析

1. 检查依据

金相分析参照 GJB 362B 的规定进行。

2. 试验设备

带速度控制能力的金相研磨机、可放大至 1000 倍的金相显微镜、扫描电镜。

3. 试验程序

（1）选取切片：从样品上切下所需要的样片，每块被测试片至少准备 1 块金相切片。

（2）镶嵌金相切片：清洗镶嵌表面，并充分干燥后，在镶嵌环上涂上脱膜剂（根据试样的形状大小可选择其他模具作为镶嵌工具）；在镶嵌环的底部放入已固化并且表面已做研磨粗化的灌封材料作为底部填充，再放入样品（注意摆放方向，以便研磨）；最后用灌封材料（如环氧树脂+固化剂）将试样灌封，确保灌封材料填满试样孔且使灌封材料完全覆盖试样，防止太多气泡，影响观察；允许试样在实验室温度下（环境）固化；从环中取出硬化的镶嵌物，用雕刻或永久性的方法标记试样。

（3）研磨和抛光：使用金相设备，依次利用 150、400、1200、2000 目的砂纸打磨（必须使用流水，以防止样品燃烧），直到研磨到指定位置为止；最后用氧化铝抛光粉进行抛光，检查是否需要再抛光，直到获得无任何斑痕的镶嵌物；用适当的蚀刻液擦拭试样（蚀刻时间为 5～20s，根据试样的材料及蚀刻液的成分确定蚀刻时间的长短），突出分界线；在流水或去离子水中除去蚀刻液，用纸擦干或用电吹风机吹干。

（4）检查：用最小“100×”的放大倍数对金相切片样品进行外观检查。

4. 分析结果要求

金相分析的目的是检查焊点和 PCB 板是否存在物理结构退化特征。

如 PCB 通孔存在开裂、拐角裂缝、树脂凹缩、孔壁分离、镀层空洞等现象，焊点存在明显的晶粒粗化、开裂、润湿不良等现象，通常均为产品固有缺陷。

如焊点结构存在明显的疲劳退化，且由贮存环境因素导致，则判定为贮存失效。

11.8 介质耐电压测试

1. 试验条件

耐电压测试结合 GJB 362B 和 GJB 360B 方法中“301”的规定进行。耐电压测试试验条件见表 11-4。

表 11-4 耐电压测试试验条件

试验电压	电压频率	施加电压的持续时间	电压施加速率
1000_{0}^{+25} V DC	50Hz	30_{0}^{+3} s	500V/s

2. 试验设备

试验设备应满足 GJB 360B 方法“301”中规定的要求。在试验前，应准备好高压电源、电压测量仪、漏电流测量仪、故障指示器等所需的试验设备。

3. 试验程序

1）准备

对试验样品进行必要的准备和处理（如专用试验夹具、冲接、接地、绝缘或浸水）。

2）试验电压及施加点

针对所有试验样品 PCB 上最小线宽进行耐电压测试，每个试验样品最少选取 3 个测试点。在试验样品相互绝缘的部件之间或绝缘的部件与地之间施加试验电压。在测试不同层的电路非连通性时，电压应加在每个导电图形的所有共同部分与每个相邻导电图形的共同部分之间。在测试相邻层的电路非连通性时，电压应加在每层导电图形与每个相邻的电气绝缘导电图形之间。

3）施加电压速率及持续时间

施加电压的速率按照上文“试验条件”的规定施加，施加时，应尽量均匀地从 0 增加到规定值。

4）试验样品的检测

在试验中应监视故障指示器，以判定试验样品有无击穿放电发生和漏电流情况。在完成规定时间的试验时，应逐渐降低电压，以免出现浪涌。完成试验后，应对试验样品进行检测，以确定耐电压试验对特定工作特性所产生的影响。

4. 测试结果要求

按照 GJB 360B 的规定，在整个试验过程中，试验样品不应有火花、放电或击穿现象。否则，应进一步根据专业经验进行分析，查明导致失效的原因，确认是否由贮存原因导致。

11.9 耐湿和绝缘电阻测试

1. 试验条件

耐湿和绝缘电阻测试结合 GJB 362B 和 GJB 360B 方法中“106”的规定进行。试验样品应进行 10 次连续循环的耐湿试验。每次循环耐湿试验剖面如图 11-2 所示。除最后的一个循环外，当只有一次非故障的试验中断时（电源中断或设备故障），该循环应重复，试验继续进行；当非故意中断发生在最终的一个试验循环时，除重复本次循环外，还要增加一个试验循环；当发生任何超过 24h 的中断时，试验应重新进行。

在试验过程中，应避免箱内出现凝露现象。

在试验过程中，试验样品所有各层应施加（100±10）V 直流极化电压。

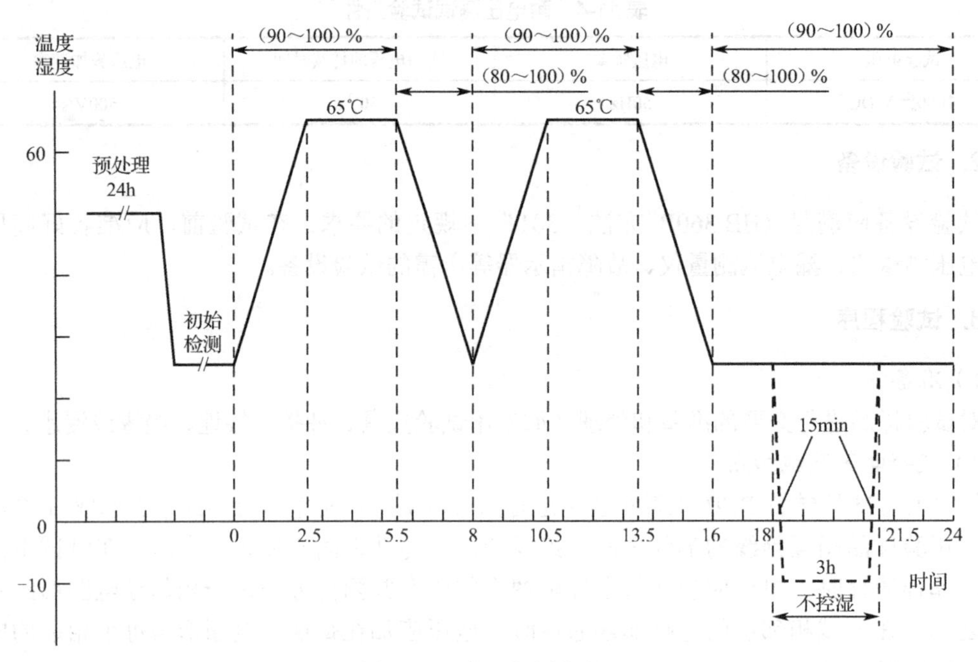

图 11-2　耐湿试验剖面

2. 绝缘电阻测试

1）依据

耐湿和绝缘电阻测试方法参考 GJB 360B 方法中“302”的规定。

2）测试点

针对 PCB 上的最小线宽和最长平行导线，每板选取 3 个测试点进行绝缘电阻测试。测试点选择在试验样品相互绝缘的部件之间或绝缘的部件与地之间，施加 500V（1±10%）的直流电压进行耐电压测试。

3）读数时间

若无其他规定，应连续施加测试电压 2min 并立即读数。当测试仪上绝缘电阻读数与规定极限值一致且稳定或继续升高时，可以比规定时间提前结束测试。

4）测试注意事项

在各次测试中，对同一个试验样品应当采用相同的极性进行测试。

测试过程中应采取适当的预防措施，以便消除其他路径产生泄漏而造成的读数误差。

3. 试验设备

试验设备应满足 GJB 360B 方法中“106”和“302”规定的要求。在试验前，应准备好试验箱、直流电源设备、放大镜、绝缘电阻测试仪。

4. 试验程序

1）预处理

试验样品应在（50±2）℃、不控制相对湿度的条件下放置24h。

2）初始检测

预处理后，试验样品在实验室大气条件下达到稳定温度后，对试验样品进行外观检查和绝缘电阻测试。

3）试验样品的安装

试验样品在不包装、不通电、“准备使用”的状态下置于试验箱中。试验样品之间应有一定的距离，不能互相接触。

4）试验及施加极化电压

按照图11-2中的剖面图控制温、湿度进行10个循环的耐湿试验，每个循环进行24h，共试验240h。

在试验的第1、3、5、7、9个循环中，在试验剖面的18～21.5h期间，试验剖面按照“—”线运行，并且在此期间不控制湿度。在其他循环中，试验剖面按照“—”线运行。

在试验的第1、3、5、7、9循环中，在试验剖面的21.5～21.75h期间，按照GJB 360B方法中“201”规定施加15min振动应力，振动条件满足以下要求：①振动频率：10Hz—50Hz—10Hz；②位移幅值：0.75mm；③振动时间：15min。

在整个试验过程中，试验样品所有各层应施加（100±10）V直流极化电压。

5）中间检测

在试验第4、8、10循环中的试验剖面第20h，在温度为25℃，相对湿度为（90～100）%的试验应力条件下进行试验中绝缘电阻测试。在检测时，应关掉极化电压，不允许采用任何人工干燥的方法干燥试验样品。

6）高湿后的检测

在最后一个循环结束后，从试验箱中取出试验样品，在实验室环境条件下，在1～2h内完成外观检查和绝缘电阻测试。在检测时，不允许用任何人工干燥的方法干燥试验样品。

7）恢复后的检测

完成高湿后的检测后，试验样品在实验室环境条件下放置24h，然后进行外观检测和绝缘电阻测试。

5. 测试结果要求

在进行绝缘电阻测试时，有元件印制板试验样品在导体之间的绝缘电阻应不小于500MΩ；无元件印制板试验样品在导体之间的绝缘电阻应不小于50MΩ；用作填孔的绝缘材料应能使散热面和孤立的镀覆孔之间的绝缘电阻不小于100MΩ。

如出现绝缘电阻测试值低于上述要求的情况，则应进一步根据专业经验进行分析，确认是否由贮存原因导致。

11.10 最后检测（必要时）

完成以上所有项目后，依据本章 11.5 节内容对样品进行外观检查，检查板级电路经过以上项目的特征检测分析和试验后是否出现新的异常。在必要时，参考本章 11.7 节内容进行金相切片分析。

11.11 板级电路贮存寿命检测分析结果综合

根据板级电路贮存寿命特征检测各项结果，针对检查分析中发现的缺陷、不符合判据要求的情况，结合专业经验进一步进行分析，确认是由板级电路的固有缺陷，还是由贮存环境原因导致的。

以下情况板级电路贮存寿命状态判定为可用：

（1）板级电路受试样品经贮存寿命特征检测分析，各个项目检测分析合格，表明板级电路可用。

（2）针对板级电路在外观检查、X-Ray 检查、金相分析 3 项检测分析中，当发现有缺陷但未随贮存环境进一步发生明显退化以至出现失效，其他检测分析均正常时，可判定缺陷为固有缺陷，板级电路仍可用。

（3）针对板级电路在介质耐电压测试、耐湿和绝缘电阻测试中发现有不符合判据要求的情况，但不随贮存或试验时间发生明显变化时，经查明为板级电路的固有缺陷，板级电路仍可用。

以下情况板级电路贮存寿命状态判定为终了：

（1）针对板级电路在外观检查、X-Ray 检查、金相分析 3 项检测分析中，发现有缺陷且随贮存环境发生明显退化，经查明与贮存环境因素相关，则判定板级电路贮存寿命终了。

（2）针对板级电路在介质耐电压测试、耐湿和绝缘电阻测试中，发现有不符合判据要求的情况，且随贮存或试验时间发生明显变化，经查明与贮存环境因素相关，则判定板级电路贮存寿命终了。

11.12 板级电路贮存寿命特征检测分析报告

根据板级电路贮存寿命特征检测分析过程和检测分析结果编制《板级电路贮存寿命特征检测分析报告》，在报告中应详述板级电路贮存寿命特征检测分析的过程、特征检测分析的结果、特征检测分析结论等内容，内部表格见表 11-5 和表 11-6。

表 11-5 板级电路贮存寿命特征检测分析记录汇总

序号	名称/编号		外观质量检查	X-Ray分析	金相分析	耐电压测试	绝缘电阻测试	金相切片分析	综合结论

表 11-6 板级电路贮存寿命特征检测分析不合格项目汇总

大纲编号	板级电路名称	特征检测分析项目	不合格情况描述	影响分析	相关照片

第12章

元器件寿命特征检测分析

12.1 目的

为规范元器件贮存寿命特征检测分析工作，确保元器件贮存寿命特征检测分析的质量，特编写本章内容。

12.2 范围

12.2.1 主要内容

本章规定了元器件贮存寿命特征检测分析的主要工作内容、试验样品的准备、分析项目和流程，以及各个检测分析项目（包括外部目检、X-Ray 检查、C-SAM、密封检查、IVA 检查、内部目检、键合拉力、芯片剪切）的检测依据、试验设备、试验程序、失效判据。

12.2.2 适用范围

本章适用于在装备开展寿命试验与评价时对元器件进行检测分析，查找元器件中存在的缺陷，确认是否属于贮存寿命缺陷，为确定元器件是否满足装备寿命要求提供参考。

12.3 依据和引用文件

GJB 33A	半导体器件总规范
GJB 63B	有可靠性指标的固体电解质钽电容器总规范
GJB 65B	有可靠性指标的电磁继电器总规范
GJB 128A	半导体分立器件试验方法
GJB 150	军用设备环境试验方法
GJB 360B	电子及电气元件试验方法

GJB 548B 微电子器件试验方法和程序
GJB 597B 半导体集成电路总规范
GJB 809A 微动开关通用规范
GJB 1042 电磁继电器总规范
GJB 1216 电连接器接触件总规范
GJB 1217 电连接器试验方法
GJB 1312A 非固体电解质钽电容器总规范
GJB 1432A 有可靠性指标的片式膜固定电阻器总规范
GJB 1508 石英晶体滤波器总规范
GJB 1513 混合和固体延时继电器总规范
GJB 1515A 固体继电器总规范
GJB 1648 晶体振荡器总规范
GJB 2450 非密封钮子开关总规范
GJB 3157 半导体分立器件失效分析方法和程序
GJB 3233 半导体集成电路失效分析程序和方法
GJB 4027A 军用元器件破坏性物理分析方法
GJB 4157 高可靠瓷介固定电容器总规范

12.4 元器件基本介绍

12.4.1 元器件分类

依据 GJB 4027A，根据电子元器件功能原理作为门类划分，依照各门类元器件工艺结构和工艺实现进行电子元器件种类划分，见表 12-1。

表 12-1 电子元器件的分类

序号	元器件门类	元器件种类
01	电阻器	金属膜固定电阻器
		金属箔固定电阻器
		片式固定电阻器
		精密线绕固定电阻器
		功率型线绕固定电阻器
		电阻网络
		非绕线电位器
		绕线电位器
02	电容器	圆片磁介电容器
		多层磁介电容器
		云母电容器

续表

序号	元器件门类	元器件种类
02	电容器	金属化塑料膜介质电容器
		非固体电解质钽电容
		非固体电解质钽箔电容器
		固体电解质钽电容器
		片式固定电解质钽电容器
		玻璃介质微调可变电容器
		磁介微调可变电容器
03	敏感元器件和传感器	珠状热敏电阻
		圆片式热敏电阻器
		压阻式压力传感器
04	滤波器	电磁干扰低通馈通滤波器
05	开关	微动开关
06	电连接器	低频电连接器
		电连接器接触件
		射频电连接器
07	继电器	电磁继电器
		固体继电器
		恒温继电器
08	线圈和变压器	电感器和变压器
		射频线圈
		片式印刷电感器
09	石英晶体和压电元件	石英晶体元件
		晶体振荡器
10	半导体分立器件	无键合引线轴向引线玻璃外壳和玻璃钝化封装二极管
		螺栓安装和轴向引线金属外壳二极管
		表面安装和外引线同向引出晶体管、二极管
11	集成电路	密封半导体集成电路
		混合集成电路
		塑封半导体集成电路
12	光电器件	光耦合器
		半导体光电模块
13	声表面波器件	声表面波器件
14	射频元件	同轴衰减器
		隔离/检测 T 形头
		同轴、波导检波器

续表

序号	元器件门类	元器件种类
15	熔断器	熔丝型管状熔断器
		玻璃和陶瓷基片型熔断器
16	加热器	带状柔性加热器

12.4.2 元器件主要性能参数

元器件主要性能参数为各门类元器件与贮存寿命相关的敏感参数。这些参数会因贮存期的推进发生变化，是元器件贮存寿命特征检测的重点关注对象。元器件门类和工艺结构特点，决定了不同门类电子元器件的贮存寿命敏感参数各不相同，见表 12-2。

表 12-2 各门类电子元器件主要性能参数

元器件门类	主要性能参数
电阻器	电阻值/Ω 额定功耗/W 极限电压/V 温度系数（$\times10^{-6}$/℃）
电位器	电阻值/Ω 额定功耗/W 极限电压/V 温度系数（$\times10^{-6}$/℃）
电容器	电容量/μF 绝缘电阻/MΩ 损耗角正切值（$\times10^{-4}$） 漏电流/μA
电感器	电感量/L 直流电阻/R 品质因子/Q
继电器	线圈电阻/Ω 吸合电压/V 释放电压/V 吸合时间/ms 释放时间/ms 闭合接触电阻/MΩ 断开接触电阻/MΩ 绝缘电阻 MΩ（100V DC） 介质耐压（200V AC，60s）
电连接器	接触电阻/Ω 绝缘电阻/MΩ

续表

元器件门类	主要性能参数
整流二极管	正向电压 V_F/V 反向工作电压 V_{RWM}/V 反向漏电流 I_R/μA 额定正向整流电流 I_F/mA
开关二极管	正向电压 V_F/V 反向工作电压 V_R/V 反向击穿电压 $V_{(BR)}$/V 额定正向整流电流 I_F/mA
稳压二极管	正向电压 V_F/V 稳定电压 V_Z/V 动态电阻 R_Z/Ω 反向漏电流 I_R/μA
晶体管	集电极—基极直流电压 V_{CBO}/V 集电极—发射极反向击穿电压 V_{CEO}/V 发射极—基极反向击穿电压 V_{EBO}/V 集电极—基极反向截止电流 I_{CBO}/μA 集电极—发射极反向截止电流 I_{CEO}/μA 发射极—基极反向截止电流 I_{EBO}/μA 集电极—发射极饱和电压 V_{CEsat}/V 基极—发射极饱和压电压 V_{BEsat}/V 正向电流传输比的静态值 hFE
电压比较器	偏置电压/mV 输入失调电流/nA 功耗电流/mA 反向漏电流 I_R/μA
集成电路	端口 I-U 曲线 输出低电平电压 V_{OL}/V 输出高电平电压 V_{OH}/V 输入钳位电压 V_{IK}/V 输入低电平电流 I_{IL}/mA 输入高电平电流 I_{IH}/uA 最大输入电压时输入电流 I_I/mA 输出低电平时电源电流 I_{CCL}/mA 输出高电平时电源电流 I_{CCH}/mA 输出短路电流/mA

12.5 元器件贮存寿命特征检测分析方法概述

12.5.1 寿命特征检测分析流程

在完成所有元器件试验样品外观质量检查和电参数测量后，对合格的试验样品抽样（原则上，各型元器件样品不少于 5 个）进行特征分析；对研究过程中不合格的样品抽样进

行失效分析，并与合格样品进行比对分析，确认是否属于贮存失效性质。综合试验样品的外观质量检查、电参数测量、特征检测分析和失效分析结果，综合给出各门类元器件的贮存可靠性结论，检测分析流程如图 12-1 所示。

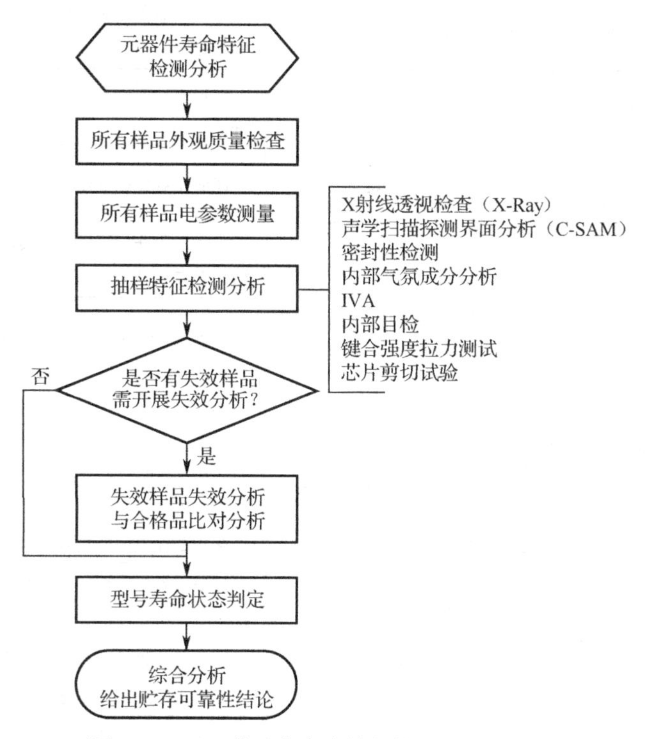

图 12-1　元器件贮存寿命特征检测分析流程

12.5.2　寿命特征检测分析项目

通过对 GJB 及有关标准的元器件规范、试验方法、分析方法等标准规范进行分析，从失效机理来看，元器件的贮存失效主要分为 4 类：材料性能退化、物理结构退化、互联结构退化、电性能退化。元器件贮存寿命特征检测分析主要是检查元器件的以上 4 类缺陷：采用外观检查方法确定元器件引线、引脚、壳体是否存在氧化、腐蚀等典型寿命特征；采用电参数测量方法评判元器件的贮存失效宏观表现和某些特定机理引起的元器件贮存失效；采用特征检测分析方法评价元器件材料、结构、互联的退化情况，以及发现特定贮存退化模式，从而确定元器件的具体贮存退化情况与贮存寿命特征；针对失效元器件样品开展失效机理分析，并同时针对合格品开展比对检测，确认失效元器件的失效原因并给出该型号元器件的寿命结论。

在特征检测分析中，采用 X-Ray 检查、C-SAM、气密检查、IVA、内部目检等方法可检查材料性能退化、物理结构退化；采用键合强度、芯片剪切可检查互联结构退化。元器件贮存寿命特征检测分析项目见表 12-3。

表 12-3　元器件贮存寿命特征检测分析项目

检测分析工作		检测方法	检测目的
工作类型	检测分析项目	元器件规格书	主要评估各性能参数与元器件规格书中指标参数的偏离程度。
外观质量检查	外部目检	立体显微镜观察	评估元器件是否存在明显的工艺缺陷和贮存退化特征。
电参数测量	功能和性能测试	各元器件检测规范	评估元器件是否存在功能和性能不合格的情况。
抽样特征检测分析	X-Ray	X 射线透视检查	确定元器件封装结构、内部互联结构、内部材料结构是否存在异常和贮存退化特征。
	C-SAM	声学扫描探测界面分析（仅针对具备芯片黏结结构元器件）	确定元器件内部芯片黏结或焊接状态，确定材料界面是否存在贮存退化特征。
	密封	气密性检测（仅对密封封装器件开展）	评估密封元器件气密性，评价密封结构是否存在贮存退化特征。
	IVA	内部气氛成分分析（仅对密封封装器件开展）	评估密封元器件内部气氛成分，评价其内部材料是否存在贮存退化而导致气氛发生变化。
	内部目检	金相显微镜或 SEM 观察	评估元器件内部主要结构、材料的状态，评价其内部结构是否存在贮存退化特征。
	键合强度	键合强度拉力测试（仅针对具有键合结构的元器件）	评价元器件键合是否存在贮存退化特征，评价键合力是否下降或彻底开路失效。
	芯片剪切	芯片剪切试验，考察芯片黏结焊接强度	评价元器件芯片黏结焊接结构是否存在贮存退化特征。
失效样品比对分析	失效分析	参照 GJB 4027A	确定失效元器件的失效根因，对比同型号合格样品状态，确认该型器件是否存在普遍寿命特征。

12.5.3　寿命特征检测分析步骤

元器件贮存寿命特征检测分析的主要工作包括样品标识、样品预处理、外观质量检测、电参数测量、特征检测分析、失效分析与比对检测、型号合格判定、不合格处理、综合分析。

（1）样品标识：在进行特征检测分析前，应核对和清点各型试验样品，包括元器件的数量、编号、商标、型号等信息，应对所有样品进行唯一性标识，并对所有样品的正面和反面拍照，以保持试验样品状态清晰。

（2）样品预处理：在进行特征检测分析时，应充分考虑试验样品是从装机成品中分解得到的而非新品，对试验样品进行必要的预处理，尽量保证元器件无损地从电子线路板上拆卸，避开干扰特征检测分析的因素，保证特征检测分析结果的真实性。

（3）外观质量检测：对各型元器件进行外观质量检查，确认各型元器件是否存在氧化、腐蚀、断裂等贮存老化现象。

（4）电参数测量：对各型元器件进行主要电参数测量，确认各型元器件是否存在体现老化特征的电参数不合格情况。

（5）特征检测分析：按照规定的特征检测分析项目和流程，对各个样品开展特征检测分析工作，查找缺陷，确认是否贮存失效。

（6）失效分析与比对检测：针对相关试验过程中出现的失效元器件样品，开展失效分析确定失效原因，并通过合格品比对检测，确认是否为普遍问题。

（7）型号合格判定：对元器件贮存寿命特征检测分析结果进行汇总，判定各项检测分析结果是否符合规定要求，给出判定结果，标明不符合要求的结果，采用 11.12 节表 11-5 的形式进行记录。

（8）不合格处理：对不合格所有试验样品的检测情况进行汇总，对所有不合格的试验样品进行拍照，标明不合格处，提供不合格证据，采用 11.12 节表 11-6 的形式进行记录。

（9）综合分析：将各个试验样品的特征检测分析过程的结果（包括照片、数据、分析结论等）进行详细记录，综合元器件贮存寿命特征检测分析结果，给出元器件贮存寿命特征检测结论，形成《元器件贮存寿命特征检测分析总结报告》。

12.6 样品选取要求

12.6.1 样品选取原则

元器件样品的选取应考虑以下 3 个因素：

（1）根据调研故障数据统计、维修情况、部件加速试验、环境适应性验证中故障情况分析出现过故障的元器件。

（2）针对关键元器件，已知寿命存在隐患的元器件。

（3）常用的高可靠元器件，如金属膜电阻等不再选样。

12.6.2 样品数量要求

在确定选取对象后，每种类型的元器件可选取 20～50 个样品开展外观检查和电参数测量。每型抽取 3～5 个合格样品开展贮存寿命特征检测分析，以便用作比对，以增强检测结果可信程度。针对不良样品开展失效分析，同时每型抽取 3～5 个对应合格品开展比对检测，用于确定是否贮存失效。

12.7 外观质量检查

12.7.1 检查依据

外观质量检查的目的是检查元器件封装结构及外部引脚结构退化特征。外观质量检查参照 GJB 4027A 中各门类电子元器件检查项目及判据规定进行。

12.7.2 试验设备

外部目检根据元器件门类特点采用显微镜进行观察，应根据元器件的特点和观察对象选取合适的放大倍数。

12.7.3 试验程序

元器件的外观检查对于贮存寿命特征分析十分重要，对所有试验样品进行外观质量检查时，检查的项目包括目检和镜检。首先用肉眼目视失效元器件与合格元器件之间的差异；然后在光学显微镜下进一步观察，采用放大倍数为 4～80 倍的立体显微镜，变换不同的照明角度获得最佳的观察效果。有时也采用常规的放大倍数为 50～2000 倍的显微镜寻找和观察失效部位。如果还需要更进一步观察表面击穿、外来物、长须、沾污或迁移，则需要利用扫描电子显微镜（SEM）。

12.7.4 典型缺陷说明

元器件引出端断裂、掉壳为严重缺陷；引出端锈蚀、损伤为一般缺陷；表面涂层起泡、脱落或标志不清为轻微缺陷。非外部机械应力导致的严重缺陷和一般缺陷所占比例不应大于 5%，否则判定该型号元器件该批次予以剔除。

外部目检还包括以下典型缺陷：

（1）沾污。任何小的水迹、油迹、焊料痕迹或溅射的其他液体（如绝缘材料）都会造成互连劣化或漏电。

（2）引脚变色。通常引脚结构的设计能够提高可焊性和防止腐蚀，引脚表面的变色通常表明基体材料被热氧化、硫化和有缺陷，预处理不完全或存在明显的缺陷。

（3）引线压力侵蚀断裂。当铜－锌合金或许多其他以铜基为主的合金在外界压力或内部剩余压力的作用下，并处在氨类、胺类、潮湿气体或高温环境中时，就会发生压力侵蚀现象，可利用扫描电子显微镜，通过观察分析断层的外形及边界特征发现这种现象。

（4）引线机械应力损坏。损坏的模式取决于引线的外形、负载及所处的环境。主要的裂缝类型有疲劳裂缝、振动裂缝、蠕变裂缝和其他裂缝。疲劳裂缝是由重复加力引起的；蠕变裂缝则是由于加力时间过长引起的；其他裂缝包括易脆裂缝和拉长裂缝。易脆裂缝是指快速形成裂缝而不发生弹性变形；拉长裂缝则伴随着弹性变形。仔细检查裂缝发生的原因，并由此判断裂缝的类型是很重要的。断裂表面或断层边缘表面有时会呈波浪图形，意味着机械疲劳，圆盘或锯齿状的图案则表明了该处的应力集中。

（5）封装破损。封装裂缝会引起湿气进入元器件里面。密封包装中的玻璃裂缝容易被忽视。封装破损可能为机械应力导致，也可能是由典型的材料退化损伤引起的贮存失效模式。

（6）晶须。元器件引脚锡的镀层表面上偶尔会形成直径约为 1.2μm、长约为 1.5μm 的针状单晶结构，会引起引线间短路。这种晶体通常被称为晶须。晶须可分为两种：由内部因素引起的规则晶须（如锡晶须）和外部因素引起的不规则晶须（如银硫化合物晶须）。它们的形成与温度、湿度、内部应力及空气有关。

锡晶须的产生与衬底材料、电镀溶液、折叠厚度和热处理有关。控制好这些条件可把晶须的生长限制在一定的水平。当镀银材料用于含硫环境中（如在热硫磺附近）或与硬化橡胶同时使用时，通常会出现银硫化合物晶须。

12.7.5 样品失效判定

元器件引出端断裂、掉壳为完全失效；引出端锈蚀、损伤为严重失效；表面涂层起泡、脱落或标志不清为轻度失效。

12.7.6 失效样品处理

对外观质量检查失效的器件，按照型号汇总后进行拍照，以清晰显示不合格处。

对外观质量检查失效的样品在原则上应继续参与电参数测量步骤，根据其电参数测量结果确定后续需开展的工作项目。

12.8 电参数测量

12.8.1 电参数测量工作流程

对完成外观质量检查的各型器件进行电参数测量，电参数测量结果应详细、准确地记录在各型器件特征检测分析记录表中。首先，判断每个器件是否性能参数超差；然后，判定各型器件是否贮存寿命终了；最后，对各型器件的电参数测量结果进行汇总，给出电参数测量总体情况、电参数测量失效器件清单，确定需要开展特征分析和失效分析工作的器件型号及相应编号。

12.8.2 电参数测量方法要求

各型元器件测量的电参数主要依据各型元器件特征检测分析记录表中的参数，测试人员可根据专业经验选用合适的技术文件和国军标作为测量依据，并将测量依据文件记录在各型器件特征检测分析记录表中。测试人员可根据专业经验适当对器件测量的电参数进行调整。

每个元器件的参数应进行 3 次测量，以避免人为错误或测量误差引起测量结果的判断错误，对于 3 次测量结果均合格的，将其中的一次测量结果填写在记录表中即可；对于测量 3 次中存在不合格的情况，填写详细的测量结果，并给出必要的解释。

12.8.3 样品失效判定

元器件完全丧失了规定功能称为完全失效；部分参数不符合技术规范的要求（参数超

差）为部分失效。

12.8.4 失效样品处理

对初测失效的器件应进行复测以确认其失效，并将测试结果详细记录在电参数复测记录表中。对经过确认电参数测量失效的器件，按照型号汇总后进行拍照。

对外观质量检查和电参数测量中出现过失效的样品进行汇总，抽样 3～5 个样品进行失效机理分析；同时，抽取 3～5 个合格品进行比对检测。失效样品的失效分析与比对检测参照第 12.10 节的要求开展。

12.9 特征检测分析

完成外观质量检查和电参数测量后，从合格器件清单中抽取器件开展特征分析工作，确定开展特征分析的器件清单。分析人员参照各型元器件寿命特征检测分析记录表中规定的特征分析项目开展特征分析工作。

在实际开展过程中，可根据工作的必要性适当增加特征分析项目，并对特征分析结果进行详细记录。

对各型器件的特征分析应形成详细的特征分析报告，记录特征分析工作过程、分析结果、分析结论。对特征分析结论的描述应包括针对产品对象和工作项目发现的问题，以及与贮存环境相关性，给出元器件的贮存寿命特征结论和使用建议。

12.9.1 X-Ray 检查

1. 检查依据

X-Ray 检查参照 GJB 4027A 中方法规定进行观察对象的确定，依照 GJB 128A 中方法 2076 和 GJB548 中方法 2012.1 试验程序的规定开展。

2. 试验设备

试验设备应满足 GJB 128A 中方法 2076 和 GJB548B 中方法 2012.1 的规定。

用于贮存寿命特征检测分析的 X 射线透视仪应达到亚微米量级的空间分辨率，图像的放大倍数可达到 10^3 数量级，被检测物体的尺寸应能达到数百毫米，能实现被测物体 360° 的水平旋转和±45° 的 Z 方向调整。

3. 试验程序

完成样品各观察方位的 X 射线拍照工作后，对 X 射线照片进行分析和记录；重点观察对象的确定，依照 GJB 4027A 各元器件门类特点进行。试验程序依照 GJB 548B 中方法 2012.1 的规定进行。试验前，准备好 X 射线设备、X 射线照片观察器、固定夹具等所需设备，并将样品按照观察方位置于 X 射线透视仪中，调节合适的投射电压与电流，并使用合适的放大倍数进行观察和拍照。

4. 典型缺陷说明

X 射线透视仪一般用于检测电子元器件的内部结构缺陷、内引线开路或短路、黏结缺陷、焊点缺陷、封装裂纹、空洞、桥连、立碑及器件漏装等。

X 射线检测是根据样品不同部位对 X 射线吸收率和透射率的不同，利用 X 射线通过样品各部位衰减后的射线强度检测样品内部缺陷的一种方法。X 射线衰减的程度与样品的材料品种、样品的厚度和样品的材料密度有关。透过材料的 X 射线强度随材料的 X 射线吸收系数和厚度呈指数衰减，材料的内部结构和缺陷对应于灰黑度不同的 X 射线影像图。计算机分层扫描技术可以提供传统 X 射线成像技术无法实现的二维切面或三维立体表现图，并且避免了影像重叠、混淆真实缺陷的现象，可清楚地展示被测物体的内部结构，提高识别物体内部缺陷的能力，更准确地识别物体内部缺陷的位置。

X-Ray 检查主要关注内部互连结构、内部芯片焊接情况、内部不同材料位置状态变化等信息。可能发现以下缺陷：

- 外来物、空洞和塑封中装填物的聚积；
- 芯片黏结材料中的空洞；
- 引线未对准；
- 引线框架；
- 引线键合几何特性差（内引线偏离由键合点到外引线之间的直线或芯片键合点与外引线之间的内引线为直线状，没有弧度）；
- 引线偏移或断裂。

12.9.2 C-SAM

1. 检查依据

C-SAM 检查参照 GJB 548B 中方法 2030 与 GJB 4027A 进行。

2. 试验设备

用于贮存寿命特征检测的扫描声学显微镜的频率范围要求为 1～500MHz，空间分辨率需要达到 0.1μm，扫描面积达到 0.25～300mm^2，能完成超声波传输时间测量（A 扫描）、纵向截面成像（B 扫描）、X/Y 二维成像（C、D、G、X 扫描）和三维扫描与成像。设备符合 GJB 548B 中方法 2030 与 GJB 4027A 中工作项目 1103 的要求。

需采用去离子水作为媒介流体，以保证在样品和振子之间提供超声耦合。

3. 试验程序

完成样品的准备工作，确保样品引脚平整，样品平置后主要观测界面是否处于水平状态；清理样品表面附着物，减少样品声波入射与传播干扰；将样品浸润放入扫描声学显微镜的水槽中，除掉样品表面附着的气泡。

调节合适的超声探测窗口，开始进行超声探测扫描。当超声波在介质中传输时，若遇到不同密度或弹性系数的物质，会产生反射回波，而此种反射回波的强度会因材料密度的不同而有所差异，扫描声学显微镜（SAM）利用此特性来检出材料内部的缺陷并依据所接收的信号变化将之形成图像。超声换能器发出一定频率（1～500MHz）的超声波，经过声学透镜聚焦，由耦合介质传到样品上。超声换能器由电子开关控制，使其在发射方式和接收方式之间交替变换。超声脉冲透射进入样品内部并被样品内的某个界面反射形成回波，其往返的时间由界面到换能器的距离决定，回波由示波器显示，其显示的波形是样品不同界面的反射强度与时间（或距离）的关系。通过控制时间，采集某一特定界面的回波而排除其他回波，超声换能器在样品上方以二维方式进行机械扫描，通过改变超声换能器的水平位置，在平面上以机械扫描的方式产生一幅反射声波随反射平面分布的图像。在 SAM 的图像中，在有空洞、裂缝、不良黏结和分层剥离的位置产生高的衬度，因而容易从背景中区分出来。衬度的高度表现为回波脉冲的正负极性，其大小是由组成界面的两种材料的声学阻抗系数决定的，回波的极性和强度构成一幅能反映界面状态缺陷的超声图像。

引线框架、芯片或引线引出端焊板的模塑化合物分层；模塑化合物的空洞和裂纹；框架、芯片黏结材料（如果存在）的未键合区域和空洞是需要重点关注的。

将每个样品分 6 个区域进行迭层分离，检查下列包封区域的空洞和裂纹：

- 芯片和模塑化合物的界面；
- 引线架和模塑化合物的界面（顶视图）；
- 引线引出端焊板边缘和模塑化合物的界面（顶视图）；
- 芯片与引线引出端焊板的黏结界面（如果存在），这可以使用直通传输扫描评估；
- 引线引出端焊板与模塑化合物的分界面（后视图）；
- 引线架和模塑化合物的分界面（后视图）。

注：扫描声学显微镜一次扫描可检查多个区域。对于安装在基片上或热沉上的芯片，芯片黏结检查应按照 GJB 548B 中方法 2030（芯片黏结的超声检查）的规定进行。如果分辨率足以检查黏结材料中的空洞，则本项检查对其他封装类型的相应检查也适用。

4. 典型缺陷说明

C-SAM 可能发现以下缺陷：

- 塑封键合丝上的裂纹；
- 从引线脚延伸至任一其他内部部件（引脚、芯片、芯片黏结侧翼）的内部裂纹，其长度超过相应间距的 1/2；
- 导致表面破碎的包封上的任何裂纹；
- 跨越键合丝的模塑化合物的任何空洞；
- 塑封和芯片之间任何可测量的分层；
- 引线引出端焊板与塑封间界面上，分层面积超过其后侧区域面积的 1/2；
- 引脚从塑封完全剥离（上侧或后侧）；
- 包括键合丝区域的引脚分层。

12.9.3 密封

1. 试验依据

密封检测试验依据为 GJB 4027A 中涉及密封试验的工作项目，以及 GJB 548B 中方法

1014.2。

2. 试验设备

细检漏设备为包括压力室、真空室和质谱检漏仪的细检漏仪，其灵敏度应达到 10^{-4}（$Pa \cdot cm^3$）/S，应配备连接被试样品封装与漏气检测器的夹具和配件，配备橡胶密封垫片及润滑油。

粗检漏设备为碳氟化合物粗检漏仪，该设备需包含真空室、压力室，可将指示用的液体温度保持在 125℃并能进行观察的容器，能把大于 1μm 的粒子从液体中滤除的过滤系统，以及 1.5～30 倍的放大镜。

试验设备应满足 GJB 548B 中方法 1014.2 的要求。

3. 试验程序

应先进行细检漏，后进行粗检漏。金属或陶瓷封装是在干燥气体或氮气气氛中进行的，并与外部气体隔绝。由于水分的存在会加速杂质离子的运动，并引起元器件特性的恶化甚至腐蚀铝引线，封装里空气中水分的含量应保持在数百 ppm 以下，从封装里泄漏的气体量也需要最小化。用于贮存寿命特征检测的泄漏检测方法有两种：氦原子示踪法检测细小的泄漏、氟碳化合物检测法检测较大的泄漏。

密封检测试验可用于检测封装中的小裂缝、焊接材料的虚焊、焊接部位的针孔及密封封装中的缺陷。细检漏试验条件见表 12-4。

表 12-4 细检漏试验条件

内腔体积 V/cm^3	加压条件			R_1 拒收极限值（$Pa \cdot cm^3$）/s（He）
	加压压强 P_E/kPa	加压时间 t_1/h	最长停留时间 t_2/h	
V<0.05	517±15	2_{0}^{+1}	1	5×10^{-3}
0.05≤V<0.5	517±15	4_{0}^{+1}	1	5×10^{-3}
0.5≤V<1.0	310±15	2_{0}^{+1}	1	1×10^{-2}
1.0≤V<10	310±15	5_{0}^{+1}	1	5×10^{-3}
10≤V<20	310±15	10_{0}^{+1}	1	5×10^{-3}

进行碳氟化合物粗检漏试验时应遵守以下注意事项：

- 在使用前利用能排除大于 1μm 的粒子的过滤系统过滤碳氟化合物并允许整体过滤；在使用过程中积累了一定数量可见粒子的液体应抛弃或过滤后回收使用，应注意防止污染；
- 注入观察容器的液体应保证覆盖器件高度至少为 5cm；
- 被试器件表面应无外来物质，包括会产生错误试验结果的涂覆和标志；
- 光源能够在空气中、在槽中器件离开光源的最远距离的位置上产生至少 1.6×10^5Lx 的照度，光源不需要校准，但它在观察的位置上（在观察气泡时放置被测器件的位置上）产生的亮度应进行检测；
- 试验较大的封装时应注意防止由于封装破裂或加压液体的猛烈喷出而使操作者受到伤害。

粗检漏试验条件见表 12-5。

表 12-5　粗检漏试验条件

压力/kPa	加压时间/h
206	23.5
310	8
414	4
517	2
618	1
724	0.5

4. 典型缺陷说明

细检漏典型缺陷判据见表 12-6。

表 12-6　细检漏典型缺陷判据

封装内腔体积 V/cm^3	等效标准漏率（L）（空气）/（Pa·cm^3）/s
$V \leqslant 0.01$	$>5\times10^{-3}$
$0.01<V\leqslant 0.4$	$>1\times10^{-2}$
$V>0.4$	$>1\times10^{-1}$

粗检漏典型缺陷判据：同一位置出现一串明显气泡或两个以上大气泡。

12.9.4 IVA 检查

1. 试验依据

试验依据为 GJB 4027A 中涉及密封结构的各门类元器件对应的工作项目，试验依照 GJB 548B 中方法 1018.1 开展。

2. 试验设备

内部气氛分析仪由真空系统、取样系统、分析系统、数据处理系统及样品夹具等组成。样品穿刺后，利用压力差，使样品内的气氛进入分析系统。分析系统采用由离子源、分析器、检测器组成的四极质谱仪。离子源将气体分子电离为离子，离子化的分子沿分析器的 Z 方向进入四极场内，受到 X 方向和 Y 方向电场的作用实现质量分离，利用检测器测量不同质量的离子的分压强，达到分析气氛成分的目的。设备应符合 GJB 548B 中方法 1018.1 的要求。

3. 试验程序

试验程序应按照 GJB 548B 中方法 1018.1 的要求开展。

测试前必须进行密封检漏试验，如检漏不合格则不必进行内部气氛分析，因为漏气改变了元器件内部原有的气氛。对于陶瓷或厚金属外壳封装样品，需在测试表面进行打薄处理。内部含有干燥剂或有机物的元器件必须在测试前进行 100℃/（12～24）h 的高温烘烤。样品用合适的夹具固定在分析仪上，并通过夹具对其进行加热，在 100℃/10min 后穿刺样品。

4. 典型缺陷说明

（1）水汽含量大于规定最大值的器件应视为缺陷。

（2）存在异常低的总气体含量的器件，如不能被替代则应视作缺陷。若这样的器件可用同一组中的其他器件替代，且替代的器件存在的总气体含量对于该型号来说属正常范围，那么替代的器件和原来的器件都不能被视为缺陷。

12.9.5 内部目检

1. 试验依据

各门类元器件内部目检关注项目均在 GJB 4027A 中有明确说明，各门类元器件由于内部结构的差异，内部目检关注对象和观察程序差异较大，详见 GJB 4027A、GJB 128A、GJB 360B、GJB 548B 相关条目。

2. 试验设备

内部目检主要设备为光学显微镜，光学显微镜主要分为立体显微镜和金相显微镜，立体显微镜和金相显微镜除了放大倍数不同外，其结构、成像原理及使用方法都基本相似。它们均是用目镜和物镜组合来成像的。观察放大倍数是目镜和物镜两者放大倍数之积。立体显微镜和金相显微镜均有反射和透射两种照明方式，并且配有一些辅助装置，可提供明场、暗场、偏光以及微分干涉等观察方式，以适应不同的观察需要。此外，还可配备照相和摄像装置以进行图像记录。

将立体显微镜和金相显微镜结合使用，可用来进行器件的外观以及贮存退化部位的表面形状、尺寸、组织、结构、缺陷等的观察，如观察分析引线内外键合情况、芯片裂缝、沾污、划伤、氧化层缺陷及金属层腐蚀、金属化布线迁移等。

3. 试验程序

各门类电子元器件内部目检程序各不相同，需关注以下方面异常、缺陷。

如对于集成电路需关注以下内容。

（1）高放大倍数下应检查：

- 金属化层缺陷；
- 扩散和钝化层缺陷；
- 芯片缺陷；
- 玻璃钝化层缺陷；
- 介质隔离；
- 膜电阻器。

（2）低放大倍数下应检查：

- 引线键合；
- 内引线；

- 芯片安装；
- 梁式引线结构；
- 多余物。

4. 典型缺陷说明

详见 GJB 4027A 中各工作项目及 GJB 548B 中方法 2010.1 的判据附图。

12.9.6 键合拉力

1. 试验依据

GJB 4027A 中各门类元器件对应工作项目；GJB 548B 中方法 2011.1 键合强度（破坏性键合拉力试验）。

2. 试验设备

键合拉力仪，需具备规定的试验条件，在键合点、引线或外引线上施加规定应力。该设备能对外加应力提供经过校准的测量和指示，采用单位为 N，准确度为±5%或$\pm 2.94\times 10^{-3}$N，测定范围应达到规定应力最小极限值的两倍。

3. 试验程序

依照 A（键合拉脱）、C（单键合点引线拉力）、D（双键合点引线拉力）、F（倒装焊键合剪切力）、G（梁式引线推开试验）分类，依照表 12-7 中的最小键合强度开展键合拉力试验。

表 12-7 最小键合强度

试验条件	引线成分和直径	结构	最小键合强度/N	
			密封前	在密封、其他工艺及筛选（适用时）之后
A	—	—	在适用文件中规定	在适用文件中规定
C 或 D	Al 18μm Au 18μm	引线	0.015（1.5gf） 0.020（2.0gf）	0.010（1.0gf） 0.015（1.5gf）
C 或 D	Al 20μm Au 20μm	引线	0.019（1.9gf） 0.023（2.3gf）	0.012（1.2gf） 0.019（1.9gf）
C 或 D	Al 25μm Au 25μm	引线	0.025（2.5gf） 0.030（3.0gf）	0.015（1.5gf） 0.025（2.5gf）
C 或 D	Al 32μm Au 32μm	引线	0.030（3.0gf） 0.040（4.0gf）	0.020（2.0gf） 0.030（3.0gf）
C 或 D	Al 38μm Au 38μm	引线	0.040（4.0gf） 0.050（5.0gf）	0.025（2.5gf） 0.040（4.0gf）
C 或 D	Al 50μm Au 50μm	引线	0.054（5.4gf） 0.076（7.6gf）	0.040（4.0gf） 0.054（5.4gf）

续表

试验条件	引线成分和直径	结构	最小键合强度/N	
			密封前	在密封、其他工艺及筛选（适用时）之后
C或D	Al 76μm Au 76μm	引线	0.120（12.0gf） 0.150（15.0gf）	0.080（8.0gf） 0.120（12.0gf）
C或D	Al 76μm Au 76μm	引线	0.120（12.0gf） 0.150（15.0gf）	0.080（8.0gf） 0.120（12.0gf）
C或D	Al 100μm Au 200μm	引线	0.180（18.0gf） 0.230（23.0gf）	0.140（14.0gf） 0.180（18.0gf）
C或D	Al 100μm Au 200μm	引线	0.650（65.0gf） 0.850（85.0gf）	0.510（51.0gf） 0.650（65.0gf）
F	各种规格	倒装片	0.05N（5.0gf）×键合数	
G或H	各种规格	梁式引线	对正常无形变（键合数）的梁宽按0.3N（30gf）/mm计算	
a. 对于未在表中列出的引线直径，用图12-2中的曲线确定键合拉力强度极限值；				
b. 对于带状引线，按截面积相同计算相应圆引线的等效直径，以确定最小键合强度。				

最小键合拉力极限值如图12-2所示。

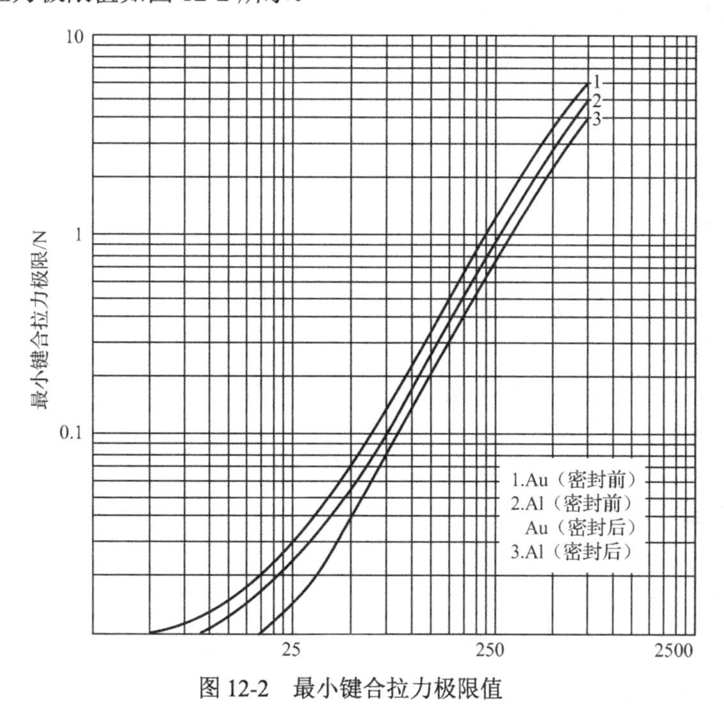

图12-2 最小键合拉力极限值

4. 典型缺陷说明

键合拉力测试中，键合强度低于规定的最小键合强度是典型的缺陷。

键合拉力测试还可以检查是否存在以下缺陷。

（1）对于内引线键合：

- 在颈缩点处（由于键合工艺而使内引线截面积减小的位置）引线断开；

- 在非颈缩点上引线断开；
- 芯片上的键合（在引线和金属化层之间的界面）失效；
- 在基板、封装处引线键合区或非芯片位置上的键合（在引线和金属化层之间的界面）失效；
- 金属化层从芯片上浮起；
- 金属化层从基板或封装外引线键合区上浮起；
- 芯片破裂；
- 基板破裂。

（2）对于连接器与电路板或基板的外部键合：

- 在变形处（受键合影响的部位）的外引线或引出端断开；
- 在未受键合工艺影响的外引线或引出端断开；
- 键合界面（在进行键合的外引线（或引出端）和布线板（或基板导体）间的低温焊（或熔焊）交界面）失效；
- 金属化导体从布线板或基板上浮起；
- 布线板或基板内部断裂。

（3）对于倒装片结构：

- 键合材料或基板键合区（适用时）的失效；
- 芯片（或载体）或基板的破裂；
- 金属化层浮起（金属化层或基板键合区与芯片、载体或基板分离）。

（4）对于梁式引线器件：

- 硅片破碎；
- 梁在硅片上浮起；
- 键合处梁断裂；
- 硅片边缘处断裂；
- 梁在键合处和硅片边线之间断裂；
- 键合点浮起；
- 金属化层从芯片上浮起（金属化层分离），键合区分离；
- 金属化层浮起。

12.9.7 芯片剪切

1. 试验依据

GJB 4027A 中各门类含芯片黏结及焊接的元器件对应工作项目，GJB 548B 中方法 2019.2 的芯片剪切强度要求。

2. 试验设备

所需设备为芯片剪切仪，要求其准确度达到满刻度的±5%或 0.5N（取其较大者），需配一台用于施加本试验所需应力的带有杠杆臂的圆形测力计或线性运动加力仪。设备应符合 GJB 548B 中方法 2019.2 的要求。

3. 试验程序

（1）当采用线性运动加力仪时，加力方向应与管座或基板平面平行，并与试验的芯片垂直。

（2）当采用带有杠杆臂的圆形测力计施加试验所需要的应力时，它应能围绕杠杆壁轴转动。其运动方向与管座或基板平面平行，并与被试验的芯片边沿垂直。与杠杆臂相连的接触工具应位于恰当位置，以保证外加力的准确数值。

（3）芯片接触工具应在与固定芯片的管座或基板基座近似成 90° 的芯片边沿由 ON 到规定值逐渐施加应力。对长方形芯片，应从与芯片长边垂直的方向施加应力。当试验受到封装外形结构限制时，如果上述规定不适用，则可选择适用的边进行试验。

（4）在与芯片边沿开始接触并加力期间，接触工具的相对位置不得垂直移动，以保证与管座/基板或芯片附着材料一直保持接触。如果芯片接触工具位于芯片上面，可换用一个新的芯片或重新对准芯片。

4. 典型缺陷说明判据

符合以下任一判据的器件均应视为缺陷。芯片剪切强度标准（最小作用力与芯片黏结附着面积的关系）如图 12-3 所示。

（1）达不到图 12-3 中 1.0 倍曲线所表示的芯片强度要求。

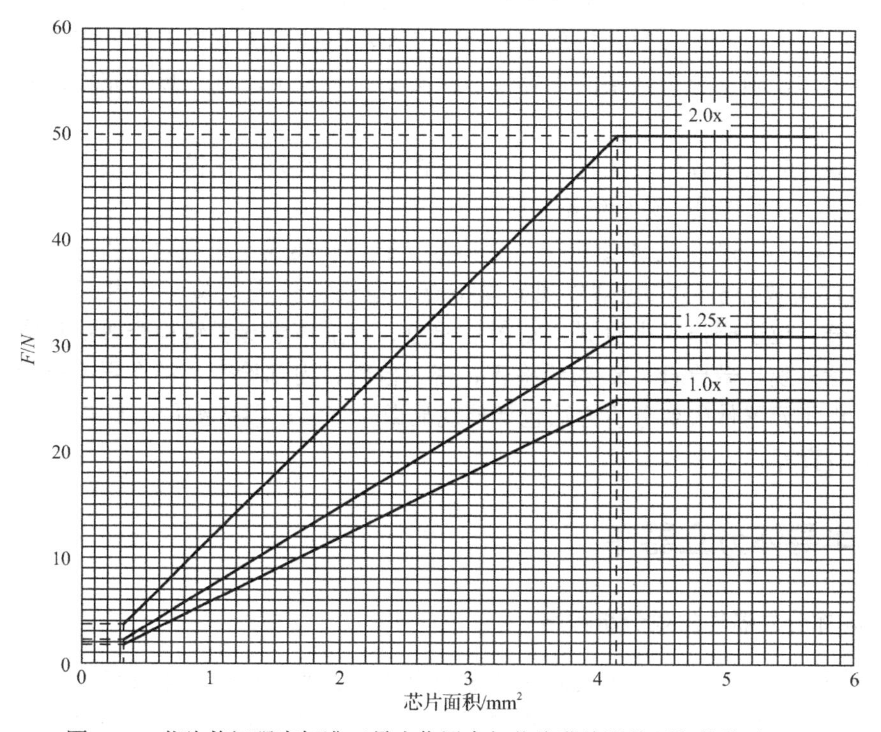

图 12-3 芯片剪切强度标准（最小作用力与芯片黏结附着面积的关系）

（2）使芯片与底座脱离时施加的力小于图 12-3 中 1.0 倍曲线所表示的最小强度的 1.25 倍，同时芯片在附着材料上的残留小于附着区面积的 50%。

（3）使芯片与底座脱离时施加的力小于图 12-3 中 1.0 倍曲线所表示的最小强度的 2.0

倍，同时芯片在附着材料上的残留小于附着区面积的 10%。

注：对共晶焊料的芯片，残留在芯片附着区中的不连续碎硅片应看作芯片附着材料；对采用金属玻璃黏结剂黏结的芯片，在芯片上或在基座上的芯片附着材料应作为可接受的附着材料。

当有规定时，应记录使芯片从底座上脱离时所加力的大小和脱离的类别。

（1）芯片被剪切掉，底座上残留有硅碎片；

（2）芯片与芯片附着材料间脱离；

（3）芯片与芯片附着材料一起脱离底座。

12.10 失效分析与比对检测

在完成各型器件的外观质量检查和电参数测量工作后，对贮存寿命评价研究过程中的失效元器件样品参照 GJB 3157、GJB 3233 开展失效分析，同时选取合格品进行比对检测，确认失效性质。

在开展失效分析前，技术人员结合寿命特征检测分析过程，对各失效器件进行外观质量检查和主要电参数验证，确认器件的失效后，再开展失效分析项目。在开展失效机理分析的同时，选取合格品进行特征检测分析。在失效分析开展过程中，技术人员可根据分析情况和专业经验适当增加失效分析项目，特别是在没有找到失效原因时，应进行进一步的分析和排查工作，确认分析结果的正确性，在必要的情况下，进一步补充失效分析项目，以查明失效原因。

对各型器件的失效分析与比对检测应形成详细的失效分析报告，记录失效分析与比对检测工作过程、分析结果、分析结论。

GJB 3157、GJB 3233 分别给出了半导体分立器件和集成电路失效分析方法与程序。半导体分立器件失效分析方法包括外观显微检查、电性能的失效验证、内部检查、噪声检查、密封检查、粒子碰撞噪声检测、X 射线检查、扫描声学显微镜检查等；集成电路失效分析方法包括外观显微检查、X 射线检查、密封检查、内部检查、键合强度检测、剪切强度检测等；电子元器件失效分析方法包括外观显微检查、电参数测量、X 射线检查、密封检查、内部检查等。

12.10.1 半导体分立器件

1. 半导体分立器件失效分析程序

半导体分立器件的失效分析按照先外部后内部，先非破坏性、半破坏性后破坏性的分析原则，并根据器件的类型、封装形式和所报告的失效模式来决定实际的失效分析程序。图 12-4 所示为半导体分立器件的失效分析程序流程图。

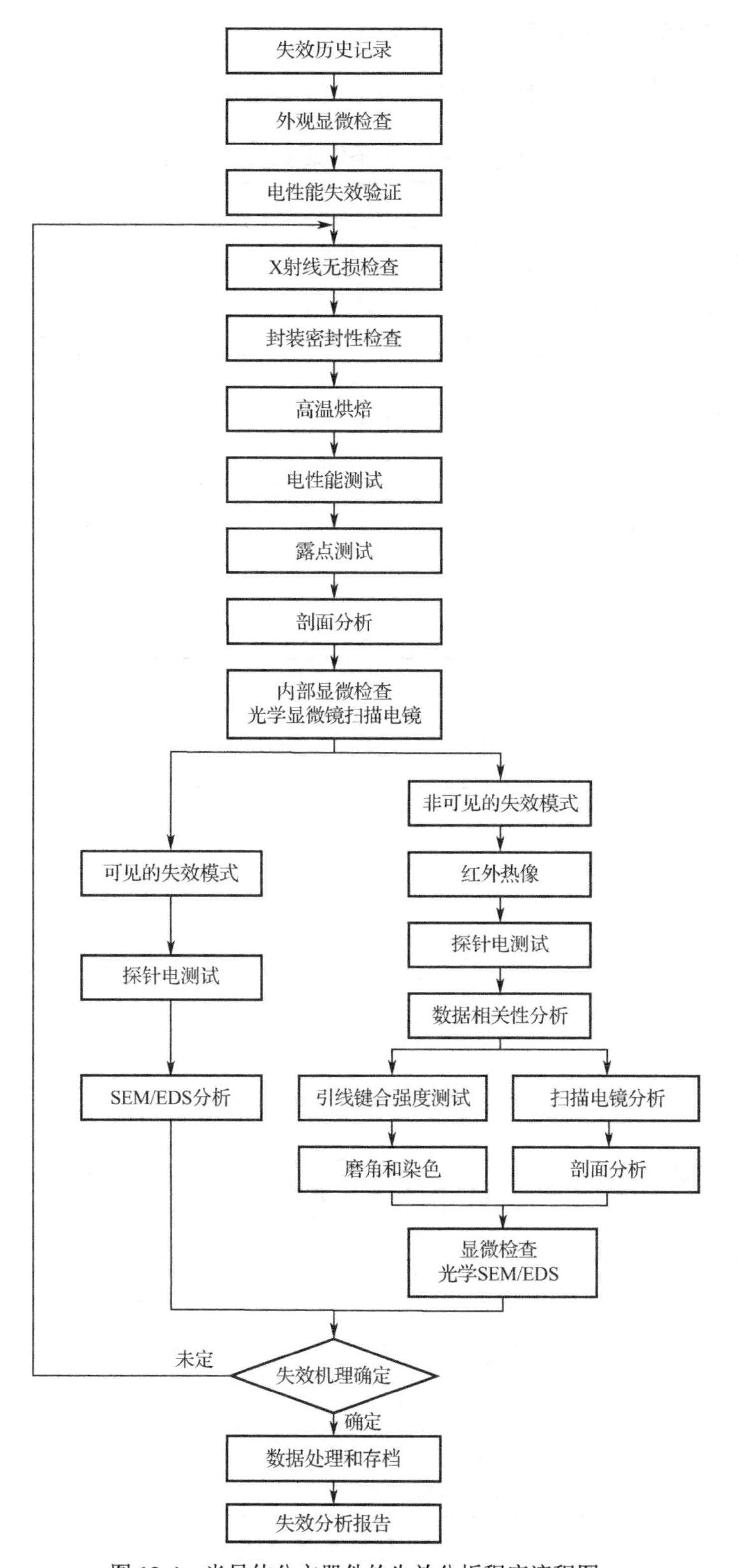

图 12-4　半导体分立器件的失效分析程序流程图

2. 半导体分立器件失效模式和失效机理

半导体分立器件的主要失效模式见表 12-8。

表 12-8 半导体分立器件的主要失效模式

序号	失效模式	说明	对器件的影响
1	内部短路	金属化引线间的短路或结短路	引脚间短路或功能失效
2	内部开路	金属化引线或内引线开路	开路
3	参数漂移	增益或其他电参数漂移	临界工作、温度敏感或失效
4	结漏电	PN 结漏电流增大	影响范围从无影响到功能失效
5	阈值漂移	开启电压的漂移	产生误动作
6	封装缺陷	周围空气、湿气或污染的侵入	退化或完全失去功能

半导分立体器件的主要失效机理包括：封装失效、芯片失效、芯片黏结失效、引线键合缺陷等，见表 12-9。

表 12-9 半导体分立器件的主要失效机理

序号	失效机理	说明
1	封装失效	封装玻璃退化导致绝缘失效
		有兼容问题的可伐合金与玻璃密封
		湿气和不纯物质的侵入
		引脚封口材料的不完整
		封装或焊接基体出现应力裂缝
		封装材料、引脚、芯片的热膨胀系数不同
2	芯片失效	芯片大部分有裂缝
		键合点处的小裂缝
		划痕引起的裂缝或缺陷
3	芯片黏结失效	由于焊料的浸润导致芯片与衬底间的不完整热连接
		由于不适当的键合造成芯片与衬底间的不完整热连接
		芯片与底座间的应力裂缝
		焊料或环氧材料造成芯片边缘短路
4	引线键合缺陷	过度的键合压力
		键合点错误、跨线、过长尾丝、键合点过大
		键合过程中引线的机械应力形变
		键合根部微裂缝，根部断裂
		硅铝合金线上的裂缝
		铝线中的硅点迁移
5	特别焊接方法	多股导线的焊接失效

续表

序号	失效机理	说明
6	金属化系统	电迁移
		腐蚀
		钝化层下的金属迁移
		金属化系统不稳定导致的失效
		由于温度循环造成金属条出现小丘或空洞
		铝金属化条的表面再结构
		由于蚀刻不当造成的失效
		焊接导致金属化物的侵出
		金属化层间晶须
7	热氧化层或钝化层	氧化层中的离子沾污
		固定氧化导电荷
		氧化层表面离子
		多层导线的氧化层台阶边缘失效
		蚀刻工艺造成的针孔
		错位或光刻、蚀刻失效
		氧化层表面的裂缝爬伸
		氧化层点击穿
		外来物附着
8	铝/硅界面	硅与铝的界面热反应
		接触窗口处的多孔铝层

12.10.2 集成电路

1. 集成电路失效分析程序

集成电路失效分析程序流程图如图 12-5 所示。

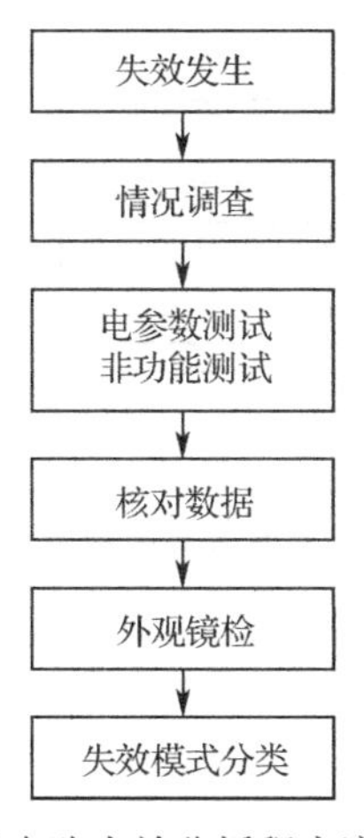

图 12-5 集成电路失效分析程序流程图（1）

通过外观镜检分析得出的失效模式一般分为开路、半开路、短路、半短路、特性退化、结构不良。针对各类失效模式进行深入分析，得到的集成电路失效分析程序流程图分别如图 12-6、图 12-7、图 12-8 所示。

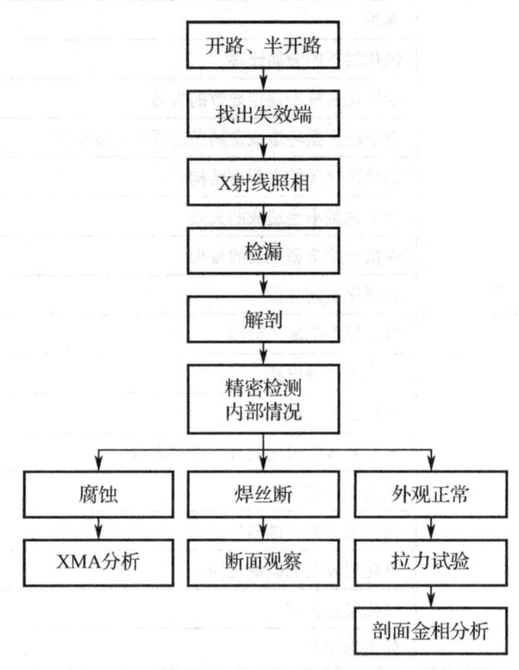

图 12-6　集成电路失效分析程序流程图（2）

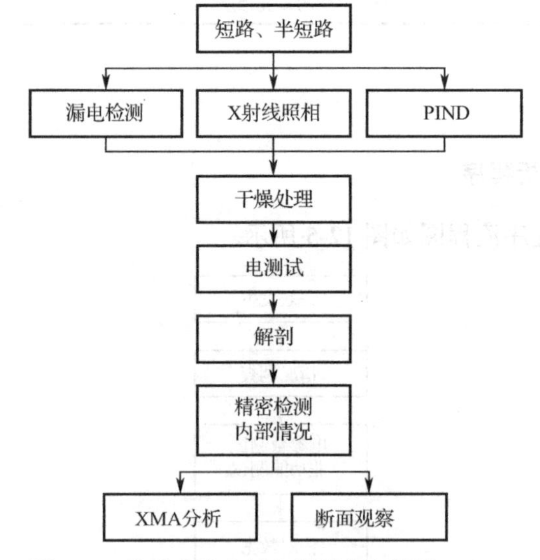

图 12-7　集成电路失效分析程序流程图（3）

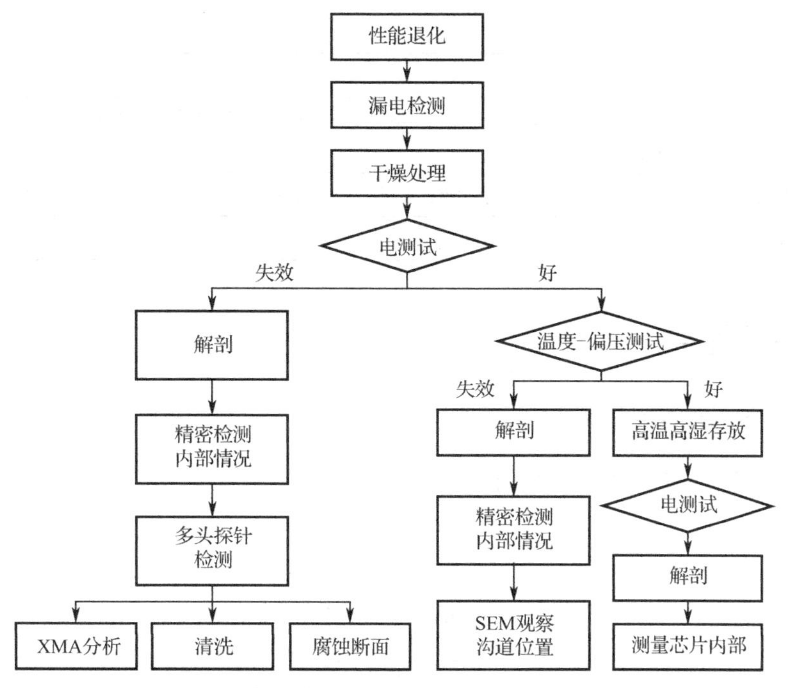

图 12-8　集成电路失效分析程序流程图（4）

对于重测合格的检测，执行图 12-9 所示的集成电路失效分析程序流程。

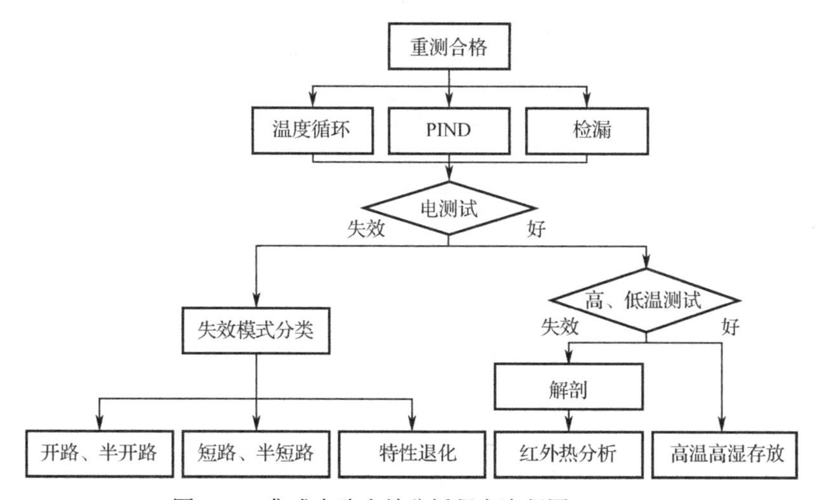

图 12-9　集成电路失效分析程序流程图（5）

2. 集成电路失效模式和失效机理

集成电路的主要失效模式和相关的失效机理见表 12-10。

表 12-10　集成电路的主要失效模式和相关的失效机理

序号	失效模式	主要失效机理
1	开路	EOS、EDS、电迁移（EM）、应力迁移（SM）、腐蚀、键合点脱落、紫斑、机械应力、热变应力

续表

序号	失效模式	主要失效机理
2	短路（漏电）	PN 结缺陷、PN 结击穿、EOS、介质击穿（TDDB 效应、针孔缺陷）、水汽、金属迁移、界面态、离子导电
3	参数漂移	氧化层电荷、钠离子沾污、表面离子、芯片裂纹、热载流子（HC）、辐射损伤
4	功能失效	EOS、EDS、Latch-Up

12.10.3 电子元件

1. 电子元件失效分析程序

电子元件失效分析程序如图 12-10 所示。

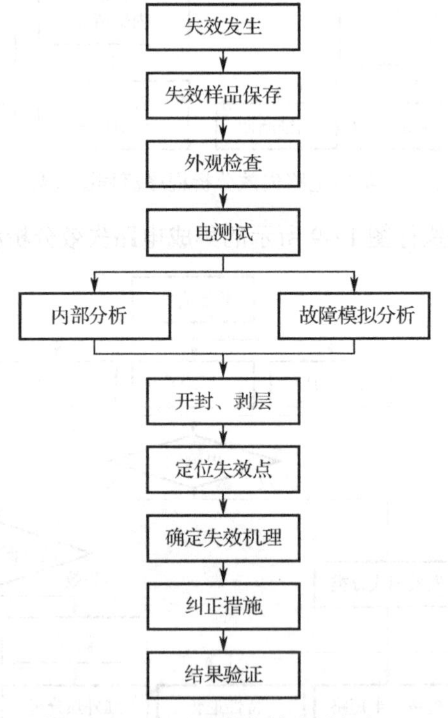

图 12-10 电子元件失效分析程序

2. 电子元件失效模式和失效机理

1）电阻器

电阻器的主要失效模式和相关的失效机理见表 12-11。

表 12-11 电阻器的失效模式和相关的失效机理

电阻器门类	失效模式	失效机理
金属膜电阻器	开路	瓷芯基体破裂、电阻膜破裂、电阻膜腐蚀、引线断裂、接触不良、使用不当
	短路	电晕放电、金属迁移

续表

电阻器门类	失效模式	失效机理
金属膜电阻器	阻值漂移	电阻膜的厚度不均匀或有疵点、膜层的刻槽间有导电沾污物、膜层与帽盖接触不良、电阻膜腐蚀
碳膜电阻器	开路	瓷芯基体破裂、电阻膜破裂、电阻膜分解、引线断裂、接触不良、使用不当、电阻膜腐蚀
	阻值漂移	电阻膜的厚度不均匀或有疵点、膜层的刻槽间有导电沾污物、膜层与帽盖接触不良、膜层螺旋刻槽不当
线绕电阻器	开路	绕组断线、电流腐蚀、引线结合不牢、焊点接触不良
	电参数超差	线材绝缘不好、老化不充分

2）电容器

电容器的主要失效模式和相关的失效机理见表 12-12。

表 12-12 电阻器的失效模式和相关的失效机理

分类	失效模式	失效机理
铝电解电容器	漏液	密封不佳、橡胶老化龟裂、高温高压下电解液挥发
	炸裂	工作电压中交流成分过大、氧化膜介质缺陷、存在氯离子或硫酸根等有害离子、内气压高
	开路	电化学腐蚀、引出箔片和焊片的铆接部分氧化
	短路	阳极氧化膜破裂、氧化膜局部损伤、电解液老化干涸、工艺缺陷
	电容量下降损耗增大	电解液损耗较多、低温下电解液黏度增大
	漏电流增加	氧化膜致密性差、氧化膜损伤、氯离子严重沾污、工作电解液配方不佳、原材料纯度不高、铝箔纯度不高
	漏液	密封工艺不佳、阳极钽丝表面粗糙、负极引线焊接不当
液体钽电解电容器	瞬时开路	电解液数量不足
	电参数变化	电解液消耗、在贮存条件下电解液中的水分通过密封橡胶向外扩散，在工作条件下水分产生电化学离解
固体钽电解电容器	短路	氧化膜缺陷、钽块与阳极引出线产生相对位移、阳极引出钽丝与氧化膜颗粒接触
瓷介电容器	开裂	热应力、机械应力
	短路	介质材料缺陷、生产工艺缺陷、银电极迁移
	低电压失效	介质内部存在空洞、裂纹和气孔等缺陷

3）继电器

继电器的主要失效模式和相关的失效机理见表 12-13。

表 12-13 继电器的失效模式和相关的失效机理

序号	失效模式	失效机理
1	接触不良	接点表面嵌藏尘埃等污染物
		有机吸附膜及碳化膜
		有害气体污染膜
		火花及电弧等引起接点熔焊

续表

序号	失效模式	失效机理
2	接点黏结	电腐蚀严重引起接点咬合锁紧
		接触焦耳热引起接点熔焊
3	开路（接触簧片断裂、线圈断线）	簧片有微裂纹及氢脆裂

4）连接器

连接器的主要失效模式和相关的失效机理见表12-14。

表12-14　连接器的失效模式和相关的失效机理

序号	失效模式	失效机理
1	接触不良 绝缘不良	尘埃沉积 摩擦粉末堆积
2	（漏电、电阻低、击穿） 绝缘体破损	有害气体吸附膜 火花及电弧、电晕放电
3	接点熔融 断簧	电腐蚀 绝缘老化或受潮
4	接触瞬断 动触头断（开关） 跳步不清晰（开关）	磨损、材料疲劳 弹簧应力松弛 弹簧脆断 谐振 长霉

12.11 元器件贮存寿命检测分析结果综合

12.11.1　元器件个体失效分类

考虑到贮存环境特点，应对失效样品个体失效原因与贮存环境的相关性进行分析，分为个体贮存失效和个体非贮存失效。

个体贮存失效：与贮存环境相关的失效，即由于贮存环境（温、湿度）相关因素导致的失效，如通过外观检查可见的由于氧化、腐蚀等原因导致的元器件引脚开裂、壳体脱落，通过电参数测量发现性能参数退化；通过特征检测分析发现内部结构材料退化、腐蚀等。

个体非贮存失效：与贮存环境无关的失效，即由于贮存环境以外的因素引起的失效，如样品在分解、拆卸等过程中可能经受机械应力损伤，查明由于机械应力损伤导致的失效为非贮存失效。

12.11.2　型号合格判定

只有判定为贮存失效性质的样品失效才计入型号元器件合格判定依据。在外观质量检查、电参数测量、特征检测分析、失效分析与比对检测过程中判定该型元器件贮存寿命终了的依据如下。

（1）外观质量检查中，元器件完全失效与严重失效数量之和的比例超过 5%或数量大于等于 2 时（两者取大），则判定该型元器件外观质量检查不合格，认为该型元器件贮存寿命终了；否则，判定该型元器件外观质量检查合格。

（2）在电参数测量中，某型元器件完全失效和部分失效数量之和在样品中所占的比例超过 10%或数量大于等于 2 时（两者取大），则判定该型元器件电参数测量不合格，认为该型元器件贮存寿命终了；否则，判定该型元器件电参数测量合格。

（3）在特征检测分析中，某型元器件出现 2 个以上贮存失效，则判定该型号元器件特征检测分析不合格，认为该型元器件贮存寿命终了；否则，判定该型元器件特征检测分析合格。

（4）在失效分析与比对检测中，如某型元器件失效判定为贮存失效，且比对检测中发现相似明显贮存退化特征，则判定该型元器件特征检测分析不合格，认为该型元器件贮存寿命终了；否则，判定该型元器件个体贮存失效。

12.12 元器件贮存寿命特征检测分析报告

根据元器件贮存寿命特征检测分析过程和检测分析结果，编制《元器件贮存寿命特征检测分析报告》，报告应详述元器件贮存寿命特征检测分析的过程、特征检测分析的结果、特征检测分析的结论等内容。

第13章

装备寿命综合评价

13.1 装备寿命综合评价整体解决方案

加速试验与快速评价的思路：在加速试验的基础上，采用整机历史数据来评估和预测整机的使用可靠度，充分利用加速试验得到的各个关键件的寿命，结合特征检测分析得到的各型板级电路和元器件的薄弱环节，综合利用整机—关键件—板级电路—元器件各层次的信息进行系统寿命的定性或定量综合评价。最终，形成五位一体的整机寿命综合评价方案：①整机历史数据统计分析；②关键件加速试验分析；③板级电路寿命特征检测分析；④元器件寿命特征检测分析；⑤整机可靠性综合评价。

整机加速试验与快速评价主要包括以下工作：

（1）整机历史数据统计分析。从整机使用信息中获得整机检测结果、使用时间、故障时间、故障部位等信息，对其可靠度进行评估与预测，并初步确定整机中薄弱的关键组件，为系统开展加速试验对象的选取提供参考。

（2）关键件加速试验分析。针对关键和薄弱的组件开展加速试验，初步预测关键件的寿命；针对关键件开展加速退化试验，获得其关键性能参数变化趋势；预测关键件的性能参数超差时间，为整机修理时进行参数调整和寿命件更换提供依据。

（3）板级电路寿命特征检测分析。针对完成加速试验的组件，分解各类板级电路，选取关键和薄弱的板级电路开展寿命特征检测分析，深入检测板级电路内部潜在的缺陷，纳入板级电路的薄弱环节。

（4）元器件寿命特征检测分析。针对关键和薄弱的元器件，开展寿命特征检测分析，包括外观检查、关键性能检测与特征检测分析等，找出元器件的潜在缺陷，纳入元器件的薄弱环节。

（5）整机可靠性综合评价。结合整机历史数据统计分析、关键件加速试验以及板级电路和元器件寿命特征检测的分析结果，综合评价产品的寿命，并给出产品的薄弱环节，结合修理经验和样机原理，给出更换维修策略。

13.2 综合分析的方法研究

13.2.1 装备历史数据分析结果的利用

开展装备历史数据分析，主要得到以下几个方面信息：

- 通过对装备的可靠度评估与预测，得到贮存可靠度变化趋势；
- 通过故障部位分析，初步得到贮存薄弱环节，包括电子部件、板级电路、元器件；
- 通过故障参数分析，初步得到装备的关键参数，通过关联分析得出部件关键参数。

装备历史数据分析结果的利用原则如下：

- 利用可靠度预测结果，按照中位寿命原则初步给出首次维修期限结论；
- 利用故障部位分析结果，选择开展寿命研究的对象，包括开展加速试验的电子部件、开展寿命特征检测分析的板级电路和元器件；
- 利用故障参数分析结果，为确定电子部件的关键参数提供参考。

装备历史数据分析结果的局限性主要体现在以下几个方面：

- 装备检测覆盖可能不全，个别关键电子部件在进行装备检测时无法检测到，或其关键参数无法检测到；
- 装备检测深度可能不足，存在装备检测的性能参数无法反映出电子部件参数的退化规律的情况。

考虑到装备检测的局限性，在选取电子部件研究对象时，对于检测覆盖不到或检测深度不足的电子部件或电子组件应考虑选样开展研究。

13.2.2 电子部件加速试验结果的利用

开展电子部件贮存加速试验，主要得到以下几个方面的信息：

- 通过各型电子部件加速试验中暴露出的故障，经失效分析确认是否为设计缺陷，并结合故障频次和修理经验进一步判定是否为批次性问题；
- 通过各型电子部件试验时间和故障数量信息，基于预估的各试验条件下的加速因子得到平均故障前时间，为确定各型电子部件的首次维修期限提供参考；
- 通过各型电子部件性能参数预测结果，得到存在退化特征的薄弱性能参数信息，为确定各型电子部件的首次维修期限和寿命提供参考；
- 通过各型电子部件加速试验中暴露出的故障，经过失效分析可得到可能薄弱的个别元器件，进一步开展寿命特征检测。

电子部件加速试验结果的利用原则如下：

- 利用试验、故障、失效分析信息，得到失效对象及其属性；
- 利用性能参数预测结果，得到存在退化的薄弱参数信息；
- 结合平均故障前时间和性能参数退化规律，初步确定首次维修期限；
- 得到整个电子部件待定的薄弱环节，包括电子部件、重要特性、性能参数、元器件。

电子部件加速试验结果的局限性主要体现在以下几个方面：

- 环境适应性问题。长期贮存或使用后能否满足使用环境条件要求未经考虑或考核；
- 潜在缺陷。电子部件内部可能有潜在缺陷，只有通过施加环境应力和深入检测才能发现。

考虑到电子部件加速试验的局限性，在电子部件完成加速试验后，应考虑进一步开展电子部件的环境适应性验证和深入的寿命特征检测分析工作。

13.2.3 电子部件环境试验验证结果的利用

开展电子部件环境试验验证，主要得到以下几个方面的信息：

- 通过各型电子部件环境试验验证，得到环境适应性结论，初步确定各型电子部件在规定期限内的可用性；
- 通过各型电子部件环境试验验证中暴露出的故障，如经失效分析确认是设计缺陷，则进一步纳入待定薄弱环节；
- 针对环境试验验证后的电子部件样品中的板级电路和元器件，可进一步进行深入的寿命特征检测分析。

13.2.4 板级电路寿命特征检测分析结果的利用

考虑到部件加速试验检测深度不足和覆盖率有限，对于板级电路的选取原则是按板的类型分别选取，各类板的选取主要考虑板级电路在发挥电子部件功能中的重要性、历史修理情况或试验中是否发生故障等因素。

开展板级电路寿命特征检测分析，主要得到以下两方面的信息：

- 板级电路是否有缺陷，如果有，则进一步纳入待定薄弱环节；
- 针对修理中和试验中发现的故障板级电路，通过比对分析，如果良品在寿命特征检测中发现失效，则确定为薄弱环节。

板级电路贮存寿命特征检测结果的局限性主要体现在板级电路未开展性能测试，主要针对焊点和电路板的基材开展检测，无法确定其电路及其元器件的失效。因此，有必要进一步对元器件开展寿命特征检测分析。

13.2.5 元器件寿命特征检测分析结果的利用

元器件的选取原则是按元器件的类型及其结构、工艺、质量特性等选取，各类元器件的选取主要考虑是否为关键元器件、历史修理情况或试验中是否发生故障等因素。

开展元器件寿命特征检测分析，主要得到以下两方面的信息：

- 元器件是否有贮存缺陷，如果有，则进一步纳入待定薄弱环节；
- 针对修理中和试验中发现的故障元器件，通过比对分析，如果良品在寿命特征检测中发现失效，则确定为薄弱环节。

13.3 板级电路寿命特征检测分析方法

板级电路寿命特征检测分析用于产品开展寿命试验与评价时，对板级电路进行检测分析，查找板级电路中存在的缺陷，为确定板级电路是否满足产品寿命要求提供参考。

13.3.1 寿命特征检测分析项目

从失效机理来看，板级电路的失效主要分为 3 类：材料性能退化、物理结构退化、电性能退化。板级电路寿命特征检测分析主要是检查板级电路的以上 3 类缺陷。其中，材料性能退化、物理结构退化的检测方法包括外观检查、X-Ray 检查、金相分析；电性能退化的检测方法包括介质耐压测试、耐湿和绝缘电阻测试。

从失效对象来看，板级电路寿命特征检测分析包括对焊点和电路板的检测分析。焊点的特征检测分析包括外观检查、X-Ray 检查和金相分析等项目，评估典型焊点存在的缺陷。电路板的特征检测分析包括外观检查、介质耐电压测试、耐湿和绝缘电阻测试、金相分析，以此评估电路板存在的缺陷。

板级电路寿命特征检测分析项目见表 13-1。

表 13-1 板级电路寿命特征检测分析项目

试验项目		参考标准	检测方法	备注
焊点	外观检查	GBJ 362B GJB 4896 IPC-A-610D	立体显微镜	评估焊点是否存在明显的工艺缺陷和退化特征
	X-Ray 检查	GJB 4027A IPC-A-610D	/	考核焊点的工艺质量
	金相分析	GJB 362B	SEM 等分析方法	金相分析法评估焊点是否存在疲劳退化现象，给出焊点能否使用的结论
电路板	外观检查	GJB 4896 IPC-A-610D	立体显微镜	评估电路板是否存在明显的工艺缺陷和退化特征
	介质耐电压测试	GJB 360B GJB 362B	参考工作电压	确定电路板的绝缘材料和空间是否合适
	耐湿和绝缘电阻测试	GJB 360B GJB 362B	/	评估板级电路经过高温、高湿条件后绝缘电阻能否满足标准要求
	金相分析	GJB 362B	SEM 等分析方法	评估电路板表面、通孔和孔中的镀层/涂层的质量和退化情况

13.3.2 寿命特征检测分析主要工作

板级电路寿命特征检测分析的主要工作包括样品标识、预处理、检测分析、结果记录、结果判定、综合分析。

（1）样品标识：在进行特征检测分析前，核对和清点各型试验样品，包括各种板级电路的数量、编号、表面标识等信息。应对所有样品进行唯一性标识，并对所有样品正面和反面进行拍照，以保证试验样品状态清晰。

（2）样品预处理：在进行特征检测分析时，要充分考虑到试验样品是从装机成品中分解得到的，而非新品，应对试验样品进行必要的预处理，避开干扰特征检测分析的因素，保证特征检测分析结果的真实性。

（3）检测分析：按照规定的特征检测分析项目和流程，对各个样品开展特征检测分析工作。

（4）结果记录：将各个试验样品特征检测分析过程的结果（包括照片、数据、分析结论等）进行详细记录，记录格式由分析人员确定。

（5）合格判定：对板级电路寿命特征检测分析结果进行汇总，判定各项检测分析结果是否符合规定要求，给出判定结果，标明不符合要求的结果，采用表格形式进行记录。

（6）不合格处理：对不合格的所有试验样品的检测情况进行汇总，对所有不合格的试验样品进行拍照，标明不合格处，提供不合格证据，并采用表格的形式进行记录。

（7）综合分析：综合板级电路寿命特征检测分析结果，给出板级电路寿命特征检测分析结论。

13.3.3 检测样品选取原则及数量要求

在选取板级电路样品时，可依据电路板的类型和板级电路的重要性进行选取，通常来说，单层板、双层板、多层板应分开选取，完成任务关键的电路板和故障率相对较高的电路板应作为选取对象。

在确定选取对象后，应从每种类型的电路板至少选取 3 块作为样品开展寿命特征检测分析，以便用作比对和增强检测结果的可信程度。

13.4 元器件寿命特征检测分析方法

元器件寿命特征检测分析用于产品开展寿命试验与评价时，对元器件进行检测分析，查找元器件中存在的缺陷，为确定元器件是否满足产品寿命要求提供参考。

13.4.1 寿命特征检测分析项目

从失效机理来看，元器件的失效主要分为 4 类：材料性能退化、物理结构退化、互联结构退化、电性能退化，元器件寿命特征检测分析主要是检查元器件的以上 4 类缺陷。采用外观检查方法确定元器件引线、引脚、壳体是否存在氧化、腐蚀等典型寿命特征；采用电参数测量方法来评判元器件的失效宏观表现和某些特定机理引起的元器件失效；采用抽样特征检测分析方法来评价元器件材料、结构等的退化情况，以及发现特定退化模式，从而确定元器件的具体退化情况与寿命特征；针对失效元器件样品开展失效机理分析，并同时针对良品开展失效样品比对检测，确认失效器件的失效原因并给出该型器件的寿命结论。

在抽样特征检测分析中，可采用 X-Ray 检查、C-SAM、气密检查、IVA、内部目检等方法检查材料性能退化、物理结构退化；采用键合强度、芯片剪切等方法可检查互连结构退化。元器件寿命特征检测分析项目见表 13-2。

表 13-2 元器件寿命特征检测分析项目

检测分析工作		检测方法	检测目的
参数测试	主要性能参数	元器件规格书	主要评估各性能参数与元器件规格书中指标参数的偏离程度
外观质量检查	外部目检	立体显微镜观察	评估元器件是否存在明显的工艺缺陷和退化特征
电参数测量	功能和性能测试	各元器件检测规范	评估元器件是否存在功能和性能不合格的情况
抽样抽样特征检测分析	X-Ray	X 射线透视检查	确定元器件封装结构、内部互连结构、内部材料结构是否存在异常和退化特征
	C-SAM	声学扫描探测界面分析（仅针对具备芯片黏结结构的元器件）	确定元器件内部芯片黏结或焊接状态，确定材料界面是否存在退化特征
	气密检查	气密性检测（仅针对密封封装器件开展）	评估密封元器件气密性，评价密封结构是否存在退化特征
	IVA	内部气氛成分分析（仅针对密封封装器件开展）	评估密封元器件内部气氛成分，评价其内部材料是否存在退化而导致气氛发生变化
	内部目检	金相显微镜或 SEM 观察	评估元器件内部主要结构、材料的状态，评价其内部结构是否存在退化特征
	键合强度	键合强度拉力测试（仅针对具有键合结构的元器件）	评价元器件键合是否存在退化特征，评价键合力是否下降或彻底开路失效
	芯片剪切	芯片剪切试验，考察芯片黏结焊接强度	评价元器件芯片黏结焊接结构是否存在退化特征
失效机理分析	失效样品比对检测	参照 GJB 4027A	确定失效元器件的失效根因，对比同型号合格样品状态，确认该型器件是否存在普遍寿命特征

13.4.2 寿命特征检测分析主要工作

元器件寿命特征检测分析的主要工作包括样品标识、样品预处理、检测分析（外观质量检测、电参数测量、特征检测分析、失效分析与比对检测）、不合格处理、型号合格判定、综合分析。

（1）样品标识：在进行特征检测分析前，核对和清点各型试验样品，包括元器件的数量、编号、商标、型号等信息。应对所有样品进行唯一性标识，并对所有样品正面和反面进行拍照，以保证试验样品状态清晰。

（2）样品预处理：在进行特征检测分析时，要充分考虑试验样品是从装机成品中分解得到的，而非新品，应对试验样品进行必要的预处理，尽量保证元器件从电子线路板上无损拆卸，避开干扰特征检测分析的因素，保证特征检测分析结果的真实性。

（3）外观质量检测：对各型元器件进行外观质量检查，确认各型元器件是否存在氧化、腐蚀、断裂等老化现象。

（4）电参数测量：对各型元器件进行主要电参数测量，确认各型元器件是否存在体现老化特征的电参数不合格情况。

（5）特征检测分析：按照规定的特征检测分析项目和流程，对各个样品开展特征检测分析工作，查找缺陷。

（6）失效分析与比对检测：针对相关试验过程中出现的失效元器件样品，开展失效分析，确定失效原因，并通过良品比对检测，确认是否为普遍问题。

（7）不合格处理：对不合格的所有试验样品的检测情况进行汇总，对所有不合格的试验样品进行拍照，标明不合格处，提供不合格证据，采用表格的形式进行记录。

（8）型号合格判定：对元器件寿命特征检测分析结果进行汇总，判定各项检测分析结果是否符合规定要求，给出判定结果，标明不符合要求的结果，采用表格的形式进行记录。

（9）综合分析：将各个试验样品的特征检测分析过程结果（包括照片、数据、分析结论等）进行详细记录，综合寿命特征检测分析结果，给出元器件寿命特征检测结论。

13.4.3 检测样品选取原则及数量要求

元器件样品的选取考虑以下因素：

- 根据产品使用调研故障数据统计、修理情况和加速退化试验中故障情况分析得到的出现过故障的元器件；
- 关键元器件、已知寿命存在隐患的元器件；
- 常用的高可靠元器件，如金属膜电阻等不再选样。

在确定选取对象后，每种类型的元器件可选取 20～50 个样品开展外观检查和电参数测量。每型抽取 3～5 个合格样品开展寿命特征检测分析，以便用作比对和增强检测结果的可信程度。针对不良样品开展失效分析，同时每型抽取 3～5 个对应良品开展比对检测，用于确定是否为失效样品。

13.5 基于层次分析法和效用函数的寿命综合评价

产品寿命综合评价的目标是评价产品满足规定贮存年限的能力。本节结合整机、电子部件、板级电路以及元器件的分析结果，提出以效用函数来表示各层级分析结果达到目标贮存年限的能力值，结合层次分析法对各层级分析结果进行综合分析，建立基于效用函数和层次分析法的产品寿命综合评价模型，其思路如下：

（1）依据自上而下逐层分析的方式，将产品贮存寿命满足规定贮存年限的能力逐步分解，形成整机级能力、电子组件级能力、板级电路能力和元器件级能力的层次模型。

（2）整机级能力的建模：根据整机贮存信息统计分析，评估整机的中位寿命，并结合效用函数分析中位寿命满足规定年限的能力值。

（3）电子部件级能力的建模：根据电子部件加速试验分析，评估各个关键电子部件的平均故障间隔时间，结合效用函数分析其满足规定贮存年限的能力，通过层次分析法对各个关键电子部件的能力进行综合评估，得到电子部件级的能力值。

（4）板级电路能力的建模：根据板级电路贮存寿命特征检测分析，得到各个关键板级电路的检测结果，把其检测结果合格数占检测项目数的比例作为该板级电路的能力值，通过层次分析法对各个板级电路的能力进行综合评估，得到板级电路的能力值。

（5）元器件级能力的建模：根据元器件寿命特征检测分析，得到各个关键元器件的检测结果，把元器件检测结果合格数占检测项目数的比例作为该元器件的能力值，通过层次分析法对各个元器件的能力进行综合评估，得到元器件级的能力值。

（6）根据层次分析法确定各级能力的权重系数，各级能力权重系数与各级能力值的乘积即为产品满足规定年限的能力。

13.5.1 效用函数

效用是一种主观价值，代表决策人对风险和后果所持的态度。应用效用这个概念去衡量人们对同一期望值在主观上的价值就是效用值。效用值只具有相对意义而无绝对意义，为便于比较，通常把效用值定在区间[0，1]上，即在同一决策过程中，所有决策行动中最小的效用值为 0，最大的效用值为 1。应用效用值的大小来表示决策者对风险、后果所抱的态度，有利于人们对客观事物的评价和对决策方案的选择。效用函数是从决策行动集合到效用值域上的映射，决策行动与效用值一一对应，它反映了决策者对风险和后果的看法。

效用函数一般分为递增型、递减型、固定型和区间型等 4 类。

1）递增型效用函数

主要是针对那些值越大越好的性能指标，具体包括如下 4 种形式函数，其中 $x_{\max}$ 和 $x_{\min}$ 分别表示装备的某种性能参数的满意点和无效点，即性能参数 x 的取值达到 $x_{\max}$ 时可认为装备的此项能力能够满足要求，则满意度 U 为 1；否则，U 为 0。

（1）直线递增型效用函数：

$$U=\begin{cases} 0 & x \leqslant x_{\min} \\ \dfrac{x-x_{\min}}{x_{\max}-x_{\min}} & x_{\min}<x<x_{\max} \\ 1 & x \geqslant x_{\max} \end{cases} \tag{13.1}$$

（2）中凹递增型效用函数：

$$U=\begin{cases} 0 & x \leqslant x_{\min} \\ 1+\sin\left(\dfrac{x-x_{\min}}{x_{\max}-x_{\min}}\times\dfrac{\pi}{2}-\dfrac{\pi}{2}\right) & x_{\min}<x<x_{\max} \\ 1 & x \geqslant x_{\max} \end{cases} \tag{13.2}$$

（3）中凸递增型效用函数：

$$U=\begin{cases}0 & x\leqslant x_{\min}\\ \sin\left(\dfrac{x-x_{\min}}{x_{\max}-x_{\min}}\cdot\dfrac{\pi}{2}\right) & x_{\min}<x<x_{max}\\ 1 & x\geqslant x_{\max}\end{cases} \tag{13.3}$$

（4）S 形递增型效用函数：

$$U=\begin{cases}0 & x\leqslant x_{\min}\\ 0.5\left(1+\sin\left(\dfrac{x-\dfrac{x_{\max}+x_{\min}}{2}}{x_{\max}-x_{\min}}\cdot\pi\right)\right) & x_{\min}<x<x_{\max}\\ 1 & x\geqslant x_{\max}\end{cases} \tag{13.4}$$

2）递减型效用函数

递减型效用函数主要是针对那些值越小越好的性能指标，与递增型效用函数正好相反，$x_{\max}$ 和 $x_{\min}$ 分别表示装备的某种性能参数的无效点和满意点，即性能参数 x 的取值达到 $x_{\max}$ 时可认为装备的此项能力能够满足要求，则满意度 U 为 0；否则，U 为 1。

（1）直线递减型效用函数：

$$U=\begin{cases}1 & x\leqslant x_{\min}\\ \dfrac{x_{\max}-x}{x_{\max}-x_{\min}} & x_{\min}<x<x_{\max}\\ 0 & x\geqslant x_{\max}\end{cases} \tag{13.5}$$

（2）中凹递减型效用函数：

$$U=\begin{cases}1 & x\leqslant x_{\min}\\ 1+\sin\left(\dfrac{x_{\max}-x}{x_{\max}-x_{\min}}\cdot\dfrac{\pi}{2}-\dfrac{\pi}{2}\right) & x_{\min}<x<x_{\max}\\ 0 & x\geqslant x_{\max}\end{cases} \tag{13.6}$$

（3）中凸递减型效用函数：

$$U=\begin{cases}1 & x\leqslant x_{\min}\\ \sin\left(\dfrac{x_{\max}-x}{x_{\max}-x_{\min}}\cdot\dfrac{\pi}{2}\right) & x_{\min}<x<x_{\max}\\ 0 & x\geqslant x_{\max}\end{cases} \tag{13.7}$$

（4）S 形递减型效用函数：

$$U=\begin{cases}1 & x\leqslant x_{\min}\\ 0.5\left(1+\sin\left(\dfrac{\dfrac{x_{\max}+x_{\min}}{2}-x}{x_{\max}-x_{\min}}\cdot\pi\right)\right) & x_{\min}<x<x_{\max}\\ 0 & x\geqslant x_{\max}\end{cases} \tag{13.8}$$

3）固定型效用函数

固定型效用函数主要是针对那些值越接近某个固定值越好的性能指标，其中x_0表示装备的某种性能参数的满意点，即性能参数x的取值达到x_0时可认为装备的此项能力能够满足要求，则满意度U为1。

$$U=\begin{cases}e^{(x-x_0)/x_0} & x<x_0\\ e^{(x_0-x)/x} & x\geqslant x_0\end{cases} \tag{13.9}$$

4）区间型效用函数

区间型效用函数主要是针对那些值越接近某个区间越好的性能指标，其中$[x_1,x_2]$表示装备的某种性能参数的满意区间，即性能参数x的取值位于区间$[x_1,x_2]$时可认为装备的此项能力能够满足要求，则满意度U为1。

$$U=\begin{cases}e^{(x-x_0)/x_0} & x<x_0\\ e^{(x_0-x)/x} & x\geqslant x_0\end{cases} \tag{13.10}$$

13.5.2 层次分析法

层次分析法是一种定性和定量相结合的，系统化、层次化的分析方法。它是指以一个复杂的多目标决策问题作为一个系统，将一个目标分解为多个目标（或准则），进而分解为多个指标（或准则、约束）的若干层次，通过定性指标模糊量化方法算出层次单排序（权数）和总排序，以作为目标（多指标）、多方案优化决策的系统方法。

层次分析法是将决策问题按总目标、各层子目标、评价准则以及具体方案的顺序分解为不同的层次结构，然后利用求解判断矩阵特征向量的办法，求解每一层次的各元素对上一层次某元素的优先权重，最后再用加权和的方法递归求解各方案对总目标的最终权重，此最终权重最大者即为最优方案。

层次分析法的基本步骤如下。

1）建立层次结构模型

在深入分析实际问题的基础上，将有关的各个元素按照不同属性自上而下地分解成若干层次，同一层的诸元素从属于上一层的元素或对上一层元素有影响，同时又支配下一层的元素或受下层元素的影响。最上层作为目标层，通常只有 1 个元素；最下层通常为方案或对象层，中间可以有一个或若干个层次。三层结构模型如图 3-1 所示。

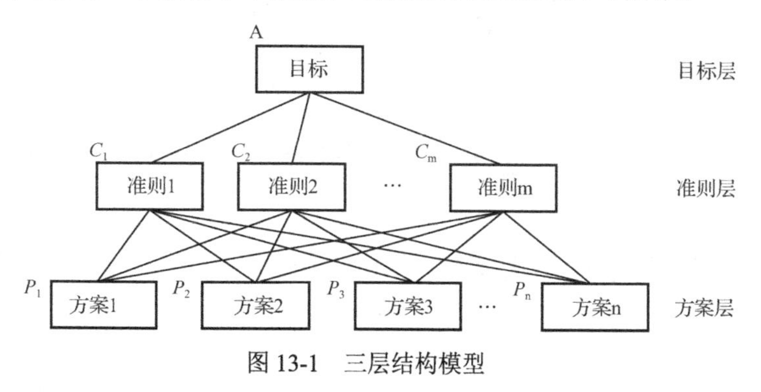

图 13-1 三层结构模型

2）构造判断矩阵

在建立了层次分析后，就可以逐层逐项对元素进行两两比较，通过评分来比较它们的优劣。可以先从最下层开始，如在 $P_1, P_2, \cdots, P_n$ 各方案中从准则 C 的角度来两两比较，进行评比，评比结果用判断矩阵中的各元素来表示，见式（13.11）。

$$B=\begin{bmatrix} b_{11} & b_{12} & \dots & b_{1n} \\ b_{21} & b_{22} & \dots & b_{2n} \\ \dots & \dots & \dots & \dots \\ b_{n1} & b_{n2} & \dots & b_{nn} \end{bmatrix} \tag{13.11}$$

对于单一准则来说，两个方案进行对比都能分出优劣。如果 P_i 方案相比于 P_j 方案有下列不同的优劣程度，则 b_{ij} 的系数值如下：

- 如果 P_i 与 P_j 优劣相等，则 b_{ij}=1；
- 如果 P_i 稍优于 P_j，则 b_{ij}=3；
- 如果 P_i 优于 P_j，则 b_{ij}=5；
- 如果 P_i 甚优于 P_j，则 b_{ij}=7；
- 如果 P_i 极端优于 P_j，则 b_{ij}=9。

同样，如果 P_i 劣于 P_j，则有下列数值：

- 如果 P_i 稍劣于 P_j，则 b_{ij}=1/3；
- 如果 P_i 劣于 P_j，则 b_{ij}=1/5；
- 如果 P_i 甚劣于 P_j，则 b_{ij}=1/7；
- 如果 P_i 极端劣于 P_j，则 b_{ij}=1/9。

这里取 1、3、5、7、9 等数字是为了便于评比，也可用 2、4、6、8 等数字。

3）进行层次单排序

为了获得所有元素相对于目标层的权重，必须先求出单层次元素的权重。单层次元素是指同一层次相应元素对于上一层次某元素相对重要性的排序，这一过程的计算称为层次单排序。层次单排序的步骤如下。

（1）把判断矩阵的每一行加起来，各行求和：

$$B=\begin{bmatrix} b_{11} & b_{12} & \dots & b_{1n} \\ b_{21} & b_{22} & \dots & b_{2n} \\ \dots & \dots & \dots & \dots \\ b_{n1} & b_{n2} & \dots & b_{nn} \end{bmatrix} \tag{13.12}$$

求解 $\sum_{i=1}^{n} b_{1i} = V_1$， $\sum_{i=1}^{n} b_{2i} = V_2$， $\sum_{i=1}^{n} b_{ni} = V_n$，得到的 $V_1, V_2, \cdots, V_n$ 即表示各行代表的方案 $P_1, P_2, \cdots, P_n$ 的优劣程度。

（2）进行正规化，对 $V_1, V_2, \cdots, V_n$ 进行正规化处理：

$$W_i = \frac{V_i}{\sum_{j=1}^{n} V_j} \tag{13.13}$$

得到的 $W_1, W_2, \cdots, W_n$ 即为方案 $P_1, P_2, \cdots, P_n$ 的权重值。

4）进行层次总排序

层次总排序是指每一个判断矩阵中的各元素对目标层（最上层）的相对权重，即计算最下层对目标层的组合权向量。

设上一层包含m个元素，它的层次总排序权重分别为$a_1, a_2, \cdots, a_m$；其下一层包含n个元素，它关于上一层某一元素的层次单排序权重分别为$b_{j1}, b_{j2}, \cdots, b_{jn}$，则下一层各元素关于总目标的权重$b_i = \sum_{j=1}^{m} a_j b_{ji}$。

5）一致性检验

对于每一个判断矩阵利用一致性指标、随机一致性指标和一致性比率做一致性检验。若检验通过，求解权重值；若检验不通过，则需重新构造判断矩阵。

一致性指标的定义为：

$$CI = \frac{\lambda_{\max} - n}{n - 1}$$

其中，$\lambda_{\max}$为判断矩阵的最大特征根，n为判断矩阵的阶数。

平均随机一致性指标RI的数值见表13-3。

表13-3　平均随机一致性指标RI的数值

阶数n	3	4	5	6	7	8	9
RI	0.58	0.9	1.12	1.24	1.23	1.41	1.45

一致性比率CR如下：

$$CR = \frac{CI}{RI} \tag{13.14}$$

一般认为$CR < 0.1$时，判断矩阵的一致性良好。

13.5.3　整机级能力建模

根据整机贮存信息统计分析，确定整机可靠度评估函数，分析整机的中位寿命，结合效用函数评估整机中位寿命满足规定年限的能力值。

（1）可靠度评估函数。采用单参数指数分布、双参数指数分布、双参数威布尔分布和对数正态分布模型对历史信息进行拟合，得到各类典型分布的可靠度评估模型及其参数值。

（2）分析整机中位寿命。根据可靠度评估模型求解出整机中位寿命$T_{0.5}$，即$F(t)$为0.5时对应的T值。

（3）评估整机级能力值。采用直线递增型效用函数评估整机满足规定年限的能力，见式（13.15）。

$$U = \begin{cases} 0 & x \leqslant x_{\min} \\ \dfrac{x - x_{\min}}{x_{\max} - x_{\min}} & x_{\min} < x < x_{\max} \\ 1 & x \geqslant x_{\max} \end{cases} \tag{13.15}$$

针对上述直线递增型效用函数，取$x_{\min} = 0$，$x_{\max}$为规定贮存年限T，x为整机贮存中位寿命$T_{0.5}$，求解出整机贮存寿命满足规定年限的能力值U_1。

13.5.4 电子部件级能力建模

根据电子部件加速试验分析，评估其平均故障间隔时间，结合效用函数分析其满足规定年限的能力，通过层次分析法对各个关键电子部件的能力进行综合评估，得到电子部件级的能力值。

1）效用函数评估电子部件的能力值

结合各类电子部件的实际情况，采用相应的递增型效用函数评估电子部件的能力值。各类型电子部件能力值的评估见表13-4。

表13-4 各类型电子部件能力值的评估

序号	部件类型	效用函数	评估结果
1	电子部件1	直线递增型效用函数$U=\begin{cases}0 & x\leqslant x_{\min}\\ \dfrac{x-x_{\min}}{x_{\max}-x_{\min}} & x_{\min}<x<x_{\max}\\ 1 & x\geqslant x_{\max}\end{cases}$	u_1
2	电子部件2	中凹递减型效用函数 $U=\begin{cases}1 & x\leqslant x_{\min}\\ 1+\sin\left(\dfrac{x_{\max}-x}{x_{\max}-x_{\min}}\cdot\dfrac{\pi}{2}-\dfrac{\pi}{2}\right) & x_{\min}<x<x_{\max}\\ 0 & x\geqslant x_{\max}\end{cases}$	u_2
…	…	…	…
n	电子部件n	中凸递减型效用函数 $U=\begin{cases}1 & x\leqslant x_{\min}\\ \sin\left(\dfrac{x_{\max}-x}{x_{\max}-x_{\min}}\cdot\dfrac{\pi}{2}\right) & x_{\min}<x<x_{\max}\\ 0 & x\geqslant x_{\max}\end{cases}$	u_n

2）层次分析法求权重

采用专家打分的方式对各类电子部件在整机寿命评估中的重要度进行打分。电子部件重要度的专家打分见表13-5。

表13-5 电子部件重要度的专家打分

	电子部件1	电子部件2	…	电子部件n
电子部件1	1	b_{12}	…	b_{1n}
电子部件2	$1/b_{12}$	1	…	b_{2n}
…	…	…	1	…
电子部件n	$1/b_{1n}$	$1/b_{2n}$	…	1

通过分析求解得到各个电子部件的权重值$c_1,c_2,\cdots,c_n$。

3）评估电子部件级的能力

在确定了各类电子部件的能力和权重值的基础上，通过加权求和就能评估出电子部件级的能力，即电子部件级能力值：

$$U_2 = \sum_{i=1}^{n} u_i c_i \tag{13.16}$$

13.5.5 板级电路能力建模

通过对板级电路寿命特征检测分析，得到各个关键板级电路的检测结果，并估算其能力值，通过层次分析法对各个板级电路的能力进行综合评估，得到板级电路的能力值。

1）评估各类板级电路的能力

板级电路寿命特征检测分析包括外观检查、X 射线检查、耐电压测试、金相分析和耐湿热电阻测试；通过对检测结果进行分析，把其检测结果合格数占检测项目数的比例作为该板级电路的能力值。各类板级电路能力的评估见表 13-6。

表 13-6 各类板级电路能力的评估

样品名称	测试结果					能力值
	外观检查	X 射线检查	耐电压测试	金相分析	耐湿热电阻测试	
样品 1						u_1
样品 2						u_2
…						…
样品 n						u_n

2）层次分析法求权重

采用专家打分的方式对各类板级电路在整机寿命评估中的重要度进行打分。板级电路重要度的专家打分见表 13-7。

表 13-7 板级电路重要度的专家打分

	板级电路 1	板级电路 2	…	板级电路 n
板级电路 1	1	b_{12}	…	b_{1n}
板级电路 2	$1/b_{12}$	1	…	b_{2n}
…	…	…	1	…
板级电路 n	$1/b_{1n}$	$1/b_{2n}$	…	1

通过分析求解得到各个板级电路的权重 $c_1, c_2, \cdots, c_n$。

3）评估板级电路能力

在确定了各类板级电路的能力和权重值的基础上，通过加权求和就能评估板级电路能力，即

$$U_3 = \sum_{i=1}^{n} u_i c_i \tag{13.17}$$

13.5.6 元器件级能力建模

由元器件寿命特征检测分析，得到各个关键元器件的检测结果，并评估其能力值，通

过层次分析法对各个元器件的能力进行综合评估，得到元器件级的能力值。

1）评估各类器件的能力

通过对元器件检测结果进行分析，把其检测结果合格数占检测项目数的比例作为该器件的能力值。电子元器件、半导体分立器件、集成电路能力的评估分别见表 13-8、表 13-9、表 13-10。

表 13-8　电子元器件能力的评估

电子元器件名称	测试结果				能力值
	外部目检	X-Ray 检查	密封	内部目检	
元器件 1					u_1
元器件 2					u_2
…					…
元器件 n					u_n

表 13-9　半导体分立器件能力的评估

半导体分立器件名称	测试结果					能力值
	外部目检	X-Ray 检查	密封	内部目检	键合强度	
分立器件 1						u_1
分立器件 2						u_2
…						…
分立器件 n						u_n

表 13-10　集成电路能力的评估

集成电路名称	测试结果						能力值
	外部目检	X-Ray 检查	密封	内部目检	键合强度	剪切强度	
集成电路 1							u_1
集成电路 2							u_2
…							…
集成电路 n							u_n

2）层次分析法求权重

采用专家打分的方式对各类元器件在整机寿命评估中的重要度进行打分。元器件重要度的专家打分见表 13-11。

表 13-11　元器件重要度的专家打分

	电子元器件 1	半导体分立器件 2	…	集成电路 n
电子元器件 1	1	b_{12}	…	b_{1n}
半导体分立器件 2	$1/b_{12}$	1	…	b_{2n}
…	…	…	1	…
集成电路 n	$1/b_{1n}$	$1/b_{2n}$	…	1

通过分析求解得到各个元器件的权重值$c_1, c_2, \cdots, c_n$。

3）评估板级电路能力

在确定了各类元器件的能力和权重值的基础上，通过加权求和就能评估板级电路能力，即

$$U_4 = \sum_{i=1}^{n} u_i c_i \tag{13.18}$$

13.5.7 综合评价建模

结合整机级能力、电子部件级能力、板级电路能力以及元器件级能力，综合评价装备可靠性满足规定年限的能力。根据层次分析法确定各级能力的权重系数，各级能力权重系数与各级能力值的乘积即为产品满足规定年限的能力。

1）层次分析法求权重

采用专家打分的方式对各个层级的评估在整机寿命评估中的重要性进行打分。各个层级评估重要度的专家打分见表13-12。

表13-12 各个层级评估重要度的专家打分

	整机级	电子部件级	板级电路	元器件
整机级	1	b_{12}	b_{13}	b_{14}
电子部件级	$1/b_{12}$	1	b_{23}	b_{24}
板级电路	$1/b_{13}$	$1/b_{23}$	1	b_{34}
元器件	$1/b_{14}$	$1/b_{24}$	$1/b_{34}$	1

通过分析求解得到各个层级的权重值C_1, C_2, C_3, C_4。

2）评估装备贮存可靠性能力

在确定了各层级的能力和权重值的基础上，通过加权求和就能评估产品可靠性满足规定贮存年限的能力U，即

$$U = \sum_{i=1}^{4} U_i C_i \tag{13.19}$$

U的取值为[0，1]，表明产品的寿命满足规定年限的概率值。

13.6 整机加速试验与快速评价应用案例

根据某单位的某型电子产品定寿和延寿的需求，开展该型电子产品的使用寿命综合评价，包括整机历史数据统计分析、关键件加速试验、板级电路寿命特征检测分析、元器件寿命特征检测分析。最后，结合修理经验和样机原理，综合各个部分得到的信息，确定该型电子产品寿命结论和薄弱环节清单，为产品定寿和延寿提供依据。

13.6.1 整机历史数据统计分析

1）数据采集

该型电子产品使用阶段的故障信息见表 13-13。

表 13-13 该型电子产品使用阶段的故障信息

区间/年	故障数量	完好数量
1	6	203
2	4	197
3	5	193
4	22	188
5	3	166
6	8	163
7	10	155
8	11	145

2）数据的初步分析

采用区间内故障数数据形式可靠度估计的方法对该批设备的可靠性进行估计，结果见表 13-14。

表 13-14 区间内故障数数据形式可靠度估计

区间/年	故障数 D_i	危险数 N_i	区间不合格率 q_i	区间合格率 p_i	t_i 时合格率 p_i
1	6	203	0.030	0.970	0.970
2	4	197	0.020	0.980	0.951
3	5	193	0.026	0.974	0.926
4	22	188	0.117	0.883	0.818
5	3	166	0.018	0.982	0.803
6	8	163	0.049	0.951	0.764
7	10	155	0.065	0.935	0.714
8	11	145	0.076	0.924	0.660

3）模型初选

对于标准型寿命方法，由于通过可靠度估计值不能完全确定故障数据的准确模型，故需要选择多个模型作为初始分布模型，分别以指数分布、双参数指数分布、威布尔分布、对数正态分布作为初始分布模型。

4）模型的参数估计

对于标准型寿命方法，由于数据形式的限制，采用参数最小二乘法估算。各类典型分布的累积分布函数及其参数求解结果见表 13-15。

表 13-15 各类典型分布的累积分布函数及其参数求解结果

序号	函数类型	分布函数	分布参数
1	指数分布（单参数）	$F(t)=1-\mathrm{e}^{-\lambda t}$	$\lambda=0.05624$
2	指数分布（双参数）	$F(t)=1-\mathrm{e}^{-\lambda(t-T)}$	$\lambda=0.05624$ $T=0.9451$
3	威布尔分布	$F(t)=1-\exp\left[-\left(\frac{t}{\eta}\right)^m\right]$	$\alpha=15.9118$ $\beta=1.3404$
4	对数正态分布	$F(t)=\int_0^t \frac{1}{\sigma t\sqrt{2\pi}}\exp\left[-\frac{1}{2}\left(\frac{\ln(t)-\mu}{\sigma}\right)^2\right]\mathrm{d}t$	$\sigma=1.1167$ $\mu=2.5568$

5）单个模型的拟合优度检验

采用通用的 K-S 检验方法，显著性水平取 D=0.10，对各类分布函数进行符合性检验。产品累计分布函数的符合性检验结果见表 13-16。

表 13-16 产品累积分布函数的符合性检验结果

序号	函数类型	K-S 检验	检验结果
1	指数分布（单参数）	$D_n=\sup\limits_{0\leqslant t}\lvert F_n(t)-F_0(t)\rvert=0.081<D_{n,\alpha}=0.304$	√
2	指数分布（双参数）	$D_n=\sup\limits_{0\leqslant t}\lvert F_n(t)-F_0(t)\rvert=0.035<D_{n,\alpha}=0.304$	√
3	威布尔分布	$D_n=\sup\limits_{0\leqslant t}\lvert F_n(t)-F_0(t)\rvert=0.037<D_{n,\alpha}=0.304$	√
4	对数正态分布	$D_n=\sup\limits_{0\leqslant t}\lvert F_n(t)-F_0(t)\rvert=0.033<D_{n,\alpha}=0.304$	√

经过分析指数分布、双参数指数分布、威布尔分布和对数正态分布均满足拟合优度检验。

6）多个模型优选

采用最大误差最小的原则，对各类累积分布函数进行检验，得出最优分布函数为对数正态分布，从而确定该型电子产品累计失效概率密度函数：

$$F(t)=\int_0^t \frac{1}{1.1167t\sqrt{2\pi}}\exp\left[-\frac{1}{2}\left(\frac{\ln(t)-2.5568}{1.1167}\right)^2\right]\mathrm{d}t \tag{13.20}$$

7）可靠度预测

对于区间故障数形式，由前面的分析可知，对数正态分布为最优分布模型，因此可得该型电子产品后 8 年的可靠度预测值见表 13-17。

表 13-17 该型电子产品后 8 年的可靠度预测值

区间/年	累计失效概率	可靠度
9	0.3756	0.6244
10	0.4118	0.5882
11	0.4453	0.5547
12	0.4761	0.5239
13	0.5047	0.4953
14	0.5311	0.4689

续表

区间/年	累计失效概率	可靠度
15	0.5555	0.4445
16	0.5782	0.4218

令 $F(t)$=0.5，求解出 t=12.9 年，即整机的中位寿命为：

$$T_{0.5} = 12.9 \text{ 年}$$

8）整机薄弱环节分析

根据该型电子产品的故障部位，经统计可得出其主要故障组件为显示器和控制组件。因此，在开展整机寿命评价研究时，应重点关注这些关键件的寿命。

13.6.2 关键件加速试验

1）加速试验方案

根据产品历史数据分析得出的薄弱环节，选择显示器和控制组件开展加速试验。对这两个组件的使用情况进行分析，最高温度都为 80℃，通过试验方案设计，采用 3 个应力水平（60℃、70℃、80℃）分别投样开展加速试验。

结合加速试验验证的需要，60℃和 70℃应力水平下各投样 1 个；80℃应力水平下投样数量各 2 个，其中 1 个用于 12 年首次维修期限内环境试验验证，另 1 个用于 16 年寿命期内环境试验验证。

根据试验计划，每 100h 试验进行 1 次测试。

2）加速因子评估

根据显示器和控制组件的组成元器件类型，采用基于应力分析的方法预估其加速因子，根据该型电子产品的实际使用情况，确定基准温度为 20℃。

显示器加速因子评估结果见表 13-18。

表 13-18　显示器加速因子评估结果

试验方案	方案 1	方案 2	方案 3	方案 4
温度	60℃	70℃	80℃	80℃
加速系数	9.52	16.66	28.8	28.8
使用历史/年	8	8	9	9
安全系数	1.2	1.2	1.2	1.2
测试周期/h	100	100	100	100
寿命目标/年	12.0	12.0	12.0	16.0
试验时间/h	3680.7	2103.2	912.5	2129.2
试验周期/h	44	25	11	26

控制组件加速因子评估结果见表 13-19。

表 13-19 控制组件加速因子评估结果

试验方案	方案 1	方案 2	方案 3	方案 4
温度	60℃	70℃	80℃	80℃
加速系数	12.03	21.29	36.84	36.84
使用历史/年	8	8	8	8
安全系数	1	1	1	1
测试周期/h	100	100	100	100
寿命目标/年	12.0	12.0	12.0	16.0
试验时间/h	2912.7	1645.8	951.1	1902.3
试验周期/h	29	16	10	19

3）试验执行概况

各型组件关键件加速试验情况见表 13-20。

表 13-20 各型组件关键件加速试验情况

名称	温度℃	试验小时	测试次数	故障时试验小时	故障前累计等效使用年限
显示器	60	2800	29	良好	≥11
	70	2500	26	良好	≥12
	80	2600	27	1400	≥13
	80	2100	22	1100	≥12
控制组件	60	2200	23	良好	≥11
	70	2100	22	良好	≥13
	80	1700	18	良好	≥15
	80	2000	21	1300	≥13

4）故障分析结果

对试验过程中出现的故障进行分析，确定了故障部位，查明了故障原因，采取了修复措施，并对故障属性进行了判定，故障分析情况汇总见表 13-21。

表 13-21 故障分析情况汇总

样品	故障现象	故障周期	故障定位	故障原因	修复方式
显示器	无正常测试图像	14	接触弹片	弹片氧化	打磨弹片消除氧化层
		11	摄像管	焦点发生改变，导致图像模糊	更换摄像管
控制组件	无法进行大小图像切换	13	插头	插头的插针氧化，使插头与插座接触不良	对插头进行清洗并重新连接

5）显示器性能参数预测分析

在试验中，显示器样品出现无正常测试图像的故障现象，其参试样品的试验情况见

表 13-22。

表 13-22　显示器参试样品的试验情况

应力水平	60℃	70℃	80℃	
样品代号	D_1	D_2	D_3	D_4
试验时间/h	2800	2500	2600	2100
故障周期	/	/	14	11
故障对参数的影响	/	/	无	无
故障前累计等效使用时间/年	≥11	≥12	≥13	≥12
平均故障前累计等效使用时间/年	≥12			

根据提交样品的试验及故障情况和试验数据处理结果，显示器样品的平均故障前累计等效使用时间不低于 12 年，确定在不采取修理措施的条件下显示器能够满足等效使用 12 年的要求；以使用时间最长的试验样品为预测基准，没有参数在等效使用 16 年内超差；同时应考虑到显示器样品出现故障，结合故障分析结果确定采取必要的调整和修理措施后，显示器将能满足等效使用 16 年的要求。

6）控制组件性能参数预测分析

在试验中，控制组件样品未发生故障，其参试样品的试验情况见表 13-23。

表 13-23　控制组件参试样品的试验情况

应力水平	60℃	70℃	80℃	
样品代号	K_1	K_2	K_3	K_4
试验时间/h	2200	2100	1700	2000
故障周期	/	/	/	13
故障对参数的影响	/	/	/	无
故障前累计等效使用时间/年	≥11	≥13	≥15	≥13
平均故障前累计等效使用时间/年	≥13			

根据提交样品的试验及故障情况和试验数据处理结果，控制组件样品的平均故障前累计等效使用时间不低于 13 年，确定在不采取修理措施的条件下控制组件能够满足等效使用 13 年的要求；以使用时间最长的试验样品为预测基准，没有参数在等效使用 16 年内超差；同时应考虑到控制组件样品出现故障，结合故障分析结果确定采取必要的调整和修理措施后，控制组件将能满足等效使用 16 年的要求。

7）寿命结论初步分析

两型关键件平均故障前累计等效使用年限见表 13-24。

表 13-24　两型关键件平均故障前累计等效使用年限

序号	产品名称	平均故障前累计等效使用年限/年
1	显示器	≥12
2	控制组件	≥13

由此可知，提交试验的两型关键件平均故障前累计等效使用年限均不低于 12 年。因此，产品首翻期确定为12年具有可行性。

在整个试验中，对试验样品进行了检测，对出现的故障进行了分析和修复，通过对两型关键件加速退化试验数据进行处理，结合样机原理分析和维修经验，试验工作组得到以下试验初步结论：

① 在不采取修理措施的条件下，提交本次试验的两型关键件将能满足等效使用 12 年的要求。

② 在采取修理措施的条件下，提交本次试验的两型关键件将能满足等效使用 16 年的要求。

13.6.3 板级电路寿命特征检测分析

1）样品来源

对完成加速试验的关键件中的关键板级电路开展寿命特征检测分析，包括频率变换器、积分器组件、功率放大器、控制板等 4 类板级电路样品共 6 块，板级电路寿命特征检测分析样品清单见表13-25。

表 13-25 板级电路寿命特征检测分析样品清单

编号	板级电路名称	来源部件	交样数量
1	频率变换器	显示器	1
2	积分器组件	显示器	2
3	功率放大器	控制组件	2
4	控制板	控制组件	1

2）检测分析结果

对 4 类板级电路开展外观检查、X 射线检查、耐电压测试、金相切片分析、耐湿绝缘电阻测试等工作。板级电路寿命特征检测分析情况汇总见表13-26。

表 13-26 板级电路寿命特征检测分析情况汇总

样品名称	样品编号	测试结果				
		外观检查	X 射线检查	耐电压测试	金相切片分析	耐湿绝缘电阻测试
频率变换器	01	合格	合格	合格	镀覆孔拐角处存在裂缝，PCB 基材与镀覆孔孔壁间存在树脂凹缩	合格
积分器组件	02	合格	合格	合格	镀覆孔位置存在树脂凹缩	合格
	03	合格	合格	合格	一焊点空洞面积超标，存在镀层空洞	合格
功率放大器	04	合格	合格	合格	合格（一焊点存在较大空洞，但符合规范要求）	合格
	05	合格	合格	合格	合格	合格
控制板	06	合格	合格	合格	合格	合格

3）检测异常情况处理

在检测分析过程中，对金相切片分析存在超出要求的现象进行了研究、讨论和分析。

在金相切片分析中发现较多的是镀覆孔裂纹、基材与孔壁树脂凹缩、焊点空洞等缺陷。

通过对以上缺陷的形成机理进行分析，确认以上缺陷是在电路板的制造加工过程中产生的，为板级电路本身的质量缺陷或焊接缺陷，而非使用中的退化所致。

4）板级电路寿命特征检测结论

通过开展板级电路寿命特征检测分析，得到以下结论：

- 板级电路存在镀覆孔裂纹、基材与孔壁树脂凹缩、焊点空洞等缺陷，与制造和焊接有关，与使用过程中的性能退化无关；
- 板级电路未见明显性能退化特征，仍然能够正常使用，但应在修理过程中关注固有缺陷的扩散程度对使用的影响；
- 经检测分析 4 型样品质量状态完好的板级电路应能满足等效使用 12 年的使用要求。

5）板级电路薄弱环节及建议

根据板级电路寿命特征检测分析情况，板级电路未见明显性能退化特征，没有发现可靠性薄弱环节。

鉴于在板级电路寿命特征检测分析中发现板级电路存在固有缺陷，建议对后续修理中所需采购的板级电路备件提出明确的验收质量检验规范和要求，批次抽样重点开展金相切片分析，经检测符合相关要求方可交付装机。

13.6.4 元器件寿命特征检测分析

1）样品来源

对完成加速试验的关键件中的关键元器件开展寿命特征检测分析，包括 13 型共 83 个元器件样品，选样元器件清单见表 13-27。

表 13-27 选样元器件清单

编号	名 称	提交数量	分析数量
1	非固体电解质钽电容器	8	8
2	聚苯乙烯电容器	5	5
3	密封式直流电磁继电器	8	8
4	稳压二极管	5	5
5	开关二极管	8	5
6	三极管	5	5
7	硅 NPN 高频晶体管	7	5
8	运算放大器	10	5
9	双 D 触发器	7	5
10	补偿型正电压稳压	3	3
11	模拟开关	5	5
12	A/D 转换器	7	5
13	反相器	5	5

2）检测分析结果

从提交的 13 型 83 个元器件中选样 13 型 69 个进行特征检测分析，元器件寿命特征检测分析结果汇总见表 13-28。在 13 型元器件中，10 型样品质量状态完好，3 型样品存在检测项目不合格。

表 13-28 元器件寿命特征检测分析结果汇总

编号	类型	元器件名称	外观质量	电参数测量	特征检测分析	质量状态
1	元件	非固体电解质钽电容器	√	√	√	完好
2	元件	聚苯乙烯电容器	√	√	◆	固有缺陷
3	元件	密封式直流电磁继电器	√	√	√	完好
4	分立器件	稳压二极管	√	/	√	完好
5	分立器件	开关二极管	√	/	√	完好
6	分立器件	三极管	√	/	√	完好
7	分立器件	硅 NPN 高频晶体管	√	/	◆	固有缺陷
8	集成电路	运算放大器	√	/	√	完好
9	集成电路	双 D 触发器	√	/	√	完好
10	集成电路	补偿型正电压稳压	√	/	√	完好
11	集成电路	模拟开关	√	/	√	完好
12	集成电路	A/D 转换器	√	/	◆	固有缺陷
13	集成电路	反相器	√	/	√	完好

备注：√——通过；/——未开展；◆——单个项目存在问题。

3）检测分析问题汇总

检测分析发现问题的 3 型样品分布情况如下：

（1）所检 3 型元件未呈现明显失效特征，但有 1 型元件（聚苯乙烯电容器）的 1 个样品存在有工艺缺陷，为元件的固有缺陷；

（2）所检 4 型分立器件都未呈现明显失效特征，但有 1 型器件（硅 NPN 高频晶体管）存在键合缺陷，为器件的固有缺陷；

（3）所检 6 型集成电路都未呈现明显失效特征，但有 1 型集成电路（A/D 转换器）存在键合缺陷，为集成电路的固有缺陷。

4）元器件寿命特征检测分析结论

根据产品元器件寿命特征检测分析情况，元器件寿命特征检测分析总体情况如下：

（1）存在固有缺陷的 3 型元器件（聚苯乙烯电容器、硅 NPN 高频晶体管、A/D 转换器），虽不作为使用薄弱环节，但应在使用检测中予以重点关注。

（2）经检测分析 13 型样品质量状态完好的元器件应能满足等效使用 12 年的使用要求。

5）元器件薄弱环节及建议

根据元器件寿命特征检测分析情况，元器件未见明显性能退化特征，没有发现可靠性薄弱环节。

鉴于在元器件寿命特征检测分析中发现元器件存在固有缺陷，建议对后续修理中所需采购的板级电路备件提出明确的验收质量检验规范和要求，批次抽样重点开展寿命特征检测分析，经检测符合相关要求方可交付装机。

13.6.5 基于层次分析法和效用函数的综合评价

1. 整机级能力建模

根据整机外场信息统计分析，确定整机可靠度评估函数，分析整机的中位寿命，结合效用函数评估整机中位寿命满足规定年限（16 年）的能力值。

1）分析整机中位寿命

由于产品可靠度评估函数为：

$$F(t)=\int_0^t \frac{1}{1.1167t\sqrt{2\pi}}\exp\left[-\frac{1}{2}\left(\frac{\ln(t)-2.5568}{1.1167}\right)^2\right]\mathrm{d}t \tag{13.21}$$

令 $F(t)$=0.5，求解出 t=12.9 年，即产品中位寿命

$$T_{0.5}=12.9\text{ 年}$$

2）评估整机级能力值

采用 S 递增型效用函数评估整机满足规定年限的能力，其效用函数如下：

$$U=0.5\cdot\left(1+\sin\left(\frac{x-\dfrac{16+0}{2}}{16-0}\cdot\pi\right)\right) \tag{13.22}$$

令 x=12.9，求解出 U=0.910，即整机寿命满足规定年限的能力值

$$U_1=0.910 \tag{13.23}$$

2. 电子部件级能力建模

根据电子部件贮存加速试验分析，评估其平均故障间隔时间，结合效用函数分析其满足规定贮存年限（16 年）的能力，通过层次分析法对各个关键电子部件的能力进行综合评估，得到电子部件级的能力值。

1）效用函数评估电子部件的能力值

由加速试验可知，各型电子部件平均故障前累计等效贮存年限见表 13-29。

表 13-29 各型电子部件平均故障前累计等效贮存年限

序号	产品名称	平均故障前累计等效贮存年限/年
1	显示器	≥12
2	控制组件	≥13

结合各型电子部件的效用函数，评估各型电子部件的能力值。各型电子部件能力值的评估见表 13-30。

表 13-30 各型电子部件能力值的评估

序号	产品名称	效用函数	平均故障前累计等效贮存年限/年	评估结果
1	显示器	$U=0.5\cdot\left(1+\sin\left(\frac{x-8}{16}\cdot\pi\right)\right)$	≥12	0.853
2	控制组件	$U=0.5\cdot\left(1+\sin\left(\frac{x-8}{16}\cdot\pi\right)\right)$	≥13	0.915

2）层次分析法求各型电子部件的权重

采用专家打分的方式对各型电子部件在整机贮存寿命评估中的重要度进行打分。各型电子部件重要度的专家打分见表 13-31。

表 13-31 各型电子部件重要度的专家打分

	显示器	控制组件
显示器	1	1
控制组件	1	1

根据层次分析法求解显示器和控制组件的权重值均为 0.5。

3）评估电子部件级的能力

电子部件级的能力值：

$$U_2=\sum_{t=1}^{2}U_iC_i \tag{13.24}$$

求解得到 U_2=0.884。

3. 板级电路能力建模

根据板级电路寿命特征检测分析，得到各个关键板级电路的检测结果，并估算其能力值，再通过层次分析法对各板级电路的能力进行综合评估。

1）评估各型板级电路的能力

对板级电路开展外观检查、X 射线检查、耐电压测试、金相切片分析、耐湿绝缘电阻测试等工作，板级电路寿命特征检测分析情况见表 13-32。

表 13-32 板级电路寿命特征检测分析情况

样品名称	样品编号	测试结果					能力值
		外观检查	X 射线检查	耐电压测试	金相切片分析	耐湿绝缘电阻测试	
频率变换器	01	合格	合格	合格	存在缺陷	合格	4/5
积分器组件	02	合格	合格	合格	存在缺陷	合格	4/5
	03	合格	合格	合格	存在缺陷	合格	4/5
功率放大器	04	合格	合格	合格	合格	合格	1
	05	合格	合格	合格	合格	合格	1
控制板	06	合格	合格	合格	合格	合格	1

2）层次分析法求权重

采用专家打分的方式对各型板级电路在整机贮存寿命评估中的重要度进行打分。各个层级评估重要度的专家打分结果结果见表 13-33。

表 13-33　各个层级评估重要度的专家打分结果

	频率变换器	积分器组件	功率放大	控制板
频率变换器	1	2	1	1
积分器组件	0.5	1	1	1
功率放大器	1	1	1	2
控制板	1	1	0.5	1

根据层次分析法求解频率变换器、积分器组件、功率放大器和控制板的权重值分别为 0.294、0.206、0.294、0.206。

3）评估板级电路能力

板级电路的能力值为：

$$U_3 = \sum_{i=1}^{7} u_i c_i \tag{13.25}$$

求解得到 U_3=0.9。

4. 元器件级能力建模

由元器件寿命特征检测分析，得到各型关键元器件的检测结果，并评估其能力值，通过层次分析法对各型元器件的能力进行综合评估，得到元器件级的能力值。

1）评估各型元器件的能力

对元器件寿命特征进行检测分析，分析结果汇总见表 13-34。

表 13-34　元器件寿命特征检测分析结果汇总

编号	类型	元器件名称	外观质量	电参数测量	特征检测分析	质量状态	能力值
1	元件	非固体电解质钽电容器	√	√	√	完好	1
2	元件	聚苯乙烯电容器	√	√	◆	固有缺陷	2/4
3	元件	密封式直流电磁继电器	√	√	√	完好	1
4	分立器件	稳压二极管	√	/	√	完好	1
5	分立器件	开关二极管	√	/	√	完好	1
6	分立器件	三极管	√	/	√	完好	1
7	分立器件	硅 NPN 高频晶体管	√	/	◆	固有缺陷	2/4
8	集成电路	运算放大器	√	/	√	完好	1
9	集成电路	双 D 触发器	√	/	√	完好	1
10	集成电路	补偿型正电压稳压	√	/	√	完好	1
11	集成电路	模拟开关	√	/	√	完好	1
12	集成电路	A/D 转换器	√	/	◆	固有缺陷	2/4
13	集成电路	反相器	√	/	√	完好	1

备注：√——通过；/——未开展；◆——单个项目存在问题。

2）评估元器件级能力

由于各类元器件在整机寿命评估中所占的重要性差别不大，所以其权重值相等，都为1/13。因此，元器件级的能力值为：

$$U_4 = \sum_{i=1}^{25} u_i c_i \tag{13.26}$$

求解得到U_4=0.884。

5. 综合评价建模

结合整机级能力、电子部件级能力、板级电路能力以及元器件级能力，综合评价产品可靠性满足规定年限的能力。

1）层次分析法求各级权重

采用专家打分的方式对各层级在整机贮存寿命评估中的重要度进行打分。各个层级评估重要度的专家打分见表13-35。

表13-35 各个层级评估重要度的专家打分

	整机级	电子部件级	板级电路	元器件级
整机级	1	5	4	3
电子部件级	1/5	1	4	3
板级电路	1/4	1/4	1	2
元器件级	1/3	1/3	1/2	1

根据层次分析法求解出整机级、电子部件级、板级电路和元器件级的权重值分别为0.484、0.305、0.130、0.081。

2）评估贮存可靠性能力

在确定了各层级的能力和权重值的基础上，通过加权求和评估产品可靠性满足规定年限（16年）的能力，即

$$U = \sum_{i=1}^{4} u_i c_i \tag{13.27}$$

求解得到U=0.898。

即电子部件贮存寿命满足规定贮存年限（16年）的能力为0.898。

6. 整机可靠性综合分析

由整机历史数据统计分析、关键件加速试验、板级电路寿命特征检测分析以及元器件寿命特征检测分析可知，该型电子产品能够满足寿命12年的要求，但在目标期限16年内，存在的薄弱环节待进一步分析确认。等效16年内薄弱性能参数和环节汇总见表13-36。

表13-36 等效16年内薄弱性能参数和环节汇总

序号	产品名称	薄弱性能参数或环节	故障现象
1	显示器	弹片氧化	无正常测试图像
		摄像管焦点发生改变，导致图像模糊	无正常测试图像
2	控制组件	插头的插针氧化，使插头与插座接触不良	无法进行大小图像切换

针对待确认薄弱环节，结合样机原理和修理经验提出以下修理措施建议：

- 在延寿修理中，关注显示器的测试图像质量，若无图像或图像不清晰，检查是否存在弹片氧化或摄像管焦点改变，确定其性能状态，必要时进行修理或更换；
- 在延寿修理中，关注控制组件的图像切换功能，若控制组件无法进行大小图像切换，检查是否存在插头的插针氧化，确定其性能状态，必要时进行修理或更换。

由此可见，对于存在的薄弱环节可以通过分解检查解决。因此，该型电子产品在经过延寿修理后能够满足使用 16 年的寿命要求。

13.6.6 整机使用寿命结论

结合维修工程，该型电子产品能够满足使用 12 年的寿命要求，但不能满足等效使用 16 年的寿命要求。在等效使用 12 年后，需要进行维修，采取必要的检查和修理措施，可使产品达到 16 年的使用期限，并提高其使用稳定性及可靠性。

第14章

加速试验方案案例

14.1 材料件使用寿命加速试验方案

14.1.1 目的

根据用户需求针对选样的 6 类材料，通过开展加速试验，摸索各类材料的老化规律，给出寿命结论，判断其寿命能否满足 8 年的要求。

14.1.2 引用标准

GJB 92—1986	热空气老化法测定硫化橡胶贮存性能导则
GB/T 1040.2—2006	塑料拉伸性能试验方法
GB/T 11026—2003	确定电气绝缘材料耐热性的导则
GB/T 1683—1981	硫化橡胶恒定形变压缩永久变形的测定方法
GB/T 528—2008	硫化橡胶或热塑性橡胶拉伸应力应变性能的测定
GB/T 20028—2005	硫化橡胶或热塑性橡胶应用阿累尼乌斯图推算寿命和最高使用温度
GB/T 7141—2008	塑料热老化试验方法
GB/T 1690—2006	硫化橡胶或热塑性橡胶耐液体试验方法
GB/T 7124—2008	胶粘剂拉伸剪切强度的测定
GB/T 7759—1996	硫化橡胶或热塑性橡胶耐液体试验方法
GB/T 1408—2006	绝缘材料电气强度试验方法第 1 部分：工频下试验
GB 3399—82	塑料导热系数试验方法：护热平板法
GB/T 8813—2009	硬质泡沫塑料压缩性能的测定

14.1.3 总体思路

本项目为了实现短时间内对材料的寿命进行评估，确定各类材料老化特征参数，选择合适的性能测试指标，对材料进行制样，通过加速寿命试验来完成寿命预测。

14.1.4 各类材料的老化特征参数

1. 测试参数

根据本项目涉及的材料，全面考虑实际应用环境和用途，选择合适的测试参数及试样类型。

根据各类型材料的热老化性能决定因素选择测试参数，或根据厂家要求。一般可参照GB/T 11026.2—2012《电气绝缘材料 耐热性 第2部分：试验判断标准的选择》来确定热老化寿命预测的性能指标参数。本项目中的6类材料的试验类型及测试参数见表14-1。

表14-1 材料的试验类型及测试参数

序号	材料名称	型号规格	应用环境	用途	试验类型	测试参数
1	密封圈	矩形 主要成分 丁腈橡胶	内部密封50#变压器油；外部为空气；或者两边都为空气	密封	① 空气热老化试验	① 抗拉强度 ② 断裂伸长率√ ③ 压缩永久变形√ ④ 邵氏A硬度
					② 耐介质油试验	① 压缩永久变形√ ② 质量变化 ③ 邵氏A硬度
2		O形 丁腈橡胶	50#变压器油、空气	密封	① 空气热老化试验	① 抗拉强度 ② 断裂伸长率√ ③ 压缩永久变形√ ④ 邵氏A硬度
					② 耐介质油试验	① 压缩永久变形√ ② 质量变化 ③ 邵氏A硬度
3	/	环氧胶	空气	耐高压	空气热老化试验	① 剪切强度√ ② 击穿电压√
4	浇铸尼龙（MC）	JB/ZQ4196—2006	内部为变压器油、外部为空气	支撑	① 空气热老化试验	① 抗拉强度√ ② 断裂伸长率 ③ 冲击强度√
					② 耐介质油试验	① 抗拉强度√ ② 断裂伸长率 ③ 冲击强度√ ④ 质量变化
5	保温材料	珍珠棉 聚乙烯 （PE）材料	空气	保温	空气热老化试验	① 导热系数√ ② 压缩强度√
6	有机玻璃	聚甲基丙烯酸甲酯（PMMA）	/	支撑及耐高压	空气热老化试验	① 抗拉强度 ② 断裂伸长率 ③ 冲击强度√ ④ 击穿电压√

2. 临界值的选择

临界值的选择取决于材料的完全失效，或所选参数的一定程度的劣变。参照 GB/T 11026.2—2012，抗拉强度、断裂伸长率以原始性能变化到 50%作为临界值；压缩永久变形率达到 30%（经验值范围一般为 20%～40%，可根据用户要求进行调整）作为临界值。

14.1.5 制样要求

1. 橡胶材料

（1）抗拉强度（断裂伸长率）：哑铃试样，依据 GB/T 528—2008“硫化橡胶或热塑性橡胶拉伸应力应变性能的测定”中 2 型哑铃试件图制作试样，如图 14-1 所示。

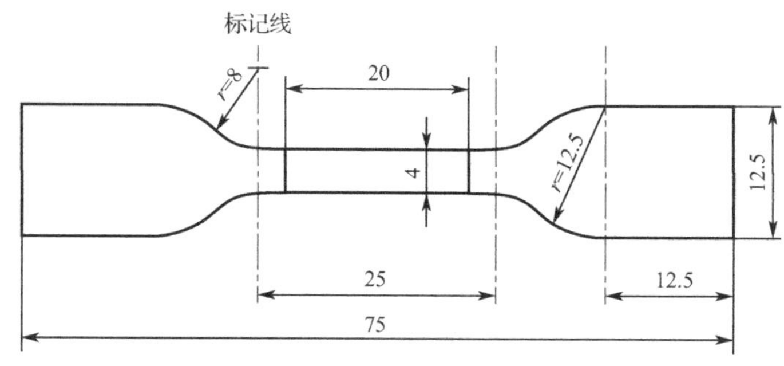

图 14-1 2 型哑铃试件图制作试样

（2）压缩永久变形：①圆柱试样，GB/T 7759—1996“硫化橡胶或热塑性橡胶耐液体试验方法”规定制备 A 型试样为直径（29±0.5）mm，高（12.5±0.5）mm 的圆柱体；②可选择实物样品（小尺寸闭合圈）。

2. 塑料材料

（1）抗拉强度（断裂伸长率）：哑铃试样，根据 GB/T 1040.2—2006“塑料拉伸性能试验方法”选择 1A 型哑铃试样，如图 14-2 所示。

（2）剪切强度：参照 GB /T 7124—2008“胶粘剂 拉伸剪切强度的测定”中规定，剪切强度试件如图 14-3 所示。

（3）冲击强度：参照 GB/T 1843—2008“塑料 悬臂梁冲击强度的测定”中规定的板材。

（4）击穿电压：参照 GB/T 1408—2006“绝缘材料电气强度试验方法 第 1 部分：工频下试验”中规定的板材或片材。

（5）导热系数：参照 GB 3399—82“塑料导热系统试验方法 护热平板法”中规定的试样导热系数。

（6）压缩强度：参照 GB/T 8813—2009“硬质泡沫塑料压缩性能的测定”中规定的试样压缩强度。

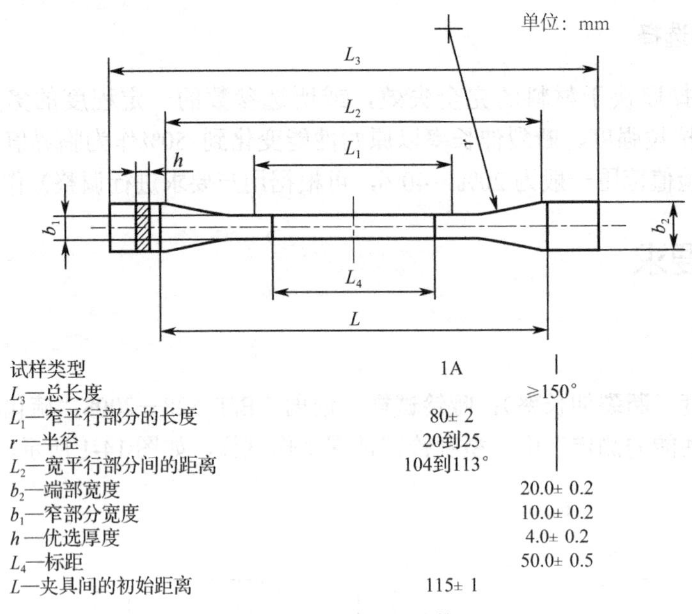

图 14-2　1A 型哑铃试件

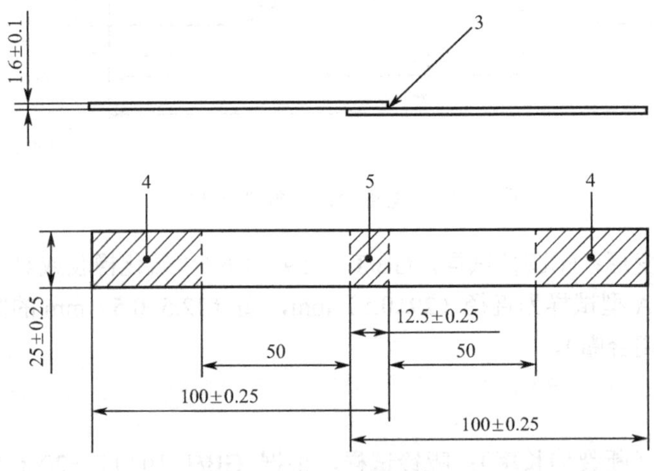

图 14-3　剪切强度试件

14.1.6　试验条件

试验条件与以下因素有关：

- 试件材料类型；
- 材料的热老化决定性能，如选择抗拉强度、断裂伸长率、压缩永久变形等；
- 根据不同材料种类，确定最高试验温度；
- 压缩率参考 GB/T 1683 来选择，范围为 15%～40%。

1. 试验温度的选择

表 14-2 列出了本项目材料的试验类型及试验温度。

表 14-2 材料的试验类型及试验温度

序号	材料名称	型号规格	试验类型	试验温度℃
1	密封圈	矩形 主要成分丁腈橡胶	① 空气热老化试验 ② 耐介质油试验	70、80、90、110
2		O 形 丁腈橡胶	① 空气热老化试验 ② 耐介质油试验	70、80、90、110
3	/	环氧胶	空气热老化试验	由经验值、摸底试验或根据玻璃化温度来定
4	浇铸尼龙（MC） PA1010	JB/ZQ 4196-2006	① 空气热老化试验 ② 耐介质油试验	
5	保温材料	珍珠棉（-60°～80°） 聚乙烯（PE）材料	空气热老化试验	
6	有机玻璃	聚甲基丙烯酸甲酯 （PMMA）	空气热老化试验	

2. 试验测试点的选择

试验测试点预计 15 个。初期选择每 24h（或 24 小时的倍数）为一周期，采取前密后疏的原则，以后的周期根据变化情况可适当调整。

1）橡胶材料

丁腈橡胶密封件试验设计参照 GJB 92—1986“热空气老化法测定硫化橡胶贮存性能导则”，GB/T 20028—2005“硫化橡胶或热塑性橡胶应用阿累尼乌斯图推算寿命和最高使用温度”。

（1）热空气老化。试验时间初步计划 1000h（42d）。在试验过程中，根据产品的老化趋势进行适当调整，在计划的试验时间内，如果产品性能参数达到临界值则提前结束试验；如果试验时间达到 1000h，而无法利用性能参数预测产品寿命，则继续试验直到能够进行寿命预测时停止试验。

（2）热油老化。试验时间初步计划 2000h（84d）。在试验过程中，根据产品的老化趋势进行适当调整，在计划的试验时间内，如果产品性能参数达到临界值则提前结束试验；如果试验时间达到 2000h，而无法利用性能参数预测产品寿命，则继续试验直到能够进行寿命预测时停止试验。

2）塑料材料

本项目中的环氧胶、浇铸尼龙（PA1010）、保温材料（PE）、有机玻璃（PMMA）属于塑料材料。

参照 GB/B 7141—2008“塑料热老化试验方法”推荐最少使用 4 个温度。最低温度应能在大约 6 个月（180 天）内使性能变化或使产品失效情况达到预期水平；第二个温度较高，应能在 1 个月（30 天）内使性能变化或使产品失效情况达到预期水平；第三个温度大约在 1 周（7 天）内使性能变化或使产品失效情况达到预期水平，第四个温度大约在 1 天内使性能变化或使产品失效情况达到预期水平。

为了确定合适的温度，有如下 3 种方案：

（1）根据文献资料及经验，拟选择温度如下：

环氧胶：80℃、90℃、110℃、140℃（有的资料 100℃～250℃）；

尼龙 PA1010：80℃、90℃、100℃、110℃；

珍珠棉（PE）：50℃、55℃、65℃、80℃；

有机玻璃（PMMA）：50℃、55℃、65℃、80℃。

（2）采用差式扫描量热仪对材料进行热分析测试，获得材料的玻璃化温度。选取略低于玻璃化温度的 3 个温度开展 24h 热老化试验进行摸底。试样无明显变化的温度即为最高温度。根据摸底试验结果，热老化试验选择了最高温及递减至少 10℃共 4 个温度点。

（3）按照标准 GB/T 7141—2008 推荐做一次摸底试验，在 90℃时试验最长 8d，根据估计的失效时间来确定温度选择，见表 14-3。

表 14-3 测定塑料热老化性能时推荐的暴露温度和暴露时间

推荐的暴露温度/℃	温度的对数/℃	90℃时估计的失效时间/h				
		1～10	11～24	25～48	49～96	97～192
30	1.477	A				
40	1.602	B	A			
50	1.699	C	B	A		
60	1.778	D	C	B	A	
70	1.845	E	D	C	B	A
80	1.903		E	D	C	B
90	1.954			E	D	C
100	2.000				E	D
110	2.041					E
注：推荐的暴露周期为 A——2，4，8，16，24，32 周；B——3，6，12，24，36，48d；C——1，2，4，8，12，16d；D——8，16，32，64，96，128h；E——2，4，8，16，24，32h。						

注：某些材料在较高温度下的活化能可能与其在较低温度下的活化能不同。仅根据最高老化温度的数据来外推表 14-3 中的关系时，应格外谨慎。

3. 试样数量

（1）检测抗拉强度、断裂伸长率：15 个周期检测点，每个检测点需要至少 5 个平行样品，4 个（至少 3 个，多了更好）温度应力需要 4 组样品，外加 1 组常温对比试验。由于样品的检测为破坏性检测，因此，所需每种样品数量至少为 15×5×5=375（件）。

（2）检测压缩永久变形：15 个周期检测点，每个检测点需要至少 3 个平行样品，4 个温度应力需要 4 组样品，外加 1 组常温对比试验。由于样品的检测为不可重复检测，因此，所需每种样品数量至少为 15×3×5=225（件）。质量和硬度均在压缩永久变形之后检测，不需要另外的试样。

（3）剪切强度：15 个周期检测点，每个检测点需要至少 5 个平行样品，4 个温度应力需要 4 组样品，外加 1 组常温对比试验。由于样品的检测为不可重复检测，因此，所需每种样品数量至少为 15×5×5=375（件）。

（4）冲击强度：15 个周期检测点，每个检测点需要至少 5 个平行样品，4 个温度应力需要 4 组样品，外加 1 组常温对比试验。由于样品的检测为不可重复检测，因此，所需每种样品数量至少为 15×5×5=375（件）。

（5）击穿电压：15 个周期检测点，每个检测点需要至少 5 个平行样品，4 个温度应力需要 4 组样品，外加 1 组常温对比试验。由于样品的检测为不可重复检测，因此，所需每种样品数量至少为 15×5×5=375（件）。

（6）导热系数：15 个周期检测点，每个检测点需要至少 5 个平行样品，4 个温度应力需要 4 组样品，外加 1 组常温对比试验。由于样品的检测为不可重复检测，因此，所需每种样品数量至少为 15×5×5=375（件）。

各类材料的试验测试数据及样品数量见表 14-4。

表 14-4　各类材料的试验测试数据及样品数量

序号	材料名称	型号规格	试验类型	测试参数	高温	常温	测试点	测试点样品数	测试数据	样品数量/件	小计数量
1	密封圈	矩形主要成分丁腈橡胶	① 空气热老化试验	① 断裂伸长率	4	1	15	5	375	375	825
				② 压缩永久变形	4	1	15	3	225	225	
			② 耐介质油试验	① 压缩永久变形	4	1	15	3	225	225	
2		O 形丁腈橡胶	① 空气热老化试验	① 断裂伸长率	4	1	15	5	375	375	825
				② 压缩永久变形	4	1	15	3	225	225	
			② 耐介质油试验	① 压缩永久变形	4	1	15	3	225	225	
3	/	环氧胶	空气热老化试验	① 剪切强度	4	1	15	5	375	375	750
				② 击穿电压	4	1	15	5	375	375	
4	浇铸龙（MC）	JB/ZQ 4196-2006	① 空气热老化试验	① 抗拉强度	4	1	15	5	375	375	1500
				② 冲击强度	4	1	15	5	375	375	
			② 耐介质油试验	① 抗拉强度	4	1	15	5	375	375	
				② 冲击强度	4	1	15	5	375	375	
5	保温材料	珍珠棉聚乙烯（PE）材料	空气热老化试验	① 导热系数	4	1	15	5	375	375	750
				② 压缩强度	4	1	15	5	375	375	
6	有机玻璃	聚甲基丙烯酸甲酯（PMMA）	空气热老化试验	① 冲击强度	4	1	15	5	375	375	750
				② 击穿电压	4	1	15	5	375	375	
总计									5400	5400	

4. 试验仪器

试件的寿命预测检测分析需要高温试验箱、差式扫描量热仪、夹具、千分尺或游标卡尺、盛油器具、温度巡检仪、硬度计、电子万能材料试验机、电子天平等。

14.2 天线罩贮存寿命加速试验方案

14.2.1 研究目的

毫米波天线罩贮存寿命研究的目的是评估在标准库存条件下毫米波天线罩的实际贮存寿命，确定其在标准库存条件下能否正常存放13年。

14.2.2 研究对象分析

1. 组成结构分析

毫米波天线罩是典型材料成品件，它由主镜和次镜构成，基础材料是聚砜材料；主镜和次镜表面均采用真空镀铝，厚度大于 0.5μm，毫米波天线罩组成如图 14-4、图 14-5、图 14-6 所示。

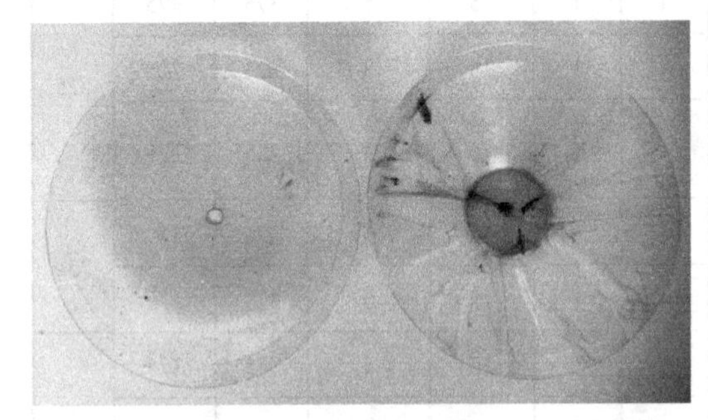

图 14-4　未镀膜天线罩

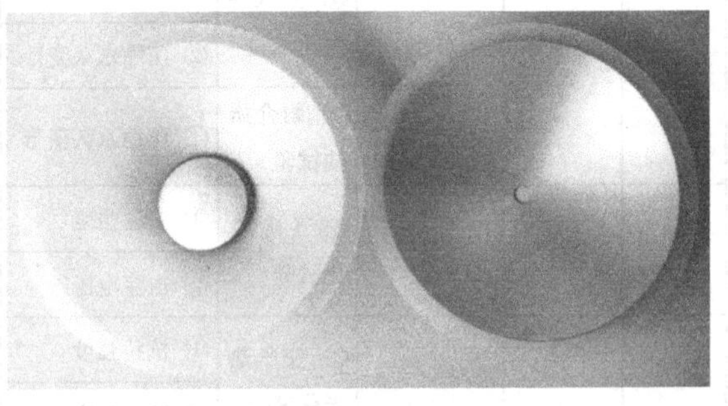

图 14-5　镀膜的天线罩

图 14-6　经黏结后的天线罩

2. 贮存寿命影响因素

毫米波天线罩使用了聚砜、铝膜、环氧树脂胶材料，特别是胶粘剂和铝膜材料，在长期使用环境中分别容易引起老化和氧化，因此，毫米波天线罩贮存寿命值得关注。

根据相关文献，聚砜材料是分子主链中含有链结的热塑性树脂，为琥珀色透明固体材料，硬度和冲击强度高，无毒、耐磨、耐热、耐寒、耐老化性能好，可在-100℃～+150℃

范围内保持良好性能，长期使用温度可达 160℃，短期使用温度可达 190℃，热稳定性高。它具有良好的辐射稳定性，较低的离子杂质和良好的耐化学及耐水解性能，据有关资料表明，其寿命在 145℃下至少为 12 年。

真空镀铝是在真空状态下，将铝金属加热熔融至蒸发，铝原子凝结在高分子材料表面，形成极薄的铝层。真空镀铝要求基材表面光滑、平整、厚度均匀，挺度和摩擦系数适当，热性能好，经得起蒸发源的热辐射和冷凝热作用。通常情况下，在真空镀铝前，可预先在基材薄膜上涂布一定量的底胶，并经充分干燥，可提高铝层与薄膜的结合力；在真空镀铝后，可在铝膜上涂布一定量的保护树脂，防止铝层氧化变质。根据承研单位提供的信息，毫米波天线罩在真空镀铝前后没有进行预处理和后处理。

环氧树脂胶是在环氧树脂的基础上对其特性进行再加工或改性，使其性能参数符合特定的要求，通常环氧树脂胶需要有固化剂搭配才能使用，并且需要混合均匀后才能完全固化。反映环氧树脂胶固化后的主要特性有：电阻、耐电压、吸水率、抗压强度、拉伸强度、剪切强度、剥离强度、冲击强度、热变形温度、玻璃化转变温度、内应力、耐化学性、伸长率、收缩系数、导热系数、诱电率、耐候性、耐老化性等。环氧树脂胶的适用温度通常为-50℃～+100℃，适用于一般环境，防水、耐油、耐强酸强碱，涂胶后需要经历一定时间的固化，涂胶 24h 后可以使用，10 天后黏结力更强。

根据产品组成及其材料特性和工艺情况，毫米波天线罩可能存在以下贮存薄弱环节：

- 胶粘剂老化失效导致黏结部位开胶和开裂；
- 真空镀铝层的外表面发生氧化和腐蚀；
- 真空镀铝层发生脱落和破损。

由于聚砜材料性能和耐各种环境特性好，根据已有的信息其寿命较长，因此聚砜材料本身老化导致的脱落、开裂不作为贮存薄弱环节。

以下对可能影响毫米波天线罩贮存寿命的几个主要环节进行初步分析。

1）薄弱环节之一——胶接部分

由于环氧树脂胶接材料主要是高分子聚合物，对环境十分敏感，因此在环境因素的作用下，胶粘剂及胶接结构的可靠性与寿命在很大程度上取决于胶粘剂与空间环境之间的交互作用。

温度影响：高温、低温及变化的温度能引起某些高分子材料发生降解或交联，胶粘剂和被黏结材料的热膨胀值之间的差距增大，使黏结表面发生移动，在界面产生应力而影响接头的黏结强度，导致胶粘剂物理或化学变化而使其老化失效；同时，还会使低分子物质从胶层中逸出，造成气孔，致使胶层发脆、裂纹、力学性能下降，直至破坏。

水汽影响：水汽通过胶接材料的各种缺陷进入胶接结构或者胶粘剂内部，一方面会造成被胶接材料的锈蚀、溶胀等破坏，另一方面很多高分子材料本身具有可水解性或具有亲水基团，在潮湿的长期作用下可能使高分子胶粘剂本身发生水解等老化现象，使分子链断裂，生成小分子化合物，引起高分子胶粘剂的黏结性能下降。胶粘体的黏结强度在 100%相对湿度下比在水中下降更快，主要是因为水蒸气比液态水的渗透更快。

其他因素：胶料在氧气、光照等条件下还将发生光氧老化的化学变化从而导致分子链断裂或交联。

根据相关研究，在 70℃、95%RH 湿热试验条件下，经历 50h 试验后，环氧树脂胶的保持率降低到 75%；而在 220℃高温试验条件下，经历 50h 试验后，环氧树脂胶的保持率降低到 85%。随着试验的进行，湿热试验 600h 后，黏结强度保持率降低到 60%；而高温试验 300h 后，黏结强度保持率降低到 60%。由此可见，在开始一段时间环氧树脂胶在湿热条件下比在高温条件下性能下降得快，但随着试验的进行，在高温条件下比在湿热条件下性能下降得快，高温试验的加速效应相对湿热试验更快。

另外，由于本产品的贮存条件良好，无光照和其他介质的影响，贮存湿度严格控制，胶接部分主要存在的老化反应为热氧老化。

通过分析，毫米波天线罩的黏结质量是影响其贮存可靠性的关键点，主镜和次镜均采用了胶粘剂。通过相关文献调研并与委托方相关专家确认，胶接质量通常容易存在以下问题：

- 胶体本身强度与黏结后的结合强度存在差异，结合强度可能远低于其本身强度；
- 原料称量、胶液搅拌、环境条件、操作人员可能使胶接质量其有一定的离散性；
- 产品胶接后的胶接强度无法在产品上得到检验，可能存在潜在隐患；
- 对黏结界面是否采用合理的辅助胶料进行工艺处理对胶接强度具有较大的影响。

通过查询相关文献，胶和胶接随时间具有明显的性能参数退化特性；同时，胶和胶接具有较为明显的可加速性，能够通过加速试验考核胶及胶接的寿命。

2）薄弱环节之二——铝膜

铝是活泼的金属，在空气中和潮湿环境下均容易发生氧化，铝和铝的氧化物均既可与酸又可与碱发生化学反应，甚至可能发生电化学腐蚀。因此，真空镀铝膜在长期贮存中存在极大的风险遭受氧化和腐蚀。根据铝的化学反应特点，在高温高湿环境下铝的氧化腐蚀效应更加显著。另外，在长期贮存过程中，可能因为真空铝膜黏结强度降低，导致铝膜出现脱落和开裂。

3. 综合分析

综上所述，毫米波天线罩的胶粘剂老化、铝膜氧化腐蚀、铝膜脱落开裂 3 类失效模式是毫米波天线罩贮存寿命研究的重点。

为了便于评价工作的开展，采用毫米波天线罩整件进行考核，在符合实际贮存环境的敏感环境应力下开展试验，保证毫米波天线罩贮存寿命确定的合理性。

样机组成见表 14-5。

表 14-5 样机组成

序号	组成	包含产品和材料	组成数量	备注
1	主镜			
1.1		聚砜基材		
1.2		聚砜基材－真空镀铝之间氧化硅		
1.3		聚砜基材－真空镀铝边缘环氧树脂胶		
2	次镜			
2.1		聚砜基材		
2.2		聚砜基材－真空镀铝之间氧化硅		
2.3		聚砜基材－真空镀铝边缘环氧树脂胶		

根据本项目的特点，采用毫米波天线罩作为评价对象，开展相关试验。

14.2.3 评价思路

根据毫米波天线罩贮存寿命评价目标和各组成部分的特点，毫米波天线罩贮存寿命评价技术路线如下：

- 优先采取较早生产、贮存时间长、经历试验时间长的样品进行考核性试验；
- 对于新品，首先开展环境应力筛选，剔除有工艺缺陷的样品，再开展试验；
- 对试验中出现的特别是具有普遍性的失效样品进行失效分析，确定失效原因；
- 选取典型加速模型经验参数结合试验数据，对毫米波天线罩贮存寿命进行评估；
- 研制单位与承试单位共同出具毫米波天线罩贮存寿命评价报告，给出评估结论。

14.2.4 新品筛选试验

为了剔除新品中有工艺缺陷的样品，消除不正常样品造成对贮存寿命评价结果的影响，在开展加速试验前，对新品开展环境应力筛选，剔除工艺缺陷样品。

工艺缺陷主要是胶粘剂黏结不牢固和真空镀铝层不牢固可能导致的脱落，因此选取温度循环应力用于环境应力筛选，同时应考虑温度循环具有热疲劳效应可能影响寿命，因此，在进行筛选试验时应适当考虑应力大小和试验时间。根据产品的组成及特点，确定筛选条件为：-20～+50℃，在每个循环中，高温和低温的保温时间分别为15min，升温和降温的温变时间分别为15min；每个循环时间为 1 个小时，进行 30 个循环的试验，合计试验时间为30小时。

在进行筛选试验前，按照承制单位规定的技术条件对样机进行外观、功能和性能检测；在第15个循环后，停机对样品进行一次检测；在完成筛选试验后，对样品进行一次检测。

在筛选试验中，经检测不合格的样品不再投入后续试验，完成筛选试验后，对样品的不合格原因进行初步分析和判断，在必要的情况下，送样进行失效分析，特别是对出现共性问题的样品，应通过失效分析查明失效原因，并采取必要的改进措施。

14.2.5 贮存寿命快速评价

1. 制订试验方案

1）快速评价试验思路

考虑到毫米波天线罩所在整机的贮存方式主要是库房贮存，库房贮存的温度和湿度，是可以进行控制的。库房是整机长期存放、定期检测和维护保养的场所。

根据整机贮存环境的特点，影响毫米波天线罩贮存寿命的主要环境因素为温度和湿度。

根据相关经验，胶粘剂采取高温试验的加速效应相比湿热试验更加显著，铝膜氧化和腐蚀采取湿热试验具有较好的加速效应；但如果采取高温试验，则在快速形成氧化膜后，由于能起到保护作用，而且高温下没有水汽、离子等，几乎不再有加速效应，温度越高水汽和离子越少。

根据以上情况，掌握样品的贮存寿命需要分别开展高温试验和湿热试验，以充分考核胶粘剂和铝膜的贮存寿命。

2）应力水平数的选取

在通常情况下，加速试验需要分多组开展，利用各组的试验数据，求解加速模型的参数，利用加速模型及其参数预测其贮存寿命。

考虑到本项目的特点，毫米波天线罩的贮存寿命评估利用模型的经验参数，不采取利用多组试验数据求解的方式进行，因此，各类应力下开展一组试验即可。

因此，将样品分成 2 组，1 组开展湿热试验，采取温湿度模型利用经验参数评估其贮存寿命；1 组开展高温试验，采取温度模型利用经验参数评估其贮存寿命。

3）应力量值的选取

温度应力量值的选取在极限耐受应力范围调研的基础上选取，在调研极限应力耐温范围时，应综合考虑各个组成部分的贮存温度范围、原材料和辅料的耐温范围等因素。

试验应力量值的选取不宜过低或过高，试验应力量值过低将导致试验样品的加速效应不明显，反之，则会使试验样品失效机理发生变化，甚至损坏试验样品，这两种情况都达不到加速试验的目的。

4）加速效应评估基准的确定

根据以上分析，我们选择标准库房贮存条件作为加速效应评估基准，温度条件为 20℃，湿度条件为 50%RH。采用高温作为加速应力时，则选择 20℃作为加速效应评估基准；采用温—湿度应力作为加速应力时，则选择 20℃、50%RH 作为加速效应评估基准。

2. 样品数量确定

加速试验所需样品数量：

高温组和湿热组样品数量均不应少于 10 个，以减少样品过少对评估结果的影响。

为了达到最低样品的数量要求，建议进行摸底实验时应多投入 5 个样品，这样经历筛选试验剔除不合格样品后，可避免投入高温和湿热加速试验的样品数量不能满足最低样品数量要求。

3. 样品状态要求

为了保证贮存寿命评估结果的科学性，应保证试验样品技术状态与真实产品技术状态的一致性。试验样品应从实际产品中获取，保证样品的材料、工艺等的一致性。

当具有历史贮存样品和经历长时间试验样品时，应尽可能考虑选择这样的样品，可以缩短所需的试验时间；而且应考虑选择贮存时间相近的样品，避免样品性能与贮存时间的相关性不强而造成的对评估结果的影响。

4. 样品检测要求

检测项目：承制单位根据相关产品的技术条件确定毫米波天线罩的检测项目及合格判据；对于缺乏相关技术条件，没有明确检测项目和合格判据的，由双方进行研究后共同确定检测项目和合格判据。

检测时机：试验前后，在实验室环境条件下对试验样品进行全面的功能检查和性能测试；试验中，按各组成部分试验规定的检测周期要求对样品进行检测。在贮存加速试验中应保证从加速应力状态到正常应力状态的恢复时间足以使样品恢复到测试环境温度，每次测试工作应尽量在24小时内完成。

检测次数：为了保证数据处理的需要，各型样品所需的检测点数为10～12个，即整个加速试验分成10～12个周期开展，每个周期后检测作为1个检测点。

5. 试验时间估算

当采取温度应力加速模型时，按照120℃试验温度估计，根据相关经验加速效应可能达到90倍以上，按照等效贮存13年作为试验截止时间，计划试验时间估计需要1200小时；当采取温湿度应力加速模型时，按照80℃试验温度估计，按照相关经验估计，加速效应可能达到40倍以上，所需试验时间约为2600小时。

综合以上分析，整个试验时间计划按照毫米波天线罩整机计划的试验时间安排，高温试验时间按照1200小时计划安排，湿热试验按照2600小时计划安排。

14.2.6 加速模型

1. 温度加速模型

在贮存状态下，产品受到的环境应力主要是温度应力。某一时刻的反应速度与温度的关系，可用阿伦尼斯（Arrhenius）模型表示，也称为反映论模型。

对于胶料产品，加速模型如下：

$$K_l = Z\mathrm{e}^{-\frac{E}{RT_l}} \tag{14.1}$$

式中，

Z——加速模型频率因子，为常数，d^{-1}；

E——表观活化能，$\mathrm{J \cdot mol^{-1}}$；

R——气体常数，$\mathrm{J \cdot K^{-1} \cdot mol^{-1}}$；

T_l——在第l个应力下的老化温度，势力学温度，K。

2. 温湿度加速模型

典型的温湿度加速模型有三类，

（1）Peck模型：

$$u_l = A\mathrm{e}^{-\frac{E_\mathrm{a}}{KT_l}} \cdot \mathrm{RH}^{-n} \tag{14.2}$$

式中，

μ_l——在温度应力为T(K)和相对湿度应力为RH%条件下的退化速度；

A——频数因子；

E_a——激活能，以eV为单位，经验数值约为0.6～2.51；

K——玻耳兹曼常数，8.6×10^{-5}eV/K；

n——逆幂指数。

（2）艾琳模型：

$$u_l = A\mathrm{e}^{-\frac{E_\mathrm{a}}{KT_l}+\frac{B}{\mathrm{RH}}} \tag{14.3}$$

式中，

B——常数。

（3）IPC 标准模型：

$$u_l = A\mathrm{e}^{-\frac{E_a}{KT}+C\cdot \mathrm{RH}^b} \tag{14.4}$$

式中，

C——常数；

b——逆幂指数。

其中 Peck 模型有 3 个参数（E_a、A、n），艾琳模型有 3 个参数（E_a、A、B），IPC 标准模型有 4 个参数（E_a、A、C、b）。

模型参数的求解方式均可采取最小二乘法，首先，对模型进行对数化；其次，进行参数变化；最后，求解斜率和截距；最后，求出模型参数。

3. 等效贮存时间估计

根据加速模型推导，可获得加速因子：

$$\mathrm{AF}(T_u:T_j)=\exp\left(\frac{E_a}{KT_u}-\frac{E_a}{KT_j}\right) \tag{14.5}$$

式中，

T_u——典型贮存环境条件下的温度；

T_j——贮存加速退化试验条件下的温度，其中 $j=1,2,3$。

（1）艾琳模型加速因子：

$$\mathrm{AF}=\exp\left[\frac{E_a}{K}\left(\frac{1}{T_U}-\frac{1}{T_A}\right)-B\left(\frac{1}{\mathrm{RH}_U}-\frac{1}{\mathrm{RH}_A}\right)\right] \tag{14.6}$$

（2）IPC 模型加速因子：

$$\mathrm{AF}=\exp\left[\frac{E_a}{K}\left(\frac{1}{T_U}-\frac{1}{T_A}\right)-C(\mathrm{RH}_U^b-\mathrm{RH}_A^b)\right] \tag{14.7}$$

（3）Peck 模型加速因子：

$$\mathrm{AF}=\exp\left(\frac{E_a}{K}\left(\frac{1}{T_U}-\frac{1}{T_A}\right)\right)\cdot\left(\frac{\mathrm{RH}_U}{\mathrm{RH}_A}\right)^{-n} \tag{14.8}$$

因此，在典型贮存环境条件下的等效贮存时间：

$$t_u=\exp\left(\frac{E_a}{KT_u}-\frac{E_a}{KT_j}\right)\times t_j \tag{14.9}$$

14.2.7 失效分析

在试验过程中，对于出现失效的样品，应退出试验并妥善保管。在试验后，选择有代表性的样品开展失效分析，查明失效原因，方便改进提供建议，并为寿命结论提供支撑。

14.2.8 综合分析

根据试验情况，结合试验时间、失效时机及失效性质进行分析，给出毫米波天线罩贮存寿命评价结论。

14.3 某型线槽日历寿命加速试验方案

14.3.1 工作目的

本方案的工作目的是：根据母线槽的典型使用环境，采取加速试验的方法，快速评估母线槽在典型环境下的使用寿命。

14.3.2 工作目标

母线槽使用寿命快速评价工作目标是：评估母线槽能否在典型使用环境下正常使用5年。

14.3.3 依据和引用文件

GB7251.2—2006“低压成套开关设备和控制设备”对母线槽的要求

14.3.4 产品分析

1. 产品特点使用

母线是指在变电所中各级电压配电装置的连接，以及变压器等电气设备和相应配电装置的连接，大都采用矩形或圆形截面的裸导线或绞线，统称为母线。在电力系统中，母线将配电装置中的各个载流分支回路连接在一起，起着汇集、分配和传送电能的作用。

母线槽是母线中重要的一类硬母线，母线槽作为一种新型配电导线，与传统的电缆相比，在大电流输送时具有突出的优越性。其构成包括外部的绝缘保护层（环氧树脂）、中间的介质（充砂）、内部的导体（铜片），在母线槽中间没有任何活动接头，转角处采用现场浇注成型。在母线槽的两端，槽中导体伸出与电气设备进行电气连接。

根据用户建议，在评估过程中，以不带接头（采用真空搅拌工艺）的样品评估为主，不带接头试样如图14-7所示。同时对带接头（采用普通搅拌工艺）的样品进行观测和对比分析，带接头的试样如图14-8所示。由于普通搅拌可能使环氧树脂内产生气泡，在大电流或大电压条件下可能产生电晕，从而影响到使用寿命，如果通过对比分析发现普通搅拌是带接头样品产生问题的根源，则应对带接头样品的搅拌工艺改进为真空搅拌。

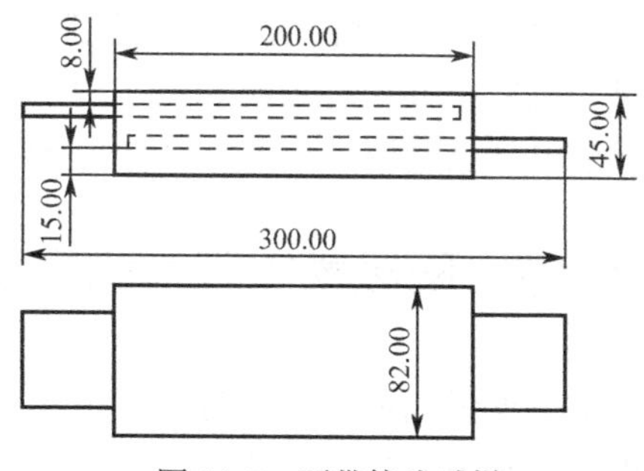

图14-7 不带接头试样

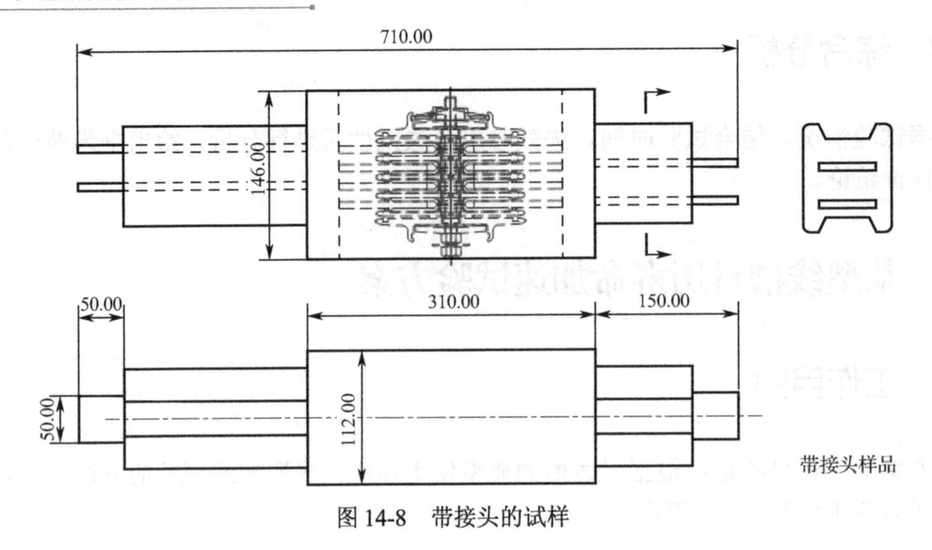

图 14-8　带接头的试样

2. 产品使用环境

根据委托方提供的信息，母线槽的典型使用环境为：

（1）在设备内使用，这是最典型的，由于在工作状态下母线槽内导体电流大、中间介质温升高，母线槽主要受到高温影响；

（2）在户外使用，母线槽露在外部可能直接面临风吹、雨淋、日晒、夜露的环境，产品受到太阳辐射、热胀冷缩的影响较大；

（3）在电缆沟内使用，可能长期浸泡在水中（每个月约有 10 天），其余时间电缆沟内相对湿度也较高，可能约为 95%；

（4）在石化、重污染的化工车间或电镀车间使用，可能遭受非预期的强酸（如盐酸的挥发气体）和强碱（如除油污使用的溶液）侵蚀。

3. 产品关键性能

根据 GB 7251.2，母线槽的电气性能参数包括外观完好无开裂、绝缘电阻满足要求（在泄露电流为 100mA 条件下，耐压应不低于 8kV）。

根据委托方提供的信息，母线槽的寿命主要由外部保护材料环氧树脂决定，如果环氧树脂保护层不破裂则基本确定为可以使用，进一步通过电气测试，可最终确定是否可以正常使用。

母线槽与电缆相比，绝缘电阻和介电性能显得更为重要，因为母线槽经常安装在较差的环境中，不但长期经受着内部导体发热导致的高温内部环境，而且可能经受水浸、雨淋、夜露、高湿等潮湿和太阳辐射外部环境影响，如果绝缘和介电性能降低可能导致母线槽漏电甚至短路，造成极大的安全隐患。

14.3.5　母线槽使用寿命影响因素分析

根据母线槽的组成特点、使用环境，根据环境应力与失效机理之间的关系，母线槽使用寿命影响因素主要包括：

（1）母线槽长期处于大电流通电状态中，高温条件下，母线槽外面的环氧树脂发生热降解（热氧老化），出现外观破裂甚至结构损坏，电气绝缘性能严重下降，最终不能正常使用；

（2）母线槽长期处于日晒的外部恶劣环境下，经受着日照使得外部环氧树脂发生光降解（光氧老化），出现外观破裂甚至结构损坏，电气绝缘性能严重下降，最终不能正常使用；

（3）母线槽长期处于日晒夜露、浸水湿热的外部恶劣环境下，同时还将经受潮湿、温变的影响，通过吸潮、热胀冷缩效应，将起到加剧老化的效果。

（4）母线槽的接头长期使用后由于高温、高湿环境的影响发生金属氧化和腐蚀，使得电气接触不良，也可能导致母线槽不能正常使用。

由此可见，母线槽外部的环氧树脂对母线槽发挥正常的电气功能起着保护作用，环氧树脂的使用寿命对母线槽的使用寿命起着决定性作用。同时，应关注母线槽两端接头的氧化和腐蚀。

对于母线槽在车间经历的强碱和强酸环境，当前没有标准的试验方法，建议用户自行进行摸底性试验，检查产品在遇到强酸或强碱时是否发生不可接受的反应或者不可接受的后果。

14.3.6 总体方案

根据母线槽的使用环境、失效机理及其关联关系，母线槽的使用寿命快速评价总体方案如下：

（1）针对环氧树脂材料，按照母线槽的构造进行制样，采用母线槽试样进行热老化试验、光老化试验，分别确定母线槽保护材料在典型热氧降解机理和光氧降解机理下的使用寿命。

（2）采用母线槽试样进行快速温变试验、湿热试验，分别确定母线槽保护材料在热胀冷缩和潮热条件下经历规定时间后，能否正常使用。

（3）在采用母线槽试样进行试验的同时，同步投入母线槽样品进行相应试验，结合试验周期进行外观检查，并按照一定周期进行电性能检测，确定实际产品在经历相应试验条件和周期后，功能和性能正常。

（4）采用数理统计理论方法，建立保护材料试样和母线槽样品的性能参数模型，计算在典型温度、光照条件下保护材料试样和母线槽样品的性能参数变化趋势，确定其加速效应，评估其等效贮存寿命。

（5）采用梳理统计理论方法，根据保护材料试样和母线槽样品的性能参数模型，计算在温变和潮热条件下保护材料试样和母线槽样品的性能参数变化趋势，综合分析确定在试验条件规定的高温、日照、温变、潮热条件下的等效效应。

母线槽使用寿命快速评价试验项目见表14-6。

表 14-6 母线槽使用寿命快速评价试验项目

序号	试验项目	母线槽样品	母线槽试样	备注
1	高温试验	√	√	
2	紫外光试验			样片
3	交变温度	√	√	
4	湿热	√	√	

母线槽使用寿命快速评估技术路线如图 14-9 所示。

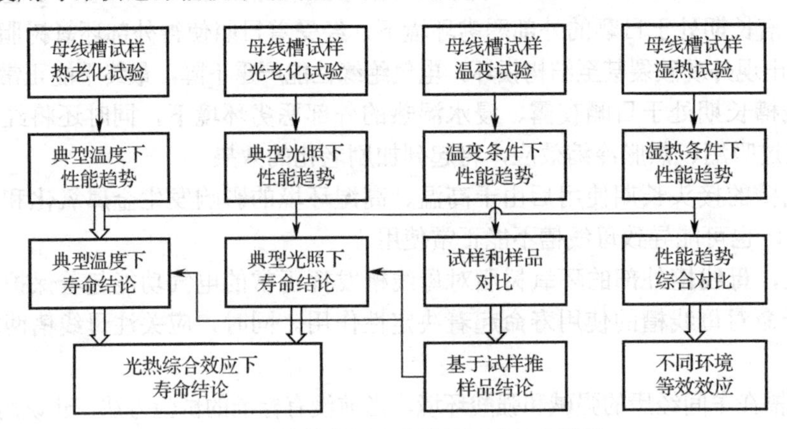

图 14-9　母线槽使用寿命快速评估技术路线

14.3.7　试验方案

1. 通用要求

根据委托方提供的信息，母线槽保护层材料环氧树脂是否老化到使用寿命，以外观检查是否出现开裂为依据进行判定。由于环氧树脂属于电气绝缘材料，导致环氧树脂老化的原因与电应力没有直接关系，与通电引发的温升进而导致的热氧老化具有一定关系。因此，在各项试验中，母线槽试样和样品均不进行通电。

母线槽试样的检测以外观检查和力学性能为主，其中力学性能测试为破坏性检测，每个试验周期的检测需要消耗试样；母线槽样品的检测以外观检查和电气性能为主，不进行破坏性检测，每个周期的检测不消耗样品。

2. 高温试验

母线槽样品和试样的高温试验是评价其在高温作用下发生热氧老化的使用寿命，是寿命评价的重点试验项目。高温试验方案见表 14-7。为了从高温试验推导出在典型使用温度下母线槽的使用寿命，高温试验至少应分成 4 组进行，每组的温差不小于 10℃，检测周期不少于 10 个周期。

考虑到母线槽试样检测项目包含外观检测和破坏性测试，计划开展 10 个周期的检测，每个周期后从每个温度下的每组样品中选取 3 个试样进行破坏性测试，因此母线槽试样数量需要 120（4×10×3）个。

表 14-7　高温试验方案

序号	对象	投样数量	各组投样数量			
			100	120	140	160
1	母线槽试样	120	10×3	10×3	10×3	10×3
2	母线槽样品	20	5	5	5	5

考虑到母线槽样品只进行外观检查和性能检测，不进行破坏性检测，计划每个温度下投入5个母线槽样品进行试验，因此，母线槽样品数量需要20（4×5）个。

各组高温条件下的每个周期的试验时间计划为 10～100 小时不等，检测周期需要根据已有检测数据进行适当调整，估计每个温度条件下试验时间不超过1000小时。

3. 紫外光试验

母线槽样品和试样的紫外光试验是评价其在光照作用下发生光氧老化的使用寿命。在进行光氧老化条件下的使用寿命评估时应假定产品在寿命周期内受到太阳辐射的总量相等，因此，紫外光试验采用 1 组样品进行即可。紫外光试验方案见表 14-8，为了获得母线槽试样在太阳辐射条件下的性能变化趋势，检测周期应不少于10个周期。

考虑到母线槽试样检测项目包含外观检测和破坏性测试，计划开展 10 个周期的检测，每个周期后从每个温度下的每组样品中选取 3 个以上的试样进行破坏性测试，因此母线槽试样数量需要48片。

表 14-8　紫外光试验方案

序号	对象	投样数量
1	母线槽样片	48

4. 温循试验

母线槽样品和试样的温循试验是给出其在温变应力作用下经历一定循环数后的可接受性的评价结论，温循试验采用1组样品进行即可。

考虑到母线槽样品只进行外观检查和性能检测，不进行破坏性检测，计划投入 3 个母线槽样品进行试验，因此，选择3个带接头和3个不带接头的母线槽样品进行试验。

在开展测试时，如果带接头母线槽样品不能通过检测，则再对不带接头的母线槽进行检测，确定其是否完好；如果带接头的母线槽样品能够通过检测，则不再对不带接头的母线槽进行测试。

根据产品环境条件要求和实际耐受环境能力，温循试验条件确定为-25℃～+130℃。每个循环的时间为 1 小时，高温和低温各保留 15 分钟，进行 50 个循环，试验时间为 50 小时。温循试验方案见表14-9。

表 14-9　温循试验方案

序号	对象	投样数量
1	母线槽样品（带接头）	5
2	母线槽样品（不带接头）	5

5. 湿热试验

母线槽样品和试样的湿热试验是给出其在湿热应力作用下经历一定时间后的可接受性的评价结论，湿热试验采用1组样品进行即可。

考虑到母线槽样品只进行外观检查和性能检测，不进行破坏性检测，计划投入 3 个母线槽样品进行试验，因此，选择3个带接头和3个不带接头的母线槽样品进行试验。

在开展测试时，如果带接头母线槽样品不能通过检测，则再对不带接头的母线槽进行检测，确定其是否完好；如果带接头的母线槽样品能够通过检测，则不再对不带接头的母线槽进行测试。

根据产品环境条件要求和实际耐受环境能力，湿热试验条件确定为 80℃、95%RH，试验进行 10 天，试验时间为 240 小时。湿热试验方案见表 14-10。

表 14-10　湿热试验方案

序号	对象	投样数量
1	母线槽样品（带接头）	5
2	母线槽样品（不带接头）	5

6. 母线槽使用寿命快速评价试验总体方案

母线槽使用寿命快速评价试验总体方案见表 14-11。

表 14-11　母线槽使用寿命快速评价试验总体方案

序号	试验项目	分组数	母线槽试样		母线槽样品			计划时间（小时）
			各组投样	小计数量	各组投样		小计数量	
					带接头	不带接头		
1	高温试验	4	30	120	5	5	40	4000
2	紫外光试验	1	48	48				1800
3	温循试验	1			5	5	10	50
4	湿热	1			5	5	10	240
合计	/		/	168	/	/	60	/

14.3.8 样品检测

1. 检测时机

试验前、后，在实验室环境条件下对所有母线槽试样和样品进行全面的功能检查和性能测试。

在试验中，按各项试验规定的试验周期，在每个周期后对母线槽试样和试样进行检测。

在每次测试中，应按照 GB 7251.2 中规定的测试环境和条件进行测试，每次测试工作应在 24 小时内完成。

2. 检测要求

在试验前、每个周期后、试验后，应首先针对规定检测项目中的非破坏性检测项目，对所有样品进行检测，其中定量性能检测项目必须在每个试验周期后进行 3 次，以其均值作为性能参数值；然后针对规定检测项目中的破坏性检测项目，选取 3 个进行检测，以 3 个样品检测结果的均值作为本周期的性能参数值。

根据试验方案，母线槽试样的检测包含非破坏性检测和破坏性检测，应先进行非破坏性检测，再进行破坏性检测；母线槽样品的检测项目没有非破坏性项目。

3. 检测项目

母线槽样品的检测项目见表 14-12。

表 14-12 母线槽样品检测项目

序号	检测项目名称	合格判据	检测依据	检测时机		
				试验前	周期后	试验后
1	外观检查		镜检	√	√	√
2	绝缘电阻		GB 7251.2	√	√	√
3	耐受电压		GB 7251.2	√	√	√
4	接头接触电阻					

母线槽试样的检测项目见表 14-13。

表 14-13 母线槽试样检测项目

序号	检测项目名称	合格判据	检测依据	检测时机		
				试验前	周期后	试验后
1	外观检查	无开裂	镜检	√	√	√
2	绝缘电阻		GB 7521.2	√	√	√
3	红外光谱分析			√	选 3 周	√
4	冲击强度			√	√	
5	示差扫描量热法			√	选 3 周	√
6	扫描电镜			√	选 3 周	√

14.3.9 数据处理

1. 评估基准

评估基准见表 14-4。

表 14-14 评估基准

序号	环境类型	评估基准	基准值	说明
1	温度	温度	40℃	以我国高气温年极值最大值为依据
2	光照	年均总辐照度	5196MJ/m^2	以辐照较强的海南地区统计数据为依据

2. 性能预测模型

母线槽样品和试样的性能参数退化模型采用具有调节因子的优化模型：

$$P_l = A_l \mathrm{e}^{-K_l t_l^f} \tag{14.10}$$

其中调节参数 f 采用逼近法求解，逼近的准则：

$$I = \sum_{i=1}^{m} \sum_{j=1}^{n} (p_{ij} - \hat{p}_{ij})^2 \tag{14.11}$$

热老化加速模型采用阿伦尼斯模型：

$$K_l = Ze^{-\frac{E}{RT_l}} \tag{14.12}$$

3. 数据处理要求

完成每个试验周期的检测后，应对各个试验样品的检测数据进行检查，判断各个试验样品的检测结果是否合格。

在各项试验获得足够数据后，应对母线槽样品和试样的主要性能参数进行退化模型拟合，给出性能参数预测结果。利用各组高温下性能参数预测结果，外推出在典型使用温度下母线槽的使用寿命。针对各类环境下性能参数进行对比分析，确定不同环境条件下的等效效应。

14.3.10 评估结论

根据试验检测数据和数据处理结果，给出母线槽样品和试验的寿命结论，根据母线槽实际使用环境，评估母线槽样品的实际寿命。

14.3.11 工作进度

工作进度表见表 14-15。

表 14-15 工作进度

序号	工作内容	完成时间
1	制订技术方案	
2	制订试验大纲	
3	制样和送样	
4	高温试验（计划不超过 1000 小时×4 组）	
5	紫外光试验（计划不超过 1500 小时×1 组）	
6	温循试验（计划 50 小时）	
7	湿热试验（计划 240）	
8	数据处理	
9	出具报告	

14.3.12 成果形式

成果形式见表 14-16。

表 14-16 成果形式

序号	成果名称	备注
1	《母线槽使用寿命快速评价方案》	
2	《母线槽加速试验大纲》	
3	《母线槽加速试验报告》	
4	《环境试验报告》	
5	《母线槽使用寿命评估报告》	

14.4 智能电子锁贮存寿命与使用可靠度快速评价方案

14.4.1 试验目的

考核智能电子锁是否满足使用寿命不低于 4 年，且在 90%的置信度下使用可靠度达到 0.95 的指标要求。

14.4.2 试验依据

GJB 899A—2009　　可靠性鉴定和验收试验
GJB 92—86　　热空气老化法测定硫化橡胶储存性能导则
GJB 736—1990　　火工品试验方法 加速寿命试验
IEC 61709—2011　　失效率的基准条件及转换应力模型

14.4.3 产品介绍

1. 组成结构分析

智能电子锁脱离机构主要包括电起爆器、密封圈、压缩簧、挡圈、安装销等，锁体上设计有气路结构，将电起爆器工作后产生的火药气体引导至锁体两侧的安装销，推动安装销与压缩簧向内压缩。锁任务可靠性框图如图 14-10 所示。

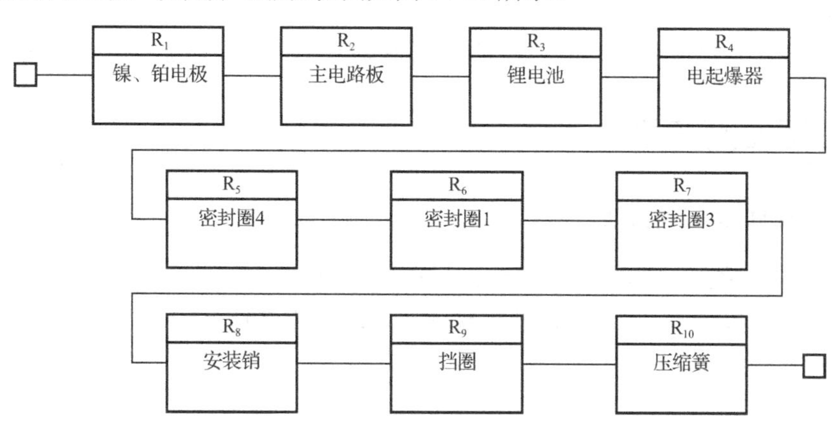

图 14-10　锁任务可靠性框图

2. 寿命影响因素分析

根据产品组成及其材料特性和工艺情况，智能电子锁可能存在以下薄弱环节：

- 电路可能发生失效；
- 密封材料可能发生老化；
- 火工品可能发生性能退化。

另外，弹簧可能发生应力松弛，但考虑到设计裕量较大（预应力 29N，功能作用所需力为 9N）；机械装置部分所用材质较好，发生失效的可能性相对较小。因此，主要应针对上述薄弱环节进行考虑。

14.4.4 考核指标分析

锁在日常使用过程中，安装到飞机座舱背带系统上，长期处于背负使用状态。但在背负过程中，锁不进行工作，长期处于备用状态，仅每个月进行 1 次自检。只有在飞行员跳伞时，锁才处于使用状态，其使用分成 2 个阶段，第一阶段是在空中必须防止误动作，第二阶段是入海水后必须自动脱离。

由此可见，锁使用寿命 4 年可靠度不低于 0.95 的考核包含两个过程：首先，等效模拟座舱环境（处于备用状态）4 年，通过定期检测，验证使用寿命 4 年指标；然后，模拟跳伞的使用状态，考核其是否能够防止空中误动作和入海自动脱离，且在 90%置信度下可靠度达到 0.95 的要求。

14.4.5 环境条件分析

考虑到飞机绝大部分（超过 98%）时间在地面停放，地面停放过程中主要受温、湿度的影响。地面停放温、湿度条件，根据全国气候数据选取，全国高气温年极值平均值 33.5℃作为地面停放模拟试验条件，相对湿度范围通常在 50%～70%。

根据飞机的使用环境和已经确定的可靠性鉴定试验剖面，座舱系统环境条件通常在 20℃～25℃之间，在可靠性鉴定试验过程中增加了模拟冷浸（-55℃）和热浸（温度+70℃，相对湿度 14.41%RH）阶段。

综合上述情况，选取温度 30℃和相对湿度 60%RH 作为基准温度条件进行考核。

14.4.6 加速试验模型

1. 密封材料加速试验方法

根据 GJB 92，密封材料的加速试验模型和方法如下：

密封材料性能参数退化模型采用修正模型，见式（14.13）。

$$P_l = A_l \mathrm{e}^{-K_l t_l f} \tag{14.13}$$

式中，

t_l ——在第 l 个应力水平下的老化时间，单位为天；

P_l ——在 t 时刻时，第 l 个应力水平下样品的性能参数值；

K_l ——在第 l 个应力下的性能变化速度常数，单位为 d^{-1}；

A_l ——在第 l 个应力水平下的退化模型的频数因子，常数；

f ——模型修正因子，常数。

依据 GJB 92.2，f 采用逼近法求解，逼近的准则为：

$$I=\sum_{l=1}^{m}\sum_{j=1}^{n_l}(P_{lj}-\hat{P}_{lj})^2 \tag{14.14}$$

式中，

P_{lj} ——第 l 个老化试验温度下，第 j 个测试点的性能变化值指标的试验值；

$\hat{P}_{lj}$ ——第 l 个老化试验温度下，第 j 个测试点的性能变化值指标的预测值；

n_l ——第 l 个老化试验温度下的测试次数。

加速模型采用阿伦尼斯模型：

$$K_l = Z\mathrm{e}^{-\frac{E}{RT_l}} \tag{14.15}$$

式中，

Z ——加速模型频率因子，常数，单位为 d^{-1}；

E ——表观活化能，单位为 $\mathrm{J \cdot mol^{-1}}$；

R ——气体常数，单位为 $\mathrm{J \cdot K^{-1} \cdot mol^{-1}}$；

T_l ——在第 l 个应力下的老化温度，势力学温度，单位为 K。

由于密封材料的老化速度较快，通常具有较大的加速效应。

2. 火工品加速试验方法

根据 GJB 736，火工品加速试验采用阿伦尼斯模型：

$$\mu(T_l) = A\mathrm{e}^{-\frac{E_\mathrm{a}}{KT_l}} \tag{14.16}$$

式中，

$\mu(T_l)$ ——在 T_l 温度应力水平下的退化速度；

A ——频数因子；

E_a ——激活能，以 eV 为单位；

K ——玻耳兹曼常数，$8.6\times10^{-5}\mathrm{eV/K}$。

通常情况下，典型工作温度为 21℃，实验室设定加速温度为 71℃，默认加速效应为 64 倍进行试验。

3. 电子部分加速试验方法

各类电子元器件的加速试验模型多以阿伦尼斯模型为主，即

$$\mu(T_l) = A\mathrm{e}^{-\frac{E_\mathrm{a}}{KT_l}} \tag{14.17}$$

式中，

$\mu(T_l)$ ——在 T_l 温度应力水平下的退化速度；

A ——频数因子；

E_a ——激活能，以 eV 为单位；

K ——玻耳兹曼常数，$8.6\times10^{-5}\mathrm{eV/K}$。

电子部分加速寿命试验时间采用基于应力分析的加速因子评估方法确定，加速因子评估方法参考以往俄制弹药电子元器件加速试验数据、IEC 61709、IEC 62380、GJB 108、工程经验和历史数据，按规定的使用条件评估电子部分加速因子的方法流程如图 14-11 所示。

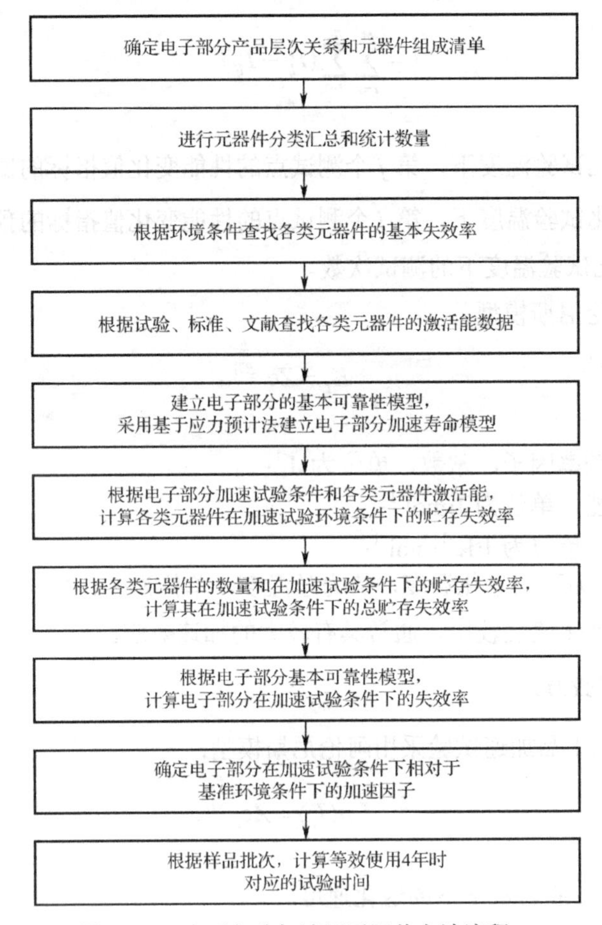

图 14-11　电子部分加速因子评估方法流程

相对于火工品和密封材料，电子产品加速效应往往要小一些，因此，在对电子产品充分考核的前提下，对火工品和密封材料也进行了充分考核。

14.4.7　寿命快速评价

1. 制订试验方案

1）快速评价试验思路

锁整机各个部分都可以采用高温老化试验方法，同时，考虑到锁的实际使用环境主要遭受温度和湿度应力，因此，可参考标准 IPC 610D，选择温湿度加速模型：

$$\mu_l = A\mathrm{e}^{-\frac{E_a}{KT_l}} \times \mathrm{RH}^{-n} \tag{14.18}$$

式中，

μ_l——在温度应力为 T(K)和相对湿度应力为 RH %条件下的退化速度；

A——频数因子；

E_a——激活能，以 eV 为单位，经验数值为 0.6～2.51；

K——玻耳兹曼常数，8.6×10^{-5} eV/K；

n——逆幂指数，可取 1～3。

根据工程经验，n 取 2，E_a 利用各类元器件的信息获取，见表 14-17，采用自下而上的方法建模，获得整机的加速因子，用于确定整机加速试验验证时间。

表 14-17 元器件对应激活能

序号	器件类型	数量	激活能
1	电阻	4	0.404
2	电容	2	0.530
4	二极管	2	0.548
5	三极管	4	0.622
6	电子管	2	0.404
7	集成电路	1	0.612
8	PCB 板	1	0.6

2）应力水平数的选取

在通常情况下，加速试验需要分多组开展，利用各组的试验数据，求解加速模型的参数，利用加速模型及其参数才能预测其寿命。

考虑到本项目的特点，利用模型的经验参数，不采取利用多组试验数据求解的方式进行，因此，各类应力下开展一组试验即可。

因此，安排样品 1 组开展湿热试验，采取温、湿度模型利用经验参数评估其使用寿命。

3）应力量值的选取

温度应力量值在极限耐受应力范围调研的基础上选取，在调研极限应力耐温范围内，应综合考虑各个组成部分的温度范围、原材料和辅料的耐温范围等因素。

试验应力量值的选取不宜过低或过高，试验应力量值过低将导致试验样品的加速效应不明显，反之，则会使试验样品失效机理发生变化，甚至损坏试验样品，这两种情况都达不到加速试验的目的。

综合锁的加速试验条件，应选取温度 70℃、相对湿度 90%RH。

2. 样品要求

1）样品数量要求

根据成败型统计试验方案，应至少选取 45 把锁用于开展加速试验，才能完成后续使用可靠度验证。因此，在加速试验过程中安排 50 个样品用于加速试验，模拟等效使用 4 年后，从中抽取 45 把用于可靠度验证。

2）样品状态要求

为了保证寿命评估结果的科学性，应保证试验样品技术状态与真实产品技术状态的一致性。试验样品应从实际产品中获取，保证样品材料、工艺等的一致性。

当具有历史样品和经历长时间试验的样品时，应尽可能考虑选择这样的样品，可以缩短所需的试验时间；而且应考虑选择试验时间相近的样品，避免样品性能与时间的相关性不强造成的对评估结果的影响。

3. 试验时间确定

根据分析，基准温度条件为 30℃，湿度条件为 60%RH，作为加速效应评估基准；加速试验温度条件为 70℃，湿度条件为 90%RH。通过建模计算可得出整机加速因子 AF，选取工程系数 K=1.2 开展评估，则所需时间为：

$$t_a=K\times t_u/AF=4\times365\times24\times1.2/AF \tag{14.19}$$

14.4.8 试验检测

检测项目：承制单位根据相关产品的技术条件确定智能电子锁的检测项目及合格判据；对于缺乏相关技术条件，没有明确检测项目和合格判据的，由双方进行研究后共同确定检测项目和合格判据。

检测时机：试验前、后，在实验室环境条件下对试验样品进行全面的功能检查和性能测试；在试验中，按各组成部分试验规定的检测周期要求对样品进行检测。在加速试验中应保证从加速应力状态到正常应力状态的恢复时间足以使样品恢复到测试环境温度，每次测试工作应尽量在 24 小时内完成。

检测次数：应根据加速效应计算出等效 1 个月的自检周期所需试验时间，应取其整数倍作为加速试验检测周期，建议检测周期对应的等效使用时间不超过 6 个月。

14.4.9 故障处理

在加速试验中，当某个试验样品发生故障时，终止该试验样品的试验，对该试验样品进行故障处理，对试验样品进行故障处理包括故障定位和故障分析，查明故障原因，采取改进措施后，补充样品重新开始试验。

14.4.10 等效时间估计

根据加速模型推导，可获得加速因子：

$$\mathrm{AF}(T_\mu:T_a)=\exp\left(\frac{E_\mathrm{a}}{KT_\mu}-\frac{E_\mathrm{a}}{KT_a}\right) \tag{14.20}$$

式中，

T_μ——典型环境条件下的温度；

T_a——加速试验条件下的温度。

Peck 模型加速因子：$\mathrm{AF}=\exp\left[\frac{E_\mathrm{a}}{K}\left(\frac{1}{T_U}-\frac{1}{T_A}\right)\right]\cdot\left(\frac{\mathrm{RH}_U}{\mathrm{RH}_A}\right)^{-n}$

因此，结合工程经验系数，典型环境条件下的等效时间为：

$$t_u=\mathrm{AF}\times t_a/K \tag{14.21}$$

14.4.11 失效分析

在试验过程中，对于出现失效的样品，应退出试验并妥善保管。在试验后，选择有代表性的样品开展失效分析，查明失效原因，为改进提供建议，并为寿命结论提供支撑。

14.4.12 综合分析

根据试验情况，结合试验时间、失效时机及失效性质进行分析，给出智能电子锁寿命评价结论。

14.5 加速度计贮存寿命快速评价方案

14.5.1 研究目的

石英加表（以下简称“石英加表”）贮存寿命研究的目的是评估在标准库存条件下石英加表的实际贮存寿命，确定其在标准库存条件下能否正常存放10年。

14.5.2 研究对象分析

1. 组成结构分析

石英加表是精密机电产品，主要由机械敏感部分（表芯）和伺服电路两部分构成，形成上下结构，灌封在圆柱形外壳中。表芯由上下轭铁（4J36软磁）、磁钢（SmCo永磁）、磁极帽（软磁）、石英摆片、力矩线圈组成。石英加表组成如图14-12所示。

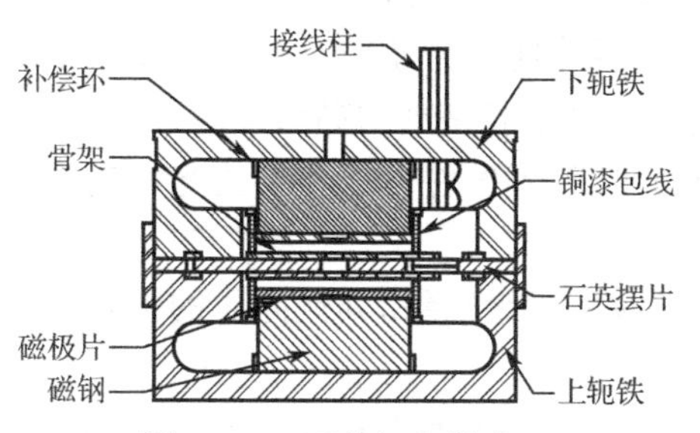

图14-12 石英加表组成

石英表芯的组装采用了胶接和激光焊接两种方法，其中胶接工艺主要用于3处：①石英摆片与力矩线圈之间；②磁极帽、磁钢、轭铁之间；③上轭铁与接线柱之间。激光焊接工艺主要用于上轭铁、密封圈、下轭铁之间。磁钢充磁后，在正常情况下，存在约50N的斥力。

通过资料调研，伺服电路是一种专门的电容传感器伺服电路，属于混合集成伺服电路。混合伺服电路主要由双稳压电源CW、差动电容电压转换器LZF15、石英挠性加速度计伺服功放专用电路 LB314 和校正网络组成，与差动电容传感器配合使用。这种电路的主要特点：动态范围大、线性度好、频率响应宽、输出功率大。根据当前用户的使用情况信息反馈的结果，伺服电路精度高、稳定性好，在当前使用中没有出现明显的问题。

2. 贮存寿命影响因素

石英加表要求精度非常高，在长期的贮存过程中能否保持性能的稳定非常值得重视。

根据石英加表的组成，石英表芯组成材料多、工艺过程复杂，存在胶接、磁性等与时间因素相关性相对较强的失效因素，同时摆片工艺材料的长期稳定性也值得关注，因此，石英表芯是石英加表贮存寿命的重要影响环节；伺服电路属于混合集成电路，目前，只有贮存 2～3 年的数据，缺乏长期贮存数据说明其稳定性，在长期贮存过程中，相关元器件的参数发生一定漂移情况下，伺服电路能否仍然具有稳定的输出值得关注。

以下对可能影响石英加表贮存寿命的几个主要环节进行初步分析。

1）*薄弱环节之一——胶接部分*

表芯是石英加表的心脏，组成表芯的十多个零件彼此的连接全部采用环氧树脂多组分胶黏结方式，表头、伺服放大器、石英表也采用环氧树脂胶黏结方式，这是石英表结构的最大特点。

由于胶接材料主要是高分子聚合物，对环境十分敏感，因此在环境因素的作用下，胶粘剂及胶接结构的可靠性与寿命在很大程度上取决于胶粘剂与空间环境之间的交互作用。

温度影响：高温、低温及变化的温度能引起某些高分子材料发生降解或交联，胶粘剂和被黏结材料的热膨胀值之间的差距增大，使黏结表面发生移动，在界面产生应力而影响接头的黏结强度，导致胶粘剂物理和化学变化而使其老化失效；同时，还会使低分子物质从胶层中逸出，造成气孔，致使出现胶层发脆、裂纹、力学性能下降，直至破坏等现象。

水汽影响：水汽通过胶接材料的各种缺陷进入胶接结构或者胶粘剂内部，一方面会造成被胶接材料的锈蚀、溶胀等破坏，另一方面很多高分子材料本身具有可水解性或具有亲水基团，在潮湿的长期作用下可能使高分子胶粘剂本身发生水解等老化现象，使分子链断裂，生成小分子化合物，引起高分子胶粘剂的黏结性能下降。

其他因素：胶料在氧气、光照等条件下还将发生光氧老化的化学变化从而导致链断裂或交联。

由于本产品的贮存条件良好，无光照和其他介质的影响，贮存湿度严格控制，胶接部分主要存在的老化反应为热氧老化。

通过分析，石英加表的表芯上、下力矩器与腹带的连接质量是影响石英表可靠性的关键点，通过环氧树脂多组分胶黏结形成的表芯的连接可靠性就是石英表的可靠性。通过相关文献调研和与委托方相关专家确认，表芯胶接质量通常容易存在以下问题：

- 胶体本身强度与黏结后的结合强度存在差异，结合强度可能远低于本身的强度；
- 石英表表芯胶接时胶体是堆积在胶接界面的，胶接界面固化时无法施加压力；
- 原料称量、胶液搅拌、环境条件、操作人员等因素可能使胶接质量具有一定的离散性；
- 产品胶接后的胶接强度无法在产品上得到检验，可能存在不能被发现的潜在隐患；
- 工艺过程中需要进行高低温时效处理，对于保持胶接强度具有一定的不利影响；

● 黏结界面是否采用合理的辅助胶料进行工艺处理对胶接强度具有较大的影响。

通过查询相关文献，胶和胶接性能参数随时间具有明显的退化特性；同时，胶和胶接具有较为明显的可加速性，能够通过加速试验考核胶及胶接的寿命，因此，胶接部分的寿命评价开展具有必要性和可行性。

在加速试验中，胶及胶接部分会明显大于石英加表整机的加速效应，在对应试验数据下，胶及胶接的实际等效贮存时间将可能大于评估的等效贮存时间，随石英加表整机加速试验得到的寿命结论可能偏于保守，另外，考虑到胶接性能检测出性能退化超差与石英加表整机检测发现故障的程度和裕度有所差异，因此，有必要将胶及胶接部分单独进行考核。在必要时，用胶接试验中确定的模型和得到的模型参数，修正整机加速试验中胶及胶接部分有关的失效结论和寿命结论。

2）薄弱环节之二——磁材部分

永磁材料自身的磁稳定性是整个石英加表稳定性的另一个主要影响因素，充磁后的永磁材料磁感应强度并不一定保持恒定，它受温度影响随时间发生非线性变化。研究表明，永磁材料磁感应强度随温度变化明显，温度越高，磁感应强度越小；温度越低，磁感应强度越强。但磁感应强度的温度效应并非是线性的，它随温度变化后，不能完全随温度的恢复而恢复。永磁材料还存在自然退磁现象，磁感应强度随时间变化，其磁感应强度随时间的推移逐渐减少，这也是石英加表产生时漂的主要原因。除此以外，永磁材料还受环境磁场、振动、冲击等因素的影响，使永磁材料的工作点发生漂移、充磁或退磁现象。

通过大量资料调研，永磁和软磁的失效模式主要包括磁性退化、磁体破裂、黏结失效、装配缺陷。其中，磁体破裂通常由外部应力作用所致，在正常情况下不会发生；装配缺陷具有与生俱来的特点，不具有随时间变化的特性；黏结失效通常会随着时间的增长出现胶老化而伴随发生；磁性退化主要受外部应力影响而发生，在正常情况下是可以避免的，同时，磁性材料自身的时效性决定了磁性退化会发生。由此可见，对于磁材部分最有可能发生失效的是黏结失效和磁性退化。

根据相关资料的调研结果表明，由于黏结的自身特点和磁性退化的特点，黏结失效相对磁性退化发生概率较大、发生时间较早。因此，黏结失效的问题更为突出，磁性退化也将随贮存时间的增长而发生。

另外，根据相关资料表明，在高温环境下，磁体性能本身会有所降低，但相关研究文献同时也表明，磁性材料具有可加速性，可以通过加速试验评估和预测磁性材料的寿命。

黏结失效在表芯胶接部分一并考虑并开展工作。

3）薄弱环节之三——石英摆片组合

石英摆片是石英加表的核心零件，其质量对石英加表的性能具有重要的影响。石英摆片经过切、磨、抛光、机械加工、激光切割、化学腐蚀和电镀加工而成，并与力矩线圈质检通过胶接工艺组成在一起（简称“石英摆片组合”），是石英加表中组成材料和工艺过程相对较为复杂的部分。因此，石英摆片的质量受材料特性、工艺过程影响程度较大，根据用户反馈的信息，由于工艺水平和先进技术的应用，当前石英摆片加工质量基本能够得到保障，不再是难题。

然而，在加工过程中不可避免会残留机械划痕、残余应力、材质不均等微小缺陷，在长期贮存过程中这些微小缺陷是否可能带来隐患，导致性能的劣化，仍然十分值得关注。

考虑到石英摆片与力矩线圈之间的胶接部分将单独进行考核，因此，在考核的同时，关注石英摆片的质量特性变化，对于出现的失效样品，进行必要的失效分析，确定薄弱环节；同时，结合石英加表整机的试验情况随整机确定石英摆片的贮存寿命。

4）*薄弱环节之四——激光焊点*

激光焊接工艺直接影响焊接质量和仪表性能。对激光焊接工艺的要求，一是保证表芯的连接强度及焊接质量，要求焊缝有足够的宽度和熔深以保证焊接强度，同时也要求焊缝光滑、连续、无疵点以保证焊接表面质量；二是保证仪表性能、精度和稳定性。焊接时热影响区要小，焊接时仪表温升应小于 50℃，防止表芯内部污染，焊接应力尽可能小且均匀。为此，应注意脉冲宽度、能量、频率、间歇时间、工件旋转速度、焦距、入射角等焊接工艺参数或因素的选择与控制。此外，采用四点点焊、对面对称四点点焊，进而弧焊、对称弧焊、周焊、对称周焊等工艺方法，气体保护防止氧化等工艺措施，即可达到石英表表芯激光焊接的要求。将所有工艺参数及工艺措施固定下来，以保证产品质量的一致性。激光焊接具有以下显著特点：

- 抗拉强度远远大于胶接抗拉强度；
- 耐高、低温时效处理的性能提高；
- 耐机械冲击和振动的性能提高。

由此可见，激光焊点可靠性水平远远高于表芯胶接可靠性水平。我们认为如通过生产检验和筛选，一个合格的石英挠性石英加表的激光焊点在 10 年内通常不会发生失效。因此，激光焊接部分不再单独进行考核，随石英加表整机同时进行考核。

3. 综合分析

综上所述，石英加表的胶料及黏结特性、磁材退化特性是石英加表贮存寿命研究的重点，同时，长期贮存条件下，石英加表的伺服电路、石英摆片稳定性应予以关注。

为了便于研究工作的开展，在保证研究效果的同时节约研究经费，应将石英摆片和伺服电路的稳定性随石英加表整机贮存寿命评价过程一起进行考核和验证，胶料、黏结体、磁性材料的贮存寿命分别独立进行研究，并利用研究结果（包括加速模型、模型参数、失效模式和时间信息）修正石英加表上对应部分的贮存寿命考核结果，保证石英加表贮存寿命确定的合理性。

研究对象安排见表 14-18。

表 14-18　研究对象安排

试验对象	序号	组成	关注对象	关注程度	关注事项
石英加表	1	上、下轭铁		○	在长期贮存中 伺服电路稳定性 整机性能稳定性
	2	磁极帽		○	
	3	上轭铁－密封圈－下轭铁	激光焊点	○	
	4	石英摆片	石英摆片	■	
	5	伺服电路	伺服电路	■	

续表

试验对象	序号	组成	关注对象	关注程度	关注事项
胶及胶接部分	6	力矩线圈—石英摆片	胶接	★	在长期贮存中胶接性能变化
	7	磁极帽—磁钢—轭铁	胶接	★	
	8	上轭铁—接线柱	胶接	★	
	9	多组分胶	胶性能	■	掌握胶性能与胶接性能对比
磁钢	10	磁钢	磁特性	★	在长期贮存中磁性能稳定性
备注：	★——高；■——中；○——低。				

14.5.3 研究对象确定

根据研究对象分析，确定本项目研究对象主要包括组件的 3 类胶接以及采用的 3 类胶料、磁钢、整机，贮存寿命研究对象见表 14-19。

表 14-19 贮存寿命研究对象

序号	部件名称	产品层次	研究对象	考核方式
1	石英加表整机	整机	整机	加速试验
2	力矩线圈—石英摆片试件	组件	胶接性能	加速退化试验
3	磁极帽—磁钢—轭铁样品	组件	胶接性能	
4	上轭铁—接线柱样品	组件	胶接性能	
5	力矩线圈—石英摆片用胶料	原料	胶性能	加速退化试验
6	磁极帽—磁钢—轭铁用胶料	原料	胶性能	
7	上轭铁—接线柱用胶料	原料	胶性能	
8	磁钢	零件	磁性能	加速退化试验

14.5.4 总体思路

1. 研究技术路线

根据石英加表贮存寿命评价目标和各组成部分的特点，石英加表贮存寿命评价研究技术路线如下：

（1）已有信息分析和统计：结合样机原理分析、修理经验（石英加表历史数据收集、统计、分析）和可靠性技术分析（包括研制时可靠性预计、FMEA、FTA 分析信息），初步确定石英加表贮存薄弱环节，掌握石英加表的主要失效部位及失效模式，在可能的条件下，收集石英加表的历史贮存数据和检测数据，进行统计分析，掌握石英加表的贮存可靠性。

（2）摸底试验：分别在温度、温湿度、温循条件下，对样机开展摸底试验，初步掌握石英加表整机、胶料及黏结特性、磁材退化特性、石英摆片以及伺服电路的敏感参数和失效模式。

（3）失效分析：收集真实贮存中的失效样品和摸底试验中的失效样品，分别针对石英加表中的电路部分（功能失效、性能超差及电路板、元器件失效样品）和表芯部分（主要包括 3 种胶黏结失效、石英摆片劣化和功能失效、磁材失效、激光焊接失效）开展石英加表失效机理分析，研究石英加表的失效机理。

（4）制订技术方案：结合石英加表产品自身特点以及上述工作结果，制订石英加表贮存寿命研究技术方案，研究并提出适用的贮存加速试验方法。

（5）制订大纲作为试验依据：根据石英加表技术资料制订石英加表贮存加速试验大纲作为开展贮存加速试验的依据，主要包括石英加表、胶料及黏结体、磁材的加速试验方法。

（6）组织开展加速试验：准备好样机、测试和试验条件后，分组开展石英加表及相关对象（包括胶料及黏结体、磁材）贮存加速试验，定期对被试对象进行检测获得性能参数数据。

（7）特征检测分析：对试验中出现故障的元器件/原材料及相应合格元器件/原材料，开展贮存寿命特征检测分析，编制元器件/原材料贮存寿命特征检测分析报告。

（8）开展数据处理：分别对石英加表、胶料、黏结体、磁材的试验数据进行处理，并综合各部分的试验模型和参数，修正石英加表的贮存寿命结果，结合试验情况和分析结果，初步给出石英加表贮存薄弱环节结果，出具石英加表加速贮存试验报告。

（9）环境适应性验证：从完成加速贮存试验的样品中抽取样品开展环境适应性试验，主要针对典型环境进行环境适应性验证，确定长期贮存后的样品的环境适应性，同时，通过环境适应性试验查找长期贮存后产品的潜在缺陷。

（10）出具贮存寿命评价报告：开展样机原理分析和修理经验分析，最终确认石英加表的贮存寿命和贮存薄弱环节，编制石英加表贮存寿命评价研究报告。

石英加表贮存寿命研究技术路线如图 14-13 所示。

2. 摸底试验统筹安排

为了保证石英加表整机及各组成部分加速试验方法的可行性和有效性，在开展加速试验前，有必要开展摸底试验，了解石英加表整机及各组成部分的敏感应力类型、耐受极限大小、敏感性能参数、失效模式机理等信息，为设计加速试验方案提供输入。

在摸底试验中，主要考虑高温、低温、温度循环、温湿度四种典型环境对石英加表整机及各组成部分的影响。石英加表组成部分在非工作状态下极限应力范围调查表 14-20。

在开展摸底试验前，应对石英加表整机及各组成部分的耐受应力极限进行调研，了解各种胶、元器件、辅助材料、磁钢材料、激光焊点以及其他原材料的耐受应力范围（包括高温极值、低温极值、温循范围、温湿度范围），为设计摸底试验方案提供参考，同时为节约试验条件保障资源合并摸底试验提供决策。

通过摸底试验为开展加速试验方案设计明确应力类型、量值大小、关键性能参数。

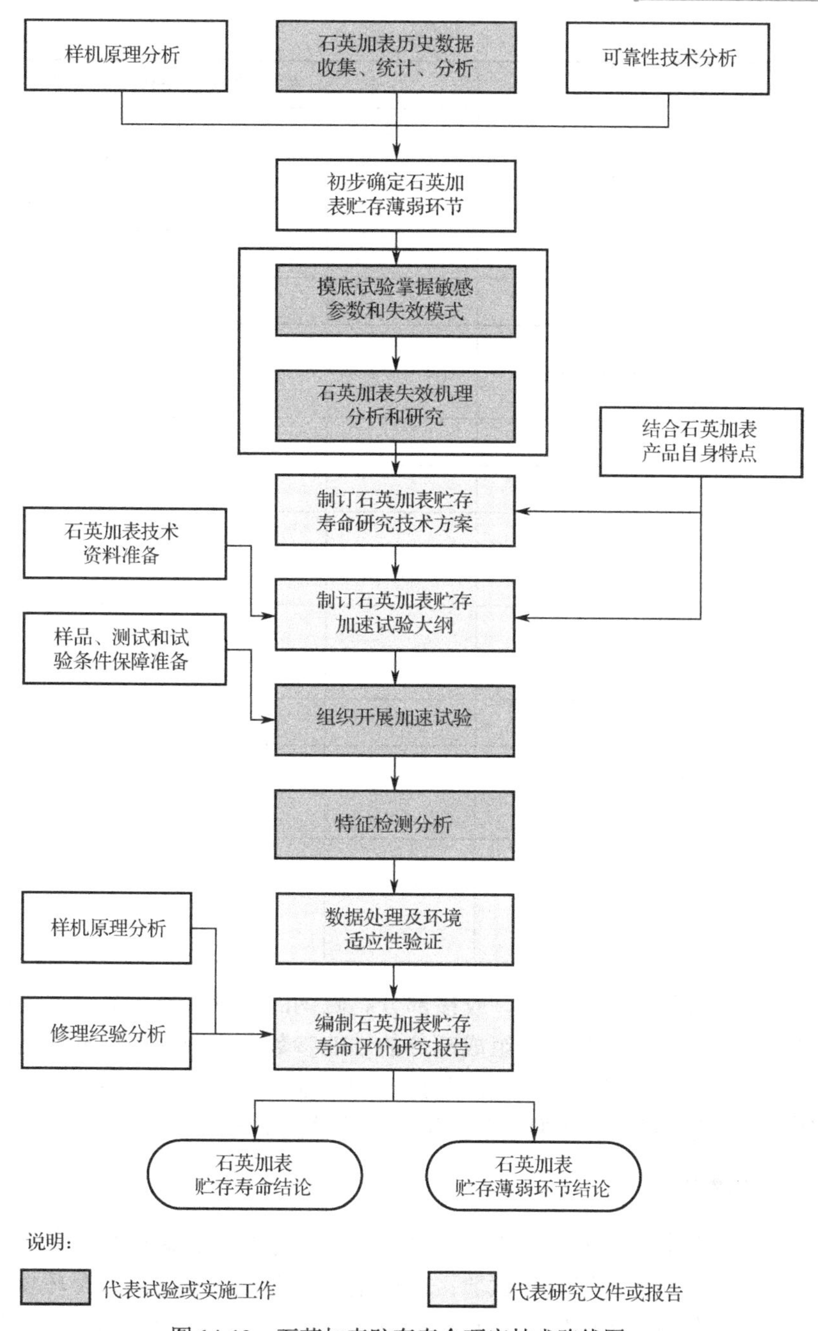

图 14-13　石英加表贮存寿命研究技术路线图

表 14-20　石英加表组成部分在非工作状态下极限应力范围调查

序号	部件名称	在非工作状态下极限应力范围			
		高温（℃）	低温（℃）	温度循环（℃）	温湿度（℃，%RH）
1	轭铁				
2	磁钢				

续表

序号	部件名称	在非工作状态下极限应力范围			
		高温（℃）	低温（℃）	温度循环（℃）	温湿度（℃，%RH）
3	磁极帽				
4	石英摆片				
5	力矩线圈				
6	密封圈				
7	XX 胶				
8	XX 胶				
9	XX 胶				
10	激光焊点				
11	电路板				
12	焊点				
13	元器件				
14	导线材料				
15	三防漆料				
16	其他原材料：……				
17	其他辅助材料：……				
18	其他可能的不耐受应力对象：________				

在摸底试验中，对石英加表整机、胶接部分、磁钢的关键性能参数进行摸底和确定。首先，由研制单位对石英加表整机及组成部分的性能参数进行分析，根据产品设计信息和性能参数的影响程度，初步确定其关键的和重要的参数。然后，通过摸底试验，结合性能测试和失效分析，确定关键的和重要的参数用于加速试验检测。

3. 加速试验统筹安排

根据石英加表贮存寿命研究总体思路，分成三个部分开展加速试验：①石英加表整机加速试验；②胶及胶接部分加速退化试验；③磁钢加速退化试验。从贮存环境和失效机理出发考虑，3 个部分的试验应力类型保持一致；从各部分承受应力和试验效率衡量，石英加表整机和胶及胶接部分试验应力大小同时受到胶接部分耐温制约，试验应力相对较小且一致，磁钢部分耐温范围高，可以采用更高的试验应力。

从节约试验条件保障资源出发考虑，可考虑采用较低的加速应力将 3 个部分放在一起进行试验，在必要的情况下，完成 3 部分加速试验后再补充在更高的应力下对磁钢的进一步考核。加速试验方法选择和工作安排见表 14-21。

表 14-21　加速试验方法选择和工作安排

试验性质	序号	组成	考核对象	备注
石英加表整机加速试验	1	上、下轭铁		随整机考核
		磁极帽		随整机考核
		上轭铁—密封圈—下轭铁	考核激光焊点	随整机考核
		石英摆片	考核石英摆片	由于不能定量测试，随整机投样进行考核
胶及胶接部分加速退化试验	2	力矩线圈—石英摆片试件	考核胶接部分	采用模拟试件保证测试
	3	磁极帽—磁钢—轭铁样品		采用真实产品
	4	上轭铁—接线柱样品		采用真实产品
	5	力矩线圈—石英摆片用胶料	考核胶性能	陪同试验，对比性能
	6	磁极帽—磁钢—轭铁用胶料		
	7	上轭铁—接线柱用胶料		
磁钢加速退化试验	8	磁钢	考核磁特性	初始状态不充磁

4. 数据处理方法选择

相对加速寿命试验依靠故障信息进行寿命评估而言，加速退化试验基于性能参数退化进行寿命评估，采用的是性能参数预测机制，在通常情况下不需要进行足够时间的试验，因此，加速退化试验时间相比加速寿命试验要短。因此，在选择加速试验方法时可以优先采用加速退化试验方法。值得注意的是加速退化试验数据处理方法与加速寿命试验数据处理方法存在较大差异，而且难度更大。

考虑到石英加表整机性能参数允许容差范围小，可能存在监测不到性能参数发生变化而直接发生失效的情况，因此，石英加表整机的试验采用基于应力分析的方法进行，数据处理方法根据实际情况兼顾加速退化试验数据处理和加速寿命试验数据处理两类方法。胶接部分和磁钢部分具有较为明显的性能参数退化行为，应更适合采用加速退化模型。

性能参数预测采用布朗漂移运动模型、灰色系统理论预测模型、具有调节因子的性能退化模型；加速寿命试验数据处理采用阿伦尼斯温度模型、Peck 或 IPC 温湿度模型、W-E 热疲劳模型。

在贮存加速退化试验中，通过定期检测规定样品的主要性能参数，获得在各个试验应力水平下规定样品性能参数变化趋势，预测在等效贮存条件下各类样品主要性能参数的超差时间，为评估该类样品贮存寿命提供参考。

5. 加速试验方案初步考虑

1）加速试验方案初步考虑——应力类型的选取

整机的贮存主要是库房贮存，库房贮存的温度和湿度是可以进行控制的，是整机长期存放、定期检测和维护保养的场所。

根据整机贮存环境的特点，影响整机贮存寿命的主要环境因素为：温度和湿度。

结合整机的实际贮存环境条件、整机包装和产品的密封性特点、已有的试验条件和加速试验模型，优先选取温度应力进行贮存加速试验。具体如何选择应力类型主要取决于摸底试验掌握的信息。如果选择的温度应力不能解决问题，则可考虑选择温湿度或温度循环应力，但是选择这两种应力面临着加速效应评估基准确定的问题。

2）加速效应评估基准的确定——20℃

根据上述分析，我们选择标准库房贮存条件作为加速效应评估基准，温度条件为 20℃，湿度条件为 50%RH，温度循环条件为 15～30℃。如果采用高温作为加速应力，则选择20℃作为加速效应评估基准；如果采用温湿度应力作为加速应力，则选择 20℃、50%RH 作为加速效应评估基准；如果采用温度循环作为加速应力，则选择 15～30℃作为加速效应评估基准。

3）应力水平数的选取——3 个

石英加表、胶及胶接部分、磁钢优先采用加速退化试验方法，需要利用试验测试数据解算退化模型和加速模型参数。获取加速退化函数后才能预测实际贮存条件下的性能参数超差时间，确定对象贮存寿命。为了模型参数解算的需要，温度应力和温度循环加速试验至少应选取 3 个应力水平进行；温湿度应力加速试验至少应选择 4 个应力进行。

4）应力量值的选取

温度应力量值的选取在极限耐受应力范围调研的基础上，结合摸底试验中掌握的相关对象的应力范围确定。在调研极限应力耐温范围时，应综合考虑整机的设计特点、电路板和元器件的贮存温度范围、原材料和辅料的耐温范围等因素。

根据以上原则并结合摸底试验情况，在可能的条件下，统一选择各个组成部分对象的 3 个应力量值。在试验过程中，如发现存在过应力的情况，应及时对应力量值进行调整。

试验应力量值的选取不宜过低或过高，试验应力量值过低将导致试验样品的加速效应不明显；反之，则会使试验样品失效机理发生变化，甚至损坏试验样品，这两种情况都达不到加速试验的目的。

应力量值的选取应考虑相邻组间应力量值的梯度，应力量值的选取应该能够使加速模型线性化后，各个应力值对应的点在横坐标上均匀分布，避免两点集中在一起，尽可能提高预测的精度。

5）样品数量确定

（1）摸底试验所需样品数量。在摸底试验中，对于整机和磁钢因检测带来的非破坏性，分成 3 组进行试验，高温和低温、温循、温湿度各 1 组，每组投入石英加表整机 2 个、磁钢 3 个；对于胶接部分因检测带来的破坏性，分成 4 组进行试验，高温、低温、温循、温湿度各 1 组，每组需要预留 5 个测试点，每组投入胶接部分 15 个。

因此，在摸底试验中，需要样品数量如下：①整机 6 个；②胶接部分 60 个；③磁钢 9 个。

（2）加速试验所需样品数量。从模型参数解算的需要和评估准确程度的角度考虑，当采取温度应力和温循应力进行加速试验时，每型样品需要分成 3 组开展加速试验；当采取温湿度应力进行加速试验时，由于模型参数增加了 1 个，每型样品需要分成 4 组开展加速试验。

根据加速试验中贮存寿命研究工作的需要，石英加表整机可能采取加速退化试验和加速寿命试验相结合的数据处理方法，磁钢采用加速退化试验的数据处理方法。石英加表整机和磁钢的检测是非破坏性的，加速退化试验需要开展 3 组或 4 组试验，为了提高评估的准确程度，每组样品安排 10 个石英加表整机和 5 个磁钢样品进行试验，因此，石英加表的数量为（3 或 4）×10=30 或 40 个，磁钢的数量为（3 或 4）×5=15 或 20 个。

根据加速退化试验中贮存寿命研究工作的需要，由于胶接部分的测试是破坏性测试，考虑到胶接性能的一致性存在差异，因此，在每个测试点应安排一定数量的样品（每个测试点安排 5 个样品），利用均值拟合平滑胶接性能的个体差异，并在可能的情况下采用胶接性能的下限进行预测。从模拟拟合的角度考虑，测试数据点为 10～12 个，加速退化试验需要开展 3～4 组，因此，胶接样品的总数为（3 或 4）×（10～12）×5=150～180 个或 200～240 个。

根据上述计算，加速试验样品对象和数量估计见表 14-22。

表 14-22　加速试验样品对象和数量估计

序号	部件名称	产品层次	摸底试验需数量	温循加速模型需数量	湿热加速模型需数量	样品合计数量
1	石英加表整机	整机	6	15	20	21～26
2	力矩线圈—石英摆片试件	组件	60	150～180	200～240	210～300
3	磁极帽－磁钢－轭铁样品	组件	60	150～180	200～240	210～300
4	上轭铁－接线柱样品	组件	60	150～180	200～240	210～300
5	力矩线圈—石英摆片用胶料	原料	/	/	/	/
6	磁极帽－磁钢－轭铁用胶料	原料	/	/	/	/
7	上轭铁－接线柱用胶料	原料	/	/	/	/
8	磁钢	零件	9	15	20	24～29

（3）样品状态要求。为了保证贮存寿命评估结果的科学性，应保证试验样品技术状态与真实产品技术状态的一致性。试验样品应从实际产品中获取，对于试件应采用与实际生产一致的材料和工艺制作，保证试验样品具有代表性；同时尽可能采用同一批次或接近时间生产/制作的试验样品。

当具有历史贮存样品时，应尽可能考虑选择贮存时间长的样品，这样可以缩短所需的试验时间；而且应考虑选择贮存时间相近的样品，避免样品性能与贮存时间的相关性不强而造成的对评估结果的影响。

（4）样品检测要求。检测项目：在设计贮存寿命评价研究技术方案阶段，根据相关产品的技术条件确定石英加表整机及组成部分的检测项目及合格判据；根据 FTA、FMEA 等原理方法或数据信息，从产品的检测项目中，确定出各型样品的关键性能参数，并进一步结合各型样品特征，初步提出各型样品的退化表征参数。对于缺乏相关技术条件，没有明确检测项目和合格判据的情况，由双方进行研究后共同确定检测项目和合格判据；对于试验前不能给出合格判据的情况，可以通过试验掌握性能参数再确定，或根据给定的特定边界条件预测性能参数值。

检测时机：试验前、后，在实验室环境条件下对试验样品进行全面的功能检查和性能测试；在试验中，按各组成部分试验规定的检测周期要求对样品进行检测。在贮存加速试验中应保证从加速应力状态到正常应力状态的恢复时间足以使样品恢复到测试环境温度，每次测试工作应尽量在 24 小时内完成。

检测次数：为了保证数据处理的需要，各型样品所需的检测点数为 10～12 个，即整个加速试验分成 10～12 个周期开展，每个周期后的检测作为 1 个检测点。对于进行加速寿命试验的整机，主要关心产品性能是否合格，每个试验周期后测试 1 次即可；对于进行加速退化试验的组成部分，需要采用测试过程的性能参数预测贮存寿命，为了减少测量误差，每个试验周期后每个磁钢进行的非破坏性的测试需要进行 3 次（每个胶接件进行的破坏性测试只能测试 1 次，每个测试点测试 3～5 个胶接件以消除测量误差和产品个体差异的影响）。

6. 试验时间估算

对于石英加表整机，重点考核伺服电路和石英晶片在长期贮存下的特性，同时验证胶接部分、磁钢等材料在长期贮存下是否正常，因此，通过对电路部分建模，利用激活能经验参数，采用基于应力分析的方法，计算出伺服电路的加速因子。以最高应力组伺服电路在预先评估的加速因子下等效贮存 10 年作为试验截止时间。按照以往产品的评估经验，如果采用新品，计划试验时间估计需要 2000～3000 小时；如果采用贮存了 2 年的产品，计划试验时间估计需要 1600～2400 小时；如果采用贮存了 3 年的产品，计划试验时间估计需要 1400～2100 小时。

对于胶接部分，胶在加速应力下的性能参数明显，而且胶的加速效应相对较强，采用加速退化试验方法，可以对性能参数进行外推预测，不需要进行足额时间的试验。因此，估计胶接试验时间不长，按照以往经验评估最低应力组试验时间不超过 1500 小时，高应力组所需试验时间相对会更短，最高应力组所需试验时间估计约为 500 小时。

对于磁钢部分，同样采取加速退化试验的方法，但与胶接部分有所区别，石英加表所采用的磁钢为镍钴永磁材料，具有良好的磁性能和很高的耐温特性，在高应力条件下性能退化速度在早期快速但后期相对缓慢甚至平缓，因此，估计磁钢的试验时间与石英加表整机试验时间相当。如果在整机试验时间长度内，不足以评估磁钢的贮存寿命，则可继续单独对磁钢采用更高的应力开展后续试验。

综合以上分析，整个试验时间计划按照石英加表整机计划的试验时间安排，试验时间按照 2000 小时计划安排，在试验过程中，根据实际情况进行调整，如果提前得到足以评估寿命的信息，则提前结束试验；如果开展 2000 小时后仍不能得到足以评估寿命的信息，则应适当延长试验。

7. 故障处理和失效分析

在摸底试验和加速试验中，应及时对试验发现的故障进行处理，对试验样品进行故障处理包括故障定位和故障分析，并查明故障原因。

当故障件定位到电路板、元器件、原材料时，应选取失效试验样品和相应合格样品进行贮存寿命特征检测分析，了解产品差异，找出失效原因，进行失效分类。

14.5.5 关键技术具体解决途径

1. 加速因子评估

石英加表伺服电路采用基于应力分析与阿伦尼斯相结合的模型评估加速因子，评估出在加速试验条件下相对于库房贮存条件下的石英加表伺服电路加速因子，根据样品已有的贮存历史年限计算出在加速试验条件下达到等效贮存 10 年所对应的试验时间。加速因子评估及试验时间计划如图 14-14 所示。

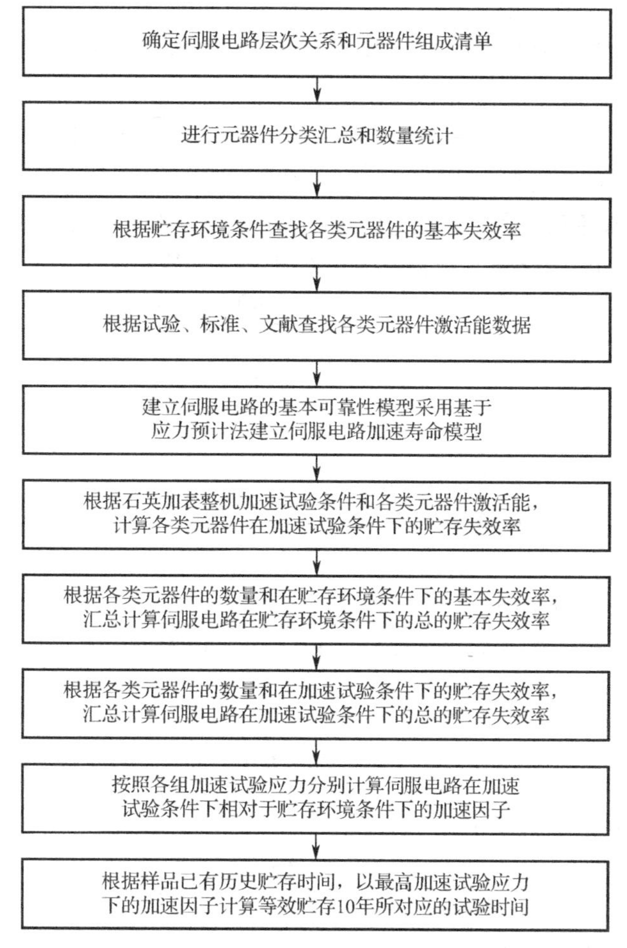

图 14-14　加速因子评估及试验时间计划

2. 加速退化模型

1）布朗漂移运动退化模型

在贮存过程中，产品内部发生缓慢的物理化学变化，这些变化会使产品各种功能特性发生变化，也是造成产品非工作期间失效的主要原因。随着这些物理化学变化程度的增大，产品的性能会发生退化（一般表现为功能参数的变化），当性能退化到一定程度时，产品就会失效。这种性能退化符合布朗漂移运动规律。电子组件性能参数的布朗漂移运动模型如下：

$$Y(t+\Delta t)=Y(t)+\mu\cdot\Delta t+\sigma B(t) \tag{14.22}$$

式中，

$Y(t)$——在 t（初始）时刻，产品的性能（初始）值；

$Y(t+\Delta t)$——在 $t+\Delta t$ 时刻，产品的性能值；

μ——漂移系数，$\mu>0$；

σ——扩散系数，$\sigma>0$，在整个加速退化试验中，σ 不随应力而改变；

$B(t)$——标准布朗运动，$B(t) \sim N(0,t)$。

因为布朗漂移运动属于马尔科夫过程，所以具有独立增量性，即在退化过程中表现为非重叠的时间间隔Δt 内的退化增量相互独立。而由于布朗运动本身属于一种正态过程，因此退化增量$(Y_i - Y_{i-1})$服从均值为$u \cdot \Delta t$，方差为$\sigma^2 \cdot \Delta t$的正态分布，因此，得到性能参数退化模型如下：

$$Y(t+\Delta t) = Y(t) + u \cdot \Delta t + \sigma \cdot \sqrt{\Delta t} \cdot N(0,1) \tag{14.23}$$

2）灰色系统理论退化模型

将试验数据作为灰色量，利用序列方法进行数据生成和拟合，用灰色 GM（1,1）模型－阿伦尼斯模型来处理加速退化试验数据。灰色 GM（1,1）模型如下：

$$\begin{cases} \hat{x}_{k+1} = \left(\hat{x}_0 - \dfrac{b}{a}\right)\mathrm{e}^{-ak} + \dfrac{b}{a} \\ \hat{x}_{k+1}^0 = \hat{x}_{k+1}^1 - \hat{x}_k^1 \end{cases} \tag{14.24}$$

式中，

$\hat{x}_1^0$——原始序列中的第 1 个测试数据；

$\hat{x}_{k+1}^1$——1 阶累加生成的预测值；

a,b——模型参数；

$\hat{x}_{k+1}^0$——原始序列的预测值。

其中，当$a \in (-2,2)$，且当$a \geqslant -0.3$时，GM（1,1）模型可用于中长期预测。

性能参数预测模型为：

$$\hat{x}^{(0)}(k+1) = (1-\mathrm{e}^a)\left(x^{(0)}(1) - \frac{b}{a}\right)\mathrm{e}^{-ak} \tag{14.25}$$

3）具有调节因子性能退化模型

$$P_l = A_l \mathrm{e}^{-K_l t_l^f} \tag{14.26}$$

式中，

t_l——第 l 个应力水平下的老化时间，天；

P_l——t 时刻，第 l 个应力水平下样品的性能参数值；

K_l——第 l 个应力下的性能变化速度常数；

A_l——第 l 个应力水平下的退化模型频数因子，常数；

f——模型修正因子，常数。

3. 加速模型

1）温度加速模型

在导致产品性能退化的内部反应过程中存在能量势垒，跨越这种势垒所必需的能量是由环境（应力）提供的。因而，产品受到的各种环境应力的大小决定了这些物理化学变化的速率。越过此能量势垒（称为激活能ΔE）进行反应的频数是按一定概率发生的，服从玻耳兹曼分布。在贮存状态下，产品受到的环境应力主要是温度应力，在某一时刻的反应速度与温度的关系可用阿伦尼斯（Arrhenius）模型表示，该模型也成为反应论模型。

对于电子产品有：

$$u(T_l) = Ae^{\frac{-E_a}{KT_l}} \tag{14.27}$$

式中，

$u(T_l)$——在T_l温度应力水平下的退化速度；

T_l——第l组样品的加速应力，势力学温度，单位为K；

A——频数因子；

E_a——激活能，单位为eV；

K——玻耳兹曼常数，8.6×10^{-5}eV/K。

对于胶料产品，加速模型形式一致，参数含义有所变化，模型如下：

$$K_l = Ze^{\frac{-E}{RT_l}} \tag{14.28}$$

式中，

Z——加速模型频率因子，常数，单位为d^{-1}；

E——表观活化能，单位为$J\cdot mol^{-1}$；

R——气体常数，单位为$J\cdot K^{-1}\cdot mol^{-1}$；

T_l——在第l个应力下的老化温度，势力学温度，单位为K。

2）温湿度加速模型

典型的温湿度加速模型有三类，

（1）Peck模型：

$$u_l = Ae^{\frac{-E_a}{KT_l}}\cdot \mathrm{RH}^{-n} \tag{14.29}$$

式中，

u_l——在温度应力为$T(K)$和相对湿度应力为RH %条件下的退化速度；

A——频数因子；

E_a——激活能，以eV为单位，经验数值在0.6～2.51之间；

K——玻耳兹曼常数，8.6×10^{-5}eV/K；

n——逆幂指数。

（2）艾林模型：

$$u_l = Ae^{\frac{-E_a}{KT_l}+\frac{B}{\mathrm{RH}}} \tag{14.30}$$

式中，

B——常数。

（3）IPC标准模型：

$$u_l = Ae^{\frac{-E_a}{KT}+C\cdot \mathrm{RH}^b} \tag{14.31}$$

式中，

C——常数；

b——逆幂指数。

其中Peck模型有3个参数(E_a、A、n)，艾林模型有3个参数(E_a、A、B)，IPC标准模型有4个参数(E_a、A、C、b)。

模型参数的求解方式均可采取最小二乘法，首先，对模型进行对数化；然后，进行参数变化；其次，求解斜率和截距；最后，求出模型参数。

3）温循加速模型

温循加速模型有 2 种，一种是针对焊点疲劳的模型，包括 M-C 模型、N-L 模型、W-E 模型，其中 W-E 模型精度最好，另一种是逆幂模型。

（1）W-E 模型：

$$N_f(50\%)=\frac{1}{2}\left[\frac{2\varepsilon'_f}{\Delta D}\right]^m \tag{14.32}$$

式中，

ε'_f——疲劳韧性指数，锡铅焊料为 0.325；

ΔD——蠕变疲劳损伤量；

m——温度和时间依存指数。

（2）温度和时间依存指数的计算如下：

$$\frac{1}{m}=0.442+6\cdot 10^{-4}T_{sj}-1.74\cdot 10^{-2}\ln\left(1+\frac{360}{t_D}\right) \tag{14.33}$$

式中，

T_{sj}——平均每个循环的温度；

t_D——温度循环中高低温的驻留时间。

（3）温度变化速率与循环次数（温变次数）满足逆幂模型：

$$X^{\frac{1}{m}}\cdot N=A \tag{14.34}$$

式中，

X——温度变化速率；

N——循环次数；

m——温度变化速率与循环次数依存关系指数；

A——频数因子。

4. 等效贮存时间估计

在采用加速退化模型对性能参数进行预测后，可计算出贮存失效首达时间，并通过加速模型估计出加速试验等效贮存时间。

贮存退化失效首达时间预测结果为：

$$t=(N+0.5)T \tag{14.35}$$

式中，

T——测试周期；

N——同时满足$\begin{cases}\left|x^{(0)}(k+1)\right|\leqslant|X|,\text{当}k=N\text{时}\\\left|x^{(0)}(k+1)\right|>|X|,\text{当}k=N+1\text{时}\end{cases}$；

X——合格判据值。

在三个不同的应力水平下（T_j）预测得到三个贮存退化失效首达时间（t_j），组成 3 个序对$\{(T_j,t_j)\text{，其中}j=1,2,3\}$，利用阿伦尼斯模型推导可得：

$$t_j = A\mathrm{e}^{\frac{-E_a}{KT_j}} \tag{14.36}$$

采用最小二乘法可求得参数 A 和 E_a，利用求得的 A 和 E_a，进一步推导，可获得加速因子：

$$\mathrm{AF}(T_u:T_j) = \exp\left(\frac{E_a}{KT_u} - \frac{E_a}{KT_j}\right) \tag{14.37}$$

式中，

T_u——典型贮存环境条件下的温度；

T_j——贮存加速退化试验条件下的温度，其中 j=1,2,3。

因此，在典型贮存环境条件下的贮存退化首达时间预测值为：

$$t_u = \exp\left(\frac{E_a}{KT_u} - \frac{E_a}{KT_j}\right) \times t_j \tag{14.38}$$

14.5.6 环境适应性验证试验

通过石英加表环境适应性验证试验考核石英加表在经历长期贮存后的环境适应性，暴露石英加表在环境适应性方面存在的薄弱环节。

在石英加表贮存加速寿命试验中，当最高应力组下的石英加表样品加速试验至等效贮存 10 年时，进行全面测试和环境适应性验证试验（高温工作、低温工作、功能振动等），以考核石英加表在等效贮存 10 年后的环境适应性。如果试验中出现异常无法按照规定顺序安排样品，应根据现场具备的条件进行调整。

14.5.7 薄弱电路板和元器件贮存寿命特征检测分析方法

1. 薄弱电路板贮存寿命特征检测分析方法

电路板贮存寿命特征检测分析包括焊点和电路板的试验分析。焊点的试验分析包括外观检验、X-Ray 检查和金相分析等项目，评估典型焊点的贮存可靠性现状。电路板的试验分析包括耐电压测试、绝缘电阻测试和金相切片分析，评估电路板绝缘电阻能否满足标准要求以及电路板通孔的质量情况。电路板贮存寿命特征检测分析项目见表 14-23。综合焊点和电路板试验分析的结果，给出电路板贮存可靠性试验分析结论。

表 14-23 电路板贮存寿命特征检测分析项目

检测项目		检测条件	备注
焊点	外观质量检查	立体显微镜进行	检查焊点质量缺陷
	X-Ray 检查	—	检查焊点工艺质量
	金相分析	SEM 等分析方法进行	金相结构评估焊点质量和疲劳程度
电路板	耐电压测试	参考工作电压来进行	—
	绝缘电阻测试	—	评估电路板绝缘电阻能否满足标准要求
	金相切片分析	SEM 等分析方法进行	评估电路板通孔的质量和退化情况

2. 元器件贮存寿命特征检测分析方法

元器件贮存寿命特征检测分析项目包括外观质量检查、电参数测量、贮存寿命特征检测分析、失效分析等项目，见表14-24，通过分析结果给出元器件贮存可靠性试验分析结论。

表14-24 元器件贮存寿命特征检测分析项目

检测项目	检测条件	备　注
外观质量检查	目检和镜检	检查元器件壳体和引脚是否正常
电参数测量	依据元器件类型	检查元器件功能是否正常，性能参数是否合格
特征检测分析	参考GJB 4027	检查元器件是否存在微观质量缺陷
失效分析	参考GJB 4027	查找故障元器件的失效机理

3. 材料贮存寿命特征检测分析方法

胶接材料贮存寿命特征检测分析项目见表14-25

表14-25 胶接材料贮存寿命特征检测分析项目

序号	检测项目	检测条件	备注
1	外观质量检查	目检和镜检	检查外部形貌是否存在明显老化特征
2	前切强度		确定胶是否存在黏接不牢的老化特征

磁性材料贮存寿命特征检测分析项目见表14-26。

表14-26 磁性材料贮存寿命特征检测分析项目

序号	试验项目	试验条件	备　注
1	外观检查	立体显微镜进行	检查外部形貌是否存在裂纹、破损、氧化、腐蚀。
2	参数检测	—	确定磁特性参数是否正常。
3	X-Ray检查	—	确定磁性材料内部是否存在微裂纹、空隙。
4	金相切片	SEM等分析方法进行	制作样品用于电镜扫描。
5	扫描电镜	—	观察内部晶体结构是否存在异常。

14.5.8 综合分析

对石英加表贮存加速试验和环境适应性验证试验、胶及胶接部分和磁钢加速退化试验、电路板和元器件贮存寿命特征检测分析结果进行分析，结合整机贮存历史数据统计分析、样机原理和修理经验，对石英加表的贮存寿命和薄弱环节进行综合分析，原则如下：

- 根据胶接部分的试验数据，给出胶接部分的加速退化模型，预测出胶接部分的贮存寿命；
- 根据磁钢部分的试验数据，给出磁钢部分的加速退化模型，预测出磁钢部分的贮存寿命；
- 根据石英加表贮存加速试验情况，对于出现的由于胶接和磁性失效导致的故障，将试验条件和试验时间代入得到的胶接或磁钢的加速模型，得到贮存加速因子和等效贮存时间，修正石英加表的贮存寿命；

- 根据加速试验中出现的功能故障/性能退化情况和环境适应性验证试验情况，初步确定石英加表的薄弱对象和薄弱参数；
- 根据板级电路和元器件贮存寿命特征检测分析情况，结合产品的贮存年限，借鉴以往整机贮存寿命研究数据，初步确定薄弱电路板和元器件；
- 对初步确定的薄弱环节，研制单位结合样机原理和修理经验，对薄弱环节进行定性分析，综合各部分研究情况和贮存寿命结论，最终确定石英加表贮存寿命结论和薄弱环节清单，制订必要的延寿修理措施。

14.6 某型产品综合应力加速试验条件下长寿命快速评价方案

14.6.1 考核要求

已知某型产品寿命指标为 30000 小时，要求按照 K=1.5 工程经验系数进行寿命考核，为缩短试验时间要求，采用加速试验考核其寿命指标。

14.6.2 敏感应力分析

由于在前期试验数据中没有发现耗损型故障数据，因此根据受试产品最新技术状态的可靠性仿真试验结果确定敏感应力。通过基于故障机理的仿真分析，受试产品中存在 5 个薄弱环节，见表 14-27。

表 14-27 受试产品可靠性仿真试验薄弱环节

故障位置		故障模式	故障机理	预计故障循环数		
位置	位号			均值	最小	最大
CPU 模块	D_{37}	焊点开裂	热疲劳	25701	6831	101039
	D_5	焊点开裂	热疲劳	25702	4719	104179
	D_6	焊点开裂	热疲劳	26600	5747	90989
AES 模块	D_{12}	焊点开裂	热疲劳	21625	10837	43391
	D_6	焊点开裂	热疲劳	26142	6911	68682

从表 14-27 可以看出，5 个薄弱环节均由温度应力引起失效，所以受试产品的敏感应力为温度。

14.6.3 加速温度应力条件初步确定

根据强化试验得到的极限工作应力：低温-75℃、高温 110℃、振动 22g（电磁台，GJB 899 中机载设备谱），考虑到产品技术状态的离散性，取低温+10℃和高温-20℃作为温度范围，初步确定温度循环条件。

- 低温：-65℃，保温 30min；
- 高温：90℃，保温 90min；
- 温变率：15℃/min；
- 一个循环时间为 140min。

14.6.4 加速试验时间计算

首先，以可靠性试验剖面（图 14-15 所示的驾驶舱综合设备柜可靠性摸底试验综合应力条件（RIU））为输入条件，通过可靠性仿真试验得出正常条件下的前 10 个潜在薄弱点。

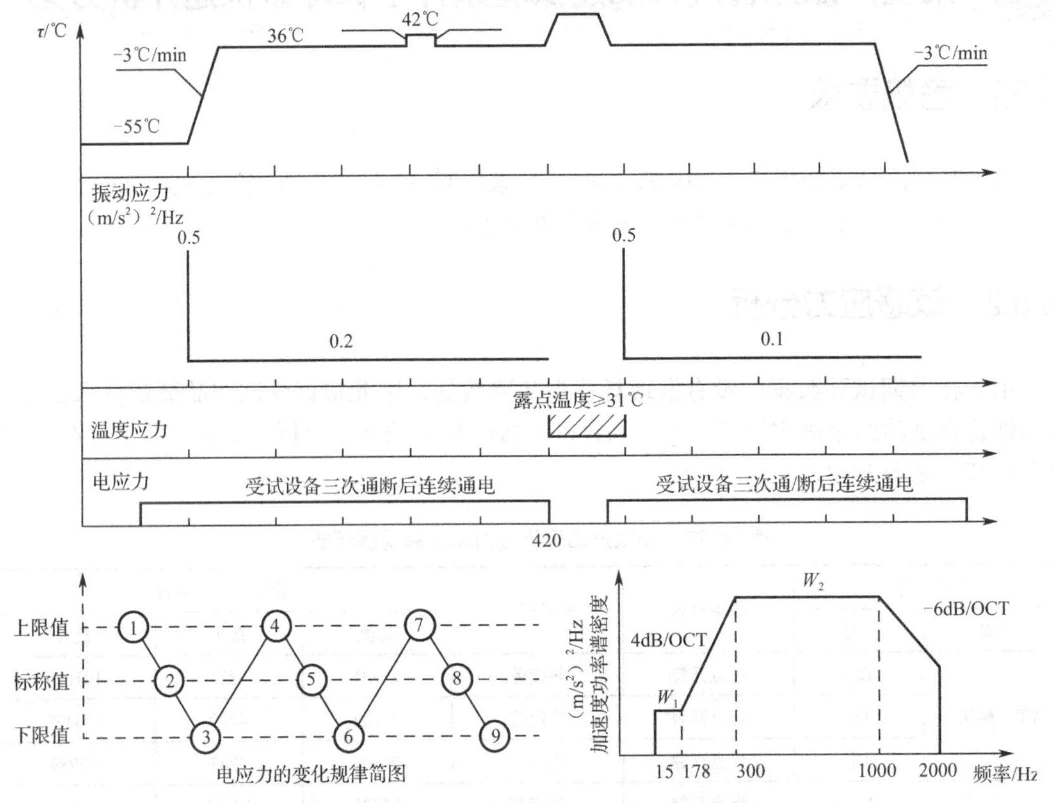

图 14-15 驾驶舱综合设备柜可靠性摸底试验综合应力条件（RIU）

其次，以 45000 小时对应的 3214 循环可靠性试验剖面为输入计算加速条件下的平均故障首发时间。受试产品加速条件下的前 10 个潜在薄弱点故障信息见表 14-28。

表 14-28 受试产品加速条件下的前 10 个潜在薄弱点故障信息

故障位置		故障模式	故障机理	预计故障循环数		
位置	位号			均值	最小	最大
AES	D_{12}	焊点开裂	热疲劳	1815	1169	3350
CPU	D_{37}	焊点开裂	热疲劳	1408	516	3437
CPU	D_5	焊点开裂	热疲劳	1263	484	2771

续表

故障位置		故障模式	故障机理	预计故障循环数		
位置	位号			均值	最小	最大
AES	D_6	焊点开裂	热疲劳	2312	746	4646
CPU	D_6	焊点开裂	热疲劳	1369	518	3396
AES	D_5	焊点开裂	热疲劳	2436	942	5774
AES	D_4	焊点开裂	热疲劳	2385	1249	6553
NSM	D_2	焊点开裂	热疲劳	2509	565	6792
CPU	D_{48}	焊点开裂	热疲劳	2822	944	7846
CPU	D_{46}	焊点开裂	热疲劳	3195	744	7649

再次，受试产品前 10 个潜在薄弱点加速因子见表 14-29。

表 14-29 受试产品前 10 个潜在薄弱点加速因子

位置	位号	正常条件首发故障循环数均值	加速条件首发故障循环数均值	加速因子
AES	D_{12}	3841.1	789	4.9
CPU	D_{37}	4565.0	612	7.5
CPU	D_5	4565.2	549	8.3
AES	D_6	4643.4	1005	4.6
CPU	D_6	4724.7	595	7.9
AES	D_5	5080.6	1059	4.8
AES	D_4	5089.5	1037	4.9
NSM	D_2	5156.2	1091	4.7
CPU	D_{48}	5526.3	1227	4.5
CPU	D_{46}	5871.7	1389	4.2

最后，根据潜在故障点的加速因子进行算术平均，获得产品加速因子：

$$\delta_{\mathrm{r}}=\frac{1}{10}\sum\tau_{Ti}=\frac{1}{10}(4.9+7.5+8.3+7.9+4.6+4.8+4.9+4.7+4.5+4.2)=5.6 \tag{14.39}$$

等效试验时间计算：

$$T_v=\frac{C_{\mathrm{N}}}{\tau_{\mathrm{V}}}\times 140/60=\frac{3214}{5.6}\times 140/60=1340\mathrm{h} \tag{14.40}$$

加速试验时间为 700～1400 小时。无线电接口单元寿命加速试验的试验剖面如图 14-16 所示，不用更改图 14-16 中综合应力条件，仅需压缩其中的连续振动应力（保证最大振动应力的起始点与测试点一致），在低温保持 20min 时通电，高温保持结束时断电。

综上，试验时间为 1340h。

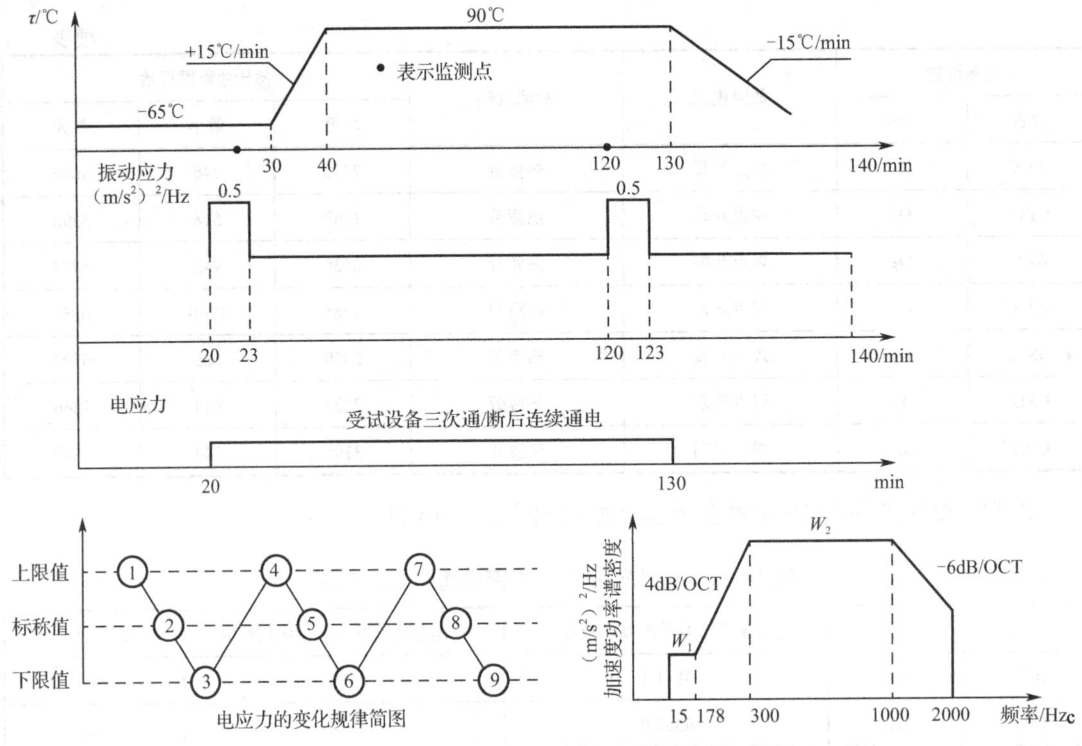

图 14-16　无线电接口单元寿命加速试验的试验剖面

14.6.5　寿命加速试验的故障处理原则

试验过程中出现的责任故障分为两类：偶发性故障和损耗型故障。

（1）偶发性故障：由于元器件偶然失效、产品未按正常工艺生产等引起的故障，发生该类故障时，应修复产品后继续试验。

（2）损耗型故障：产品由于设计或工艺缺陷引起的应力疲劳性故障，如由于结构设计缺陷、接口设计缺陷、正常工艺下的焊点开裂等原因引起的故障。

损耗型故障又分为两类：

- A 类故障：受技术水平限制不能低成本改进的故障。出现该类故障时，应对故障进行修复，继续试验。
- B 类故障：能够低成本改进的故障。在规定的试验时间内出现该类故障时必须进行改进，改进后应当进行试验方案要求的试验时间验证，需要说明的是在规定的试验时间以外出现的非验证的 B 类损耗型故障可在修复后继续进行验证试验。

损耗型故障的分类必须经过总师单位组织的评审会确认。试验过程中出现的故障均应按照 GJB 841 的相关要求进行信息收集和故障处理工作。

14.6.6　试验结束要求

当试验时间达到试验方案规定且未发生 B 类损耗型故障或发生的 B 类损耗型故障已通过试验方案规定的试验时间验证时，试验结束。

14.6.7 试验结果评估

受试产品的可靠性按照下列方法进行评估。

设产品的实际加速因子为 k，仿真分析得到的产品加速因子为 τ，由于仿真加速因子近似服从正态分布，因此有$|k-\tau|\leqslant d$，即 $\tau-d\leqslant k\leqslant\tau+d$，可知仿真分析得到的产品加速因子 τ 与产品的实际加速因子的偏差情况决定了利用 τ 评估产品可靠性水平的准确度。假设 d=0.5τ 则有：

$$0.5\tau\leqslant k\leqslant 1.5\tau \tag{14.41}$$

根据给定的产品可靠性指标 MTBF 值 θ_1，可以得到产品可靠性满足要求的置信度取值区间$[a_1,a_2]$，其中 a_1 和 a_2 分别满足下列方程：

$$X^2_{(1-a_1),(2r+2)}=\frac{\tau T_0}{\theta_1}\qquad X^2_{(1-a_2),(2r+2)}=\frac{3\tau T_0}{\theta_1} \tag{14.42}$$

这里 τT_0 为本次寿命加速试验等效正常应力下的试验时间，即 45000 小时；r 为在可靠性增长加速试验时间内出现的责任故障数（不含超过寿命加速试验时间后出现的故障和经验证改进措施有效的 B 类故障）。

当产品的实际加速因子 k 与仿真分析得到的加速因子 τ 相等时，加速试验中各个观测值在外推后与正常条件下得到的观测值的结果是一致的，因此可以按照下式评估产品的可靠性：

$$\theta\geqslant\frac{2\tau T_0}{X^2_{(1-C),(2r+2)}} \tag{14.43}$$

其中，C 为置信度（建议取 70%）。

14.6.8 试验实施要求

1. 试验的组织和管理

在试验前应成立试验工作组，由承试单位任组长，负责试验工作，包括制订有关规章制度，安排试验的实施、故障处理及紧急情况的处置等；如用户单位参与，则由该单位担任副组长，负责对试验全过程实施监控，包括产品性能检测、检查并签署各种试验记录；产品研制单位作为成员单位参加试验工作组，提供对受试产品的技术支持。

2. 试验样件要求

进行寿命加速试验的试验件应满足以下要求：

- 功能和性能应符合有关技术规范有求；
- 基本具备定型或鉴定技术状态和工艺状态，并通过环境应力筛选；
- 检验合格；
- 受试产品的同状态产品应通过必要的环境试验；
- 软件版本基本固化；
- 对前期试验中所发生的故障应采取有效的改进措施，完成可靠性预计和 FMECA 工作并提供相应报告。

3. 试验过程管理要求

（1）大纲和文件准备与确认：由承试单位负责组织编制产品寿命加速试验大纲，并依据大纲编制试验实施程序，研制单位配合完善和确认大纲。

（2）试验前测试和启动评审：每项试验前，应由承试单位按照相关工作要求组织试验前评审。

（3）试验中样机检测：原则上在可靠性试验中对产品的所有功能和性能都应该进行检测，对于不能在实验室现场检测的内容应该说明理由，并在生产单位进行测试且记录检测结果。在试验过程中应详细记录检测及故障处理等信息。由于寿命加速试验的试验条件较使用条件严酷得多，主要目的是暴露产品耐损耗型故障的设计和工艺水平，因此在进行试验过程汇总时应考虑对产品的结构完整性进行检查。

（4）试验中故障评审：试验过程中出现故障且引起产品设计或工艺更改时，承制单位应按照型号相关要求对故障进行归零，归零评审通过后方可继续试验。归零评审一般在承试单位组织下进行。

（5）试验后测试和验收评审：试验结束后，承试单位编写试验报告，试验过程中出现需要归零的故障时，产品承制单位应向承试单位提交故障归零报告，并纳入最终的试验报告中。由试验工作组组织对试验进行验收评审。

4. 试验设备和检测设备要求

用于寿命加速试验的试验设备，应能按规定的试验剖面要求同时施加环境应力，且在检定有效期内。检测设备应能满足检测要求并在检定有效期内。试验设施和检测设备均应满足 GJB 899A“可靠性和验收试验”中的其他要求。

14.7 某型产品综合应力加速试验条件下高可靠指标快速评价方案

14.7.1 受试产品说明

已知某产品主要由电子模块和板卡组成，MTBF 最低可接受值为 3200 小时，需要进行可靠性指标验证。选取 1.204 倍试验时间 0 故障统计方案，则常规可靠性鉴定试验所需时间为 3853 小时。考虑到采用常规可靠性鉴定试验方法所需试验时间长、经费成本高，应基于常规试验方案采用加速试验对可靠性指标进行快速评价。

14.7.2 加速温度应力条件初步确定

根据产品可靠性强化试验得到的极限工作应力：低温-80℃、高温 110℃、振动 50g（振动形式为气锤式三轴六自由度超高斯随机振动），考虑到产品技术状态的离散性，经仿真分析迭代，取低温-55℃和高温 80℃作为温度范围，初步确定的加速试验温度剖面如图 14-17 所示。

- 低温：-55℃，保温 51min；
- 高温：80℃，保温 111min；

- 蓄电池充电温度：65℃，保温 60min；
- 温变率：15℃/min；
- 一个循环时间为 240min。

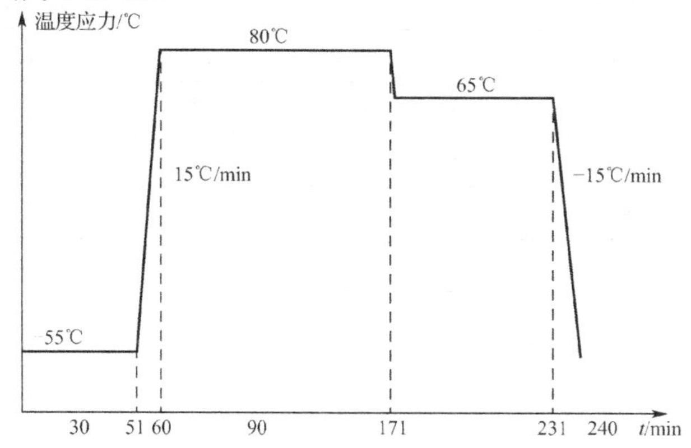

图 14-17 初步确定的加速试验温度剖面

14.7.3 加速试验时间计算

首先，以飞控蓄电池及充电器可靠性鉴定试验剖面（图 14-18）为输入条件（常规应力条件），通过可靠性仿真试验得出常规应力条件下的前 20 个热疲劳潜在薄弱点及其故障信息，见表 14-30。

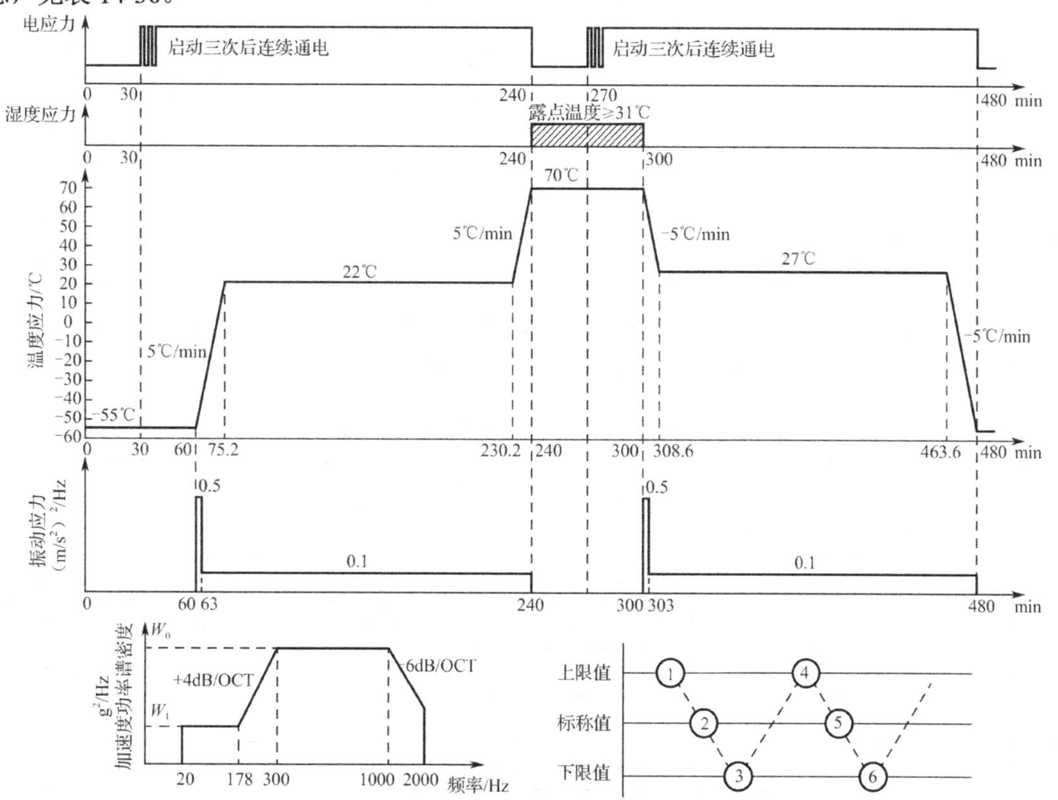

图 14-18 飞控蓄电池及充电器可靠性鉴定试验剖面

表 14-30　常规应力条件下的前 20 个热疲劳潜在薄弱点及其故障信息

序号	故障位置		故障模式	故障机理	预计故障循环数		
	位置	位号			最小	均值	最大
1	逻辑控制板	N_8	焊点开裂	热疲劳	163787	385652	1077937
2	逻辑控制板	XT_1	焊点开裂	热疲劳	181372	387144	1505206
3	逻辑控制板	R_{112}	焊点开裂	热疲劳	190575	384512	1109940
4	逻辑控制板	R_{114}	焊点开裂	热疲劳	173902	382422	1102129
5	逻辑控制板	C_8	焊点开裂	热疲劳	159589	504639	2227162
6	逻辑控制板	R_{14}	焊点开裂	热疲劳	239876	517673	1457842
7	逻辑控制板	R_8	焊点开裂	热疲劳	227762	522239	1544306
8	逻辑控制板	R_{19}	焊点开裂	热疲劳	217151	527759	1928300
9	逻辑控制板	R_4	焊点开裂	热疲劳	230544	515716	1626129
10	逻辑控制板	R_7	焊点开裂	热疲劳	220627	513890	1317020
11	逻辑控制板	R_9	焊点开裂	热疲劳	257915	524230	1318484
12	逻辑控制板	R_{12}	焊点开裂	热疲劳	237597	523092	1313759
13	逻辑控制板	R_{13}	焊点开裂	热疲劳	238367	516533	1691150
14	逻辑控制板	R_2	焊点开裂	热疲劳	243497	527952	1474378
15	逻辑控制板	R_5	焊点开裂	热疲劳	228417	520544	2152755
16	逻辑控制板	R_{11}	焊点开裂	热疲劳	216698	521535	1641025
17	逻辑控制板	R_3	焊点开裂	热疲劳	235542	521592	2090931
18	逻辑控制板	R_{18}	焊点开裂	热疲劳	234087	520883	1837506
19	逻辑控制板	R_{10}	焊点开裂	热疲劳	209440	526819	1672582
20	逻辑控制板	R_6	焊点开裂	热疲劳	237610	524609	1669764

其次，以图 14-18 中初步确定的加速试验温度剖面为输入条件，通过可靠性仿真试验得出加速条件下的前 20 个热疲劳潜在薄弱点，见表 14-31。

表 14-31　加速条件下的前 20 个热疲劳潜在薄弱点

序号	故障位置		故障模式	故障机理	预计故障循环数		
	位置	位号			最小	均值	最大
1	逻辑控制板	N_8	焊点开裂	热疲劳	54191	96139	196649
2	逻辑控制板	XT_1	焊点开裂	热疲劳	56891	95595	197831
3	逻辑控制板	R_{112}	焊点开裂	热疲劳	54691	96610	205863
4	逻辑控制板	R_{114}	焊点开裂	热疲劳	50153	97183	214917
5	逻辑控制板	C_8	焊点开裂	热疲劳	49417	115393	352512
6	逻辑控制板	R_{14}	焊点开裂	热疲劳	62523	123084	247812

续表

序号	故障位置		故障模式	故障机理	预计故障循环数		
	位置	位号			最小	均值	最大
7	逻辑控制板	R_8	焊点开裂	热疲劳	65474	123994	271127
8	逻辑控制板	R_{19}	焊点开裂	热疲劳	65193	125135	289182
9	逻辑控制板	R_4	焊点开裂	热疲劳	66445	123559	266677
10	逻辑控制板	R_7	焊点开裂	热疲劳	66546	123841	255568
11	逻辑控制板	R_9	焊点开裂	热疲劳	59765	124106	252725
12	逻辑控制板	R_{12}	焊点开裂	热疲劳	69356	124287	247321
13	逻辑控制板	R_{13}	焊点开裂	热疲劳	65457	123833	259099
14	逻辑控制板	R_2	焊点开裂	热疲劳	64323	125232	268462
15	逻辑控制板	R_5	焊点开裂	热疲劳	69440	123957	245242
16	逻辑控制板	R_{11}	焊点开裂	热疲劳	68297	122857	245593
17	逻辑控制板	R_3	焊点开裂	热疲劳	71823	125899	246102
18	逻辑控制板	R_{18}	焊点开裂	热疲劳	72199	125606	241329
19	逻辑控制板	R_{10}	焊点开裂	热疲劳	70891	125738	248819
20	逻辑控制板	R_6	焊点开裂	热疲劳	68312	123950	266678

再次，利用薄弱环节点常规应力条件和加速条件下的首发故障时间计算循环数均值的比值，前20个热疲劳潜在薄弱点在常规应力条件和加速条件下的故障循环比见表14-32。

表14-32 前20个热疲劳潜在薄弱点在常规应力条件和加速条件下的故障循环比

序号	位置	位号	常规应力条件 首发故障循环数均值	加速条件 首发故障循环数均值	循环比
1	逻辑控制板	N_8	385652	96139	4.011
2	逻辑控制板	XT_1	387144	95595	4.050
3	逻辑控制板	R_{112}	384512	96610	3.980
4	逻辑控制板	R_{114}	382422	97183	3.935
5	逻辑控制板	C_8	504639	115393	4.373
6	逻辑控制板	R_{14}	517673	123084	4.206
7	逻辑控制板	R_8	522239	123994	4.212
8	逻辑控制板	R_{19}	527759	125135	4.218
9	逻辑控制板	R_4	515716	123559	4.174
10	逻辑控制板	R_7	513890	123841	4.150
11	逻辑控制板	R_9	524230	124106	4.224
12	逻辑控制板	R_{12}	523092	124287	4.209
13	逻辑控制板	R_{13}	516533	123833	4.171

续表

序号	位置	位号	常规应力条件 首发故障循环数均值	加速条件 首发故障循环数均值	循环比
14	逻辑控制板	R_2	527952	125232	4.216
15	逻辑控制板	R_5	520544	123957	4.199
16	逻辑控制板	R_{11}	521535	122857	4.245
17	逻辑控制板	R_3	521592	125899	4.143
18	逻辑控制板	R_{18}	520883	125606	4.147
19	逻辑控制板	R_{10}	526819	125738	4.190
20	逻辑控制板	R_6	524609	123950	4.232

最后，根据薄弱环节点的循环比进行算术平均，获得产品加速循环比均值：

$$\tau_V = \frac{1}{20}\sum \tau_{Vi} = 4.164 \tag{14.44}$$

加速系数计算：

加速系数 A_u=循环比×每个循环的时间比=4.164×(8/4)=8.33

加速试验时间计算：

加速试验时间=3840/8.33=462.5h

14.7.4 最小振动量级的计算

随机振动疲劳模型见式（14.45）：

$$N_f = N_0\left[\frac{z_0}{z_f \sin(\pi x)\sin(\pi y)}\right]^b \tag{14.45}$$

式中，N_f为器件的疲劳寿命，x 和 y 为该器件在电路板上的位置坐标，N_0是根据标准试验确定的常数，对于随机振动，$N_0 = 2\times10^7$、b=6.4 为疲劳强度指数，z_0和z_f由下两式确定：

$$Z_0 = \frac{0.00022B}{ct\sqrt{L}}，Z_f = \frac{36.84\sqrt{\mathrm{PSD}_{\max}}}{f_n^{1.25}} \tag{14.46}$$

其中，$\mathrm{PSD}_{\max}$为随机振动的最大功率谱密度，f_n为随机振动的最小自然频率，B 为器件 4 条边到电路板 4 条边的距离中的最大值，L 为器件长度，t 为电路板厚度，c 为系数。

（1）首先，在 0.1(m/s^2)^2/Hz 和 0.5(m/s^2)^2/Hz 条件下，利用上面的随机振动疲劳模型分别计算产品在振动耐久故障点损伤率为 1 时的前 20 个潜在薄弱点失效时间。

（2）其次，将第 i 个薄弱环节点在 0.1(m/s^2)^2/Hz 和 0.5(m/s^2)^2/Hz 条件下的首发故障时间代入公式$\dfrac{t'_{vi}}{t_{vi}} = \left(\dfrac{W_1}{W_2}\right)^{bi}$，得到第 i 个故障点的常数因子b_i，前 20 个振动疲劳潜在薄弱点在正常和加速条件下的失效时间见表 14-33。

表 14-33 前 20 个振动疲劳潜在薄弱点在正常和加速条件下的失效时间

序号	位置	位号	0.1（m/s^2）^{2}/Hz 下首发故障时间	0.5（m/s^2）^{2}/Hz 下首发故障时间	常数因子 b_i
1	逻辑控制板	R_{111}	2010900	11660	3.200
2	逻辑控制板	N_1	3285200	19204	3.200
3	逻辑控制板	C_{63}	3418100	19788	3.200
4	逻辑控制板	C_{56}	3939300	22893	3.200
5	逻辑控制板	C_5	10137000	58770	3.200
6	逻辑控制板	N_{10}	14300000	83047	3.199
7	逻辑控制板	D_{36}	15519000	89176	3.195
8	逻辑控制板	R_3	19043000	111750	3.198
9	逻辑控制板	R_2	19132000	112200	3.202
10	逻辑控制板	R_{16}	32920000	214590	3.247
11	逻辑控制板	C_{91}	40094000	233110	3.201
12	逻辑控制板	D_5	57169000	332600	3.198
13	逻辑控制板	C_{68}	86053000	497740	3.198
14	逻辑控制板	XT_1	113590000	611080	3.206
15	逻辑控制板	C_{58}	135940000	788190	3.197
16	充电板	C_2	140590000	815190	3.193
17	逻辑控制板	D_6	160140000	815190	3.193
18	逻辑控制板	C_{37}	227880000	1299100	3.211
19	防雷板	C_{52}	285640000	1644700	3.204
20	逻辑控制板	C_4	368640000	2137600	3.199

将 20 个薄弱环节点的常数因子进行算术平均，得到产品计算常数

$$b = \frac{1}{20}\sum b_i = 3.2 \tag{14.47}$$

按照图 14-19 所示的可靠性加速试验剖面进行 3853 小时试验，按照 8 小时一个循环计算，需要完成前 481 个完整循环和第 482 个循环的前 5 小时，最大振动应力 0.5(m/s^2)^2/Hz 累计时间为 3×2×481+3=2892min；最小振动应力 0.1(m/s^2)^2/Hz 累计时间为 177×2×481+177=170451min，其产生的振动累计损伤按照式（14.47）折合在 0.5(m/s^2)^2/Hz 下的时间为 $170451/(0.5/0.1)^{3.2}$=988min。

除低温不通电阶段（30min）外连续施加振动，在测试时施加 3min（低温和高温 2 次）高量值振动，则在加速应力条件下进行 462.5 小时试验，按照 4 小时一个循环计算，需要完成前 115 个循环和第 116 个循环的前 2.5 小时，最大振动（0.5(m/s^2)^2/Hz）累计时间为 3×2×115+3=693min；最小振动累计时间为 117×2×115+117=27027min。

则最小振动的量值 W_1 应满足下式：

$$\frac{2892+988-693}{27027} = \left(\frac{W_1}{0.5}\right)^{3.2} \tag{14.48}$$

计算可得 W_1=0.2564$(m/s^2)^2$/Hz。

综上所述，按照图 14-19 中的可靠性加速试验剖面开展 462.5 小时加速试验即完成 MTBF≥3200 小时的验证。

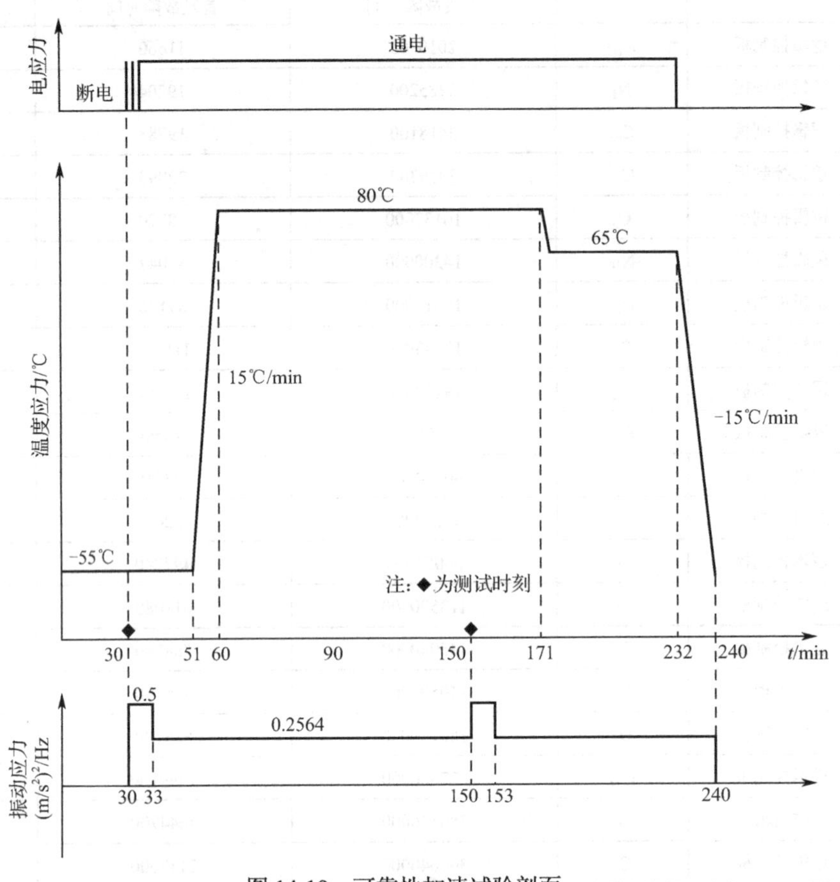

图 14-19 可靠性加速试验剖面

14.8 某型电子设备工作寿命和日历寿命综合加速试验方案

14.8.1 概述

已知某型电子设备工作寿命为 1500 飞行小时，日历寿命为 15 年，使用期限按照先到为准的原则确定。据统计，大多数产品已经使用到了规定的 15 年日历寿命期限，但是其平均工作时间不足 900 飞行小时，离规定的 1500 飞行小时工作寿命期限还有 2/5 剩余工作寿命。工厂对到寿产品进行的性能检查的结果表明到寿产品当前性能仍然良好，通过初步检测、试验和分析工作，确定其具有延寿使用的可能性。

考虑到该型电子设备随 A 系统的翻修期限为 300 飞行小时/5 年，随 B 系统的翻修期限为 500 飞行小时/6 年。目前大多数产品剩余工作寿命较多，对于到寿停修的整机如果能通过延寿修理使其满足两型整机的翻修间隔期需要，延长 6 年日历寿命，将其总寿命按照

1500 飞行小时/21 年控制使用，则能有效缓解产品日历寿命不足的矛盾，满足出厂配套需要，节约大量的新品采购费用。为了验证该型电子设备日历寿命延长 6 年的可行性，并寻找可靠性薄弱环节，保证延寿使用期限内产品的可靠性，拟对到寿的产品抽样进行系统延寿试验与评估工作。

按照工作寿命（1500 飞行小时）与日历寿命（15 年）的匹配比例计算，该型电子设备平均年工作时间约为 100 飞行小时，飞行时间占日历时间的比例不超过 1.2%。从十几年来的实际使用情况来看，该型电子设备绝大多数时间随整机地面停放，平均年工作时间不超过 60 飞行小时，飞行时间占日历时间的比例不足 0.7%。由此可见，该型电子设备的主要寿命历程处于地面停放状态，因此，该型电子设备的延寿试验与评估主要针对日历寿命。但考虑到日历寿命期内，产品可在工作寿命限制内飞行使用，而飞行使用环境对产品日历寿命具有影响，因此，在该型电子设备的延寿试验与评估方案中还需要考虑飞行使用环境对日历寿命的影响。

整机的延寿考核试验主要有三种方法。第 1 种方法，通过实际使用试验的方法进行评估，根据产品的故障情况，评估在日历寿命规定年限内产品的性能和可靠性能否满足使用要求，进而评估产品能否满足日历寿命规定年限的使用要求。这种方法简单而真实，但不能脱离产品运行平台，对于机载设备来说，必须通过长时间的地面停放和大量的随机飞行使用才能确定其日历寿命。第 2 种方法，通过模拟试验法模拟产品使用寿命历程中经历的各种应力条件进行评估。这种方法能够脱离产品的运行平台，仅将受试产品安装在试验系统中进行试验，实施灵活方便。但是，由于产品经历的试验应力是模拟产品寿命历程中的典型环境应力，通常近似认为试验应力与环境应力是接近的，因此，所需试验时间不低于日历寿命规定年限相同的使用期。由此可见，这两种方法分别在实际平台和模拟平台下考核产品的日历寿命，无法缩短试验时间，对于长日历寿命的产品，在工程上是无法接受以上两种方法的，除非制订专门的领先使用计划进行日历寿命的考核，否则等到获得使用考核结论时，大量设备早已处于到寿停用状态，并且即使根据结论继续使用所剩使用时间也不多。因此，这两种方法在工程上并不实用。第 3 种方法，在不改变产品失效机理的前提下，提高产品经受的应力量级，采用加速寿命试验的方法评估产品的日历寿命。这种方法在不超过产品的应力破坏极限范围内，通过提高产品经受的应力量级，刺激产品薄弱环节从而使产品更早地暴露潜在缺陷，在相对较短的试验时间内达到与长期使用相同的效果。

鉴于该型电子设备已经具有长达 15 年的故障信息且受到可用于试验样品数量的限制，在本项目中拟采用将该型电子设备的故障信息统计分析与加速寿命试验相结合的方法考核整机日历寿命延长的可行性。其中，整机的故障信息为确定整机的可靠性和寿命的薄弱环节提供基础信息，为后续的延寿修理、加速寿命试验和寿命特征分析的选样提供依据；整机的延寿考核试验方案根据整机经历的使用寿命历程的环境剖面、组成产品的环境承受能力选择应力类型和应力量值，根据产品的主要失效机理选择合适的加速模型，借鉴加速模型的经验系数计算加速系数后确定试验时间，在试验中监测整机功能和性能是否满足要求。在整机延寿试验考核后，进一步对板级电路和元器件开展寿命特征分析工作，深入分析 PCB 板、互连结构和元器件的微观寿命特征，寻找其薄弱环节，确定其质量和寿命状态，评估其能否满足延寿使用要求。

14.8.2 目的

通过对已经使用到 15 年日历寿命的该型电子设备样品进行整机延寿考核试验和对随整机完成延寿考核试验后的板级电路的 PCB 板、互连结构和元器件进行寿命特征分析，发现该型电子设备的薄弱环节，确定该型电子设备的质量和寿命状态，评估该型电子设备延长 6 年日历寿命的可行性，为该型电子设备的延寿修理、使用和维修提供技术支持。

14.8.3 总体思路

通过对该型电子设备故障信息进行统计分析，初步确定该型电子设备的薄弱环节，对可靠性薄弱环节进行故障影响分析后，结合寿命期内的翻修方案初步制订延寿修理方案，对试验样机进行延寿修理。在完成试验样机的延寿修理后对试验样机进行整机延寿考核试验，考核延寿修理后样机的性能、可靠性和日历寿命能否满足使用要求；并对具有相同使用日历年限而没经受加速寿命试验考核的整机与经过加速寿命试验考核后的整机上的板级电路对比进行寿命特征分析，确定 PCB 板、互连结构和元器件的质量现状以及能否满足预期延寿的使用要求。最后，综合整机故障信息的统计分析结果、整机的加速寿命试验结果、板级电路的贮存可靠性特征分析结果，确定该型电子设备日历寿命延长的可行性，完善延寿修理方案。

根据总体思路，该型电子设备的日历寿命研究包括 5 个步骤：第 1 步，结合该型电子设备故障信息的统计分析提出可靠性薄弱环节；第 2 步，通过对可靠性薄弱环节进行故障影响分析，结合寿命期内的翻修方案初步制订延寿修理方案，对样机进行延寿修理和例行的验收试验；第 3 步，对延寿修理后的样机进行延寿考核试验，验证整机的性能、可靠性和日历寿命能否满足预期延寿的使用要求；第 4 步，对板级电路进行寿命特征分析，进一步寻找 PCB 板、互连结构和元器件的可靠性以及日历寿命的薄弱环节；第 5 步，综合故障信息统计分析、整机加速寿命试验，板级电路寿命特征分析情况，综合分析该型电子设备的日历寿命延长的可行性，在延寿可行的结论基础上完善翻修方案。该型电子设备的延寿考核试验与评估技术路线如下：

（1）统计分析该型电子设备故障信息。结合对使用部队的外场调研和厂内修理信息，收集该型电子设备的故障信息；研究该型电子设备的组成和故障分布特点，分析影响该型电子设备可靠性的主要因素，确定影响该型电子设备可靠性和日历寿命的薄弱环节。

（2）建立该型电子设备的初步延寿修理方案并进行延寿修理。对该型电子设备的薄弱环节进行故障影响分析，初步确定该型电子设备的延寿翻修方案。按照初步确定的翻修方案对 2 台已经到寿的样机进行延寿修理并完成例行验收试验。

（3）对 2 台样机进行整机延寿考核试验。研究分析影响该型电子设备日历寿命的因素，设计合理的试验方案，对翻修后的样机进行整机延寿考核试验，考核样机的性能和可靠性是否满足使用要求，评估预期延寿目标的可行性。对试验中出现的故障按照可靠性增长（试验一分析一改进）的方法进行管理，对失效元器件开展失效分析，确定失效机理是否与日历寿命特征有关。

（4）对板级电路进行寿命特征分析。分别选择经历加速寿命试验的和未经历加速寿命试验的样机上的板级电路，对 PCB 板进行外观检查、耐电压测试、绝缘电阻测试等项目，对互连结构进行外观检查、X-Ray 检查、金相（切片）分析、扫描电镜（SEM）分析等项目，对元器件进行外观质量检查、电参数测量、特征分析和失效分析等项目，确认板级电路的 PCB 板、互连结构和元器件的质量现状和寿命特征，评估板级电路日历寿命延长的可行性。

（5）该型电子设备日历寿命综合分析。通过对该型电子设备故障信息的统计分析、整机延寿试验考核与评估和板级电路寿命特征分析结果，综合确定该型电子设备 PCB 板、互连结构和元器件的薄弱环节，综合评估该型电子设备在预期延寿期限内的可靠性和日历寿命，为该型电子设备的延寿修理、使用和维修提供技术支持。

14.8.4 故障信息的统计分析

首先了解该型电子设备的组成、批次和数量，然后根据现场使用情况进行故障统计分析。对于多批次样机，梳理清楚各个批次样机所占比重；统计故障频次分别为 0、1、2、3（包含以上）次数的样机台数分布；按照日历使用年限每 3 年发生的故障次数，绘制散点图，如图 14-20 所示。对散点图进行拟合，得到该型电子设备的使用日历时间（年）与故障台次数的趋势。预测将在第 12～15 年间有 12 台次发生故障，故障发生比例为 19%，预测将在第 18～21 年间有 17 台次发生故障，故障发生比例将达到 27%。

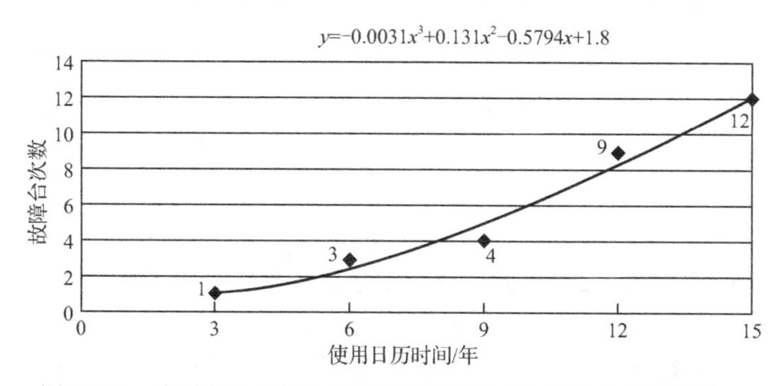

图 14-20 该型电子设备随日历使用年限每 3 年发生的故障次数

对历年来修理的该型电子设备的故障进行故障影响分析，得出板级电路故障总次数、元器件失效总次数及其重要失效次数。针对失效次数居前 10 位的元器件列出清单，统计其总失效次数和总重要失效次数，算出其占所有元器件总失效次数和重要失效次数的比例，作为重点研究对象。

14.8.5 延寿修理方案及实施

该型电子设备的延寿修理方案是在该型电子设备大修流程工作的基础上，开展以下工作。

（1）更换有寿件：依据该型电子设备修理指南，更换不满足翻修间隔期要求的有寿件。

（2）更换易损件：依据相关单位的修理经验，更换非固体电解质钽电容和故障统计中故障易发位置的元器件。

（3）更换重要件：参考该型电子设备特性分析报告重要件分类标准，更换该型电子设备中的重要件。

（4）插接件涂敷保护剂：插接件的接触电阻是插接件的重要元器件，随着使用时间的增加，其表面可能由于摩擦、环境等因素造成腐蚀，从而增加接触电阻，造成信号传输质量下降，为解决这一问题，参照国内电子行业成熟的工艺方法，在其插针表面涂敷保护剂。

（5）性能检测：完成延寿修理后，对整机进行全面的功能检查和性能测试，确认延寿修理后整机的质量是否合格。

（6）例行试验：对延寿修理后的整机进行例行试验，剔除延寿修理过程中可能引入的潜在故障，同时对延寿修理起到延寿作用。

根据延寿修理方案，对要进行整机延寿考核试验的样机实施延寿修理后提交整机延寿考核试验。

14.8.6 整机延寿考核试验

为了优化整机延寿考核试验方案，首先根据该型电子设备的寿命历程设计模拟试验剖面，作为整机延寿考核试验方案优化的基准，然后分析整机的各个组成部分的主要失效机理并在加速寿命评价模型的基础上对整机延寿考核试验方案进行优化。

1. 整机延寿考核模拟试验剖面的设计

1）寿命历程和环境应力分析

根据该型电子设备的寿命历程，该型电子设备主要经历地面停放和飞行工作的循环过程，飞行工作包括起飞、空中工作和降落等任务剖面。该型电子设备安装在机翼内接近机翼根部的位置，机翼起到一定的防护作用。该型电子设备经历的主要应力有在地面停放阶段经受的温度应力和湿度应力，以及在飞行工作阶段的温度应力、湿度应力、电应力和振动应力。

按照 GJB 899A 试验剖面设计思想，该型电子设备整机延寿考核试验应该模拟这样一个过程：模拟经历地面停放的温度和湿度 N_1 天→模拟整个飞行过程的温度应力、湿度应力、电应力和若干个量级振动应力 N_2 小时（按照机载设备的可靠性试验剖面分成地面工作、起飞和爬升到飞行高度、战斗、盘旋下降和着陆等部分）→模拟经历地面停放的温度和湿度 N_3 天，如此循环，并且考虑冷天、标准天和热天的环境应力差异。

2）地面停放模拟试验剖面

我国气候的典型特点是同一地域在不同时期的气候差异较大，同一时期不同地域的气候差异较大。因此，地面停放模拟试验剖面的设计应在考虑我国典型的冷天、标准天和热天的环境条件基础上，根据我国气候特点选择合适的、典型的温度进行简化设计。

根据 GJB 899A，试验剖面应按照冷天—标准天—热天—标准天—冷天的原则进行转换，冷天、标准天和热天之间的时间比例为 1:1:1。根据我国气候特点，标准天温度变化范围较小，选取一个典型温度段；冷天和热天温度范围变化较广，分别选取两个温度段，其中一个温度段代表极限环境条件（简称“极限温度段”），另一个温度段代表典型环境条件（简称“典型温度段”）。极限温度段占整个剖面的时间比例根据 GJB/Z 20209 中的我国地面气候极值出现的时间风险率确定。

根据该型电子设备的环境条件要求，该型电子设备在-60～+65℃温度范围内应能正常工作。根据GJB/Z 20209中我国地面气候极值，在严酷度等级为4级，时间风险率为1%的条件下，全国低气温工作条件下限-49℃，全国高气温工作条件上限为+46℃；在再现期为250年（预期暴露期为10年）的条件下，全国高气温承受条件极值为+51℃；全国低气温承受条件极值为-58℃。根据GJB 899A，模拟FJ地面停放环境的低温温度为-55℃，模拟FJ地面停放环境的高温温度为+70℃。地面气温是距离地面1.5m高度处观测到的空气气温，该型电子设备的装机位置距离地面约2m高度，停放时其周围气温与地面气温相当。综合以上因素，确定该型电子设备地面停放的低温极限温度和高温极限温度分别为-60℃和+70℃，时间比例均为1%。

根据GB/T 4797.1—2005附录C的气候数据，我国197个台站1971—2000年的高气温年极值平均值最高的三个气候带为+37.7℃，低气温年极值平均值最低的三个气候带的平均值为-30.2℃。根据我国航空JG产品定型委员会在20世纪70年代组织的机载设备环境温度研究项目的研究数据，停机坪的温度临近台站的观测温度相差不超过3℃。根据GJB 899A，标准天模拟地面非工作状态的温度为+15℃，热天模拟地面非工作状态的温度为+45℃。综合以上因素，选择-30℃、+15℃、+45℃分别代表冷天、标准天、热天在地面停放期间的典型温度，其时间比例分别为（1/3-1%）、1/3、（1/3-1%）。

根据GB/T 4797.1—2005附录C的气候数据，我国197个台站1971—2000年的日平均最大相对湿度的年极值平均值为93.5%RH，日平均最小相对湿度的年极值平均值为25%RH，各站点相对湿度大于95%RH的最高气温的平均值为25.8℃。根据GJB/Z 20209中我国地面气候极值，全国有16个省份的部分地区有2个月以上平均温度超过25℃并且平均湿度超过80%。根据GJB 899A，机载设备的露点温度应不小于31℃。综合以上情况，确定在热天的高温极限温度（+70℃）段保持露点温度不小于31℃，在热天的典型温度（+45℃）段保持相对湿度为80%的时间占整个剖面时间的1/6。在热天的典型温度（+45℃）段的其他时间和标准天典型温度（+15℃）段保持60%RH的相对湿度，在冷天的2个温度段不控制相对湿度。

在地面停放期间，该型电子设备处于非工作状态，因此，除温、湿度应力外不会经受电应力和振动应力。地面停放模拟试验剖面的环境应力条件见表14-34。

表14-34 地面停放模拟试验剖面的环境应力条件

类型	温度/℃	相对湿度	持续时间比例	备注
冷天	-60	/	1%	/
	-30	/	32%	/
标准天	+15	60%	34%	/
热天	+45	80%/60%	32%	相对湿度为80%的时间占1/6
	+70	露点温度≥31℃	1%	/

根据表14-34确定的各个温度段的温度、湿度和时间比例要求，以24h为一个循环，地面停放模拟试验剖面（一个循环的）示意图如图14-21所示。在图14-21中，每4个循环执行一次冷天和热天极限温度段，每次时间各为1h，即在第$4k-3(k=1,2,\cdots)$个循环中试验剖面

点的第 0～1h 和第 11.5～12.5h 执行一次冷天极限低温段和热天极限高温段；在其他循环中，不执行极限环境温度段，在冷天段按照冷天典型温度段的温度进行试验，在热天段按照热天典型温度段的温度进行试验；在热天段的高温极限温度段期间即试验剖面点的第 11.5～12.5h 期间保持露点温度不小于 31℃；除此之外，在每个循环的标准天段和热天段，即试验剖面点的第 4～20h 期间，均保持 60%RH 的相对湿度。

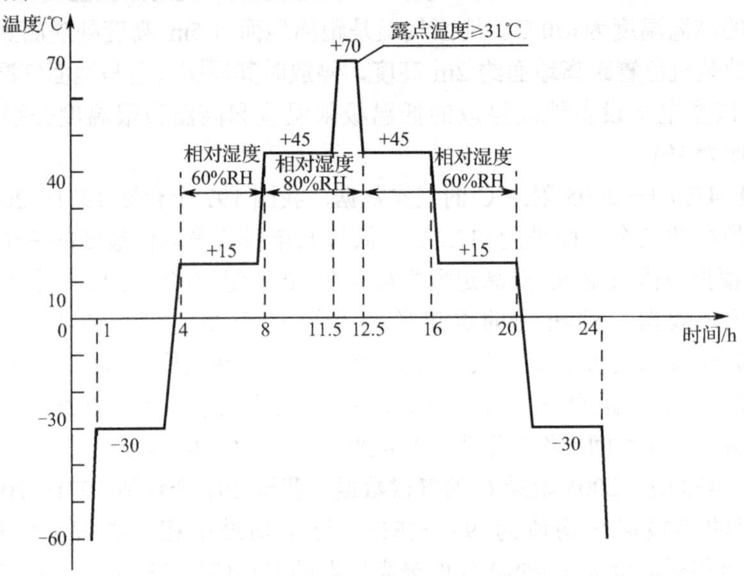

图 14-21　地面停放模拟试验剖面示意图

3）空中工作模拟试验剖面

根据该型电子设备的安装位置，空中工作模拟试验剖面可参考可靠性鉴定试验剖面，如图 14-22 所示。

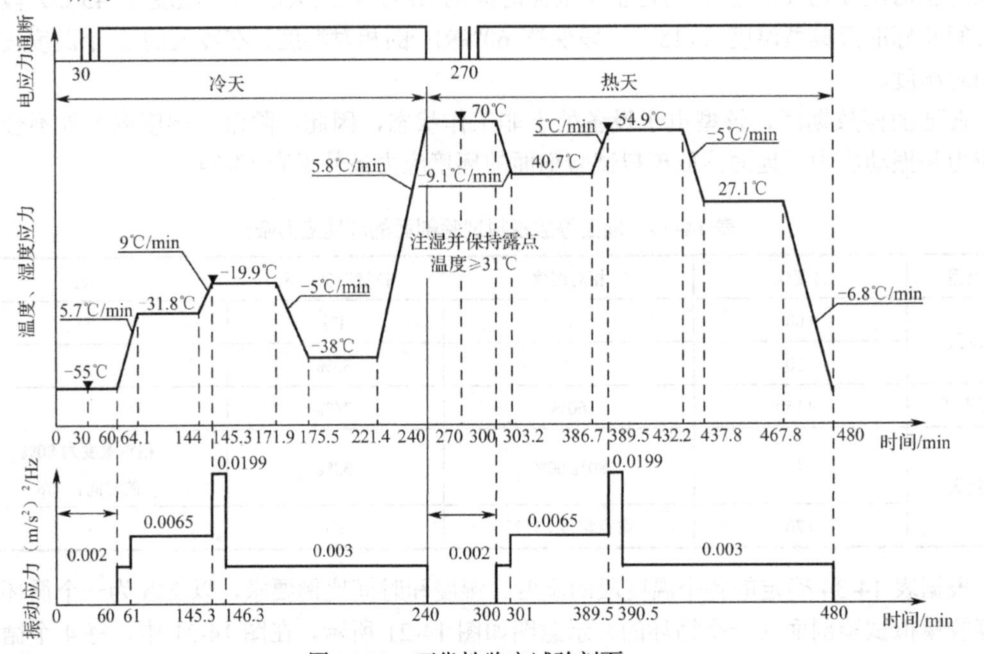

图 14-22　可靠性鉴定试验剖面

4）模拟试验剖面的合成

根据延寿 6 年的目标，空中工作模拟试验时间为 600 小时，地面停放模拟试验时间为 51960（6×365×24-600）小时。为了真实反映该型电子设备飞行和停放反复循环的寿命历程，应将在地面停放期间和飞行工作期间的模拟试验剖面分别按照其时间比例进行合适的时序组合。地面停放模拟试验剖面每循环 24h，应执行 2165 个循环；空中工作模拟试验剖面每循环 8h，应执行 75 个循环。考虑到试验操作的便利性，模拟试验的合成将空中工作模拟的 75 个循环分成 6 个大周期均匀安排在地面停放的 2165 个循环中，即每 365 个地面停放模拟试验循环后进行 12.5 个空中工作模拟试验循环作为一个大周期，进行 6 个大周期完成验证。

2. 失效机理和寿命评估模型

电子组件的可靠性主要取决于 PCB 板、互连结构和元器件的可靠性。互连结构主要是指焊孔、焊点和接插件，是元器件和 PCB 板之间起着力学、热学、电气作用的重要部分。接插件的功能主要是提供电气连接，焊孔和焊点不但提供电气连接，还是元器件到 PCB 板之间的机械接头，起着关键的热传递作用。因此，电子组件的可靠性可通过评估 PCB 板、互连结构和元器件的可靠性后经过综合分析得到。

该型电子设备的停放环境中起关键作用的是温度和湿度两个因素，在高温环境条件下主要会引起金属材料的氧化而使表面锈蚀，接触电阻增大，不同材料之间的物理膨胀差引起结构破坏、密封失效和电路不稳，而从导致 PCB 板的绝缘失效、焊点脱开和元器件的热老化；在低温环境条件下主要会使材料脆化从而导致开裂，因物理收缩导致密封性失效；在高湿环境条件下主要会因表面吸收潮气而引起腐蚀、电解和氧化等化学反应导致物理性能降低、电强度降低、绝缘电阻降低、电介常数增大、有机涂层损坏。结合电子组件各个部分的失效机理，选择寿命评估模型。

1）互连结构失效机理和寿命评估模型

电子产品的互连结构中最薄弱的环节是焊点，根据 IPC-D-279，焊点失效与机械损伤相似，是一个裂纹萌生和扩展的过程，由于元器件与基板的热膨胀系数不同，在温度循环过程中，交变的温度将在焊点内部产生应力－应变场，引发焊点焊料合金的金属学组织的变化，为焊点内部裂纹的萌生和扩展提供必要的力学和金属学条件。焊点的失效机理主要是在机械应力或温度循环变化环境条件下产生低周蠕变－疲劳失效。疲劳的主要损伤形式是裂纹在晶内扩展，蠕变的主要损伤形式是空洞在晶界形核和长大，在高应力下也可能发生晶内损伤。当疲劳和蠕变依次或同时发生时，疲劳和蠕变的交互作用会引发多种力学和金属学现象，两种损伤会起到相互加速的作用。

根据焊点失效机理，焊点蠕变疲劳失效寿命预测方法主要有基于 M-C（Manson-Coffin）方程的寿命预测模型、修正 M-C 方程的 N-L 寿命预测模型、考虑蠕变效益的 W-E 寿命预测模型。其中，W-E 寿命预测模型是 IPC-SM-785、IPC-9701、IPC-D-279 标准中推荐的方法，并且得到研究证实，其预测精度比 M-C 模型和 N-L 模型更高。

W-E 模型如下：

$$N_f(50\%)=\frac{1}{2}\left[\frac{2\varepsilon'_f}{\Delta D}\right]^m \tag{14.49}$$

式中，

ε_f'——疲劳韧性指数，锡铅焊料为 0.325；

ΔD——蠕变疲劳损伤量；

m——温度和时间依存指数。

温度和时间依存指数的计算如下：

$$\frac{1}{m}=0.442+6\times10^{-4}T_{\mathrm{sj}}-1.74\times10^{-2}\ln\left(1+\frac{360}{t_{\mathrm{D}}}\right) \tag{14.50}$$

式中，

T_{sj}——平均每个循环的焊点温度；

t_{D}——温度循环中高低温的驻留时间。

平均每个循环的温度是元器件的最低稳定温度（T_{Cm}）和最高稳定温度（T_{CM}）、基板的最低稳定温度（T_{Sm}）和最高稳定温度（T_{SM}）的平均值，对于非工作状态，元器件与基板的最低稳定温度（T_{Cm}、T_{Sm}）和最高稳定温度（T_{CM}、T_{SM}）分别与试验的最低稳定温度（T_{Tm}）和最高稳定温度（T_{TM}）相等，因此$T_{\mathrm{sj}}=\frac{1}{2}(T_{\mathrm{Tm}}+T_{\mathrm{TM}})$。

无引脚焊点和有引脚焊点的蠕变疲劳损伤量不同，其计算方法如下：

$$\Delta D=\begin{cases}\dfrac{FL_{\mathrm{D}}\Delta(\alpha\Delta T)}{h} & （无引脚焊点）\\[2ex] \dfrac{FK_{\mathrm{D}}\left[L_{\mathrm{D}}\Delta(\alpha\Delta T)\right]^2}{(919\mathrm{kPa})Ah} & （有引脚焊点）\end{cases} \tag{14.51}$$

式中，

F——试验参数（根据引脚类型确定，范围为 1～1.5）；

L_{D}——焊点对角线距离；

h——焊点高度；

K_{D}——引脚刚度系数；

A——焊点面积。

W-E 模型的加速系数的计算如下：

$$\mathrm{AF}=\left[2\varepsilon_f'\right]^{(m_{\mathrm{U}}-m_{\mathrm{A}})}\frac{(\Delta D_{\mathrm{A}})^{m_{\mathrm{A}}}}{(\Delta D_{\mathrm{U}})^{m_{\mathrm{U}}}} \tag{14.52}$$

式中，

m_{U}——使用环境下的m；

m_{A}——试验环境下的m；

ΔD_{U}——使用环境下的ΔD；

ΔD_{A}——试验环境下的ΔD。

根据焊点的加速寿命试验模型可知，设计高低温循环试验剖面可实现焊点的加速寿命试验。

2）PCB 板失效机理和寿命评估模型

损伤机理通常在电子组件的表面和体内两个区域发生作用，对 PCB 板来说，更是这样。PCB 板的表面和板内对温度变化的反应时间是不同的，通常板内的反应更快。PCB 板的失效主要由材料性能退化、物理结构退化、电性能退化三种原因导致，其失效机理主要有晶粒长大、电迁移和电化学腐蚀三种类型。无论由哪种原因或哪种机理导致 PCB 板的失效，通常均会反映出 PCB 板绝缘电阻的降低，因为 PCB 板绝缘电阻是板面和板内的电阻系数的综合结果，反映了构成 PCB 板的各种元素包括层压基材、镀覆孔、铜箔、焊料涂层、保形涂料等的质量变化情况。这三种失效机理通常在温度、湿度和偏压环境下发生作用，在该型电子设备的寿命剖面中，地面停放阶段经历的主要应力是温度、湿度应力，在空中工作期间经历的主要应力是温度、湿度和电应力。因此，PCB 板的绝缘电阻参数可为该型电子设备 PCB 板的寿命评估提供途径。

根据 IPC-D-279，绝缘电阻寿命评估模型主要反应温度和湿度对 PCB 板寿命的影响：

$$u(T,\mathrm{RH}) = A\mathrm{e}^{\frac{-E_\mathrm{a}}{KT}+C\cdot\mathrm{RH}^b} \tag{14.53}$$

式中，

$u(T,\mathrm{RH})$——在温度应力为 T (K)、相对湿度应力为 RH %条件下的退化速度；

A——频数因子；

E_a——激活能，以 eV 为单位，经验数值为 0.6～2.51；

K——玻耳兹曼常数，8.6×10^{-5}eV/K；

C——常数，经验数值为 4.4×10^{-4}；

b——逆幂指数，经验数值为 1～2。

试验环境条件 $(T_\mathrm{A},\mathrm{RH}_\mathrm{A})$ 相对实际环境条件 $(T_\mathrm{U},\mathrm{RH}_\mathrm{U})$ 的加速系数为：

$$\mathrm{AF} = \exp\left[\frac{E_\mathrm{a}}{K}\left(\frac{1}{T_\mathrm{U}}-\frac{1}{T_\mathrm{A}}\right)-C(\mathrm{RH}_\mathrm{U}^b-\mathrm{RH}_\mathrm{A}^b)\right] \tag{14.54}$$

式中，

T_U——实际环境温度（K）；

T_A——试验环境温度（K）；

RH_U——实际环境相对湿度百分率（%）；

RH_A——试验环境相对湿度百分率（%）。

将玻耳兹曼常数 $K=8.6\times10^{-5}$ 和经验系数 $C=4.4\times10^{-4}$、$b=1$ 代入式（14.54），得到加速系数为：

$$\mathrm{AF} = \exp\left[\frac{E_\mathrm{a}}{8.6174\times10^{-5}}\left(\frac{1}{T_\mathrm{U}}-\frac{1}{T_\mathrm{A}}\right)-4.4\times10^{-4}(\mathrm{RH}_\mathrm{U}-\mathrm{RH}_\mathrm{A})\right] \tag{14.55}$$

根据 PCB 板的加速寿命试验模型可知，设计高温高湿试验剖面有助于实现 PCB 板的加速寿命试验。

3）元器件失效机理和寿命评估模型

元器件的失效归因于潜在的化学、物理和力学原因，元器件的失效模式和失效机理多种多样。从外部环境条件来看，在高温和高湿环境下更容易激发元器件的失效，因为在高温高湿条件下物理、化学、力学反应更加活跃，从而加速元器件失效的发生。在元器件加速寿命试验研究领域，艾林基于这种反应论思想，建立了元器件的加速寿命试验模型。艾林模型不仅描述了温度应力对元器件参数退化（或失效）的影响，还包括了对非热应力（如电压、功率、湿度等）的扩展，并且考虑了热应力与非热应力的交互影响，通常被人们称作广义的艾林模型：

$$R(TS)=\mathrm{e}^{A-\frac{B}{T}}\mathrm{e}^{S(C+\frac{D}{KT})} \tag{14.56}$$

式中，

T——温度应力参数（K）；

K——玻耳兹曼常数，8.6×10^{-5}eV/K；

S——非热应力参数（如电压、功率、湿度等）；

A、B、C、D——常数，它们由加速寿命试验数据分析决定。

在考虑温度（T）和湿度（RH）环境条件，但不考虑温湿度之间的交互影响时得到简化的艾林模型：

$$R(TS)=A\mathrm{e}^{-\frac{E_a}{KT}+C\cdot RH} \tag{14.57}$$

式中，

A——频数因子；

E_a——激活能，以 eV 为单位；

K——玻耳兹曼常数，8.6×10^{-5}eV/K；

C——常数。

经解算，加速系数为：

$$\mathrm{AF}=\exp\left[\frac{E_a}{K}\left(\frac{1}{T_\mathrm{U}}-\frac{1}{T_\mathrm{A}}\right)-C(\mathrm{RH_U}-\mathrm{RH_A})\right] \tag{14.58}$$

式中，

T_U——实际环境温度（K）；

T_A——试验环境温度（K）；

$\mathrm{RH_U}$——实际环境相对湿度百分率（%）；

$\mathrm{RH_A}$——试验环境相对湿度百分率（%）

根据元器件的加速寿命试验模型可知，设计高温、高湿试验剖面有助于实现元器件的加速寿命试验。

3. 整机考核试验剖面的设计

1）整机考核试验剖面设计的综合考虑

根据整机延寿考核模拟试验剖面，空中工作模拟试验时间较短，适合工程操作；但是地面停放模拟试验时间非常长，不合适工程运用。因此，在设计整机考核试验剖面时，保持空中工作模拟试验条件和时间不变，从主要的失效机理和加速模型入手，改变地面停放模拟试验条件，从而缩短地面停放试验时间。

从失效机理来看，电子组件在低温条件下的失效机理较少，主要表现为因材料脆化导致的开裂和因物理收缩导致的密封性失效。从失效类型来看，在低温环境下电子组件的失效大多数是突发性功能失效，少数是间歇性功能失效，而不是退化性失效。也就是说，在通常情况下，电子组件的允许温度范围内，低温的严酷程度并不会引发更多的失效，因为在低温条件下各种物理、化学反应几乎停止，仅有力学因素在发挥作用。因此，只要外界环境温度在电子组件材料特性要求的范围内，在排除制造和工艺缺陷的前提下，则认为电子组件组成部分的力学性能在能承受低温产生的力学影响范围内，电子组件在低温环境下并不随着时间的增长而出现退化性失效。通常，进行一定时间的低温试验，就可将电子组件的突发性（功能）失效充分暴露出来。根据以上分析，对该型电子设备地面停放模拟试验剖面中的冷天部分确定一个合适的试验时间从而压缩冷天试验时间。

从该型电子设备的寿命剖面来看，焊点的蠕变疲劳失效更多发生在空中工作阶段，而不是地面停放阶段。从工程实践来看，在长时间的非工作状态条件下存放时，互连结构（包括焊点和接插件）的失效较少；在非固定环境的工作状态下，互连结构的失效较多。这主要是因为工作状态不但有环境温湿度应力的影响，还有振动应力、电应力以及诱发环境温度应力的影响，使得互连结构受到力学、热学和电学三大因素的综合影响，这三大因素正是导致互连结构产生低周蠕变－疲劳失效的主要因素。考虑到在该型电子设备的寿命评估与试验中包含空中工作模拟试验，因此，在整机的地面停放试验剖面中不再专门考虑对互连结构的考核。

因此，在设计整机在地面停放期间的加速寿命试验方案时，主要根据 PCB 板和元器件加速寿命试验模型，选择合适的环境条件开展加速寿命试验，缩短整机延寿考核的地面停放模拟试验剖面部分标准天和热天的试验时间。

比较式（14.55）和式（14.56）可以看出，PCB 板的加速系数方程和元器件的加速系数方程是非常相似的，这为加速寿命试验的工程设计提供了可操作性。

2）冷天试验剖面设计

在飞机评估指标体系中，无维修待命时间是体现飞机停放考核的一个重要指标。因此，该型电子设备冷天试验剖面的一个循环的时间和试验总时间的确定参考飞机无维修待命时间指标考核的通常方法。根据我国温湿度环境条件实际情况，极限低温环境条件的持续时间通常不长，因此在试验剖面中参考 GJB 150.4 中的低温试验的试验时间要求确定极限低温段（−60℃）持续时间为 26 小时。根据我国飞机的典型无维修待命时间为 5～7 天，确定典型低温段（−30℃）的持续时间为 120h。这样由一个极限低温段和一个典型低温段组成的完整的冷天试验循环的试验时间为 146h。无维修待命时间的考核次数通常为 3 次，因此，该型电子设备的低温试验共进行 3 个循环，即总试验时间为 438h。在试验过程中温度变化率保持在 5℃/min。冷天试验剖面如图 14-23 所示。

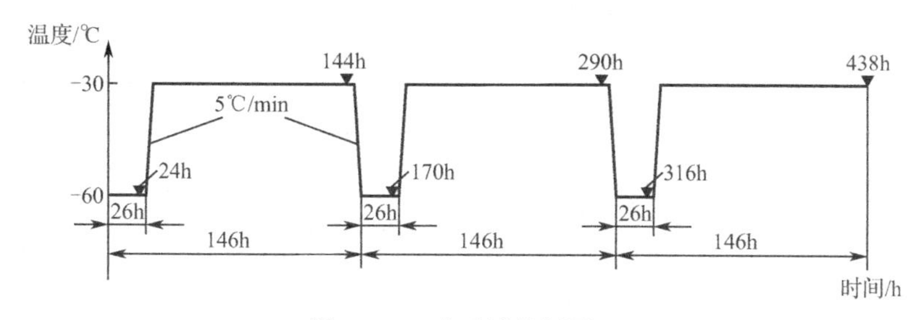

图 14-23 冷天试验剖面

试验前，对该型电子设备进行功能检查和性能测试；试验中，在试验剖面点的第 24h、144h、170h、290h、316h 5 个时刻点，对该型电子设备样机通电，并在温度稳定后对样机进行功能检查和性能测试；在试验完成后（试验剖面点的第 438h 时刻点），对该型电子设备通电进行试验后功能检查和性能测试。

3）加速寿命试验剖面设计

（1）加速模型参数的选取：该型电子设备地面停放的主要环境条件是温度和湿度，结合 PCB 板和元器件的失效机理分析以及寿命评估模型，地面停放的标准天和热天加速寿命试验采用温度和湿度作为加速应力，并利用艾林模型进行加速寿命试验剖面的设计。

对任何一型元器件或 PCB 板，可通过投入大量样品分多组进行加速寿命试验并进行多次测试，利用获得的多次试验时间和测试数据，可求解模型中的参数 E_a、C 和 b，将参数代入模型后可得到寿命预测模型用于预测各型产品的寿命。然而，这种先求解模型再预测寿命的正向设计方法必须有大量样品、多套试验设备、多次参数测试等条件的支持，其工作量和经济成本均大，但是效益和效果却仍难以得到保证。因此，根据相关延寿项目数据和参考文献保守选取模型中的经验参数 E_a、C 和 b，根据产品的耐环境能力选择合适的应力水平（温度应力和湿度应力），利用模型的经验参数 E_a、C 和 b，估算 PCB 板和元器件的整体加速因子；根据原模拟试验所需的总试验时间、PCB 板和元器件的整体加速因子，计算出在该应力水平下所需的试验时间。

根据 IPC-D-279 选取 PCB 板加速模型中的参数 E_a、C和b：PCB 板的激活能的经验参数可取 0.6～2.51，选取 $E_a = 0.6$；PCB 板加速模型中参数 C 的经验值为 4.4×10^{-4}，选取 $C = 4.4 \times 10^{-4}$；PCB 板加速模型中的参数 b 的经验值在 1～2 之间，选取 $b = 1$。从以上参数的选取可知，相对经验参数范围，模型参数的取值是相对保守的。

“电子部件贮存可靠性研究”项目对多型元器件进行了加速寿命试验，并对元器件贮存加速寿命试验数据处理结果进行了汇总，发现在约 1800 小时的试验时间内，12 型 EZ 元器件总体参数表现出的激活能水平为 0.58。选取 E_a=0.58 作为该型电子设备元器件的整体激活能水平。参考李久祥、刘春和编著的《导弹贮存可靠性设计应用技术》中提供的各类元器件的激活能数值，可知，该值的选取是相对保守的。元器件总体参数的激活能水平见表 14-35。

表 14-35 EZ 元器件总体参数的激活能水平

序号	元器件类型	总体参数的激活能水平
1	某型继电器	0.63
2	某型继电器	0.15
3	某型继电器	0.53
4	某型二极管	0.27
5	某型三极管	0.62
6	某型四 2 输入与非门	0.70
7	某型三 3 输入与非门	0.64
8	某型双四输入缓冲器	0.96
9	某型四位二进制计数器	0.26
10	某型双 D 触发器	1.06
11	某型高性能运算放大器	0.63
12	某型六缓冲器/电平转换器	0.47
汇总	平均值	0.58

元器件加速模型中参数 C 没有相关经验值，忽略该系数对加速效果的影响时，加速系数略偏小，经计算在 95℃条件下忽略参数 C 时加速系数小 1%，因此取 C=0。C 的取值也将使得试验结果相对保守。

（2）试验条件的确定：为掌握该型电子设备的承受温度极限，对该型电子设备各种组成成分的贮存和工作温度范围数据进行了收集，详见表 14-36。从表 14-36 可以看出，该型电子设备的温度承受范围为−60～+125℃。

根据“电子部件贮存可靠性研究”项目开展的元器件加速寿命试验，部分 EZ 元器件的承受极限温度约为+165℃。根据 IPC-D-279，当焊点的温度持续超过 150℃时，将使原来为共晶的焊料转变成富铅层，当富铅层暴露在外面时会被氧化，形成金属化合物，使焊料变得不洁净，加快金属化腐蚀速度，导致焊点开裂。根据 IPC-D-279，当温度超过 PCB 板的玻璃转化温度时，将导致 PCB 板在纵轴方向上发生明显的膨胀，在镀覆孔和过孔中产生应力，可能导致间歇的或永久的开裂，甚至可能出现多种失效机理，这些失效机理会相互作用导致早期失效。大多数环氧材料 PCB 板的玻璃转换温度约为 125℃，通常试验的最高温度必须比 PCB 板的玻璃转化温度低 25℃。综合以上情况，选择加速寿命试验的安全温度应力不超过 100℃。

表 14-36　该型电子设备各种组成成分的贮存和工作温度范围

序号	材料类型	贮存温度	工作温度
1	电阻器、电容器	−60～+155℃	−60～+65℃
2	半导体分立器件	−60～+125℃	−60～+65℃
3	集成电路	−60～+125℃	−60～+65℃
4	各辅助材料	−60～+125℃	−60～+65℃
5	导线	−60～+200℃	−60～+65℃
6	三防漆	−60～+200℃	−60～+65℃

（3）加速效果的计算：根据选择的加速模型的参数，按照地面停放模拟试验 2165 个循环中每 4 个循环的标准天和热天部分的剖面，在温度应力为 85℃和相对湿度应力为 85%RH 的加速寿命试验条件下，计算出 PCB 板和元器件的加速系数，详见表 14-37 和表 14-38。

表 14-37　在 85℃/85%RH 条件下 PCB 板的加速系数计算

序号	模拟试验温度	模拟试验湿度	模拟试验持续时间	激活能	湿度系数	湿度指数	加速寿命试验温度	加速试验相对湿度	加速系数	等效加速试验时间
1	℃	%RH	h	E_a	C	b	℃	%RH	AF	h
2	15	60	16	0.6	0.00044	1	85	85	114.22	0.14
3	45	80	17	0.6	0.00044	1	85	85	11.57	1.47
4	70	25	1	0.6	0.00044	1	85	85	2.40	0.42
5	45	60	14	0.6	0.00044	1	85	85	11.67	1.20
6	15	60	16	0.6	0.00044	1	85	85	114.22	0.14
汇总	/	/	64	/	/	/	85	95	19.02	3.36

表 14-38　在 85℃/85%RH 条件下元器件的加速系数计算

序号	模拟试验温度 ℃	模拟试验湿度 %RH	模拟试验持续时间 h	激活能 E_a	湿度系数 C	湿度指数 b	加速寿命试验温度 ℃	加速试验相对湿度 %RH	加速系数 AF	等效寿命试验时间 h
1	15	60	16	0.58	0	1	85	85	96.50	0.17
2	45	80	17	0.58	0	1	85	85	10.64	1.60
3	70	25	1	0.58	0	1	85	85	2.28	0.44
4	45	60	14	0.58	0	1	85	85	10.64	1.32
5	15	60	16	0.58	0	1	85	85	96.50	0.17
汇总	/	/	64	/	/	/	85	85	17.37	3.68

从表 14-37 和表 14-38 中可以看出，在 85℃和 85%RH 应力条件下 PCB 板和元器件的加速系数分别为 19.02 和 17.37，按照总试验循环数计算，至少需要进行 1993.3h 才能满足 PCB 板和元器件延长 6 年日历寿命的考核要求。因此，考虑进一步计算更高温度应力的加速系数，以寻找进一步缩短试验时间的应力组合。根据该型电子设备的安全温度应力范围，选择 95℃温度应力，根据经验在此温度下相对湿度按照 15%RH 处理，按照以上条件计算出 PCB 板和元器件的加速系数，详见表 14-39 和表 14-40。

表 14-39　在 95℃/15%RH 条件下 PCB 板的加速系数计算

序号	模拟试验温度 ℃	模拟试验湿度 %RH	模拟试验持续时间 h	激活能 E_a	湿度系数 C	湿度指数 b	加速寿命试验温度 ℃	加速试验相对湿度 %RH	加速系数 AF	等效加速试验时间 h
1	15	60	16	0.6	0.00044	1	95	15	187.88	0.09
2	45	80	17	0.6	0.00044	1	95	15	19.04	0.89
3	70	25	1	0.6	0.00044	1	95	15	3.95	0.25
4	45	60	14	0.6	0.00044	1	95	15	19.20	0.73
5	15	60	16	0.6	0.00044	1	95	15	187.88	0.09
6	15	60	16	0.6	0.00044	1	95	15	187.88	0.09
汇总	/	/	64	/	/	/	85	15	31.29	2.05

表 14-40 在 95℃/15%RH 条件下元器件的加速系数计算

序号	模拟试验温度 ℃	模拟试验湿度 %RH	模拟试验持续时间 h	激活能 E_a	湿度系数 C	湿度指数 b	加速试验温度 ℃	加速试验相对湿度 %RH	加速系数 AF	等效加速试验时间 h
1	15	60	16	0.58	0	1	95	15	160.84	0.10
2	45	80	17	0.58	0	1	95	15	17.74	0.96
3	70	25	1	0.58	0	1	95	15	3.79	0.26
4	45	60	14	0.58	0	1	95	15	17.74	0.79
5	15	60	16	0.58	0	1	95	15	160.84	0.10
汇总	/	/	64	/	/	/	85	15	28.96	2.21

从表 14-39 和表 14-40 可以看出，在 95℃和 15%RH 应力条件下 PCB 板和元器件的加速系数分别为 31.29 和 28.96，加速效果增强大约 1.65 倍，按照总试验循环数计算，需要进行 1195.6h 才能满足 PCB 板和元器件延长 6 年日历寿命的考核要求。

（4）加速寿命试验剖面的确定：考虑到我国较多地区存在高湿环境，在设计加速寿命试验剖面时仍应选择高温高湿应力环境进行部分时间的试验，因此，将 85℃/85%RH 和 95℃两种试验条件进行组合使用，使整机考核试验剖面既符合实际环境条件又能适当缩短试验时间。根据在 85℃/85%RH 高湿条件下的加速寿命试验时间的等效试验时间不低于模拟在地面停放期间试验剖面中 45℃/85%RH 高湿条件下的试验时间的原则，经计算，在 85℃/ 85%RH 高湿条件下的加速寿命试验时间应不低于 796h。考虑到地面停放模拟试验剖面中标准天和热天的相对湿度均不小于 60%RH，而在 95℃条件下相对湿度很低而且无法控制，因此考虑在 85℃/85%RH 条件下的试验时间比上述原则确定的最低时间稍长，最终确定采用 85℃/85%RH 试验应力的试验时间为 1000h，余下的试验时间采用 95℃试验应力进行试验。试验应力条件和试验时间计算详见表 14-41。

表 14-41 试验应力和试验时间计算

类型	参数名称	在 85℃/85%RH 条件下	在 95℃/15%RH 条件下	标准天和热天日历时间考核要求/h
PCB 板	加速系数	19.02	31.29	34624
	试验时间/h	1000	499	
	等效日历时间/h	19020	15613	
元器件	加速系数	17.37	28.96	
	试验时间/h	1000	596	
	等效日历时间/h	17370	17260	

从表 14-41 中可以看出，除在 85℃/85%RH 条件下进行 1000h 外，在 95℃/15%RH 条件下，PCB 板至少要进行 499h 试验才能满足 PCB 板的日历时间考核要求，元器件至少要进行 596h 试验才能满足 PCB 板的日历时间考核要求。综合以上情况，确定该型电子设备应在 85℃/85%RH 条件下进行 1000h 试验，在 95℃/15%RH 条件下进行 596 小时试验，才能使加速寿命试验的等效日历时间不低于地面停放模拟试验的标准天和热天的试验时间。

4. 整机考核试验剖面的合成

综合以上情况，整机考核试验剖面由冷天试验剖面、加速寿命试验剖面和空中工作模拟试验剖面三部分组成。结合该型电子设备的实际日历寿命历程和工程操作方便的需要，将三部分剖面进行适当的时序组合。根据以上三部分试验剖面，冷天试验进行 438h，每个循环 146h，进行 3 个循环；加速寿命试验在 85℃/85%RH 条件下进行 1000h，在 95℃/15%RH 条件下进行 596h；模飞试验进行 600h。综合以上要求，将整机考核试验时间的 2634h 分成 3 个大循环，每个大循环由 146h 冷天试验、100h 模飞试验、168h 95℃/15%RH 条件下的加速寿命试验、100h 模飞试验、334h 85℃/85%RH 条件下的加速寿命试验、32h 95℃/15%RH 条件下的加速寿命试验 6 个部分组成。其中，32h 95℃/15%RH 条件下的加速寿命试验主要起到烘箱作用，防止该型电子设备在经历 85℃/85%RH 条件下的加速寿命试验后进入下一循环时出现凝露现象。按照上述时序组合，经核算最终确定总试验时间为2640h。整机考核试验剖面的合成见表14-42。

表14-42　整机考核试验剖面的合成

序号	剖面类型	持续时间/h	PCB板累计等效日历时间/年	元器件累计等效日历时间/年	备注
1	冷天试验	146	/	/	1个循环
2	模飞试验	100	/	/	12.5个循环
3	95℃/15%RH条件下加速寿命试验	168	0.91	0.84	/
4	模飞试验	100	/	/	12.5个循环
5	85℃/85%RH条件下加速寿命试验	334	2.01	1.85	/
6	95℃/15%RH条件下加速寿命试验	32	2.19	2.01	/
7	冷天试验	146	/	/	1个循环
8	模飞试验	100	/	/	12.5个循环
9	95℃/15%RH条件下加速寿命试验	168	3.10	2.85	/
10	模飞试验	100	/	/	12.5个循环
11	85℃/85%RH条件下加速寿命试验	334	4.20	3.86	/
12	95℃/15%RH条件下加速寿命试验	32	4.38	4.02	
13	冷天试验	146	/	/	1个循环
14	模飞试验	100	/	/	12.5个循环
15	95℃/15%RH条件下加速寿命试验	168	5.29	4.86	/
16	模飞试验	100	/	/	12.5个循环
17	85℃/85%RH条件下加速寿命试验	334	6.39	5.87	/
18	95℃/15%RH条件下加速寿命试验	32	6.57	6.03	/
合计	/	2640	6.57	6.03	/

5. 试验样品的检测

整机考核试验前、中、后，在实验室环境条件下对试验样品进行全面的外观检查、功能检查和性能测试。整机考核试验期间，在冷天试验和模飞试验中按照冷天试验剖面和空中工作模拟试验剖面规定的周期对样品进行检测，在其他部分不对样机进行检测。

6. 定期维护和更换

在试验期间，根据累计等效日历时间和累计飞行小时，按照产品的定期维护周期和定期维护内容，在规定时间内完成规定项目的定期维护和更换。

7. 故障处理

整机加速寿命试验中出现的故障，按照可靠性增长方法（TAAF）进行管理。加速寿命试验期间，如果在样机测试或定期维护期间发现故障，应进行故障定位和故障分析，查明故障原因和失效机理，确定是否为寿命终了导致的失效。试验样品修复后继续进行试验。

8. 试验结束

在整机考核试验期间，如果样机在正常的应力范围内出现大面积的故障，经分析评估确认达到了没有修理必要的程度，可提前结束试验；如果样机在正常的应力范围内出现的故障能够经济、有效地修复，则试验继续进行，直至按照整机考核试验剖面完成2640h后结束试验。

9. 整机考核试验结论

加速寿命试验评定的该型电子设备的日历寿命结论根据试验中发生的失效情况进行分析研究后决定，如果该型电子设备发生重要失效的频次高于外场统计的故障频次30%，出现的故障多到没有必要修理的程度或出现的故障无法修复，则认为其日历寿命终了；如果该型电子设备发生的重要失效的频次可以接受并且出现的故障可以经济、有效地修复，则认为综合调节能够满足日历寿命预期延寿的要求。

14.8.7 板级电路寿命特征分析

将样机（已随整机进行了整机考核试验）中的板级电路和整机（未进行整机考核试验）中的板级电路对比进行寿命特征分析，进一步确认该型电子设备的PCB板、互连结构和元器件的质量和寿命状态，综合PCB板和焊点的寿命特征分析结果，定性评估板级电路的可靠性和寿命。根据板级电路各部分寿命特征分析项目内容和工作的特点，通常PCB板和焊点的寿命特征分析同步进行，元器件和接插件的寿命特征分析工作同步进行。

1. 试验样品的选择

1）板级电路试验样品的选择

梳理该型电子设备的组件以及板级电路的组成和数量，如统计该型产品由11个组件27个板卡构成。根据故障统计分析，给出发生失效次数多且发生重要失效次数多的对象。如有9块板级电路发生失效次数均超过10次并且其中的重要失效次数均超过5次，则将这些对象纳入研究重点。另外，对于个别板级电路，发生重要失效次数不多，但是总失效次数特别多的，也应该列出来，如某板级电路发生重要失效只有2次，但是总失效次数多达67次，这些对象也应纳入研究重点。经过上述选取后可进一步计算选样对象发生失效次数和重要失效次数占比，以掌握选样的代表性。如选择10块板级电路发生的失效次数占整机失效次数的比例达到67%，其中重要失效次数占整机重要失效次数的比例达到72%，考虑到这10块板属于9种组件，该型电子设备的每个组件的2个板级电路的功能和组成基本一致，根据其板卡数量这10块板级电路涵盖的总失效次数和重要失效次数占整机的比例分别达到86%和83%。由此可见，其选样具有代表性、覆盖性。

2）元器件试验样品的选择

经统计，该型电子设备共有 12 个门类，72 个型号，670 种规格，4200 个元器件；经查找，其中 50 型有资料，22 型没有资料。通过对该型电子设备的故障信息进行统计分析，24 型 28 种规格的元器件失效总次数和重要失效次数较多，失效次数达到 424 次，占总失效次数的 93.6%，重要失效次数达到 191 次，占重要失效次数的 92.7%，因此，以上 24 型元器件应选样进行寿命特征分析。除选择以上 24 型元器件进行特征分析外，对元器件清单中的所有元器件的功能、结构、封装、工艺等特点进行分析，进行补充选样。

最终确定选样的元器件为 44 型，其中，电子元件中包括电阻 5 型，电容 4 型，继电器 1 型，变压器、电抗器、熔断器、晶振各 1 型，扼流圈 4 型，共 8 个门类 18 型；半导体分立器件包括二极管 8 型，晶体管 9 型，共 17 型；微电子器件 12 型；接插件 1 型。元器件的选样涵盖绕线电位器、（高频/精密）金属膜固定电阻器、电阻器模块等类型电阻器；独石瓷介、非固体电解质、固体电解质、聚酯膜等类型电容器；密封式直流电磁继电器；整流、开关和稳压 3 种功能的二极管，玻封、金属封装 2 中封装类型的二极管；二极管矩阵和二极管光耦等类型二极管；硅 PNP 小功率、中功率的三极管；光耦合晶体管阵列等类型的三极管；运算放大器、逻辑门、模拟开关、电压比较器、电平转换器、D 触发器等类型的集成电路；变压器、电抗器、扼流圈等感性元件；熔断器、晶振、接插件等特殊元件。选样元器件覆盖全面，代表性强。

在具备条件的情况下，每型元器件选样数量为 5 个；当条件不具备时，推荐选取 3 个（最少不少于 1 个）。为了深入进行检测分析，最好额外提供 1～2 个良品进行对比检测与分析。

2. PCB 板和焊点/焊孔寿命特征分析

PCB 板的寿命特征分析通过外观检查、X-Ray 检查、耐电压测试、绝缘电阻测试、金相切片分析等项目，定性评估 PCB 板的可靠性和寿命。焊点/焊孔的寿命特征分析通过外观检查、X-Ray 检查和金相分析等项目，定性评估典型焊点/焊孔的可靠性和寿命，PCB 板和焊点/焊孔的寿命特征分析项目见表 14-43。

表 14-43　PCB 板和焊点/焊孔的寿命特征分析项目

试验项目		参考标准	检测方法	备注
PCB 板	外观检查	IPC-A-610D GJB 4896—2003	立体显微镜	评估电路板是否存在明显的工艺缺陷和贮存退化特征
	X-Ray 检查	IPC-A-610D	/	检查 PCB 板导线的工艺质量
	耐电压测试	GJB 362A IPC-TM-650	参考工作电压	确定电路板的绝缘材料和空间是否合适
	绝缘电阻测试	GJB 362A	/	评估板级电路经过高温高湿条件后绝缘电阻能否满足标准要求
	金相切片分析（视情而定）	GJB 362A	SEM 等分析方法	评估电路板表面、通孔和孔中的镀层/涂层的质量和退化情况
焊点/焊孔	外观检查	IPC-A-610D	立体显微镜	评估焊点是否存在明显的工艺缺陷和贮存退化特征
	X-Ray 检查	IPC-A-610D	/	检查焊点/焊孔的工艺质量
	金相分析	/	SEM 等分析方法	金相结构评估焊点是否存在疲劳退化现象，给出焊点能否使用的结论

1）外观检查

针对所有试验样品上的 PCB 板和焊点/焊孔进行外观检查，外观检查采用放大倍数为10～20 倍的立体显微镜。

如 PCB 板存在起泡、露织物、麻点、针孔、白斑、裂纹、导线生锈、变色等明显缺陷，或焊点存在明显的开裂、不润湿（露焊盘）等明显缺陷，则视为失效。

2）X-Ray 检查

X-Ray 检查的目的是检查 PCB 板和焊孔/焊点的金属物部分是否存在物理结构退化特征。X-Ray 检查主要是检查 PCB 板导线是否出现缺口和断裂缺陷、PCB 板的导线间是否存在金属夹杂物、铜孔焊点的爬锡高度等。如 PCB 板导线出现明显缺口和断裂，焊点的通孔爬锡高度小于 75%，则视为潜在缺陷，采用金相切片分析进行进一步确认潜在缺陷是否与寿命特征有关。

3）金相分析

金相分析的目的是检查 PCB 板的焊点/焊孔是否存在物理结构退化特征。针对所有试验样品 PCB 上典型焊点和 PCB 通孔进行金相分析，每个试验样品至少选取 3 个典型焊点和 PCB 通孔。

如 PCB 通孔存在开裂、拐角裂缝、树脂凹缩、孔壁分离、镀层空洞等现象，说明 PCB 通孔存在明显的疲劳退化特征，则视为失效。如焊点存在明显的晶粒粗化、开裂、润湿不良等缺陷，说明焊点结构存在明显的疲劳退化特征，则视为失效。

4）耐电压测试

针对所有试验样品 PCB 板上的最小线宽进行耐电压测试，每个样品最少选取 3 个测试点，按照 GJB 362 的检测条件，依次对各个测试点在 30_{0}^{+3} s 的时间内施加 1000_{0}^{+25} V 直流电压，观察是否存在明显的打火、闪烁、烧毁现象。如果未进行整机考核试验的 PCB 板存在上述现象，说明 PCB 板本身的耐电压不能满足 GJB 规范，可进一步采用 IPC-TM-650 的检测条件，依次对各个测试点在 30_{0}^{+3} s 时间内施加 500_{0}^{+15} V 直流电压。如果存在上述现象，则视为失效。为了避免样品过早损坏影响后续检测分析，可先按照 IPC 标准检测分析，再进一步按照 GJB 标准检测分析。

5）绝缘电阻测试

针对 PCB 板上最小线宽进行绝缘电阻测试，每板最少选取 3 个测试点。按照 GJB 362 的检测条件，依次对各测试点施加 500V±10%的直流电压进行绝缘电阻测试，如果未进行整机考核试验的 PCB 板样品绝缘电阻小于 500MΩ，说明 PCB 板本身的绝缘电阻特性不能满足 GJB 规范，可进一步采用 IPC-TM-650 的判据，如果 PCB 板样品绝缘电阻小于 50MΩ则视为失效。为了避免样品过早损坏影响后续检测分析，可先按照 IPC 标准检测分析，再进一步按照 GJB 标准检测分析。

6）PCB 板和焊点/焊孔的寿命结论

根据 PCB 板和焊点/焊孔的外观检查、X-Ray 检查、金相分析、耐电压测试、绝缘电阻测试等寿命特征分析项目的结果，对比经过试验和没经过试验的各个产品的寿命状态，给出各个产品的 PCB 板和焊点/焊孔的寿命结论。

3. 元器件和接插件寿命特征分析

将样机（已随整机进行了整机考核试验）中的元器件/接插件和整机（未进行整机考核试验）中的元器件/接插件对比进行寿命特征分析，进一步确认该型电子设备的元器件/接插件的质量和寿命状态，综合整机中出现的故障和元器件/接插件的寿命特征分析结果，定性评估元器件/接插件的可靠性和寿命。

对所有元器件/接插件试验样品进行外观质量检查、预处理和电参数测量。完成检测后，对合格的试验样品抽样进行特征检测分析；对不合格的试验样品抽样进行失效分析。综合试验样品的外观质量检查、电参数测量、特征检测分析和失效分析结果，给出各型元器件/接插件的可靠性和寿命结论。

1）外观质量检查

对所有试验样品进行外观质量检查，检测各类元器件的外壳、引脚等影响可靠性的缺陷。检查项目包括目检和镜检，镜检采用 10 倍放大镜。

元器件引出端断裂、掉壳为完全失效；引出端锈蚀、损伤为严重失效；表面涂层起泡、脱落或标志不清为轻度失效。

元器件完全失效与严重失效数量之和的比例超过 5%时，则判定该型号元器件贮存寿命终了，不再进行下一步试验工作项目。

2）预处理

在完成外观质量检查后、进行电参数测量前，对样品进行必要的预处理，避免分解试验样品过程中产生的污染物影响样品的电参数测量结果。

3）电参数测量

对经过外观质量检查合格的所有试验样品进行电参数测量，检测元器件的功能和性能，了解各类元器件经过长期贮存后的常态电性能状况。在电参数测量中，对已发现不合格的元器件仍应完成所有电参数的测量。对初测不合格的试验样品，应进行复测，确认测试结果。

对于技术参数已知的元器件，其检测标准以技术参数为准；对技术参数未知的元器件，依据相关标准参考国内相似元器件，进行功能检查和性能检测。各类元器件试验样品检测依据见表 14-44。

表 14-44　各类元器件试验样品检测依据

元器件类型	检测依据
电阻	技术参数、GJB 1929、GJB 1432A
电容	技术参数、GJB 63B、GJB 1312A、GJB 1432A、GJB 4157
继电器	技术参数、GJB 65B、GJB 1042、GJB 1513、GJB 1515A
连接器	技术参数、GJB 1216、GJB 1217
振荡器	技术参数、GJB 1648
变压器	技术参数、GJB 1435
电子元件	技术参数、GJB 360A
半导体分立器件	技术参数、GJB 33A、GJB 128A
微电子器件	技术参数、GJB 548A、GJB 597A

样品完全丧失了规定功能称为完全失效；样品部分参数不符合技术规范的要求（参数超差）称为部分失效。某型样品完全失效和部分失效数量之和的比例超过 10%时，则判定该型号样品寿命终了，不再进行下一步试验工作项目。

4）特征检测分析

对外观质量检查和电参数测量均合格的试验样品，每型号随机选取 5 个样品（当数量不足时，根据实际情况选取试验样品数量），进行特征检测分析。元器件/接插件特征检测分析包括非破坏性物理分析和破坏性物理分析两类。具体某型元器件/接插件的特征检测分析应根据器件特点选择合适的分析项目，元器件/接插件特征检测分析项目见表 14-45。

表 14-45 元器件/接插件特征检测分析项目

试验类型	可靠性特征检测分析项目	电子元件	半导体分立器件	微电子器件	作用
非破坏性物理分析	外部目检（光学显微镜）	√	√	√	检测各类元器件的外壳、引脚等影响可靠性的缺陷
	电参数验证	√	√	√	确认元器件功能和性能状况
	X-Ray 透视检查	√	√	√	检测各类元器件封装内部的缺陷
	声学扫描显微镜检查（C-SAM）		√		检查元器件经长期贮存后，各界面的黏结质量是否良好
	粒子碰撞噪声检测（PIND）		√	√	检测元器件内腔的自由粒子
	密封性检查（粗漏检和细漏检）			√	测定内腔为真空状态，含有空气或其他气体的元器件的密封性
破坏性物理分析	内部气体成分分析			√	测定在金属或陶瓷封装器件内部气体成分及含量
	开封和内部目检	√	√	√	检测器件内部将导致器件在正常使用时失效的缺陷
	键合强度		√	√	评估元器件的引线强度分布或测定键合强度是否合格
	扫描电镜（SEM）检查（视情况而定）		√	√	确定内引线断裂处键合与芯片界面的表面形态、成分、电效应特征
	玻璃钝化层完整性检查		√		评价元器件金属化层上沉淀的介质薄膜的结构质量，鉴别与材料和工艺有关的玻璃钝化层缺陷
	剪切强度			√	评估元器件的引线强度分布或测定剪切强度是否合格

在特征检测分析中，若每型号元器件/接插件样品有 1 个以上出现明显的贮存寿命终了，则判定该型号元器件/接插件寿命终了，视其为薄弱环节。

5）失效分析

对整机延寿考核试验中、外观质量检查和电参数测量中失效的元器件试验样品每型抽取 3～5 个进行失效分析。在进行失效分析前，检查失效背景资料，并进行必要的电参数测量，验证元器件/接插件的失效现象。在确定失效机理后，对失效机理进行分类，确定其是否与到寿有关。

6）元器件/接插件的寿命结论

根据元器件/接插件的外观质量检查、电参数测量、特征检测分析和失效分析的结果，对比经过试验和没经过试验的各型产品的寿命状态，给出各型产品的寿命结论。

4. 板级电路寿命特征分析结论

综合 PCB 板、焊点/焊孔、元器件/接插件的寿命特征分析结果，给出板级电路的可靠性和寿命综合结论，并给出可靠性薄弱环节清单。

该型电子设备延寿结论

综合故障信息统计分析、整机延寿考核试验、板级电路寿命特征分析结果，评估该型电子设备延长 6 年日历寿命的可行性和是否延寿使用的结论意见。

在电子设备寿命研究中，由于研究目的不同，对应的记录表格也具有特异性，相应需求的表格模板见表 14-46（该型电子设备的组成）、表 14-47（到寿停修该型电子设备明细）、表 14-48（到寿停修该型电子设备发生故障时使用日历明细）、表 14-49（该型电子设备故障影响分析）、表 14-50（板级电路失效统计）、表 14-51（多发故障元器件清单）。

表 14-46　该型电子设备的组成

序号	板级电路代号	板级电路名称	所属组件
1			
2			

表 14-47　到寿停修该型电子设备明细

序号	令号	批次	附件号	总工作时　间	生产日期	启封日期	启封时日历时间
1							
2							

表 14-48　到寿停修该型电子设备发生故障时使用日历明细

序号	使用日历	台次	百分比	备注
1				
2		0	0	

表 14-49　该型电子设备故障影响分析

序号	故障情况	换件情况	发生次数	失效特性	故障组件	故障器件
1						
2						
3						

表 14-50 板级电路失效统计

序号	板级电路编号	所属组件	总失效次数	重要失效次数
1				
2				

表 14-51 多发故障元器件清单

序号	故障器件	名称	单台数量	失效总次数	重要失效次数
1					
2					

参考文献

[1] Gertsbackh, I.B., and Kordonskiy, K.B.. Modela of failure（English transion from the Russian version） [M]. New York Springer Verlag, 1969.

[2] NELSON W. Analysis of Performance Degradation Data from Accelerated Tests [J] . IEEE Transactions on Reliability, 1981.30; 149-155.

[3] Loon Ching Tang, Dong Shang Chang. Reliability prediction using nondestructive accelerated-degradation data: case study on power supplies, IEEE trans. On reliability, Vol.44, No.4, 1995, pp562-566.

[4] Jey-Chyl Lu, Jinho Park and Qing Yang. Statistical inference of a time-to-failure distribution derived from Jinear degradation data, Technometrics, Vol.39, No.4, 1997, pp391-400.

[5]. Tomsky, J.. Regression models for detecting reliability degradation. Proceedings of the annual reliability and maintainability conference, New York, pp238-244,1982.

[6] C. Joseph Lu, William Q. Meeker. Using degradation measures to estimate a time-to-failure distribution. Technometrics, Vol.35,No.2, 1994, pp161-174.

[7] 赵建印.基于性能退化数据的可靠性建模与应用研究[D].长沙：国防科技大学，2005.

[8] 李晓阳；姜同敏；基于加速退化模型的卫星组件寿命与可靠性评估方法[J]；航空学报；2007 年 S1 期.

[9] Michele Boulanger Carey, Reed H. Koening. Reliability assessment based on accelerated degradation: a case study ,IEEE trans. On reliability, Vol.40, No.5, 1991, pp499-506.

[10] Tseng, S T., Mann,J.W. (1979). Temperature and Current Dependence of Degradation in Red-Emitting Gap LED's. Journal of Applied Physics 50, pp. 3630-3637.

[11] Shou-Jey Wu, Chun-Tao Chang. Optimal design of degradation tests in presence of cost constraint, Reliability Engineering and System76(2002),pp105-115.

[12] Lu h, Kolarik W J, Lu S S. Real-time Performance Reliability Prediction[J].IEEE Transaction on Reliability, 2001,50:353-357.

[13] Papadopoulos Y, McDemid J. Automated Safety Monitoring: A Review and Classification of Methods [J]. International Journal of Condition Monitoring and Diagnostic Engineering Management ,2001,4:1-32.

[14] COFFIN L F. International symposium on creep-fatigue interactions[C]//CURRA N K M, ed. MCP.3, ASME, New York, 1976:349-363.